工科系の物理学基礎

質点・剛体・連続体の力学

第2版

佐々木 一夫
長谷川 晃
海老澤 丕道
鈴木 誠
末光 眞希

[著]

共立出版

第2版によせて

　本書の初版が出版されて4年が経過した．増刷の機会に改訂できることになり，部分的な書き直しと追加を行った．

　本書のねらいは，工学系の大学初年次の学生諸君が工学を含めた諸科学を学ぶ際に必須な考え方を身につけられるように，物理学の基礎としての力学を題材として，学びの流れをできるだけ丁寧に示すことであり，初版から変わっていない．

　そのため，本書では2部構成の第I部で質点と質点系および剛体の力学を学び，第II部で連続体の力学と波動について学べるようにしているが，全体として1つの質点についての力と運動の基本法則の理解からそれにより導かれる広い対象についての力と運動の法則への展開の理解につながるように心がけて記述している．

　第I部は，高校でもある程度学んだであろう力学の基本から始まる．学生諸君がこれまでに学んだ力学の知識の上に積み上げるべき新たな考え方は，保存則の系統的な把握とその利用，さらに運動量と質点系の力学についてである．第3章（仕事とエネルギー）と第4章（抵抗・摩擦とエネルギーの散逸）では，エネルギーの保存について初版の記述を練り直してより学びやすいものに改訂した．さらに，角運動量の保存については，第5章（角運動量）で，わかりやすい平面運動について角運動量の概念をきちんと把握した上で一般の運動について理解し応用できるようにした初版の記述を，より学びやすくなるよう部分的に改めた．

　第II部は，弾性体の変形，波動現象，流体の運動を扱っている．初版においてもこれらについての学びが現象の理解にとどまらず，それらを支配する法則がより基本的な法則から導けることがわかるように記述するよう心がけた．改訂にあたっては，さらにいくつかの書き加えを行って丁寧に示すようにした．以下に少し細かく述べておく．

　第10章（固体の変形）では，第I部で質点系における変位と力に関して学んだ法則を拡張するため，系を連続体として扱い，微小部分についての解析の結果を積み上げることを学ぶ．より丁寧な記述になるよう部分的に改めた．第11章（波動）は，力学としての波動の理解が得られることを目指した書き加えをいくつか行った．特に，波を伝える媒質の連続体としての力学を第I部で学ぶ力と運動の法則から導くことについて詳しい記述を加え，さらにエネルギーについても十分な理解が得られるようにした．ただし，波の物理学が力学としてだけではなくモデルとしても重要であることが見失われないようにした．第12章（流体の基本特性）では，流体に関するさまざまな法則を連続体の力学として力学の基本法則から導くことがよりよく理解されるように，書き加えを行った．詳細にわたる場合には授業で扱う対象にはなりにくいと思われるので，発展的な内容であることがわかるようにした．利用される読者諸君の役に立つことを願っている．

　このほか，新しく多くの問題を加えて学習の助けとなるようにした．初版では数学的な知識が必要となるたびに各所に配した説明を，本文の読みやすさと参照の便宜のためにまとめて付録とした．

　本書の特長は，ページ数を惜しまず丁寧に記述していることと発展的内容もあえて記載したことであり，これにより自ら学ぼうとする読者諸君の力になれるようにしている．力学を通して系統的な学びの考え方と姿勢が身につくことになれば，著者らにとっても大きな喜びである．

　本書の刊行の機会をくださった東北大学 安藤晃 名誉教授と刊行および改訂の衝にあたられた東北大学 工学研究科・工学部 工学教育院 須藤祐子 准教授に改めて感謝の意を表したい．

2025年1月　著者一同

まえがき

　大学の初年次における学びの目的はさまざまである．したがって教科書も多種多様である．諸科学の最も基礎的な位置にある物理学においても学生の志向・能力に応じて国内外を問わず数多くの教科書がすでに出版されている．学びの多様性は大切であるが，一方で1つの規範となるものを示すことも教育の機会を提供する際には重要である．

　工科系の学生諸君がこれから学ぶ専門科目の諸学では，個別にいろいろな，しかも詳細な事柄が現れるであろう．その学びの際には多くの事柄を俯瞰的に系統立てて学問の流れを見定めること，学びに対して応用志向というはっきりとした姿勢を保つことが必要である．物理学の基礎を学ぶときにもそのような学びの意識をもつことは重要である．本書は物理学の中で基礎的な分野を題材にして，工科系の学生にとって必要な内容の選択と記述を重視して著したものである．

　物理学の学びを力学から始めることの理由は，力学が工学を含めて諸科学を学ぶ際に必須な考え方を教えてくれるもの，さまざまな分野への応用力を養ってくれるものだからである．そのために適した学び方は，古典力学として完成した体系を能率よく記憶し演習を器用にこなすといったことではない．まず，ガリレイやニュートンが自然から学んで法則を得たようにして基本的なことを学び，次いで，力学として次第に系統化されてきたようにして段階的にいろいろな概念の理解へと進むことである．本書ではこれを意識して学びの流れを構成した．

　基本的なこととは，ニュートンの3つの法則を中心とする，「力」に関することと「時間変化」に関することである．次いで学ぶこととは，保存する量，つまり運動量，エネルギー，そして角運動量の存在である．これらの意義を知るにはいろいろな現象を例として法則の内容を理解することが必要である．そのために本書では，法則の対象を1つの質点からいくつかの質点へそして剛体へとだんだんに広げて行き，変形する体系における力の概念，そのごく小さな変形の時間発展としての波，さらには流体に作用する力と運動，という順に学び進められるようにした．

　本書では，質点と質点系および剛体の力学を第Ⅰ部とし，連続体の力学と波動を第Ⅱ部とした．詳しい説明は各部の冒頭にそれぞれ述べるが，取り上げられる現象は物体の運動，弾性体の変形，波動の現象，流体の運動である．

　ここで，本書を著すにあたって念頭に置いた，本書の読者に期待する初年次における物理学の学びの目的に触れておく．基本的知識を獲得すること，物理学的なものの見方に慣れること，さらには物理学とは何かを理解することがまず，学びの目的と言えよう．物理学において基本的知識は，ものの名前や現象の数々やその分類でなく，基本的な原理や法則である．その数はそう多くはない．法則の重要なものは，方程式の形で表される．微分方程式は必須である．

　法則を真に知るためには単に理解するだけではなく，表現する力を身につけなくてはならない．問題に直面したときに，法則の意味するところを数式で表現できれば，解くことができる．表現するためには，論理的な思考力が必要になる．解くために数学的な基礎力が必要になる．得られた結果を理解し伝えるためにグラフや言葉を使いこなす力が必要である．物理学を学んで得られるものは知識というよりは知力ともいうべき知識と能力であろう．

　目的に向かうため指針をもつことは重要である．授業による学びあるいは個人での学びの指針となるように，巻頭に「物理学で学ぶこと」と「物理学の学び方」という付録を設けている．本書が読者の学びにおいて大きな助けになることを切に願っている．

　本書の刊行を企画推進し実現に尽力された東北大学大学院工学研究科・工学部工学教育院の安藤晃教授と須藤祐子准教授に心から謝意を表したい．

2021年1月　著者一同

「物理学で学ぶこと」と「物理学の学び方」

― 物理学を学ぶ工科系の学生の皆さんへ ―

1. はじめに

　皆さんは高等学校で学んだから，物理学とはどんなものかわかっているってお思いでしょうか？ちょっと待ってください．物理学の研究により得られた知識や法則は膨大で，挙げるだけでも大変です．皆さんがこれから学ぼうとする初年次の物理学では物理学の一端に触れるにすぎません．それにもかかわらず，高校で学んだことを繰り返すようにして物理学を初めから学ぶのは何のためでしょうか．膨大な物理学の世界を学ぶことを，力学を中心に一歩一歩細かいことから始めるのはなぜでしょうか．

　大学の理工科系の物理学では，自然科学としての物理学の基礎的知見を学び，現代的諸課題に対応するための物理学の視点と物理的なものの考え方を身につけます．授業によって，あるいは自習ででも，いろいろな物理現象の観測や実験について知り，整理し，系統づけて学ぶでしょう．そこで必要になるのが法則といわれるものです．どんな法則があるのか，どう使われるのか，それらの関係はどうなっているのか，などについて先生方によって繰り返し語られるでしょう．

　物理学を構成している法則と法則の関係がわかる，基本的なわずかな数の法則によって多くの現象の理由が説明できると実感する，条件が与えられたときどんな結果になるかを論理的に予測する，などの学習実践を通して，皆さんには物理的なものの考え方が身についていくはずです．数学的な力とともに物理的なものの考え方が今後の皆さんの学習・研究・モノつくりやシステムつくりなどの実践で役に立つものなのです．

　1年次の物理学では，質点の力学，質点系の，さらに連続体の力学や振動と波動など，多くの事柄や現象について学びます．その結果，多くの物理量や関係式を知るでしょう．また，それらの関係式は最も基本的ないくつかの法則をもとにして導かれる ということがわかってくるでしょう．これこそ，物理学の履修によって学び取ってほしいことです．

　ではその基本的な法則とは何なのでしょうか．その答えはこの後に示します．そこには物理学で最も基本的ないくつかの法則とその簡単な説明が書かれています．本書の個別の内容に先立ってここに書いておくのは，学期が始まる前に目を通しておいていただきたいからです．その目的は，授業の中で学ぶ事柄に関するさまざまな関係式や実験的法則には大元（おおもと）にこれらの基本的な法則があることに留意して学んでいただくためです．

　書かれていることを今すぐそのまま理解し記憶することは難しいかもしれません．また，完全な説明が与えられているわけでもありません．しかし，授業で学び自ら思考することで，理解が深まるはずです．またそのことによって物理的に考える力を伸ばしていかれることを願っています．

2. 物理学の授業の受け方

　「物理的なものの考え方」を身につけるとは，どのようなことをすればいいのでしょうか．言い換えれば「物理的思考プロセス」を学ぶためにはどうすればよいのでしょうか．思考ですから，言葉や多くの法則の暗記とは違います．

　次のページに掲げるスライド形式の図には物理学とは一言でいえば何か，物理学的思考プロセスとはどんなものか，を示しています．一般に思考プロセスといったものは短くまとめることが難しいものですが，ここには大学の1年次で学ぶ物理学の範囲で一例として示します．

物理的な思考プロセスのパターン

　対象とする現象や事象が与えられたとする．
定性的予測，観測事実や実験結果の解釈，数値の予測，などが必要だったとする．
プロセスは以下の3段階で構成される．

➤ 適用して有効な物理法則は何か考える．

➤ 議論すべき物理量として，基本的な物理法則に現れるような，正確に定義された量を使用し，必要ならば曖昧さや重複が入らないように定義する．

➤ 拘束条件の中で，物理法則を適用する準備，現象を記述する関係式，結果に導く論理の展開などを進める．

　次に，重点として心がけるべき4項目を示します．ただし，本書の構成は，必ずしもこれらのポイントを明瞭に示した形にはなっていません．本書に従って，あるいは授業で教員から示される教科内容に従って個別のテーマを学ぶ際に，これらを意識した授業の受講と自習をするように心がけてください．

物理学学習の基本的ポイント

➤ 法則の間には階層性があることに注意する（p.viii の資料を参照）．これにより，法則には有効な適用範囲があることがわかる．

➤ 物理的思考プロセスの型を自習する．これにより，対象に関して物理的に思考することを実感し，物理的なものの考え方が身につく．

➤ 現象を記述する数量を把握し，現象に対応する数式をイメージする．これにより，数式を立てることができる．大切なのは，増減・符号・大きさのオーダー・大雑把なグラフがわかることである．

➤ 数学をツールとして必要に応じて利用する．つまり，数学のためでなく物理的思考を助けるために数学を使うことができるようにする．論理プロセスのほうを重視する．

　授業では教員の先生がさまざまな工夫をして必要な知識を皆さんに伝え，実習や思考の訓練をリードするでしょう．

　皆さんは，それらを理解し指示に従って練習問題をこなせばいいと考えていませんか？　単位認定を受けるだけのためではなく，高い点数を取るためだけではなく，物理学を履修して得られるはずのものを逃さないように心がけた学習をしてください．

【 物理学 】

自然現象を理解しようとする科学
　　　　　　　➔ 普遍的法則を探求

＜思考プロセスの型＞
　課題とする現象・事象について
- 有効な物理法則（式）の選定
- 議論に用いる物理量の定義（式）
- 拘束条件下で論理展開

- 予測、実験・計算
　仮説の検証　　　理論 ⇔ 実験

【 物理学学習の基本的ポイント 】

物理学は物理的思考（論理展開）プロセスを学ぶ学問
暗記科目ではない

➔ 使用する法則の有効範囲を意識する．

➔ 物理の論理を学び，考え方を身につける．

➔ 現象を数式で表す．（式を解くより式を立てることに重み）
　　符号、オーダー予測、定性的予測（グラフ化）を習慣化

➔ 論理的思考を助けるように数学を利用する

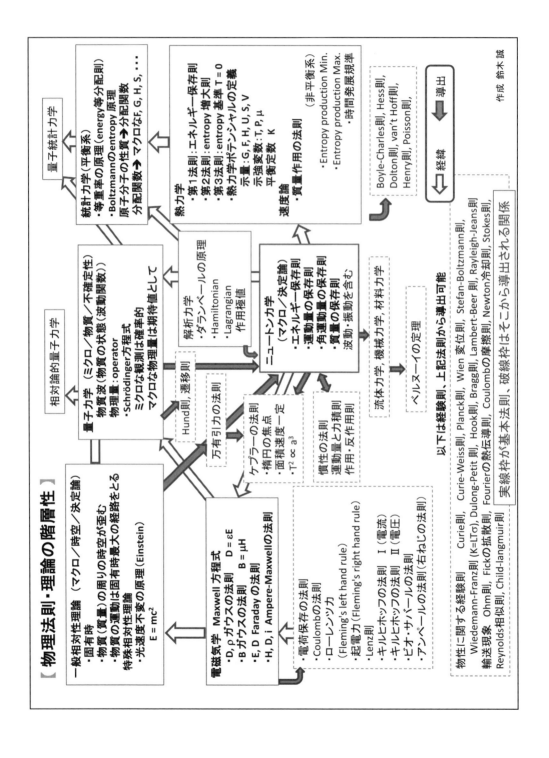

3. 物理学の基本にあるいくつかの保存則

　ここでは，1年次の物理学で学ぶ多くの物理法則の大元にある基本的な法則についてまとめておきます．それらは「保存則」とよばれています．まずごく簡単にその名称と象徴的な数式で与えます．あとで参照するときに見やすいように，物理量の定義や式の意味も書かないでおきます．次に，その意味を簡単に述べ，この後に掲げるスライドのイメージに示していることを解説します．その最後には，保存則の一つの適用例をごく簡単に示します．

　「はじめに」で述べたように，まず授業が始まる前に読んでください．深く理解できないかもしれません．しかし授業が進むにつれて，次第に知識を得て力もついていき，再び読んだならわかるようになっていくでしょう．科目を履修し終わった後には，それら基本的な法則をあらわす象徴的な数式が，物理学という大きなものに対して皆さんがもつイメージの核心部分になってくれることを期待します．

A. 基本的な法則

● 質量保存則

$$\frac{dM}{dt} = 0$$ （物質とともに移動する領域について）

$$\frac{dM}{dt} = -J$$ （空間に固定した領域について）＜※ p.x の**注1**参照＞

$$\frac{\partial \rho}{\partial t} + \mathrm{div}(\rho \boldsymbol{v}) = 0$$ （連続体について）＜連続の式とよばれる＞

　質量が，物理的な変化の前後や運動の中途で変わらないことを表す．＜※ p.x の**注2**参照＞

● 運動量保存則

$$\frac{d\boldsymbol{p}}{dt} = \boldsymbol{F}$$

　運動量 $\boldsymbol{p}$ は外力 $\boldsymbol{F}$ が作用しなければ一定であり，外力が作用するときにはこの運動方程式に従う．

● 角運動量保存則

$$\frac{d\boldsymbol{L}}{dt} = \boldsymbol{N}$$

　角運動量 $\boldsymbol{L}$ は外からのトルク $\boldsymbol{N}$ （回転させる力の効果）が作用しなければ一定である．コマはその軸が水平面と垂直である場合，摩擦が無視できるとき，回転が一定である．コマの軸が傾くと重力のために首ふりをするが，その運動はこの方程式に従う．

● エネルギー保存則

$$K + U = \text{一定}$$

　孤立系の全エネルギーは一定である．全エネルギーは物理的な変化，例えば運動，によって増大も減少もしない．

B. 保存則それぞれについて

●質量保存則

日常の私たちの周辺の物について，また起こっている現象において，物を構成している粒子は例えば運動の前後のような物理的な変化に際してできたり消えたりはしない．粒子の個数は一定で，質量の総和は不変である．ただし，運動の速さが光速に比べて十分に小さい場合に限っている．（※注2）

次ページのスライドイメージに示すように m, M, J, ρ, v, V を定義し，S を V の表面とし，t を時間として，空間に固定した領域 V において成り立つ質量保存則を数式で表すことができる．なおここでは領域が固定されているとしたが，一定速度で運動している領域についてこのままの保存則が成り立つ．（※注1）

さらに，微分形の質量保存則が導かれる．これを連続の式とよんでいる．

●運動量保存則

物体の運動では，力を受けると速度が変わる．逆に，物体の速度が変化しているときは力を受けていて，その反作用で相手に力を及ぼしている．これを運動量でみると，運動量の時間変化率は，力で決まり質量によらない．また，質量によらず運動量の時間変化率が相手に及ぼす力を決める．

p.xii に運動量を定義し，この法則を表す数式を与える．複数の質点を含む体系では，質点間に引力あるいは斥力が作用している場合でも，作用反作用の法則が成り立ち互いの力は合計として打ち消すので，外部からの力を受けない質点系（孤立系）の全運動量は時間的に変化しない．

●角運動量保存則

回転する剛体の運動の記述には，軸のまわりを多数の質点が軸との距離を変えずに回転しているとするとよい．角運動量とトルクを定義すると，質点の運動方程式から角運動量の運動方程式が得られる．複数の質点を含む体系で定義した角運動量の総和は，質点間に作用する力のトルクの総和が打ち消すため，孤立系については時間的に一定である．角運動量と違う方向に外的なトルクが作用すると角運動量はトルクの向きへの変化が起こり，歳差運動のような時間変化を起こす．

●エネルギー保存則

重力やバネの力による質点の運動で，運動エネルギー K と位置エネルギー U の和としての力学的エネルギーは時間的に変化しない．これは運動方程式により確かめられる．外界から孤立した複数の質点からなる系（孤立系とよぶ）では，すべての質点の運動エネルギーと互いの引力や斥力の位置エネルギー（相互作用エネルギーとよぶ）の和が保存される．複数の物体で構成されている孤立系では，物体を作り上げるのに必要なエネルギー（自己エネルギー）と物体の力学的エネルギーの和が保存される．さらにその系の中の運動で摩擦力や粘性力が作用する場合は，運動時に発生した熱エネルギーを加えた和が保存される．もっとほかのエネルギーとして散逸する場合にはすべてを加えれば保存されているべきものである．

●応用例

保存則から物理現象について成り立つ法則を導くことができる例として，波動方程式を導いてみる．ここではさらに，物質における経験則，例えば気体の弾性または理想気体の性質を用いる．なお，保存則と分子間にはたらく相互作用からそういった経験則を導くことも物理学の一つの役割であるが，詳しい議論が必要である．

【 質量保存則 】

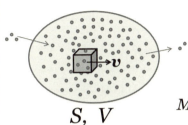

m : 粒子1個の質量
ρ_n : 単位体積当たりの粒子数
$\boldsymbol{v}$: 微小体積内粒子群の平均速度
S, V : 座標系に固定した閉領域（実線内部）の表面積と体積

$$M = \int_V m\rho_n dV \qquad M: 体積V内の質量$$

$$J = \int_S m\rho_n \boldsymbol{v} \cdot \boldsymbol{n} dS \qquad \boldsymbol{n}: 面素の外向き法線ベクトル$$

J : 単位時間当たり質量の放出量（流束）

$t \to t + \Delta t \qquad \Delta M = M(t + \Delta t) - M(t)$

変化率： $\lim_{\Delta t \to 0} \dfrac{\Delta M}{\Delta t} = \dfrac{dM}{dt}$

$$\boxed{\dfrac{dM}{dt} = -J} \quad 質量保存の式（連続の式） \qquad \boxed{積分形}$$

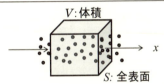

ρ, v は座標と時間 t の関数． 図と数式は3次元表記だが，簡単のため粒子の流れはx方向のみとする．

$$M = \int_V \rho dV, \quad J = \int_S \rho \boldsymbol{v} \cdot \boldsymbol{n} dS \;\Rightarrow\; \dfrac{d}{dt}\int_V \rho dV + \int_S \rho\boldsymbol{v}\cdot\boldsymbol{n}dS = 0 \quad \boxed{積分形}$$

ガウスの定理 $\int_S \rho\boldsymbol{v}\cdot\boldsymbol{n}dS = \int_V \mathrm{div}(\rho\boldsymbol{v})dV$ が成り立つので

x方向1次元流れでは

$$\dfrac{d}{dt}\int_V \rho dV + \int_V \dfrac{\partial}{\partial x}(\rho v)dV = 0 \qquad \therefore \int_V \left[\dfrac{\partial \rho}{\partial t} + \dfrac{\partial}{\partial x}(\rho v)\right]dV = 0$$

となる．任意の体積Vに対して成り立つため次式が成り立つ．

$$\boxed{\dfrac{\partial \rho}{\partial t} + \dfrac{\partial}{\partial x}(\rho v) = 0 \qquad 1次元系の質量保存則の式}$$

3次元流れでは

$$\boxed{\dfrac{\partial \rho}{\partial t} + \mathrm{div}(\rho \boldsymbol{v}) = 0} \quad \left(ここで\, \mathrm{div}\,\boldsymbol{A} = \dfrac{\partial A_x}{\partial x} + \dfrac{\partial A_y}{\partial y} + \dfrac{\partial A_z}{\partial z}\right) \qquad \boxed{微分形}$$

【運動量保存則】

$\boldsymbol{p} = m\boldsymbol{v}$　質量m，速度$\boldsymbol{v}$の物体の運動量

$t \to t + \Delta t$　$\Delta \boldsymbol{p} = \boldsymbol{p}(t + \Delta t) - \boldsymbol{p}(t)$

$\Delta \boldsymbol{p} = \boldsymbol{F}\Delta t$　・・・　外力$\boldsymbol{F}$による力積が運動量変化

変化率 $\displaystyle\lim_{\Delta t \to 0} \frac{\Delta \boldsymbol{p}}{\Delta t} = \frac{d\boldsymbol{p}}{dt}$　　$\boxed{\dfrac{d\boldsymbol{p}}{dt} = \boldsymbol{F}}$　ニュートンの運動方程式

$\therefore \boldsymbol{p}(t) - \boldsymbol{p}(0) = \displaystyle\int_0^t \boldsymbol{F}(t)dt$

　時間内に受けた力積の総和が
　運動量増分となる．

物体と外力を加える外界（例では地球）からなる全系は孤立系とする．物体の運動量の増分と外界の運動量の減少分が等しく，**外界の運動量を含めた全運動量が保存**．

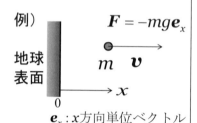

例）　$\boldsymbol{F} = -mg\boldsymbol{e}_x$

$\boldsymbol{e}_x$：x方向単位ベクトル

【角運動量保存則】

（質点の場合）

$\boxed{\boldsymbol{L} = \boldsymbol{r} \times \boldsymbol{p}}$：角運動量の定義式
$\boldsymbol{p} = m\boldsymbol{v}$　$\therefore \boldsymbol{L} = m\boldsymbol{r} \times \boldsymbol{v}$

回転速度と角速度の関係式　$\boldsymbol{v} = \boldsymbol{\omega} \times \boldsymbol{r}$　→　$\boxed{\boldsymbol{L} = m\boldsymbol{r} \times (\boldsymbol{\omega} \times \boldsymbol{r}) = mr^2\omega\, \boldsymbol{e}_z}$

$\boldsymbol{\omega} = \omega\, \boldsymbol{e}_z$　$(\omega = \dfrac{d\theta}{dt})$　　$L = mr^2\omega$

$\boxed{\boldsymbol{N} = \boldsymbol{r} \times \boldsymbol{F}}$：トルクの定義式

$\boldsymbol{e}_r$：r方向単位ベクトル
$\boldsymbol{e}_\theta$：θ方向単位ベクトル
$\boldsymbol{e}_z$：z方向単位ベクトル

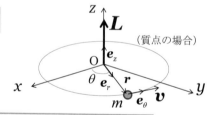

$t \to t + \Delta t$に対して　　$\Delta \boldsymbol{L} = \boldsymbol{L}(t + \Delta t) - \boldsymbol{L}(t) = \boldsymbol{N}\Delta t$

$\displaystyle\lim_{\Delta t \to 0}\frac{\Delta \boldsymbol{L}}{\Delta t} = \frac{d\boldsymbol{L}}{dt}$　　$\boxed{\dfrac{d\boldsymbol{L}}{dt} = \boldsymbol{N}}$　（回転の運動方程式）

$\boxed{\therefore \boldsymbol{L}(t) - \boldsymbol{L}(0) = \displaystyle\int_0^t \boldsymbol{N}(t)dt}$

全系は物体と外部トルクを加える外界からなる．全系は孤立系とする．物体の角運動量の増分と外界の角運動量の減少分が等しく，**外界の角運動量を含めた全角運動量が保存**．

【エネルギー保存則】(質点・粒子系)

$$\boxed{\text{全エネルギー} = \text{一定} = K + U}$$

孤立系：外界との接触も物質の出入りもない独立した系

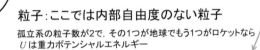

K：運動エネルギー

U：ポテンシャル（位置）エネルギー

$U = $ 全粒子間相互作用エネルギー

粒子：ここでは内部自由度のない粒子

孤立系の粒子数が2で，その1つが地球でもう1つがロケットなら U は重力ポテンシャルエネルギー

- どの2つの粒子間にも相互作用エネルギーを考える：
  （例）　粒子間には、分子間力や静電力や重力などを与える
  距離（と方向）で決まるポテンシャルエネルギーがある。
- 粒子の性質と配置でポテンシャルエネルギーの式が決まる

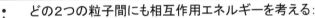

【エネルギー保存則】(現実の物体系)

$$\boxed{\text{全エネルギー} = \text{一定} = K + U + Q}$$

孤立系

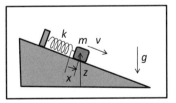

K：物体の運動エネルギー
$$K = \frac{1}{2}mv^2$$

U：物体の位置エネルギー
$$U = mgz + \frac{1}{2}kx^2$$

Q：散逸エネルギー

散逸エネルギー：　摩擦にともなって熱が生じ，それにより物体と斜面の温度が上がり環境に熱エネルギーとして散逸する．さらに物体と斜面の摩擦により表面が変性したり摩耗粉ができるなど，不可逆な反応を起こすのにもエネルギーが使われる．これら，注目している系が回収できなくなったエネルギーの総和が散逸エネルギーである．

【 波動方程式の導出 】
運動量保存則と連続の式から

運動方程式　$\dfrac{d\boldsymbol{p}}{dt} = \boldsymbol{F}$　（Lagrange表現）　から次を導く.

連続体の運動量保存則の式（Euler 表現・・・空間固定座標で運動を表示）

$$\frac{\partial}{\partial t}(\rho v) + \frac{\partial}{\partial x}(\rho v^2) = f - \frac{\partial P}{\partial x} \quad （x方向に1次元変化の場合）$$

ここでρは密度, Pは圧力, vは速度, fは
単位体積に働く外力. ここでは$f = 0$ 及び

$$\left|\frac{\partial P}{\partial x}\right| >> \left|\frac{\partial}{\partial x}(\rho v^2)\right| \quad とする.$$

	$\rho(x)$	$\rho(x+dx)$
	$P(x)$	$P(x+dx)$
	$v(x)$	$v(x+dx)$
0	x	$x+dx$ → x

$$\therefore \frac{\partial}{\partial t}(\rho v) = -\frac{\partial P}{\partial x} \quad \Longrightarrow \quad$$
理想気体の微小領域 $[x, x+dx]$ の運動
量の時間変化率が －圧力勾配 に等しい.

Vを単位質量当たりの気体の体積とすると　$\rho V = 1$

理想気体の等温過程を仮定*すれば　　$PV = c_0{}^2$ 　　　(1)

よって、運動量保存の式は　　$\dfrac{\partial}{\partial t}(\rho v) = -c_0{}^2 \dfrac{\partial \rho}{\partial x}$ 　　　(2)

＊ 通常の音波では断熱過程であるが同様の手順で導ける

一方質量保存の式は

$$\frac{\partial \rho}{\partial t} + \frac{\partial}{\partial x}(\rho v) = 0 \qquad (3)$$

式(2)の両辺をxで偏微分する （次式は微分の順番を交換）

$$\frac{\partial}{\partial t}\frac{\partial}{\partial x}(\rho v) = -c_0{}^2 \frac{\partial^2 \rho}{\partial x^2} \qquad (4)$$

式(3)を左辺に代入する

$$-\frac{\partial^2 \rho}{\partial t^2} = -c_0{}^2 \frac{\partial^2 \rho}{\partial x^2} \qquad \boxed{\therefore \ \frac{\partial^2 \rho}{\partial t^2} = c_0{}^2 \frac{\partial^2 \rho}{\partial x^2} \qquad (5)}$$

式(5)を波動方程式とよぶ

等温過程では$P \propto \rho$であるから　　$\boxed{\dfrac{\partial^2 P}{\partial t^2} = c_0{}^2 \dfrac{\partial^2 P}{\partial x^2} \qquad (6)}$

・・・・進行波 $P = f(x - c_0 t)$ は解である。$f(x)$ は任意, c_0 が波の伝搬速度（位相速度）

音波の波動方程式(5)(6)は、質量保存則と運動量保存則と
理想気体の性質から導出された.

本書の構成と数式について

- **テキスト中の文字の大小について**

  テキスト中では，見出しを除いて大小2種類の文字の大きさを使い分けている．

  - **大：**本書が教科書として使われた場合に内容のすべてを授業内で取り上げる時間的余裕がないかもしれない．選択の目安として，授業で取り上げられることを想定した内容の箇所を普通サイズで書く．予習として読者自身であらかじめ読むことが期待される．

  - **小：**種々の役に立つ情報を記述した箇所は，1ランク小さなサイズで書かれている．自習として読まれることを想定しているが，それによって将来の学習に役立つはずである．その中には，「必須」「解説」「補足」「おはなし」「発展」「求め方」「復習」「数学」「詳細」「ガイド」などが含まれる．分類は明示されない．各自で読み取ってほしい．その中の【発展】と記載した節や問題はレベルの高い内容である．しかし，時間の余裕があれば，普通サイズの文字で書かれた部分の学習で身につけることができる知識の範囲で読み進め，また解くことができるものである．含まれる内容には今後学ぶことになる専門科目に結び付くものもある．余力があればトライしてみることを勧めたい．

- **数式についての注意と約束**

  使われている数式で注意すること，本書での記法ルールを記す．

  (1) 等号「＝」の意味には3種類ある．恒等式，方程式，定義のいずれの場合も同じ記号を使う．定義には「≡」も使う．意味に注意しながら読むことも大切である．

  　　使うときには論理の流れの中で式の意味・役割を明瞭にするため，この3種類を区別すべきである．でないと論理の流れが乱され誤解を生む場合もある．例えば方程式 $4x = (x+1)^2$ を解く途中で　$4x = (x+1)^2 = x^2 + 2x + 1$　とはしない．

  　　正しく伝えるためには方程式・式の変形 (恒等式である)・定義式の混在は避ける．主張するためには，式でその意味を明瞭に伝える．上の例では $4x = (x+1)^2$ $\therefore 4x = x^2 + 2x + 1$ のように，表式の変形ではなく方程式の変形の論旨にすべきである．

  (2) 分数式の分母は文章の中に書くときには特にカッコに入れない．
  例で示すと，$\dfrac{x+b}{c(x+d)}$　は　$(x+b)/(c(x+d))$　ではなく，$(x+b)/c(x+d)$ と記す．また　$\dfrac{1}{2m}$　は　$1/(2m)$　ではなく，$1/2m$　と記す．

  (3) 量の記号と関数の記号を同じにすることがしばしばある．例えば，質点の位置を x で表すとき，その時間依存性がある関数で表されることを，$x = x(t)$ と書く．数学的には $y = f(x)$ のように従属変数の文字と関数記号の文字は別にするべきだが，物理学の教科書や文章では習慣的にこのように書く．

  (4) ベクトルは太字で $\boldsymbol{a}$，$\boldsymbol{F}$ のように記す．記法 $\vec{a}$ は特に必要になる場合以外では使わない．数字の 0 はスカラー，ベクトル，行列についての式で共通に用いる．矢印付きや，太字の $\boldsymbol{0}$ は用いない．

目 次

第 I 部　質点と剛体の力学　　　　　　　　　　　　　　　　　　　1

第 1 章　質点の運動の記述 3

1.1　質点 3
1.2　位置 4
1.3　速度 5
1.4　加速度 11
1.5　平面極座標での運動の記述 11
　　1.5.1　位置座標と速さ 11
　　1.5.2　平面極座標での速度と加速度 12
　　1.5.3　2 次曲線軌道の極座標表示 13

第 2 章　運動方程式 16

2.1　力・力積と運動量 16
2.2　ニュートンの運動法則 18
　　2.2.1　慣性の法則と運動方程式 18
　　2.2.2　作用反作用の法則 20
　　2.2.3　直線運動・円運動 20
　　2.2.4　力積と運動量の定理 23
2.3　落下と放物運動：等加速度運動 26
2.4　バネによる運動 28
2.5　単振り子 31
2.6　【発展】ひもによる拘束 33

第 3 章　仕事とエネルギー 36

3.1　1 次元運動における仕事と運動エネルギー 36
3.2　3 次元運動における仕事と運動エネルギー 39
3.3　エネルギー保存則・ポテンシャルエネルギー 41
3.4　エネルギー保存則の応用（1）：バネ，地球の引力 47
3.5　【発展】天体による重力 50
3.6　【発展】エネルギー保存則の応用（2）：
　　　　　重力を受ける質点の拘束条件つき運動 51

第 4 章　抵抗と摩擦 54

4.1　粘性抵抗の作用する運動 54

xviii　目　次

4.2	摩擦力の作用する運動	57
	4.2.1　摩擦力	57
	4.2.2　摩擦力の作用する斜面上の運動	59
4.3	抵抗・摩擦とエネルギーの散逸	62

第5章　角運動量　　　　　　　　　　　　　　　　65

5.1	角運動量保存則（2次元の運動）	65
	5.1.1　回転の速度	65
	5.1.2　角運動量	67
	5.1.3　トルクと運動方程式	69
5.2	トルクと角運動量保存則（3次元の運動）	70
	5.2.1　トルク	70
	5.2.2　運動方程式と角運動量	72
5.3	ケプラーの法則	74
	5.3.1　面積速度一定の法則	74
	5.3.2　ケプラーの法則の導出	75

第6章　質点系の力学　　　　　　　　　　　　　　81

6.1	重心の運動	81
6.2	質点系のエネルギー保存則	84
	6.2.1　仕事と運動エネルギー	84
	6.2.2　エネルギー保存則と相互作用ポテンシャル	85
6.3	運動量保存則	87
	6.3.1　運動量の総和	87
	6.3.2　2質点系の運動量保存則	88
	6.3.3　2体の衝突の問題	88
6.4	2つの質点の相対運動	91
	6.4.1　重心の運動と相対運動	91
	6.4.2　力学的エネルギー	93
	6.4.3　1次元的な衝突と質点と壁の衝突の比較	94
6.5	質点系の角運動量保存則	97
	6.5.1　質点系の角運動量	97
	6.5.2　重心を基準にした角運動量とトルク	99
	6.5.3　2質点の合体と角運動量保存則	100

第7章　剛体の運動　　　　　　　　　　　　　　107

7.1	剛体の運動方程式	107
	7.1.1　重心の位置と剛体の向き	107
	7.1.2　運動量・角運動量と運動方程式	109
7.2	慣性モーメント	113

目 次　xix

	7.3	固定軸をもつ剛体の運動	120
	7.4	剛体の平面運動	123
	7.5	【発展】歳差運動	130
	7.6	剛体のつり合い	131

第8章　振動　135

	8.1	単振動	135
	8.2	減衰振動	140
	8.3	強制振動	144
	8.4	連成振動	148

第9章　加速している座標系　154

	9.1	非慣性系における見かけの力	154
	9.2	遠心力	156
	9.3	【発展】コリオリの力	159
	9.4	【発展】地球の自転	162
	9.5	【発展】潮汐力	165

第II部　連続体の力学と波動　169

第10章　固体の変形　172

	10.1	固体の変形	172
	10.2	応力	173
	10.3	ひずみ	176
	10.4	応力とひずみの関係	178
	10.5	弾性体とフックの法則	179
	10.6	弾性体の伸び変形	183
	10.7	弾性体の曲げ変形	185
	10.8	【発展】弾性体のねじり変形	190
	10.9	弾性エネルギー	193
	10.10	熱膨張と熱応力	195

第11章　波動　197

	11.1	波動で学ぶこと	197
	11.2	振動の複素数表記	199
		11.2.1　等速円運動とオイラーの公式	199
		11.2.2　単振動の複素数表記	201
	11.3	進行する波	204
	11.4	波の力学	206

11.4.1	連続体の質量保存則，運動量保存則	206
11.4.2	波動方程式	211
11.4.3	波動方程式の調和波解：複素数表記	214

11.5 弾性体を伝わる波：弾性波，縦波 216

11.6 弦の横振動：横波 218

11.7 波のエネルギー 220

11.8 波動のさまざまな現象 223

11.8.1	重ね合わせの原理	223
11.8.2	波の干渉	225
11.8.3	うなりと波束	226
11.8.4	定在波 (1)：弦の振動	228
11.8.5	定在波 (2)：管の中の空気振動	229
11.8.6	固有振動と共鳴	229
11.8.7	フーリエ分解	230

11.9 波の反射と透過 232

11.9.1	端のある媒質	232
11.9.2	異なる媒質の境界	234

11.10 空間に広がった波 236

11.10.1	球面波	236
11.10.2	平面波とダブルスリットによる干渉縞	237
11.10.3	回折	238

第12章 流体の基本特性 241

12.1 流体を学ぶ意義とは 241

12.2 流体中の力 242

12.2.1	静止している流体内に作用する力	242
12.2.2	静止流体中の物体が受ける力（浮力）	244
12.2.3	大気の圧力	245

12.3 表面張力 247

12.3.1	表面（界面）張力の分子機構	247
12.3.2	表面（界面）張力の定義	248
12.3.3	各種液体の表面張力	249
12.3.4	曲率をもつ面における表裏の圧力差	250
12.3.5	接触角と表面（界面）張力	252
12.3.6	毛細管現象	255

12.4 運動する流体 258

12.4.1	静圧と動圧	258
12.4.2	非圧縮性の完全流体	258
12.4.3	流れの特性	258
12.4.4	流管と質量保存則	259
12.4.5	ベルヌーイの定理	260
12.4.6	【発展】完全流体に対するオイラーの運動方程式	264

	12.4.7 【発展】水面を伝わる波	266
	12.4.8 【発展】完全流体のエネルギー保存則の式	269
12.5	粘性流れ	272
	12.5.1 ニュートンの粘性法則	272
	12.5.2 粘性係数の温度依存性	273
	12.5.3 粘性流体の管内の流れ	274
	12.5.4 ストークスの粘性抵抗	275
	12.5.5 レイノルズ数	276
	12.5.6 【発展】高速流における抵抗	278
	12.5.7 【発展】圧力抵抗	279
	12.5.8 ベルヌーイの定理の適用条件について	279
	12.5.9 【発展】翼の揚力とベルヌーイの定理	280
	12.5.10 【発展】マグナス効果：回転する物体に作用する力	282
	12.5.11 【発展】表面の形状と抵抗の関係	283
	12.5.12 【発展】カルマン渦	283
付録 A	ベクトルの内積とベクトル積	285
付録 B	2 次元ベクトルの平面極座標表示	288
付録 C	線積分	290
付録 D	常微分方程式の解法	291

問題略解 **295**

索　引 **305**

第1部

質点と剛体の力学

第Ⅰ部のはじめに

第Ⅰ部の内容は「力学」である．もちろん学問としての「力学」を極めることは半年の学習でなしうることではない．またすべての工科系の学生に「力学」の隅々までがどうしても必要とはいえない．大事なことは，「力学」を学ぶことばかりを目的とするのではなく，「力学」を通して「物理」を学ぶことである．その実践を通じて物理学の考え方に理解を深め，考える力を身につけてそれを応用できるように磨くことができればよい．

まず，力学の対象になるものをきっちり把握しなければならない．高校までで学んだものを再構築する必要がある．次いで，運動と力と法則を骨組みにした物理学の組み立てを理解する．問題を解くことを重ねていって筋道を立てて考える力を鍛えていく．そうすればその先の道筋は見えてくるであろう．第1章，第2章のなかでその導入が与えられ，次いで法則とその応用として筋道を学べることになる．

歴史的にいえば，物理学は現象と法則の発見と，改めて行われた系統化で進歩してきた．物理を学ぶときにはその順序に従って，まず現象と法則の理解を深めることが不可欠である．その上で，基本的なことから導きだせる大局的な法則を知らなくてはならない．大学で物理学を学ぶ意義はそこにあるといってもよいであろう．エネルギーと運動量の保存則を学ぶのもそのためだといえる．第3章ではこのことを学ぶ．ただし現実の体系では多かれ少なかれミクロな原子分子レベルでの外力が作用しており，環境を含めることではじめて保存則が成り立つ．第4章では，力学的エネルギーの一部が熱として散逸される場合の力学を学ぶ．

学びにしても，問題演習にしても，最初は簡単なものから次第に複雑なものへと考える対象を広げていけば力がつく．要素還元，という言葉は物理学の研究の姿を言うが，学びにおいても込み入った体系や込み入った事象や問題では，指示に従ってそれらを解きほぐし，簡単な系や簡単な事象を組み合わせたものとして理解すればよい．

直線上の世界は基本を学ぶために便利であるが，現実の世界は空間3次元だからベクトルを使った現象や法則の把握の仕方に慣れなくてはならない．第5章に記されている3次元世界の力学について大学の物理学できちんと学べることを楽しみにしてほしい．ここで角運動量の保存則が有用であることを学ぶ．

ひとつの質点の力学は簡単なものであり，複雑さの第一歩は他の質点の存在である．注目する物体と他の物体との間に力が作用している場合の考察から，単一の質点の力学を多数の質点の集まりの力学に広げることができる．第6章では質点系の保存則の有用性を学ぶ．

多数の質点が互いの相対位置を固定して構成している物体，あるいは決まった大きさがあり形を変えないが向きを変える物体を剛体とよぶ．第7章では剛体の力学について学ぶことができる．

振動現象は運動としては最も基本的なもののひとつであり，これを理解することは多くの物理現象を理解するのに役に立つ．第8章ではエネルギー散逸のモデルとしての減衰する振動と，逆に外力に強制されてエネルギーの増大する振動，また質点系の振動を学ぶ．

本書では一貫して慣性系における力学を学び，第Ⅰ部の最後の第9章で，初めて非慣性系での力学について学ぶ．これによって物理的にものを考えることの柔軟性に気がつくことになるであろう．

第1章
質点の運動の記述

この章では，空間内の点の位置や，点の動きを数学的に記述するための道具として，座標とベクトルについて説明する．ここで説明することの大部分はすでに高校の数学で学んでいるに違いない．復習をかねてザッと目を通し，あとで必要になったらその箇所を丁寧に読むのがいいだろう．

1.1 質点

物体が回転せずに空間内を動き回るとき（図 1.1(a)），物体に固定した任意の点の動きがわかれば，その物体の動きがわかったことになる．物体が回転しながら運動するとき（図 1.1(b)）には，物体の各点の動きを知る必要がある．いずれにしても，運動を解析するときの基本は点の動きを記述することである．

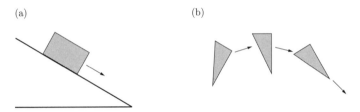

図 1.1 物体の運動の例．(a) 形を変えずに平行移動する物体は質点として扱うことができる．(b) 回転しながら運動する物体は質点として扱うことはできない．

力学では，**質量**（mass）をもち，大きさのない，あるいは限りなく小さいとみなしてよい粒子のことを**質点**（material particle）とよぶ．任意の物体は質点の集合とみなすことができる．また，大きさをもつ物体でも，回転せずに運動する場合には，その物体を質点として扱うことができる．その場合，上で述べたように，物体に固定したどこか一点の動きだけを質点の運動として記述すればよい．

本書ではまず，質点の力学を学び，その後に質点の集合（質点系）や形を変えずに重心の運動と回転の運動をする物体（ここでは**剛体**（rigid body）とよぶ）の運動を扱う（第 I 部）．変形をする物体（特に**弾性体**（elastic body）と**流体**（fluid））の運動については波動も含めて，第 II 部で学ぶ．

質点の運動に関する法則は，**ニュートンの運動法則**として知られている．質点系や剛体の運動法則はニュートンの運動法則から導びかれ，さらには弾性体や流体の運動について成り立つ法則もニュートンの運動法則を使って導くことができる．したがって，質点の運動をしっかりと理解することが重要である．

1.2 位置

質点の位置を記述するためには，**直交座標系（デカルト座標系**, Cartesian-coordinate system）における 3 つの座標 x, y, z を用いることが多い（図 1.2）．直交座標系は，任意に原点を定め，原点を通る 3 つの互いに直交する向きのついた直線を選び，普通は順に**右手系**[1])になるように選んで，それぞれを x 軸，y 軸，z 軸と定めたものである．原点の位置と座標軸の向きは問題に合わせて適切に選ぶとよい．x 座標は，質点から yz 平面までの距離に正または負の符号をつけたものであり，1.2 cm や -3.4 m など，長さの単位をつけた数値で表される．座標 y, z も同様である．**国際単位系**[2])(SI= Le Système international d'unités) における，長さの基本単位は m（メートル）である．

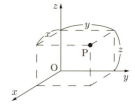

図 1.2 直交座標系．空間内の点 P の位置は，直交座標系の x 座標，y 座標，z 座標を用いて表現できる．

【**慣性座標系**】座標系を使うとき，特に断らなければ静止した座標系に限るが，第 9 章では，原点の位置も座標軸の向きも時間とともに変わる例を扱う．デカルト座標系のうちで身近に考えやすいものは，我々が生活している地上に固定されたものである．しかし，よく知られているとおり，地球は自転し，それに地球自体も太陽系の中で公転している．また，太陽系自体も静止してはいない．すると，**静止座標系**を想定することは難しいと思われるであろう．しかし，私たちが目にできるような長さと時間と質量にかかわる運動現象に限れば，地上に固定された座標系を近似的に一定速度で向きを変えずに移動する座標系とみなせる．一定速度で向きを変えずに移動する座標系を**慣性系**という．第 2 章で学ぶように，慣性系においては運動法則は静止座標系と同じように成り立つ．

質点の運動の様子を記述するには，質点の位置が時間の経過とともにどのように変化するのかを表現すればよい．それは，任意の時刻 t における質点の座標 x, y, z の値がわかっているということである．言い換えると，x, y, z のそれぞれを時間 t の関数 $x(t), y(t), z(t)$ として表現することで，質点の運動を記述できる．SI における時間の基本単位は s（秒）である．

例えば，a と b を実定数として，

$$x = at, \quad y = bt, \quad z = 0 \tag{1.1}$$

と表される場合，質点は xy 平面上で座標原点を通る直線上を動き，時刻 $t = 0$ に原点を通過する（図 1.3）．質点が通過した点が描く曲線を質点の**軌跡**（trajectory）または**軌道**（orbit）という．式 (1.1) で表される質点の運動の軌跡は直線である．

座標原点 O から質点の位置 P へ向かう有向線分を**位置ベクトル**（position vector）といい，記号 r で表す（図 1.4）．また，x 軸，y 軸，z 軸それぞれの正の向きにとった単位ベクトル e_x, e_y, e_z を直交座標の**基本ベクトル**（fundamental vector）という．そして，点 P の座標を (x, y, z) とすると，位置ベクトルは，

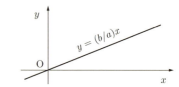

図 1.3 質点の運動が，式 (1.1) で表されるとき，質点は $t = 0$ に原点を通過し，直線 $y = (b/a)x$ に沿って動く．$a > 0$，$b > 0$ ならば，xy 平面内を右上に向かって進む．

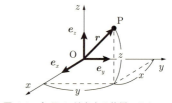

図 1.4 点 P に対応する位置ベクトル r と，直交座標系における基本ベクトル e_x，e_y，e_z．

---

[1]) 右手の親指を x，人差し指を y の方向にとったときに中指の方向が z の方向になるようにする．
[2]) 科学技術の分野では多くの場合，SI で定められた単位を用いる．SI で定める単位を **SI 単位**とよぶ（裏見返し参照）．

$$\boldsymbol{r} = x\boldsymbol{e}_x + y\boldsymbol{e}_y + z\boldsymbol{e}_z \tag{1.2}$$

と表すことができる[3].

　一般に，座標空間の任意のベクトル $\boldsymbol{A}$ は，基本ベクトルを用いて，

$$\boldsymbol{A} = A_x\boldsymbol{e}_x + A_y\boldsymbol{e}_y + A_z\boldsymbol{e}_z \tag{1.3}$$

と表すことができる．この式において，基本ベクトルにかかっている係数 A_x, A_y, A_z をベクトル $\boldsymbol{A}$ の x 成分，y 成分，z 成分とよぶ．したがって，点 P の位置ベクトルの成分は，この点の座標に一致する．また，ベクトル $\boldsymbol{A}$ の成分が A_x, A_y, A_z であるとき，式 (1.3) の代わりに，

$$\boldsymbol{A} = (A_x, A_y, A_z) \tag{1.4}$$

と表現することもある．この記法を使えば，位置ベクトルは $\boldsymbol{r} = (x, y, z)$ と表される．

　本書では，ベクトル $\boldsymbol{A}$ の大きさは，記号 $|\boldsymbol{A}|$ や A で表す．また，2つのベクトル $\boldsymbol{A}$ と $\boldsymbol{B}$ の**内積** (inner product) を $\boldsymbol{A} \cdot \boldsymbol{B}$ と表す．内積はまた**スカラー積** (scalar product) ともよばれる（付録 A 参照）．

例題 1.2-1　a, b, c を正の定数として，質点の座標が，

$$x = at, \quad y = 0, \quad z = bt(c-t) \tag{1.5}$$

と表されるとき，質点はどのような運動をするのか示せ．

解　x と z の式から t を消去すると，

$$z = \frac{b}{a}x\left(c - \frac{x}{a}\right) \quad \Rightarrow \quad z = -\frac{b}{a^2}\left(x - \frac{ac}{2}\right)^2 + \frac{bc^2}{4}$$

となるので，質点は xz 平面内の（上に凸の）放物線に沿って動くことがわかる（図 1.5）．$t=0$ に原点を通過し，$t=c/2$ に頂点を通過する．

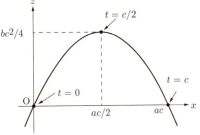

図 1.5　式 (1.5) で表される運動をする質点の軌跡は放物線である．

問題 1.2-1　R と ω を正の定数として，質点の座標が，

$$x = R\cos\omega t, \quad y = R\sin\omega t, \quad z = 0 \tag{1.6}$$

と表されるとき，質点はどのような運動をするのかを，例題 1.2-1 にならって示せ．

1.3　速度

　はじめは簡単のために x 軸上を運動する質点について，次に 3 次元空間の中を運動する質点について考える．

---

[3] ベクトルは向きと長さが定まっている量であるが，特に位置ベクトルは空間の点を表す．点 $\boldsymbol{r}$ というときの点は，始点を原点に置いたベクトルの終点である．

x 軸上の質点の速度

いま，質点の座標 x が時間 t の関数 $x(t)$ として与えられているものとする．すると任意の時刻 t に位置 $x(t)$ にあった質点は，それから時間が Δt だけ経過した後には，位置 $x(t+\Delta t)$ に達する．この時間 Δt における x の増分 Δx は，

$$\Delta x = x(t+\Delta t) - x(t) \tag{1.7}$$

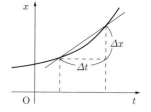

図 1.6 t の増分 Δt と x の増分 Δx．

で与えられる（図 1.6）．そして，

$$\frac{\Delta x}{\Delta t} \tag{1.8}$$

は，時刻 t から $t+\Delta t$ までの間の質点の**平均速度** (average velocity) を表す．さらに，極限 $\Delta t \to 0$ をとると，平均速度 (1.8) は極限値をもつ．これが時刻 t における**速度** (velocity) v の定義である．すなわち，

$$v = \lim_{\Delta t \to 0} \frac{\Delta x}{\Delta t} \quad \Rightarrow \quad v = \frac{dx}{dt} \tag{1.9}$$

と定義される．ここで，微分の定義 $\dfrac{dx}{dt} = \lim_{\Delta t \to 0} \dfrac{\Delta x}{\Delta t}$ を用いた．時間 t をあらわに記せば，$v(t) = \dfrac{d}{dt}x(t)$ である．力学では，時間 t の関数 $f(t)$ の導関数 df/dt を $\dot{f}$（エフ・ドットと読む）と表すことが多い．この記法を使うと，x 軸上を運動する質点の速度 v は，

$$v = \dot{x} \tag{1.10}$$

と表される．式 (1.9) によると，速度は，座標の増分 Δx を時間の増分 Δt で割ったものである．したがって，速度の SI 単位は m/s（メートル毎秒）となる．

質点の速度 v は位置 x の導関数なので，速度を積分すると位置が得られる．すなわち，

$$x = \int v\, dt \tag{1.11}$$

が成り立つ．そして，時間 t をあらわに記せば，初期時刻 $t=0$ における位置を x_0 とすると任意の時刻 t における位置 $x(t)$ は，

$$x(t) = x_0 + \int_0^t v(t')\, dt' \tag{1.12}$$

と表すことができる．特に，速度が時間によらず一定の値 v_0 をとる場合（等速度運動の場合），上の式は，

$$x(t) = x_0 + v_0 t \tag{1.13}$$

となる．

3 次元空間の質点の速度

質点の位置ベクトル $\boldsymbol{r}$ が時間の関数 $\boldsymbol{r}(t)$ として与えられているものとする．これは，質点の各座標 x, y, z が t の関数として与えられていることを意味する．すると，任意の時刻 t からその後の任

図 1.7 時刻 t から $t+\Delta t$ までの質点の変位 $\Delta \boldsymbol{r}$．

意の時刻 $t + \Delta t$ までの間に，質点が移動する距離と向きはベクトル

$$\Delta \boldsymbol{r} = \boldsymbol{r}(t + \Delta t) - \boldsymbol{r}(t) \tag{1.14}$$

の大きさと向きで与えられる（図 1.7）．この $\Delta \boldsymbol{r}$ を，時刻 t から $t + \Delta t$ までの質点の**変位**（displacement）とよぶ．そして，変位を時間の増分 Δt で割った $\Delta \boldsymbol{r}/\Delta t$ は時刻 t から $t + \Delta t$ までの質点の**平均速度**（average velocity）を表す．時刻 t における**速度**（velocity）$\boldsymbol{v}$ は時間の関数として，平均速度の極限によって定義され，

$$\boldsymbol{v} = \lim_{\Delta t \to 0} \frac{\Delta \boldsymbol{r}}{\Delta t}$$

である．ここで $\Delta \boldsymbol{r}$ を成分で表すと，

$$\lim_{\Delta t \to 0} \frac{\Delta \boldsymbol{r}}{\Delta t} = \lim_{\Delta t \to 0} \left(\frac{\Delta x}{\Delta t}, \frac{\Delta y}{\Delta t}, \frac{\Delta z}{\Delta t} \right) \quad \Rightarrow \quad \lim_{\Delta t \to 0} \frac{\Delta \boldsymbol{r}}{\Delta t} = (\dot{x}, \dot{y}, \dot{z})$$

である．この左辺，$\displaystyle\lim_{\Delta t \to 0} \frac{\Delta \boldsymbol{r}}{\Delta t}$ を $\dfrac{d\boldsymbol{r}}{dt}$ あるいは $\dot{\boldsymbol{r}}$ と表す．つまり，$\dot{\boldsymbol{r}}$ は $(\dot{x}, \dot{y}, \dot{z})$ を成分とするベクトルとして定義される．よって

$$\boldsymbol{v} = \frac{d\boldsymbol{r}}{dt} \quad \text{あるいは} \quad \boldsymbol{v} = \dot{\boldsymbol{r}} \tag{1.15}$$

と定義される．したがって，速度の x 成分を v_x，y 成分を v_y，z 成分を v_z とすると，

$$(v_x, v_y, v_z) = (\dot{x}, \dot{y}, \dot{z}) \tag{1.16}$$

である．

図 1.7 で $\Delta t \to 0$ の極限をとると $\Delta \boldsymbol{r}$ の向きは，質点の運動の軌道に点 $\boldsymbol{r}(t)$ で引いた接線の向きに近づく．次のことを確認しておく．

> 速度の方向は運動の軌道に引いた接線の向きに一致する．

x 軸上の運動の場合と同様に，3 次元空間中の運動の場合でも，質点の速度 $\boldsymbol{v}$ が時間の関数 $\boldsymbol{v}(t)$ として与えられると，これを積分することで任意の時刻における質点の位置を計算できる．時間 t をあらわに記せば，初期時刻 $t = 0$ における質点の位置を $\boldsymbol{r}_0 = (x_0, y_0, z_0)$ とすると，時刻 t における質点の位置は，

$$\boldsymbol{r}(t) = \boldsymbol{r}_0 + \int_0^t \boldsymbol{v}(t') \, dt' \tag{1.17}$$

で与えられる．この式の右辺にはベクトルの積分が含まれており，理解しにくいかもしれない．これは，成分で表した式

$$x(t) = x_0 + \int_0^t v_x(t') \, dt', \quad y(t) = y_0 + \int_0^t v_y(t') \, dt', \quad z(t) = z_0 + \int_0^t v_z(t') \, dt' \tag{1.18}$$

をベクトル表記したものだと考えるといい．

速さと移動距離

速度 $\boldsymbol{v}$ の大きさ

$$v = |\boldsymbol{v}| = \sqrt{v_x{}^2 + v_y{}^2 + v_z{}^2} \tag{1.19}$$

を**速さ** (speed) とよぶ．ある時刻 t_0 からその後の任意の時刻 t までに質点が描く軌跡の長さ $l(t)$ を，時刻 t_0 から t までの質点の**移動距離**とよぶ．この移動距離は，各時刻の速さ $v(t)$ を用いて次式で与えられる（下の補足参照）．

$$l(t) = \int_{t_0}^{t} v(t')\,dt' \tag{1.20}$$

等速度運動

速度が時間によらず一定の運動を**等速度運動**という．また，速さが一定の運動を**等速運動**という．等速度運動は等速運動でもある．しかし，等速運動は必ずしも等速度運動ではないことに注意しよう．例えば，等速円運動は等速運動ではあるが，等速度運動ではない（1.4 節も参照）．

速度 $\boldsymbol{v}_0$ の等速度運動では，式 (1.17) により，質点の位置は，

$$\boldsymbol{r} = \boldsymbol{r}_0 + \boldsymbol{v}_0 t \tag{1.21}$$

で与えられる．この式から，質点は，点 $\boldsymbol{r}_0$ を通り，$\boldsymbol{v}_0$ に平行な直線上を，一定の速さ $v_0 = |\boldsymbol{v}_0|$ で動くことがわかる（図 1.8）．このため，等速度運動のことを**等速直線運動**ともいう．

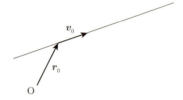

図 1.8 一定の速度 $\boldsymbol{v}_0$ で運動する質点が時刻 $t = 0$ に点 $\boldsymbol{r}_0$ を通過するならば，この質点は図の直線に沿って運動する．

【**補足：速さと移動距離の関係**】時刻 t_A からその後の任意の時刻 t までの移動距離を $l(t)$ とすると，時刻 t から $t + \Delta t$ までの微小時間に質点が動いた距離 Δl は，$\Delta l = l(t + \Delta t) - l(t)$ と表される．一方，この微小時間における質点の変位 $\Delta \boldsymbol{r} = (\Delta x, \Delta y, \Delta z)$ を使うと，$\Delta l = \sqrt{(\Delta x)^2 + (\Delta y)^2 + (\Delta z)^2}$ と表すこともできる．したがって

$$l(t + \Delta t) - l(t) = \sqrt{(\Delta x)^2 + (\Delta y)^2 + (\Delta z)^2}$$

が成り立つ．この式の両辺を Δt で割って，$\Delta t \to 0$ の極限をとると，

$$\frac{dl}{dt} = \sqrt{v_x{}^2 + v_y{}^2 + v_z{}^2} \tag{1.22}$$

が得られる．この式の右辺は質点の速さ v に等しい．よって，$l(t)$ の定義により $l(t_0) = 0$ であることを考慮して，式 (1.22) を積分すると式 (1.20) になる．

例題 1.3-1 a と b を正の定数として，x 軸上を運動する質点の速度 v が，

$$v(t) = ae^{-bt} \tag{1.23}$$

で与えられるものとする（図 1.9(a)）．時刻 $t = 0$ に質点が原点を通過するものとして，任意の時刻 t における質点の座標を求め，図示せよ．

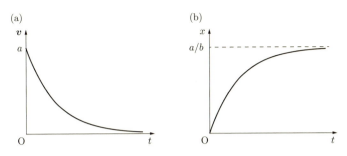

図 1.9 (a) 式 (1.23) の関数 $v = v(t)$ のグラフ. (b) 式 (1.25) の関数 $x = x(t)$ のグラフ.

解 速度を時間で積分すると位置座標が得られる. 式 (1.12) に記されているとおり,

$$x(t) = x_0 + \int_0^t v(t')\, dt' \tag{1.24}$$

である. ここで, $x_0 = 0$, $v(t) = ae^{-bt}$ とおけば

$$x(t) = \int_0^t ae^{-bt'}\, dt' = \frac{a}{b}\left(1 - e^{-bt}\right) \tag{1.25}$$

この結果をグラフに表すと図 1.9(b) のようになる.

例題 1.3-2（発展） 半径 R の円が, xy 平面内で, x 軸の上を一定の速さで転がる. このとき, 円周上に固定された 1 つの点はサイクロイドを描く（図 1.10）. 具体的には, V を正の定数として円の中心 C の座標 (x_c, y_c) が,

$$x_c = Vt, \quad y_c = R$$

と表されるものとする.
(1) $t = 0$ において, 原点 O にあった円周上の点 P の速さ v を t の関数として表せ.
(2) 円が一回転する間に点 P がサイクロイドに沿って移動する距離 l を求めよ.

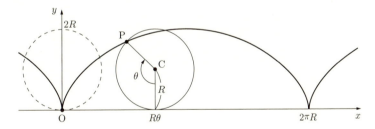

図 1.10 半径 R の円が x 軸上を転がるとき, 円周上に固定された点 P はサイクロイドを描く.

解 (1) $t = 0$ から時刻 $t > 0$ までに半径 CP が回転した角度を θ とする（図 1.10）と,

$$x_c = R\theta \quad \Rightarrow \quad \theta = \frac{Vt}{R}$$

という関係が成り立つ. そして, 点 P の座標 (x, y) は,

$$x = x_c - R\sin\theta = R(\theta - \sin\theta), \quad y = y_c - R\cos\theta = R(1 - \cos\theta)$$

と表すことができる. したがって,

$$v_x = \dot{x} = R\dot\theta(1 - \cos\theta), \quad v_y = \dot{y} = R\dot\theta\sin\theta$$

これより, 次の結果を得る.

$$v = \sqrt{v_x{}^2 + v_y{}^2} = 2R\dot\theta \left|\sin\frac{\theta}{2}\right| = 2V\left|\sin\frac{Vt}{2R}\right|$$

(2) 円が一周するのに要する時間は $2\pi R/V$ であり，$0 \le t \le 2\pi R/V$ の範囲では $\sin(Vt/2R) \ge 0$ だから，

$$l = \int_0^{2\pi R/V} v\,dt = \int_0^{2\pi R/V} 2V\sin\frac{Vt}{2R}\,dt = 8R$$

問題 1.3-1 前節の式 (1.5) で記述される運動について質点の速度の x 成分，y 成分，z 成分を求めよ．

問題 1.3-2 質点が半径 a の円運動をしていて，時刻 t における角度を表す変数 θ が $\theta = \omega t + \pi/4$ であるとする．ここで a と角速度 ω は与えられた定数とする．質点の座標が，

$$x = a\cos\theta, \quad y = a\sin\theta$$

であるという．このとき，質点の速度の x 成分，y 成分を求めよ．a を任意にとって運動の軌跡を図示し，その図の上に $t = 0$, $T/8$, $T/4$, $3T/8$, $T/2$ における速度の向きを記せ．ただし，T は円運動の周期であり，$T = 2\pi/\omega$ で与えられる．

問題 1.3-3（発展） 以下の問いに答えよ．

(1) xy 平面上に置かれた半径 a の円板に糸が巻き付けられており，糸の先端 P には質点が結合している．図 1.11(a) のように，円板から糸がほぐれるように質点が xy 平面内で運動する．ただし，ほぐれた部分の糸 QP はたるむことなく，つねにピンと張っているものとする．このとき，質点の速度 v_P は QP に垂直であることを示せ．
〔ヒント〕円板の中心を原点 O とし，糸が完全に巻き付いているときの質点 P の位置が x 軸上の正の側に来るように x 軸と y 軸をとる．半径 OQ と x 軸のなす角を θ として，質点の座標 (x_P, y_P) を，θ を媒介変数として表すとよい（線分 PQ の長さは $a\theta$ であり，線分 PQ は OQ に垂直である）．

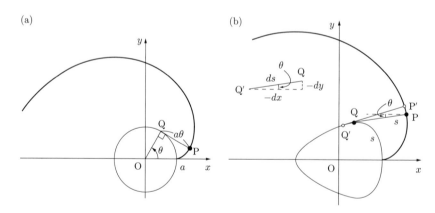

図 1.11 (a) 質点 P の運動により，円板に巻き付けられた糸がほぐれる．ほぐれた部分の糸 QP はつねにピンと張っている．(b) 任意の形状の物体に巻き付けられた糸がほぐれる場合，Q と Q′ はほぐれた糸の長さが s と $s + ds$ のときの，糸と物体が接する点である．質点の位置 P と P′ も同様の意味をもつ．

(2) さらに，糸が巻き付けられている物体の表面が円とは限らない一般の曲線であったとしても，ほぐされてピンと張った糸の向きと糸の端に付けられた質点 P の速度とは直交する．これを示せ．
〔ヒント〕図 1.11(b) に示すように，ほぐれた部分の糸 QP の長さを s とし，糸と物体の表面が接する点 Q の座標を $(x(s), y(s))$ と表すとよい[4]．QP が x 軸となす角を θ（θ は s の関数として表すことができる）とすると，$\overrightarrow{\mathrm{QP}} = (s\cos\theta, s\sin\theta)$ だから，P の座標 (x_P, y_P) は，$x_P = x + s\cos\theta$, $y_P = y + s\sin\theta$ と表される．これらの表式を利用して，$\overrightarrow{\mathrm{QP}}$ と $(\dot{x}_P, \dot{y}_P)$ が直交することを示せばよい．そのためには，$dx/ds = -\cos\theta$, $dy/ds = -\sin\theta$ という関係を導く必要がある．

---

[4] 半径が a の円の場合には $x = a\cos(s/a), y = a\sin(s/a)$ である．

1.4 加速度

質点の速度 $\bm{v} = \dot{\bm{r}}$ が時間 t の経過とともに変化するとき，その変化率

$$\bm{a} = \frac{d\bm{v}}{dt} = \dot{\bm{v}} = \ddot{\bm{r}} \tag{1.26}$$

を**加速度**という．ここで $\ddot{\bm{r}}$ は $d^2\bm{r}/dt^2$ を意味する．式 (1.26) より，加速度の SI 単位は m/s^2（メートル毎秒毎秒）であることがわかる．

加速度が時間によらずに一定の運動を**等加速度運動**とよぶ．等加速度運動における加速度を $\bm{a}_0$，初期時刻 $t = 0$ における速度を $\bm{v}_0$ とすると，任意の時刻 t における速度は，

$$\bm{v}(t) = \bm{v}_0 + \bm{a}_0 t \tag{1.27}$$

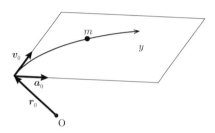

図 1.12 式 (1.28) で記述される質点の軌跡は，位置ベクトル $\bm{r}_0$ の終点に $\bm{v}_0$ と $\bm{a}_0$ の始点をそろえたときに，$\bm{v}_0$ と $\bm{a}_0$ が作る平面上にある．

で与えられる．また，初期時刻における位置を $\bm{r}_0$ とすると，時刻 t における位置は，

$$\bm{r}(t) = \bm{r}_0 + \bm{v}_0 t + \frac{1}{2}\bm{a}_0 t^2 \tag{1.28}$$

となる．この式は，等加速度運動をする質点は 1 つの平面内を移動することを示している（図 1.12）．

【速さが一定でも加速するとは？】 加速度があっても速さが時間とともに変わるとは限らない．等速運動であっても加速度が 0 ではないならば，それは加速度が速度に垂直な場合である．この興味深い性質を導くには，速度ベクトル $\bm{v}$ の大きさ v と内積の関係 $v^2 = \bm{v} \cdot \bm{v}$ を利用する（付録 A 参照）．ここで，t の関数である 2 つのベクトル $\bm{A}(t)$，$\bm{B}(t)$ の内積を t で微分するときの公式，$d(\bm{A} \cdot \bm{B})/dt = (d\bm{A}/dt) \cdot \bm{B} + \bm{A} \cdot (d\bm{B}/dt)$ から，上の式の両辺を時間 t で微分して，

$$2v\frac{dv}{dt} = \frac{d\bm{v}}{dt} \cdot \bm{v} + \bm{v} \cdot \frac{d\bm{v}}{dt} \quad \text{ここで} \quad 右辺 = \bm{a} \cdot \bm{v} + \bm{v} \cdot \bm{a} = 2\bm{v} \cdot \bm{a} \quad \Rightarrow \quad v\frac{dv}{dt} = \bm{v} \cdot \bm{a} \tag{1.29}$$

を得る．ただし，$\bm{a}$ は加速度である．等速運動では速さ v は一定だから，$dv/dt = 0$ となる．よって，$\bm{v} \cdot \bm{a} = 0$ であり，$\bm{a} \neq 0$ であれば速度と加速度は直交する．(Q.E.D.[5])

式 (1.29) はまた，$\bm{a} \cdot \bm{v} = 0$ ならば，$dv/dt = 0$ であることを意味している．したがって，**質点の速度と加速度がつねに直交しているならば，この質点の速さは一定である**，といえる．

1.5 平面極座標での運動の記述

1.5.1 位置座標と速さ

平面上を運動する質点の位置は 2 次元直交座標 (x, y) を使って記述できるが，場合によっては**平面極座標**を用いるほうが便利である．図 1.13 のように，点 P から座標原点までの距離 r，線分 OP と x 軸（の正の側の半直線）とのなす角 φ が与えられたとき，平面極座標系における座標を r, φ，また点 P の位置ベクトルを $\bm{r} = (r, \varphi)$ と表す．座標 r を**動径**とよび，座標 φ を**偏角**または**方位角**とよぶ．動径のとり得る範囲は $0 \leq r < \infty$，方位角のとり得る範囲は $0 \leq \varphi < 2\pi$ である．SI における角度の単位は rad（ラジアン）である．

---

[5] ラテン語 *quod erat demonstrandum* (= that which was to be demonstrated) の略．証明の結びに用いる．

図 1.13 からわかるように，直交座標 (x, y) と極座標 (r, φ) の間には次の関係が成り立つ．

$$x = r\cos\varphi, \quad y = r\sin\varphi \tag{1.30}$$

また，これらの式から，

$$r = \sqrt{x^2 + y^2}, \quad \tan\varphi = \frac{y}{x} \tag{1.31}$$

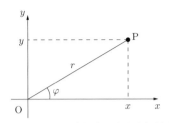

図 1.13 平面極座標 (r, φ) と直交座標 (x, y) との関係．

という関係が得られる．

運動する質点の座標が (x, y) または (r, φ) で表されているものとして，式 (1.30) の両辺を時間 t で微分すると，

$$\dot{x} = \dot{r}\cos\varphi - r\dot\varphi\sin\varphi, \quad \dot{y} = \dot{r}\sin\varphi + r\dot\varphi\cos\varphi \tag{1.32}$$

となる．この式の右辺に現れる $\dot{r}$ を**動径速度**，$\dot\varphi$ を**角速度**という．SI における動径速度の単位は m/s（メートル毎秒），角速度の単位は rad/s（ラジアン毎秒）である．

質点の速さを v とすると，$v^2 = \dot{x}^2 + \dot{y}^2$ と式 (1.32) より，

$$v^2 = \dot{r}^2 + r^2\dot\varphi^2 \tag{1.33}$$

が成り立つ．この式は，質点の速さを平面極座標を用いて表す公式である．この式の意味は図 1.14 に示すように，幾何学的に理解できる．この図からわかるように，微小時間 dt の間に質点が移動する距離 dl は，

$$(dl)^2 = (dr)^2 + (r\,d\varphi)^2 \tag{1.34}$$

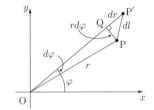

図 1.14 微小時間 dt の間に，質点は点 P から P′ まで移動する．その移動距離を dl とする．点 P から線分 OP′ に下ろした垂線の足を Q として，三角形 PQP′ に三平方の定理を適用すると式 (1.34) が得られる．

で与えられる [6]．この式の両辺を $(dt)^2$ で割ると，左辺は v^2 になり，右辺は $(\dot{r})^2 + (r\dot\varphi)^2$ となる．このようにして，図 1.14 の考察から式 (1.33) を導くことができる．

1.5.2 平面極座標での速度と加速度

平面極座標系におけるベクトルの成分を定義するために，この座標系における**基本ベクトル** e_r, e_φ を導入する（図 1.15）．これらの基本ベクトルは平面内の各点で定義されることに注意する．点 P(r, φ) における e_r と e_φ を次のように定義する．原点を O として，ベクトル $\overrightarrow{\mathrm{OP}}$ と平行で，このベクトルと同じ向きの単位ベクトルを e_r とする．また，原点 O を中心として，点 P を通る円（r が一定の曲線）を C とする．点 P を始点として，C に接する単位ベクトルのうち，φ が増加する向きを向いているものを e_φ とする．以上より，

$$\boldsymbol{r} = r\boldsymbol{e}_r \tag{1.35}$$

である．

定義から e_r と e_φ は互いに垂直である（$\boldsymbol{e}_r \cdot \boldsymbol{e}_\varphi = 0$）．さらに基本ベクトル e_r, e_φ を直交座標系の基本ベクトル e_x, e_y を用いて表すと，

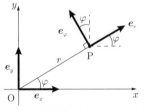

図 1.15 平面極座標系における基本ベクトル e_r と e_φ．

$$\boldsymbol{e}_r = \boldsymbol{e}_x\cos\varphi + \boldsymbol{e}_y\sin\varphi, \quad \boldsymbol{e}_\varphi = -\boldsymbol{e}_x\sin\varphi + \boldsymbol{e}_y\cos\varphi \tag{1.36}$$

---

[6] 極限 $dt \to 0$ をとることを念頭において，この極限で無視できる微小量は省略している．

である.

座標平面内の任意のベクトル $\boldsymbol{A}$ を点 P における基本ベクトル $\boldsymbol{e}_r$, $\boldsymbol{e}_\varphi$ の方向に分解して,

$$\boldsymbol{A} = A_r \boldsymbol{e}_r + A_\varphi \boldsymbol{e}_\varphi \tag{1.37}$$

と表すとき, 右辺の係数 A_r, A_φ は（点 P における）平面極座標におけるベクトル $\boldsymbol{A}$ の成分である. それぞれ, A_r をベクトル $\boldsymbol{A}$ の（点 P における）r 成分または**動径成分**, A_φ を（点 P における）φ 成分または**接線成分**とよぶ. 式 (1.36) と式 (1.37) から, ベクトル $\boldsymbol{A}$ の直交座標成分 A_x, A_y と平面極座標成分 A_r, A_φ との関係

$$A_x = A_r \cos\varphi - A_\varphi \sin\varphi, \quad A_y = A_r \sin\varphi + A_\varphi \cos\varphi \tag{1.38}$$

が得られる（付録 B の式 (B.3) 参照）. これとは逆に, A_x, A_y を A_r, A_φ に変換する式は,

$$A_r = A_x \cos\varphi + A_y \sin\varphi, \quad A_\varphi = -A_x \sin\varphi + A_y \cos\varphi \tag{1.39}$$

となる（付録 B の式 (B.4) 参照）.

質点 P の運動を平面極座標で記述しているとしよう. 式 (1.36) のそれぞれの右辺において, $\boldsymbol{e}_x$ と $\boldsymbol{e}_y$ は時間に依存しない定ベクトルである. これに対して, 座標 φ は, 点 P が移動すれば変化する. したがって点 P が移動すれば, 平面極座標の基本ベクトル $\boldsymbol{e}_r$, $\boldsymbol{e}_\varphi$ は向きを変える.

時刻 t における質点の座標を $r = r(t)$, $\varphi = \varphi(t)$, この質点の位置における基本ベクトルを $\boldsymbol{e}_r(t)$, $\boldsymbol{e}_\varphi(t)$ とする. 式 (1.36) のそれぞれの式の両辺を時間 t で微分することにより, 質点の運動による基本ベクトルの変化率は,

$$\dot{\boldsymbol{e}}_r = \dot{\varphi}\boldsymbol{e}_\varphi, \quad \dot{\boldsymbol{e}}_\varphi = -\dot{\varphi}\boldsymbol{e}_r \tag{1.40}$$

で与えられることがわかる（付録 B の式 (B.5), (B.6) 参照）. これを利用して, 質点の速度 $\boldsymbol{v}$ の動径成分 v_r と接線成分 v_φ を極座標で表そう. 質点 P の位置ベクトルは式 (1.35) より $\boldsymbol{r} = r\boldsymbol{e}_r$ であるので質点の速度 $\boldsymbol{v} = \dot{\boldsymbol{r}}$ は,

$$\boldsymbol{v} = \dot{r}\boldsymbol{e}_r + r\dot{\boldsymbol{e}}_r$$

と計算できる. この式に式 (1.40) の第 1 式を代入すると,

$$\boldsymbol{v} = \dot{r}\boldsymbol{e}_r + r\dot{\varphi}\boldsymbol{e}_\varphi \tag{1.41}$$

となる. したがって, 速度の動径成分と接線成分は,

$$v_r = \dot{r}, \quad v_\varphi = r\dot{\varphi} \tag{1.42}$$

で与えられる. このことはまた直接に, 図 1.14 に示される点 P から点 P′ への位置の変化 $\boldsymbol{r}(t+dt) - \boldsymbol{r}(t)$ を動径成分 dr と接線成分 $rd\varphi$ に分けて dt で割ったもので速度を求めることによっても得られる.

さらに, 加速度 $\boldsymbol{a} = \ddot{\boldsymbol{r}}$ の動径成分と接線成分を求めよう. 式 (1.41) の両辺を時間で微分して, 式 (1.40) を利用すると, それらは次式で与えられることがわかる（付録 B の式 (B.7) 参照）.

$$a_r = \ddot{r} - r\dot{\varphi}^2, \quad a_\varphi = 2\dot{r}\dot{\varphi} + r\ddot{\varphi} \tag{1.43}$$

例えば, 原点を中心とする半径 R の円周上を反時計回りに, 一定の速さ V で運動（等速円運動）する質点の加速度は,

$$\boldsymbol{a} = -\frac{V^2}{R}\boldsymbol{e}_r \tag{1.44}$$

となる. つまり, 加速度は質点から円の中心に向かい, その大きさは V^2/R に等しい（このことは高校で学んだであろう）.

1.5.3　2次曲線軌道の極座標表示

楕円（ellipse）, **放物線**（parabola）, **双曲線**（hyperbola）を 2 次曲線または**円錐曲線**（conic section）とよぶ.

質点の位置が 2 次曲線の軌道を描く運動を記述するときに極座標が便利である. 特に, 太陽系における惑星の運動を考えるとき, また水素原子における電子の運動を考えるときに役に立つ. ここでは 2 次曲線の方程式を極座標で与える.

1 つの定点からの距離 p と 1 つの定直線からの距離 q の比 $\varepsilon = p/q$ が一定であるような点の集合（図 1.16）は 2 次曲線になる, ということは高校の数学で習ったであろう. このことを確認しよう. ちなみに, この定点のことを**焦点**（focus）, 定直線のことを**準線**（directrix）とよび, 距離の比 ε を 2 次曲線の**離心率**（eccentricity）とよぶ.

(a)上記の定点として座標原点 O をとり, 定直線として l を正の定数として $x = l$ をとると, 上記の p は点 P の動径 r であり, q は点 P の平面極座標 (r, φ) を使って表すことができ,

$$q = l - r\cos\varphi$$

である．$\varepsilon = r/q$ が一定である曲線の方程式は，
$$\varepsilon = \frac{r}{l - r\cos\varphi}$$
である．これを r について解けば，
$$r = \frac{\varepsilon l}{1 + \varepsilon\cos\varphi} \tag{1.45}$$
が得られる．

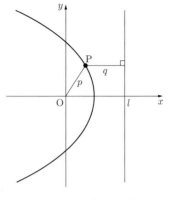

図 1.16 原点 O を焦点，直線 $x = l$ を準線とする 2 次曲線．

(b) 式 (1.45) の表す曲線は，(i) $\varepsilon < 1$ ならば楕円，(ii) $\varepsilon = 1$ ならば放物線，(iii) $\varepsilon > 1$ ならば双曲線である．これは点 P の位置を直交座標 (x, y) を用いて表すことにより確かめられる．特に，(i) の場合には楕円の長軸と短軸の半径が，(iii) の場合には双曲線の漸近線が求められる．

式 (1.45) の両辺に $1 + \varepsilon\cos\varphi$ をかけて，次のように書き直す．
$$r = \varepsilon(l - r\cos\varphi)$$
この式の両辺を平方して，$r^2 = x^2 + y^2$, $r\cos\varphi = x$ を代入して整理すると，
$$(1 - \varepsilon^2)x^2 + 2\varepsilon^2 lx + y^2 = (\varepsilon l)^2 \tag{1.46}$$
$\varepsilon = 1$ の場合には，この式は，
$$y^2 = -2l(x - l/2)$$
$\varepsilon \neq 1$ の場合には，
$$\left(\frac{1 - \varepsilon^2}{\varepsilon l}\right)^2 \left(x + \frac{\varepsilon^2 l}{1 - \varepsilon^2}\right)^2 + \frac{1 - \varepsilon^2}{(\varepsilon l)^2} y^2 = 1 \tag{1.47}$$
となる．

(i) $1 - \varepsilon^2 > 0$ (すなわち $\varepsilon < 1$) のとき，式 (1.47) は 楕円の方程式 であり，x 軸方向の半径 a と y 軸方向の半径 b は
$$a = \frac{\varepsilon l}{1 - \varepsilon^2}, \quad b = \frac{\varepsilon l}{\sqrt{1 - \varepsilon^2}}$$
で与えられる．式 (1.45) では $\varepsilon \neq 0$ としているので $1 - \varepsilon^2 < 1$ が成り立ち，したがって $1 - \varepsilon^2 < \sqrt{1 - \varepsilon^2}$．よって $a > b$ であり，a が長半径，b が短半径であることがわかる．

(ii) $\varepsilon = 1$ のとき式 (1.46) の表す曲線は x 軸を対称軸として $(l/2, 0)$ を頂点とする 放物線である．

(iii) $1 - \varepsilon^2 < 0$ (すなわち $\varepsilon > 1$) のとき，式 (1.47) は 双曲線の方程式 であり，その漸近線は次式で与えられる [7]．
$$x - \frac{\varepsilon^2 l}{\varepsilon^2 - 1} = \pm\frac{y}{\sqrt{\varepsilon^2 - 1}}$$

ε の値による分類は式の区別だけだと思われるかもしれない．数学的には $\varepsilon = 1$ の時に分母が 0 になるため方程式が定義できないことに基づいているが，物理学的に意味のある分類をしていることに注意したい．この方程式が質点が万有引力によって運動するときの軌道を表す場合には，初期条件の違いや，力学的エネルギーの違いによる曲線の違いが生まれる．そのことは本書の第 5 章で説明される．

問題 1.5-1 a を正の定数として，質点が直線 $y = a$ に沿って，一定の速さ V で，x が減少する方向に運動している (図 1.17)．この質点の動径速度 $\dot{r}$ と角速度 $\dot{\varphi}$ を φ のみの関数として表せ．

〔ヒント〕軌道の方程式を用いて r を消去する．

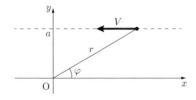

図 1.17 x 軸に平行な直線上の等速運動．

---

[7] 式 (1.47) で $x \gg 1$, $y \gg 1$ のとき，右辺を 0 とみなすと x, y の満たす方程式を得る．それが漸近線の方程式である．

工学と物理学（1）：工学と理学

　高校までの理科，つまり物理，化学，生物，地学といった科目は，大学では理学のそれぞれ一分野としてそのまま学問となっている．しかし工学とは高校の科目になかった学問である．いったい理学と工学とは何が共通し，何が違うのだろう．そもそも「理」という漢字は「玉」と「里」からできており，このうち里とは筋目をつけた土地のことである．この里を玉と組合せた「理」とは，すなわち宝石の表面に透けて見える筋目のことである．結晶学で劈（へき）開面とよばれるこの筋目に刃物をあてて力を加えると宝石がきれいに割れ，その断面は数原子オーダーの平坦性を示す．ここから転じて「理」とは物事に隠されている固有の筋道を表すことになった．まさに「理」は「こと割り」なのである．自然がもつ固有の性質を明らかにする学問，というのが理学の本質である．これに対し「工」の字は，一説によれば，天地を表す二本の横棒を，人を表す縦棒がつないでできている．工学は天が与えた「理」を，地上の生活を豊かにするために人がつなぐ学問である．言い換えれば「モノづくり」が工学の基本にある．同じ理系でも，理学が分析的であるのに対し，工学は合成的である．　（末光眞希）

第2章
運動方程式

　これまで物体の運動を，位置を表す座標の時間変化として考察してきたが，この章では運動を起こす原因や理由についての法則を学ぶ．

　物体の運動についての最も基本的な法則は，ニュートンが提唱した運動の3法則である．その中でも，第2法則（運動方程式）が重要であり，運動方程式を解くことで，質点の動きを知ることができる．ここでは典型的な例についてその解き方も学ぶ．

2.1　力・力積と運動量

　何かのはたらきによって運動が起こると考えることはわかりやすい．その何かを**力**とよぼう．静止している物体を動かそうとするとき人は物体に手を触れて押す・引くなどすればよいことを知っている．また，動いているものを止めようとするときも同じようにすれば実現できることを知っている．このような場合，人は物体に力を及ぼしているということを実感できる（図 2.1）．

図 2.1　人が物体を動かそうとする（左）．人と犬が引っ張り合い，つり合っている（右）．

【力のつり合い】 同時に複数の力がはたらくことを経験したことがあろう．静止している物体に反対の向きに動かそうとする複数の力がはたらくときに，動かない場合がある．力が拮抗している場合である．これをそれらの力が**つり合い**にあるという．2つの力がはたらくときに，一方が強ければそのはたらきが勝って，物体は動く．

　物体を動かそうとする力をバネに作用させてみるとバネは伸びる．伸びる長さはその力を強くすれば長くなる．バネの伸びが力の強さを測る基準になる．

【力の種類】 接触しなくても力が作用することはよく知られている．**場の力**とよばれているものである．2つの物体の間に作用する重力（万有引力）はその例である．物体が地球に引き付けられて落下するのはこの力による．他の例は，電気の力である．プラスチックの棒とティッシュペーパーをこすり合わせてできる静電気によって作用する力を実感できよう．電気の力は物質を形づくる原子の核のまわりの電子の運動のもとになっている．また磁力も電気に関係した力である．ほかに原子核の中のような短い距離までしか到達しないような，しかしとても強い場の力もある．

【力と運動】 重力によって物体が落下する運動を見てその規則性を見出した人が**ガリレイ**（Galileo Galilei, 1564–1642）である．時間経過とともに速度が変化する率に着目して実験を重ね，法則を見出した．力が作用して運動が起こる際に，また力によって運動が止められる際には時間の経過が必要である．これが，ガリレイが発見したことの核心である．彼は斜面を使って実験し，斜面に沿って作用する重力は一定であり場所

にもよらないと考えて[1]、そのような場合には時間とともに速度が一定の割合で増加することを運動の法則として得た．

図 2.2 のように硬い木で作られた斜面に溝が切ってあり，硬い金属球を転がす．途中には球が通過するときに音を立てるゲートが設けてある[2]．最初のゲートを初速度 0 でスタートしたのちに音が聞こえる時間間隔が一定になるためには次々のゲート位置の間隔を $1:3:5:7\cdots$ のようにすればよいことがわかる．

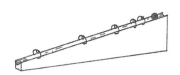

図 2.2 落下する（斜面を転がる）物体に対するガリレイの運動法則の妥当性を示すための実験装置．

【運動している物体】ガリレイが見出したことは，同じ高さから落下した物体の速度は，理想的には物体の重さによらず同じだということである．とはいえ，同じ速度で落下しても着地点に与える影響は重さにより大きく異なる．日常で目にするように重い金属球を地面に落とせば小さな速度でもへこみができるが，例えばカエルや蟻などの小さな動物を落としてもさほどの影響は出ない．（もちろん後者は空気の影響で同じ速度にはならないためでもあるが，ありふれた高さから落としたのであればたとえ同じ速度になっても地面がへこむとは思われない．）

運動している物体を止めるときの様子から，運動していることでもっている能力があり，それは速度が大きいほど，またその重量（正確には質量）が大きいほど，高いと考えられた．そこで運動している物体の 質量と速度の積で定義される運動量 という概念が生まれた．ある物体の質量を m とし，その速度を v とするとき，その積 $p = mv$ を**運動量**とよぶ．

ニュートン（Isaac Newton, 1643–1727）が月など天体の運動の観測結果も含めて考察した結果たどり着いた法則は，力とこの運動量の関係である．力が時間経過とともに物体に与える影響が運動量の増大あるいは減少だという．時間 Δt の間に一定の力 F が作用することによって物体の運動量がその最初の値 p_0 から最後の値 p になったとすると，その変化は力と時間の積に比例する．つまり，

$$p - p_0 = F\Delta t$$

という関係が成り立つ．右辺の力と時間の積を**力積**という．この式で比例係数が 1 であるためには，力の単位をそのようにとる必要がある．

もしも時刻 $t = 0$ から t への経過とともに力が変化するならば力積は

$$p - p_0 = \int_{t_0}^{t} F(t')dt'$$

と表される．これらの両辺を $\Delta t = t - t_0$ で割って $\Delta t \to 0$ の極限で，あるいは p を t の関数とし p_0 を定数として，t で微分して

$$\frac{dp}{dt} = F$$

が得られる．この式は特に力が作用しないときに運動量が一定に保たれることを意味している．

【補足】ここまで速度，運動量，力について正負があることにあらわに触れてこなかった．一直線上の運動に限ってもこれらには向きがあり，力の向きと運動量の変化の向きが同じであることに注意する．もっと一般的にはベクトルとして記述しなくてはならない．これは次の節でもう少し詳しく学ぶ．

さらに，次のことに注意する．上では質量を重さ（作用する重力）との関係で説明したが，この運動量時間変化の方程式の主張では，同じ力でも質量が大きいと速度の変化率が小さいことになる．つまり質量は物体に作用する重力を決めていると同時に物体の動かされにくさ（慣性）も与えているのである．この両者の関係は先になって学ぶことがあろう．また質量が時間に依存しないで一定に保たれることは暗黙のうちに了解されている．

---

[1] この実験でガリレイは，斜面の上であるため自由落下に比べて重力が弱く作用することを利用した．
[2] ガリレオ博物館（Museo Galileo, フィレンツェ）に，19 世紀に作られたこの装置が展示されている．ガリレイ自身が実際にこの通りの実験をしたという記録はない．

18　第 2 章　運動方程式

2.2　ニュートンの運動法則

2.2.1　慣性の法則と運動方程式

慣性の法則

　物体が運動をするのは，物体に**力** (force) が作用しているからであり，力が作用しなければ物体は静止する，というアリストテレス（Aristotelēs, 384 B. C.–322（あるいは 321）B. C.）の考えはガリレイが登場するまでは広く受け入れられていた．これに対して，力のはたらきを考え直したガリレイは，実験に基づいて，次の法則を発見した．

> 物体に力が作用していないとき，その物体は静止の状態，または等速直線運動を続ける．

物体の運動についてのこの基本的な法則は，**慣性の法則** (principle of inertia) とよばれる．ニュートンは 1687 年に出版した『プリンキピア』のなかで，運動の**第 1 法則**として，この慣性の法則を採用した．

運動の法則

　物体に力が作用すると，その運動の状態は変化する．このことを明らかにしたのもガリレイである．それをさらに進めて運動の状態変化と力の具体的な関係を明らかにしたのはニュートンであり，その関係を**第 2 法則**として表現した．この運動法則についてはすでに前ページで触れたが，速度はベクトルであることに注意して改めて示す．まず，質量 m の質点の速度を $\boldsymbol{v}$ とするとき

$$\boldsymbol{p} = m\boldsymbol{v} \tag{2.1}$$

を質点の**運動量** (momentum) と定義する．速度の時間微分が加速度である（式 (1.26)）ことから，第 2 法則は次のように書ける[3]．質量 m の質点に力 $\boldsymbol{F}$ が作用するとき，質点の質量 m と加速度 $\boldsymbol{a}$ の積は $\boldsymbol{F}$ に比例する．このときの比例係数が 1 となるように，力の単位を定めると[4]，

$$m\boldsymbol{a} = \boldsymbol{F} \tag{2.2}$$

が成立する[5]．SI における質量の基本単位は kg である．加速度の単位は $\mathrm{m\cdot s^{-2}}$ だから，力の単位は $\mathrm{kg\cdot m\cdot s^{-2}}$ である．また，SI では力の単位として N（ニュートン）を定めており，$1\,\mathrm{N} = 1\,\mathrm{kg\cdot m\cdot s^{-2}}$ で定義する．

力の作用点と作用線

　力は大きさと向きをもつベクトル量であり，ベクトル記号 $\boldsymbol{F}$ などを用いて表す．物体に力が作用するとき，力が作用する点を**作用点**という．また，作用点を通り，力のベクトルに平行な直線を力の**作用線**とよぶ．例として，物体にひもを付けて引くときに物体に作用する力と，質点に力が作用する場合について，作用点と作用線を図 2.3 に示す．

　1 つの質点にいくつかの力 $\boldsymbol{F}_1$, $\boldsymbol{F}_2$, ..., $\boldsymbol{F}_n$ が作用する場合，これらの力のベクトル和

$$\boldsymbol{F} = \sum_{i=1}^{n} \boldsymbol{F}_i \tag{2.3}$$

---

[3]　『プリンキピア』における第 2 法則は，力積と運動量の変化について記述しているのである．参考図書：I. Newton, *The Principia: Mathematical Principles of Natural History* (University of California Press, 1999), translated by I. B. Cohen and A. Whitman；山本義隆『古典力学の形成』（日本評論社，1997）．

[4]　SI では力の単位をこのように定義する．

[5]　前の 2.1 節では左辺を式 (2.2) と異なった形 dp/dt として述べた．速さが光速に比べて十分に小さい場合を想定している本書の中では特に区別せず両方を並行して用いる．

図 2.3 (a) 物体にひもを付けて，ひもを引くとき，ひもの方向に力 F が作用する．このとき，ひもの付け根が力の作用点であり，ひもを通る直線が力の作用線である．(b) 質点に力 F が作用するとき，質点の位置が力の作用点であり，質点を通り F に平行な直線が力の作用線である．

を **合力** という．そして，この場合の質点の運動は，合力だけが質点に作用した場合の運動と同じである．これは自明なことではなく，実験によって裏付けられた法則である．したがって，質点に作用する力の合力が 0 であるならば，その質点は静止または等速直線運動を続ける．特に，静止している質点に作用する力の合力は 0 である．

大きさをもつ物体の運動法則は，物体を質点の集合体（質点系）として扱うことにより導くことができる．この問題は本書の第 6 章と第 7 章で扱う．そして，**物体が回転しない場合** には，その運動は質点の場合と同じ法則で記述されることがわかる．具体的にいうと，物体の各点に作用する力の合力を F とすると，物体の質量 m，物体の加速度 a と F の間には式 (2.2) が成り立つ．そこで，以下ではその結果を先取りして，回転しない物体の運動を質点の場合と同様に扱うことにする．

運動方程式

ニュートンの第 2 法則を数学的に表現した式 (2.2) の左辺を，質点の位置ベクトル r を用いて表すと，

$$m\frac{d^2 r}{dt^2} = F \tag{2.4}$$

となる．この微分方程式 (2.4) または式 (2.2) を **運動方程式** (equation of motion) とよぶ．質点に作用する力 F が与えられると，$r(t)$ を未知関数とする運動方程式 (2.4) を解くことによって，質点の位置が時間とともにどのように変化するのかを求めることができる．以下のいくつかの節および項で示す例で見るように，初期時刻における質点の位置と速度を与えると，その後の任意の時刻における質点の位置が一義的に決まる．逆に，観測により質点の位置の時間依存性 $r(t)$ を知ることができれば，運動方程式 (2.4) を使って，質点に作用する力 F を求めることができる．

慣性系

質点が静止している，一定の速度をもつ，などというときには，速度が座標系に依存していることに気をつけなければならない．第 1 章でも触れたが，もう一度確認しておく．

慣性の法則の成り立つ座標系を **慣性系** という．ある座標系で静止している質点があったとき，それに対して座標軸の向きを変えずに一定の速度で移動する座標系では一定速度で運動していると見られるであろう．最初の座標系で慣性の法則が成り立つといえるならば，後の座標系でもいえる．1 つの慣性系に対して一定速度で並進移動する座標系はやはり慣性系である．

第 2 法則の成り立つ座標系は慣性系である．第 2 法則の特別に力の作用しない場合が慣性の法則に対応するからである．それならば第 2 法則があれば慣性の法則は要らなかったのであろうか．よく，第 1 法則は慣性系の存在を述べているものだ，といわれる．これについてはあとでコラムで取り上げる．

慣性系でない座標系を使うとどんなことが起こるのか，については第 9 章で取り上げる．

2.2.2 作用反作用の法則

物体に力が作用するとき，その力の原因となるほかの物体が存在する．さまざまな実験事実に基づいて，ニュートンは次のことが成り立つこと（ニュートンの**第3法則**）を主張した．

> 物体 A が物体 B に力を及ぼすならば，同じ大きさで逆向きの力が B から A に作用する．特に，A と B が質点の場合には，A に作用する力と B に作用する力の作用線はこれらの質点を結ぶ直線に一致する（図 2.4）．

この法則は，**作用反作用の法則**（law of action and reaction）ともよばれる．物体 A から物体 B に作用する力を「作用」（action）とよび，逆に B から A に作用する力を「反作用」（reaction）とよぶ（後者を「作用」，前者を「反作用」とよぶのでもかまわない；作用と反作用は相対的な概念なのである）．

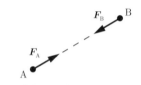

図 2.4 質点 A が質点 B に及ぼす力 $\boldsymbol{F}_B$ と B が A に及ぼす力 $\boldsymbol{F}_A$．

第 3 法則は，作用と反作用は大きさが等しく，向きが逆であることを主張している．2 つの物体が互いに力を作用し合うことを，**相互作用**（interaction）をするという．作用反作用の法則は，複数の質点の集まりの運動を解析する（第 6 章参照）場合に重要な役割を果たす．

【つり合いと区別すること】ここで，大きさが等しく逆向きに作用する 2 つの力という説明に，つり合っている 2 つの力が連想されるかもしれないが，これらを混同してはならない．作用反作用の法則では，2 つの物体が互いに力を及ぼし合うのであって，つり合いでは 1 つの物体に独立した 2 つの力が作用する．気をつけなければならない例としては，台の上に置いた物体が落下しないで静止している状況のように，物体に作用する重力と台から物体に及ぼされる垂直抗力とがつり合っている場合である．これらの力はつり合いの関係にある．これに対して，物体が台に対して押す力を及ぼし，台は物体を押し返す力（垂直抗力）を及ぼし，それらの力は作用と反作用の関係にある．

ここまでに述べた第 1 法則：慣性の法則，第 2 法則：運動の法則，第 3 法則：作用反作用の法則，を合わせてニュートンの運動法則とよんでいる．

2.2.3 直線運動・円運動

運動方程式の意味をより深く理解するためにいくつかの例を見よう．簡単な場合として，直線上の運動がある．また，円運動は 3 次元的な運動の中で最も簡単な例である．まっすぐなレールの上や滑らかな円形のレールの上を転がる硬い金属球の運動を理想化して抵抗を受けずに運動する質点を考えてみる．どんな力によってどんな運動が起こるのだろうか．

直線上の質点の運動

例として，すでに高校で学んだ重力の下で真下に落下する質点の運動があげられる．地表付近では，すべての物体に下向きの力が作用する．この力を**重力**（gravity）という（重力の大きさが場所によらず一定であることを強調するときには，**一様重力**などという）．質量 m の物体に作用する重力の大きさ F はその質量に比例する．

$$F = mg \tag{2.5}$$

比例係数 g は**重力加速度**[6]（gravitational acceleration）とよばれ，その値はおおよそ

---

[6] 正確には「重力加速度の大きさ」というべきかもしれないが，本書では誤解の恐れがないかぎり，g を重力加速度とよぶことにする．

$$g = 9.8\,\mathrm{m/s^2} \tag{2.6}$$

である[7]．空気の抵抗を考えなくてよいものとする．静かに落とされた物体の真下へ，つまり重力の作用する方向への直線の運動を記述するために座標軸を図 2.5 のようにとり，下向きを x の正の向きとする．

この物体の運動を運動方程式を使って解析する前に，観察したらわかる事実を確認しておこう．経験によるとガリレイが最初に確かめたように

$$x = at^2 \tag{2.7}$$

である．ただし，a を実験で決まる正の数とする．

ニュートンの法則によると，力と運動には

$$m\frac{d^2x}{dt^2} = mg \tag{2.8}$$

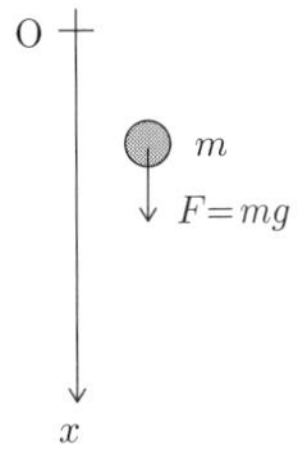

図 2.5 質点の自由落下．

の関係が成り立つ．この方程式から得られる結果を見よう．時刻 $t=0$ で質点が原点に静止しているという条件は

$$t=0\ \mathrm{で}\ x=0,\ \frac{dx}{dt}=0 \tag{2.9}$$

と表される．x についての微分方程式である式 (2.8) の解であって条件式 (2.9) を満たすものは，容易に求めることができる．

$$x = \frac{1}{2}gt^2 \tag{2.10}$$

このように，ニュートンの運動方程式から経験で知られている結果を導く例が 1 つ確かめられた．初期条件として式 (2.9) の代わりに一般に

$$t=0\ \mathrm{で}\ x=x_0,\ \frac{dx}{dt}=v_0 \tag{2.11}$$

であるとすると，式 (2.10) の代わりに次式が得られる[8]．

$$x = \frac{1}{2}gt^2 + v_0 t + x_0 \tag{2.12}$$

図 2.6 のように傾きが θ の斜面上にまっすぐな硬いレールを置き，x 軸を斜面に沿って下る向きにとる．斜面に対して傾いている重力を面に垂直な向きと平行な向きのそれぞれの成分に分けると，面に平行な成分の大きさは $mg\sin\theta$ であるから，運動方程式は

$$m\frac{d^2x}{dt^2} = mg\sin\theta \tag{2.13}$$

である．特に静止している初期条件の式 (2.9) が与えられているなら，式 (2.10) と同様にして

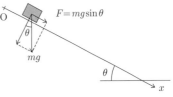

図 2.6 斜面を滑り落ちる．

---

[7] よく知られているように，地球上の場所によってその値は若干異なる．一般に，極に近いほどその値は大きく，赤道に近いほど小さい．(第 9 章の例題 9.4-1 参照)

[8] これを導くには，式 (2.8) より $\frac{d^2x}{dt^2} = g$，これを積分して $\frac{dx}{dt} = gt + v_0$ (右辺の定数は初期条件の式 (2.11) を満たすようにとった) を得る．さらにこれを積分し，定数を初期条件を満たすようにとる．

$$x = \frac{1}{2}gt^2 \sin\theta \tag{2.14}$$

が得られる．

等速円運動

　もう1つの例をあげておく．力が作用しているのに速さが一定になる運動として重要で基本的な例は**等速円運動**である．ニュートンは，地球のまわりを約1か月かけて回る月の運動のモデルとして考えた．ある点を中心とする円周を速さが一定の運動をする質点を考える．

　図 2.7 のように，ひもに結びつけたおもりをひもの他端を握って振り回し，おもりに円運動をさせてみた経験をもつ人は多いであろう．地球の重力や空気の抵抗，振り回すときひもの他端を持った手の揺れなどを考慮しなくてよいとして条件を単純化し，この運動について作用している力を考えてみよう．

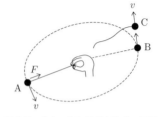

図 2.7　ひもの先に付けた物体の円運動．

　物体の軌道である円周を含む平面上に円の中心を原点とする x, y 座標をとる．物体は円周上を運動し，その速度は図 2.7 の点 A に示されたように物体の位置で円に接する方向を向いている．速度の方向は刻々変化するが，速さは一定である．物体の質量を m，ひもの長さを a，運動の速さを v とする．円運動の周期 T は $T = 2\pi a/v$ である．**角速度** ω を単位時間当たりの回転角度で定義すると，$\omega = 2\pi/T$ である．時刻 t における物体の位置座標 $\boldsymbol{r} = (x, y)$ は，時刻の原点を適当にとって

$$x = a\cos\omega t, \ y = a\sin\omega t \tag{2.15}$$

と書ける．T, v, a の関係により，$\omega = v/a$ である．

> 【物体に作用する力の考察】ニュートンの運動法則では運動の加速度は物体に作用する力で決まるから，この円運動が実現するためには物体に対してひもが力を及ぼしているはずである．このことは経験的に，円運動をさせるときにひもはピンと張っていて手でしっかり持っている必要があり，このときひもは確かに物体を中心に引き寄せる力を及ぼしているように見えることと一致する．
>
> 　運動法則によれば，力が作用しなければ物体は同じ速度で運動を続けるはずである．図 2.7 の状況でもし点 B で手を離せば物体は投げ出されてしまうであろう．このことは経験的に，ある瞬間にひもを手離したら物体は飛び去ることと一致する．その場合物体はその瞬間の速度で，つまりそのときの位置 B において円周に接する直線の方向へそのときの速さで，C のように同じ方向同じ速さの運動を続けることになるのである．

ひもが物体に及ぼす力 $\boldsymbol{F}$ を $\boldsymbol{F} = (F_x, F_y)$ とおく．運動方程式の x, y 成分は，

$$m\frac{d^2x}{dt^2} = F_x, \ m\frac{d^2y}{dt^2} = F_y \tag{2.16}$$

である．それぞれの左辺に式 (2.15) を代入すると作用する力が求まる．結果は，

$$(F_x, F_y) = (-m\omega^2 a\cos\omega t, -m\omega^2 a\sin\omega t) \tag{2.17}$$

となる．この式と式 (2.15) から，次の重要な結論が導かれる：

$$\boldsymbol{F} = -m\omega^2 \boldsymbol{r} \tag{2.18}$$

円運動をしている物体には常に円の中心に向かって力が作用していなければならないという意味で

ある [9]. この力のことを**向心力**とよぶことがある. 向心力はまた**求心力**ともよばれる.

【ニュートンが説明したこと】なぜ物体に向心力が作用することが物体に円運動をさせることになるか, このことはニュートンが月の運動を考察して説明をしている. もしも地球と月の間の引力がなくなれば, 図 2.7 の点 B における物体と同様に, 月は直線運動をして地球から離れるであろうが, 実際には引力によって地球に引き戻される. その戻り分はちょうど月と地球の距離を常に同じに保つ長さであり, その結果, 月の円運動が実現している. 等速円運動では速度の向きと力の作用する向きが垂直であることが納得できよう.

2.2.4　力積と運動量の定理

運動量保存則

　すでに 2.1 節で概略を述べたいくつかのことを, ベクトルの式で改めて記しておく. 運動量を使うと, 運動方程式 (2.4) は,

$$\frac{d\boldsymbol{p}}{dt} = \boldsymbol{F} \tag{2.19}$$

と表される. すなわち, 質点の運動量の変化率は質点に作用する力に等しいといえる. また, 力が作用しない場合には, 質点の運動量は変化しない, つまり運動量は保存する. これは 質点についての **運動量保存則** である. 力が作用する場合でも, 力のある特定の成分が常に 0 であるならば, 運動量のその成分は保存する（この成分に関して, 運動量保存則が成り立つ）. 例えば, 地表付近では, 質点に作用する重力は鉛直成分だけをもつので（重力の水平方向の成分は 0 なので）,（空気抵抗などの）ほかの力が作用しない場合には, 質点の運動量の水平成分は保存する.

力積・運動量の定理

　運動方程式の両辺を時刻 t_0 から t まで積分すると,

$$\boldsymbol{p} - \boldsymbol{p}_0 = \int_{t_0}^{t} \boldsymbol{F}(t') \, dt' \tag{2.20}$$

となる [10]. この式の左辺の $\boldsymbol{p}$ と $\boldsymbol{p}_0$ はそれぞれ, 時刻 t_0 と t における運動量である. また, 右辺の量

$$\boldsymbol{J} \equiv \int_{t_0}^{t} \boldsymbol{F}(t') \, dt' \tag{2.21}$$

を, 時刻 t_0 から t まで質点に作用する**力積**（impulse）とよぶ. したがって, 式 (2.20) の内容を次のように表現できる.

> 質点の運動量の変化は, 質点に作用する力積に等しい.

これは, 力積という言葉を使って, 運動方程式を言い換えたに過ぎない [11] が本書ではこのことを**力積・運動量の定理**（impulse-momentum theorem）とよぶことにする. 原理や法則ではなく定理とよぶ理由は, この関係がニュートンの第 2 法則から導かれるものだからである.

---

[9] 直交座標を使って運動方程式を考察することにより, 中心に向かう力と円運動の関係を導いたが, すでに第 1 章の式 (1.44) のように極座標を使って加速度を求めており, これと同じ式が得られることに注意する.

[10] 本書では変数（例えば $\boldsymbol{F}$）の記号と変数が別の独立変数（例えば t）の関数となっているときの関数の記号とを区別しないで使う. 例えば, $v = f(t)$ のとき $x = \int f(t)dt$, とせずに単に, $x = \int v(t)dt$, のように表すことがある. ただし, 新たに関数の記号を定義すると煩わしい場合に限る.

[11] ニュートンは『プリンキピア』において第 2 法則を,「運動（運動量を意味する）の変化は, 及ぼされる駆動力に比例し, その力が及ぼされる直線の方向に行われる」と表現した. ここに現れる「力」は力積を意味している（山本義隆著『古典力学の形成：ニュートンからラグランジュへ』日本評論社, 1997）. したがって, 運動方程式 (2.2) よりは, 力積を用いた式 (2.20) のほうがニュートンの第 2 法則の表現に近いといえる.

力積：ほかの質点から受けるとしたら

　このように変化する運動量について力積と関係づけて学ぶのは，力が作用しないときに運動量が保存するからであるが，より重要なこととして，位置や速度の変化と力の原因とをまとめて物理現象としてみるからである．力積を使うと，運動量が増加するとき，それは力のもとになっている相手から力積として与えられるものだということができる．相手がほかの質点である場合には，その質点のもつ運動量が変化する．もし相手も含めた2つの質点がほかから孤立しているならば，相手の運動量も含めた全体の運動量は保存する．孤立した質点系の運動量保存則 を第6章で改めて学ぶ．

壁との衝突における力積

　力積という概念は物体の衝突の問題を扱うときに役立つ．例えば，ボールが硬い壁に衝突して跳ね返る状況を想像しよう（図 2.8）．このとき，ボールが壁に接触し始めて（時刻 $t = t_{\rm i}$），その後壁から離れる（$t = t_{\rm f}$）までの間，ボールは壁から力（抗力）を受ける．簡単のために，ボールは壁に垂直に入射して，垂直に跳ね返るものとする．また，ボールに作用する力は壁からの抗力だけであるとしよう．抗力の大きさを F とすると，その時間変化は図 2.8(b) のようになると考えられる．つまり，衝突前（$t < t_{\rm i}$）では $F = 0$，衝突が始まると F の値は 0 から急速に増加し，最大値に達したあと急激に減少し，ボールが壁から離れるときおよびそれ以降は $F = 0$ となる．一般に，衝突の最中の F の変化の様子やボールの動き（変形）を解析することは容易ではない．しかし，衝突前のボールの速さ v と衝突後のボールの速さ v' がわかると，衝突中にボールに作用する力の力積の大きさ J を知ることはできる．すなわち，ボールの質量を m とすると，衝突前後のボールの運動量変化は $mv' - (-mv) = m(v + v')$ だから，

$$J = m(v + v') \tag{2.22}$$

となる．そして，衝突の継続時間 $\Delta t = t_{\rm f} - t_{\rm i}$ で J を割ると抗力の平均の大きさ

$$\bar{F} = \frac{J}{\Delta t} \tag{2.23}$$

が計算できる．

　1 つの物体がほかの物体に衝突する場合，衝突の継続時間が十分に短いならば，衝突は一瞬にして起こると近似することができる．この場合，衝突に伴って生じる力は一瞬だけ作用することになる．このように一瞬だけ作用する力のことを**撃力**（impulsive force）という．物体に撃力が作用するとき，その前後では物体の位置は変化せずに，物体の運動量が一瞬にして変化する．

　物体が壁に対して垂直に入射して衝突し，衝突後も垂直に跳ね返る場合，衝突前の物体の速さを v，衝突後の速さを v' として，これらの速さの比

$$e \equiv \frac{v'}{v} \tag{2.24}$$

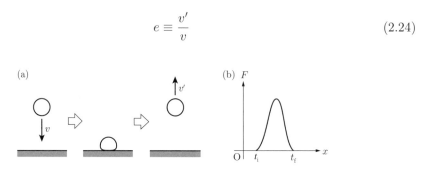

図 2.8 (a) ボールが壁に衝突して跳ね返るとき，ボールは壁から力を受けて瞬間的に変形する．その影響がボールに残る場合もあり，ほぼ元のとおりに戻るとみなせる場合もある．(b) 壁からボールに作用する抗力の大きさ F の時間変化．時刻 $t_{\rm i}$ にボールが壁と接触し始め，時刻 $t_{\rm f}$ に壁から離れる．

を**反発係数**(**はねかえり係数**)という．$e=1$ の場合の衝突を**弾性衝突**，$e<1$ の場合の衝突を**非弾性衝突**という．特に，$e=0$ の場合の衝突は**完全非弾性衝突**とよばれる．完全非弾性衝突では，ボールは壁に衝突すると壁にくっついたまま離れない．

> **例題 2.2-1** 滑らかな壁に斜めに衝突した質点の衝突後の速度を求めよ．壁から受ける力積は，壁に垂直であり，大きさは質点のもつ運動量の壁に垂直な成分の 3/2 倍であるものとする．

解 図 2.9(a) に示すように，質量 m の質点が速度 $\boldsymbol{v}$ で壁に衝突したとき，壁から受ける力積を知って衝突後の速度 $\boldsymbol{v}'$ を求める．

衝突前後の運動量を $\boldsymbol{p}$ と $\boldsymbol{p}'$ と記す．壁に垂直で壁から離れる向きに y 軸をとり，壁に沿って x 軸をとる．$p_y<0$，$p_y'>0$ である．力積は題意により $(0, -\frac{3}{2}p_y)$ と表される．

力積による運動量の変化の式を立てる．x, y 成分ごとに記すと，

$$p_x' - p_x = 0, \quad p_y' - p_y = -\frac{3}{2}p_y$$

である．これより，$p_y' = -\frac{1}{2}p_y$ が得られる．したがって，

$$v_x' = v_x, \quad v_y' = -\frac{1}{2}v_y$$

と求まった．速度の壁に沿った成分は変わらず，壁に垂直な成分の大きさが $\frac{1}{2}$ になることがわかった．これを概念的に図 2.9(b) に示す．

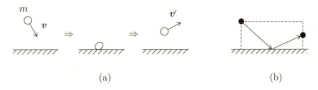

(a) (b)

図 2.9 (a) ボールが壁に斜めに衝突して跳ね返る．ボールが壁から受ける力積は壁に垂直であるとする．
(b) 入射の角度と反射の角度の概略．

問題 2.2-1 直線上を運動する質量 m の質点がある．直線上に x 軸をとり，この質点の位置座標が時間 t とともに $x = \frac{1}{2}at^2$ $(0 \leq t \leq t_1)$，$x = \frac{1}{2}at_1^2 + \frac{1}{2}b(t-t_1)^2$ $(t_1 \leq t)$ であったとする．この設定には実は困ったことがある．時刻 $t=t_1$ では速度が微分可能ではない．ここではその瞬間に突然に何かの特別のことが起こっていたものとしよう．そのうえで，$0<t<t_1$ と $t_1<t$ にこの物体に作用したと考えられる力の大きさを求めよ．それを用いて $m=5\times 10^{-2}$ kg，$t_1 = 1.0$ s，$a=1.0$ m/s^2，$b=2$ m/s^2 として作用する力をグラフに示せ．また，「そのときに起こった何かの特別のこと」とはどんなことだと考えられるか．

問題 2.2-2 円錐を逆さにした形の大きな漏斗の軸を鉛直に立てる．漏斗の面上を運動できる物体があり，面上の同じ高さの点をたどる運動をしたとすると，それは円運動である．

小さな硬い球を転がしてこのような運動をさせた場合には転がり運動の影響を考慮しなくてはならないが，ここではモデルとして，単に円運動をする質点と考える．

(1) 重力と，漏斗の面からの垂直抗力の合力が向心力を与えることを示せ．

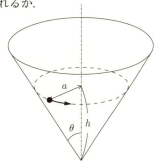

図 2.10 頂点を下向きにして鉛直に立てた円錐面の内側を円運動する質点．

26   第2章 運動方程式

(2) 図 2.10 に示すように，回転の半径を a，円錐の半頂角を θ とする．重力加速度を g として，a を θ と g を用いて表せ．このとき，円錐の頂点（漏斗の出口）から軌道面までの高さ h を使うと，$a = h \tan \theta$ である．

(3) 運動は，実際には徐々に高さを下げる．高さを下げながらも近似的に円運動が維持できているとする．高さの関数として円運動の角速度を求めよ．向心力が共通で半径の異なる円運動の間で角速度がどのように違うか答えよ．

慣性の法則

ニュートンの第 1 法則と第 2 法則をわざわざ区別する必要があるのか，という疑問については本文中でも触れた．そこでは，第 1 法則は慣性系の存在を述べている（慣性の法則が成り立つ座標系が慣性系である），という説明を紹介した．しかし，第 2 法則が成り立つ座標系が慣性系であるといってしまえば，やはり第 1 法則は必要ないようにも思える．

ここでは少し違う観点から，慣性の法則について考えたい．20 世紀初頭にアインシュタインは特殊相対性理論を発表し，ニュートンの第 2 法則は物体の速さが光の速さに比べて十分に小さい場合に成り立つ近似法則であることを明らかにした．しかし，相対論的な運動法則においても慣性の法則は厳密に成り立つのである（というよりもむしろ，慣性の法則が成立する座標系の存在を前提にして，相対性理論が組み立てられている，というほうが正確だろう）．第 2 法則は限られた条件の範囲でしか成り立たないのに対して，慣性の法則はより広い範囲で成立する．そういう意味で，慣性の法則のほうが基本的で重要な法則であるといえる．その重要性を強調するために，慣性の法則を運動の第 1 法則として述べておいてもよいのではないか．

ニュートン自身はなぜ 2 つの法則が必要だと考えたのだろう．どうも，彼は「慣性の力（vis inertiae）」とそれ以外の力という二種類の力があると考えていたようだ（ここでいう慣性の力は，第 9 章で取り上げる慣性力とは別物である）．そして，第 1 法則は慣性の力による物体の運動について述べたものであり，第 2 法則はそれ以外の力のはたらきを述べたものである，というのが最近の解釈であるらしい．　（佐々木一夫）

2.3　落下と放物運動：等加速度運動

前節で運動方程式が重要であること，力が既知であるときに初期時刻の位置と速度が与えられるとその後の運動が予測できること，また運動がわかっているときに力を求めることができその特徴が把握できること，などを学んだ．ここでは例として，一方向に一定の力が作用している場合の問題をさらに詳しく考えてみよう．

運動方程式を使って解く

斜め上に投射された物体が一様な重力の作用を受けて運動するときの軌跡が放物線であることは高校で習った．このことを，運動方程式を使って導くと次のようになる．

いま，質量 m の質点に対する運動方程式 (2.4) において作用する力は重力であり，一定値で一定方向を向き，大きさが式 (2.5) である．よって加速度 $\dfrac{d^2 \boldsymbol{r}}{dt^2}$ は大きさが一定値 g で鉛直下向きのベクトル $\boldsymbol{a}$ に等しく，

$$\frac{d^2 \boldsymbol{r}}{dt^2} = \boldsymbol{a} \tag{2.25}$$

である．この質点の運動は等加速度運動である．具体的に質点の座標を時間の式で表すことができる．式 (1.27) を導いたように，時刻 t における質点の速度 $\boldsymbol{v} = \dfrac{d\boldsymbol{r}}{dt}$ は

$$\boldsymbol{v} = \boldsymbol{v}_0 + \boldsymbol{a}t \tag{2.26}$$

で与えられる．さらに時刻 t における質点の位置 $\boldsymbol{r}$ は式 (1.28) を導いたように，

$$\boldsymbol{r} = \boldsymbol{r}_0 + \boldsymbol{v}_0 t + \frac{1}{2}\boldsymbol{a}t^2 \tag{2.27}$$

となる．ここで，$\boldsymbol{r}_0$ と $\boldsymbol{v}_0$ はそれぞれ，初期時刻 $t=0$ における質点の位置と速度である．

軌道は放物線

次に式 (2.27) を座標の成分で表そう．1.4 節で説明したように，等加速度運動をする質点は 1 つの平面内を動く．いまの場合この平面は，点 $\boldsymbol{r}_0$ を通り，初速度 $\boldsymbol{v}_0$ に平行な鉛直面である．この鉛直面を xy 平面とする 2 次元直交座標を設定し，x 軸を水平方向に，y 軸を鉛直上向きにとると，$\boldsymbol{a} = (0, -g)$ となる．したがって，式 (2.27) をこの直交座標で表すと，

$$x = x_0 + v_{0x}t, \quad y = y_0 + v_{0y}t - \frac{1}{2}gt^2 \tag{2.28}$$

となる．ただし，(x_0, y_0) は初期位置の座標，(v_{0x}, v_{0y}) は初期速度の成分である．

これらを用いて質点の通過する点の描く図形，つまり軌跡が求められる．式 (2.28) の 2 つの式から t を消去すると，物体の座標 (x, y) の満たす方程式

$$y = -\frac{g}{2v_{0x}{}^2}\left(x - x_0 - \frac{v_{0x}v_{0y}}{g}\right)^2 + y_0 + \frac{v_{0y}{}^2}{2g} \tag{2.29}$$

が得られる．これは，点 $(x_0 + v_{0x}v_{0y}/g,\ y_0 + v_{0y}{}^2/2g)$ を頂点とする，上に凸の放物線を表している (図 2.11)．

ここまでこの節では場所によらない一定の力が作用するとき質点の軌跡は放物線であることを示した．その放

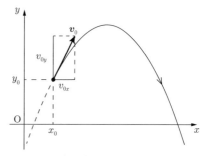

図 2.11　式 (2.29) で表される，投射体の軌跡．

物線は初期位置と初期速度の方向，およびその一定の力の方向で定まる平面内にある．

例題 2.3-1　水平な地表から速さ v_0，仰角 θ で放たれた質点の運動を考える．質点が放たれた点から質点が着地する点までの距離 l を求め，$\theta = 45°$ のときに l が最大になることを示せ．

解　式 (2.29) を利用する．x 軸を地表上にとり，初期位置を座標原点に選ぶと，$x_0 = y_0 = 0$，$v_{0x} = v_0 \cos\theta$，$v_{0y} = v_0 \sin\theta$ であり，式 (2.29) は次のようになる．

$$y = -\frac{g}{2(v_0\cos\theta)^2}\left(x - \frac{v_0^2 \sin\theta\cos\theta}{g}\right)^2 + \frac{(v_0\sin\theta)^2}{2g}$$

この式で $y=0$ とおくと，質点が地表に着地する点の x 座標が得られる．$y=0$ を代入して整理すると，

$$x\left(x - \frac{v_0^2 \sin 2\theta}{g}\right) = 0$$

となる．この式から

$$l = \frac{v_0^2 \sin 2\theta}{g}$$

が得られる．したがって，$2\theta = 90°$ すなわち $\theta = 45°$ のとき，l が最大 $(v_0{}^2/g)$ になる．

問題 2.3-1 一定の傾斜角 α をもつスキージャンプ場がある．速さ v_0，仰角 θ でジャンプ台から飛び出した選手の飛距離 l が次式で与えられることを示せ（図 2.12）．

$$l = \frac{2v_0^2}{g\cos^2\alpha}\sin(\theta+\alpha)\cos\theta \quad (2.30)$$

ただし，現実のジャンプ競技では風の利用が不可欠である．空気と身体の相対的な運動による浮き上がる力を利用することが決定的であったりする．この問題では選手とスキーを合わせた物体は質点とみなし，空気抵抗は無視できるものと仮定することにより，1つの目安として簡単化したモデルにおける結果を求めるにすぎないことに注意する．

式 (2.30) から，α と v_0 が与えられた場合，$\theta = \pi/4 - \alpha/2$ のときに飛距離が最大になることがわかる[12]．

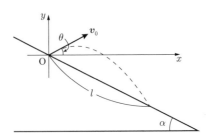

図 2.12 傾斜角 α の斜面をもつスキージャンプ場で，ジャンプ台から速さ v_0，仰角 θ で飛び出す選手の運動．

2.4 バネによる運動

前の節では，一様で一定の力を受けた質点の3次元的な運動について運動方程式から軌道を導いた．次いで，力が一定ではないが運動が規則的になる基本的な例を取り上げよう．簡単のため，直線上に限られた運動に限ることにする．

バネの力

つる巻きバネを伸ばしたり縮めたりすると元の長さ（**バネの自然長**）に戻そうとする力（**復元力**）が作用する．バネは直線状であり，先端についた質点の動きをバネの直線に沿ったものに限ると，作用する力も質点の動きと同じ方向にある．したがって運動法則により質点の加速度も同じ方向にあり，そのため速度も同じ方向にある．

伸びまたは縮みの小さい範囲で復元力の大きさが伸び縮みの長さに比例することは一般に**フックの法則**として知られている物質の性質の一つであり，多くの固体において変形が小さい範囲で成り立つ経験則である．

本書では，バネの復元力の大きさが伸びまたは縮みの長さに比例する場合を扱う．このときの比例係数を**バネ定数**とよび，記号 k で表す．バネ定数の SI 単位は N/m である．また，バネの質量は無視できるほど小さいものと仮定する[13]．

図 2.13 のように，バネの一端を固定し，他端に質量 m の物体を結びつけて，滑らかな水平面上に置く．この物体が1つの直線上を運動する場合を考える．この直線上に x 軸をとる．バネが自然長にあるときの物体の位置を原点 O とすると，物体に作用するバネの復元力 F は，次式で表される．

$$F = -kx \quad (2.31)$$

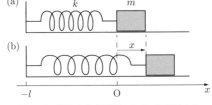

図 2.13 滑らかな水平面の上で，自然長 l のバネにつながれた物体が運動する．

運動方程式の一般解

したがって，この物体の運動方程式は，

---

[12] このとき $\boldsymbol{v}_0$ の方向は，鉛直上向きと斜面を下る向きのちょうど中間である．水平な地面の場合に例題 2.3-1 では $\theta = 45°$ だったことの一般化である．なぜちょうど中間が最適なのだろうか．

[13] バネの質量が無視できない場合には，バネの変形（伸び縮み）運動を記述する運動方程式を考慮する必要がある．変形する物体の運動は第 II 部で扱う．

$$m\ddot{x} = -kx \tag{2.32}$$

となる．ここで，

$$\omega = \sqrt{\frac{k}{m}} \tag{2.33}$$

とおくと，方程式は，

$$\ddot{x} = -\omega^2 x \tag{2.34}$$

と書き換えられる．

x を t の未知関数とする方程式 (2.34) は，2 階の線形同次（斉次）微分方程式という範疇に属する（付録 D の D.2 節参照）．このような方程式の場合，どんな方法でもいいから 2 つの解 $x_1(t)$ と $x_2(t)$ を見つけることができると，A_1 と A_2 を定数として，任意の解は，

$$x = A_1 x_1(t) + A_2 x_2(t) \tag{2.35}$$

と表すことができる．ただし，2 つの解 $x_1(t)$ と $x_2(t)$ の比 x_1/x_2 が定数ではないものとする．式 (2.35) において，定数 A_1 と A_2 の一方または両方の値を変えると，異なる解が得られる．また，$x_1(t)$ と $x_2(t)$ を微分方程式の**特殊解**，式 (2.35) の右辺を**一般解**という．

微分方程式 (2.34) の場合，

$$x_1(t) = \cos\omega t, \quad x_2(t) = \sin\omega t$$

が 2 つの特殊解となることが，これらの式を (2.34) に代入することで確かめることができる．したがって，運動方程式 (2.34) の一般解は，

$$x = A_1 \cos\omega t + A_2 \sin\omega t \tag{2.36}$$

で与えられる．

初期条件を満たす解

このとき物体の速度は，

$$v = -\omega A_1 \sin\omega t + \omega A_2 \cos\omega t$$

となる．したがって，定数 A_1 と A_2 は初期時刻（$t = 0$）における物体の位置 x_0 と速度 v_0 を用いて，

$$A_1 = x_0, \quad A_2 = \frac{v_0}{\omega} \tag{2.37}$$

と表すことができる．このように，初期時刻における物体の位置と速度を与えると，一般解に含まれる定数が一義的に決まる．つまり，初期時刻における物体の位置と速度が与えられると，運動方程式の解が一義的に定まり，任意の時刻 t における物体の位置 x を知ることができる．

単振動とそのパラメータ

運動方程式の一般解 (2.36) は次のように書き換えることができる．

$$x = A\cos(\omega t + \alpha), \qquad \text{ただし } A = \sqrt{A_1{}^2 + A_2{}^2}, \quad \tan\alpha = -\frac{A_2}{A_1} \tag{2.38}$$

物体の変位 x の値は $-A \le x \le A$ の区間を振動する（図 2.14）．

式 (2.38) で表される運動を**単振動** (simple harmonic motion) または**調和振動** (harmonic oscillation) とよぶ. 式 (2.38) の定数 A を振動の**振幅** (amplitude), ω を**角振動数** (angular frequency) という. また, 余弦関数 (コサイン) の引数 $\omega t + \alpha$ を振動の**位相** (phase) といい, 定数 α を**初期位相** (initial phase) とよぶ. 振動の**周期** (period) T は, 位相が 2π だけ変化するのに要する時間に等しいので,

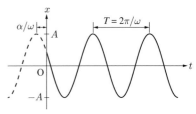

図 2.14 式 (2.38) で記述される運動 (調和振動) における物体の変位 x.

$$T = \frac{2\pi}{\omega} = 2\pi\sqrt{\frac{m}{k}} \tag{2.39}$$

である. また, 単位時間に振動する回数 ν を**振動数** (frequency) とよび, 次式が成り立つ.

$$\nu = \frac{1}{T} = \frac{\omega}{2\pi} = \frac{1}{2\pi}\sqrt{\frac{k}{m}} \tag{2.40}$$

例題 2.4-1 図 2.15 に示すように, 滑らかな水平面上に置かれた質点をバネの一端に接触させて, バネの長さを自然長よりも a だけ縮めて手を放す. バネの他端は固定されており, 質点はバネにはつながれていない. その後の質点の運動を調べよ. バネ定数を k, 質点の質量を m とする.

解 手を放すと, バネは自然長に向かって伸びてゆき, 自然長に達すると質点はバネから離れる[14]. 図 2.15 のように x 軸をとると, 質点がバネから離れるまでの運動は, 運動方程式 (2.34) に従う. 手を放す瞬間を $t = 0$ とすると, 初期座標は $x_0 = -a$, 初期速度は $v_0 = 0$ だから, 運動方程式の解は, $\omega = \sqrt{k/m}$ とおくと,

$$x = -a\cos\omega t, \quad v = a\omega\sin\omega t$$

となる. 質点がバネから離れるのは, 手を放してから初めて $x = 0$ となる時刻 $t = \dfrac{\pi}{2\omega}$ である. このときの速度は,

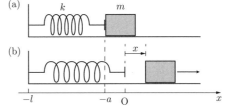

図 2.15 一端が固定されたバネの他端に質点を接触させて, バネの長さを自然長 l より a だけ縮めて手を放す.

$$v = a\omega \sin\frac{\pi}{2} = a\omega = a\sqrt{\frac{k}{m}}$$

である. 以上より, 質点の運動は, 次式で記述される.

$$x = \begin{cases} -a\cos\omega t & (0 \leq t < \pi/2\omega) \\ a\omega(t - \pi/2\omega) & (\pi/2\omega \leq t) \end{cases}$$

問題 2.4-1 質量 10.0 g の物体を付けたバネの一端を天井に固定すると, バネは自然長よりも 2.0 cm 伸びて静止した. この物体とバネを用いて, 例題 2.4-1 の運動をさせる. バネを自然長より 3.0 cm 縮めて手を放したとして, 物体がバネから離れた後の速さを計算せよ.

---

[14] なぜそうなるのだろう. 自分なりに考えてみよ.

2.5 単振り子

前節では周期的な運動として最も基本的な単振動を，バネに結びつけられた質点の直線上の運動として学んだ．このほかに自然に見られる周期的な運動のうち，重力のもとでひもで吊るしたおもりが揺れ動く振り子の運動は身近なものである．すでに紹介した**ガリレイ**は，寺院の高い天井から下げられた長いひもに吊るされたランプの運動を観察して等時性に気づいた．

近似をして方程式を立てること

ひもの長さが十分に長い振り子に対しては，正確な運動方程式そのものではないがそれを近似的に表す微分方程式を解くことができて，等時性はその結果として示すことができる．正確に表す方程式をよく知られた初等的な関数の範囲で解くことはできないが，近似的な方程式であれば解けることがわかる．以下にそれを示す．

理想化した単振り子

次のような性質をもつ**ひも**（string）を，現実のひもを理想化したものとする．ひもの両端に大きさが等しく逆向きの力を加えると，その長さは加える力の大きさによらず一定である．ひもに力を加えないときには，長さが一定の任意の形状をとることができる．ひもの質量は無視できるほど小さい．

図 2.16(a) に示すように，長さ l の軽いひもの一端を天井に固定して他端に質量 m の質点を結びつける．ひもがたるむことなく，質点が1つの鉛直面内を動くとき，ひもと質点で構成される系を**単振り子**（simple pendulum）とよぶ．ひもを固定した点を振り子の**支点**（pivot）という．単振り子の質点は支点を中心とする半径 l の円周上を運動する．質点が円周上に拘束されるのは，ひもから質点に**張力**（tension force）が作用するからである．張力はひもに平行[15]で支点の方向を向く．

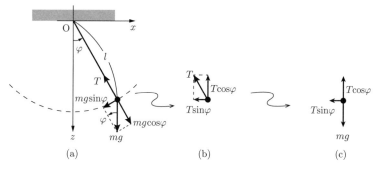

図 2.16　単振り子．

1 次元的な運動としてモデル化

図 2.16(a) のように，支点を原点 O とし，鉛直下向きを z 軸，水平右向きを x 軸とする．ひもの方向が z 軸となす角を φ とおく．φ は十分に小さいとする．

おもりに作用する力について以下のように考える．近似の妥当性は次の節を学ぶと理解できよう．

(1) おもりに作用する力は下向きに大きさ mg の重力と，点 O に向かう大きさ T の張力である．

---

[15] 張力はなぜひもに平行なのだろうか．それは，ひもの質量が無視できるほど小さいからである．もしも，張力がひもに垂直な成分をもつならば，支点を中心にしてひもが無限大の加速度で回転することになる．そのようなことは起こりえないので，張力はひもに平行でなければならないのである．

(2) z の動く範囲は φ^2 の程度に小さいので z は一定であるとする．これは近似である．

(3) 張力の水平方向成分は，図 2.16(b) のように，左向きに $T \sin\varphi$ であり，Tx/l に等しい．

(4) 張力の鉛直方向成分は，同図に示すように上向きに $T \cos\varphi$ である．おもりが z 方向には動かないとしている近似から，これを一定値 T とみなし，重力とつり合って $T = mg$ であるとする．

よって，おもりの位置 x についての運動方程式は

$$m\frac{d^2x}{dt^2} = -mg\frac{x}{l} \qquad （近似式） \tag{2.41}$$

である．これより，x は微分方程式

$$\frac{d^2x}{dt^2} = -\frac{g}{l}x \tag{2.42}$$

の解である．

運動方程式を解く

この微分方程式は，前節で学んだ，バネに結びつけられた質点の座標が従う微分方程式 (2.32) とは係数は違うものの，同じ形をしている．したがっておもりが x 方向に揺れる運動は単振動であり，角振動数は振れの振幅にはよらない．これによって振り子の等時性は示された．

バネの問題の解き方にならって解を求めておく．まず

$$\omega = \sqrt{\frac{g}{l}} \tag{2.43}$$

とおくと，方程式は，

$$\ddot{x} = -\omega^2 x \tag{2.44}$$

と書き換えられる．方程式 (2.44) の一般解は，A_1 と A_2 を定数として，

$$x = A_1 \cos\omega t + A_2 \sin\omega t \tag{2.45}$$

で与えられる．振動の周期 T は $T = 2\pi/\omega$ により，次式であることが導かれた．

$$T = 2\pi\sqrt{\frac{l}{g}} \tag{2.46}$$

厳密に答を出すことが難しい場合には，このように何段階かの理想化と近似が役に立つことに注意しておきたい．

物理学で学ぶこととは：科学的論理の組み立て

教養科目やさまざまな分野の専門科目を学ぶ際には覚えるべき事項が膨大にある．そのため暗記する能力を試されていると感じるのではないだろうか？ 自然科学の学問は決して暗記力だけで造り上げられて発展してきたものではなく論理構築が命といえる．自然科学の論理はどのように構築されているのだろうか？ これこそ物理学によって学べることである．正しい論理構築を学ぶことで記憶すべきことが激減し，さまざまな問題を解くことができる．それは物理学だけでなく自然科学の面白さでもある．

物理学では，運動量や力などのごく限られた基本量の定義とその基本量に関するいくつかの基本法則を基に，注目する現象における問題の解明に取り組んでいる．つまり，まず明確に定義された用語のみを論理に用いる．基本法則はこれまで積み上げられた確実な実験的検証に基づいて認められた法則で，解釈の仕方に任意性はほと

んどない．さまざまな現象を表す種々の物理量の定義は明確に基本的物理量と結びつけなければならない．制御
された条件の下で得られた実験事実に基づいた経験則を新たな論理要素として用いることも必要である．

　例えば例題 2.4-1 における論理構築は次のようになる．基本法則であるニュートンの運動方程式をこの系に適
用し，物体に及ぼす力はバネによるから経験則であるフックの法則を論理要素として導入し，解くことのできる
運動方程式を得る．与えられた初期条件に整合する数学問題の解として物体の運動を求める．これがこの問題を
解く論理である．論理無しの記憶に比べてこのような論理に基づく記憶の寿命ははるかに長く，役に立つ．

　将来，皆さんはさまざまな物理系の問題に出会い，ある課題で研究をして明らかになったことを公表するため
に論文に書くこともあるだろう．学会での発表や論文投稿時の審査では精密な科学的議論をすることになる．ど
の場合も，ここで述べた論理構築力が求められる．これからさまざまな自然科学の専門分野に進むにあたりこの
物理学で身につけた論理構築力が皆さんの活躍を支えるであろう．（鈴木　誠）

2.6 【発展】ひもによる拘束

　物体が，斜面の上を運動したり，ひもに吊り下げられて運動する場合，その運動は平面上や曲面上または曲線上に制
限される（拘束される）．このような運動を**拘束運動**（constrained motion）または**束縛運動**とよぶ．拘束運動する物
体には，その物体を拘束するために必要な力（**拘束力**，force of constraint）が作用する．単振り子では拘束力はひも
から受ける張力である．前の節では，起こっていることを正確に表す方程式を解く代わりに近似的な方程式を解くこと
にして，三角関数の範囲で解くことができた．この節では拘束力も含めて正確に表す方程式を立てて，それを数学的な
方法を工夫して解を求めることについて学ぶ．まず，前節の単振り子の問題をもう一度，問題の記述に適した極座標系
を使って考えてみよう．ここで，平面極座標の時間微分については第 1 章 1.5 節で導いた式を使う．

　図 2.16(a) に示すように，支点を原点 O とし，鉛直軸から測ったひもの角度を偏角とする平面極座標を使って質点
の位置 (r, φ) を表すことにする．質点の加速度の動径成分（r 成分）a_r と接線成分（φ 成分）a_φ は式 (1.43) で与え
られる．また，張力の大きさを T とすると，質点に作用する力の動径成分は $mg\cos\varphi - T$，接線成分は $-mg\sin\varphi$
で与えられる（図 2.16 参照）．したがって運動方程式の動径成分は，

$$m(\ddot{r} - r\dot{\varphi}^2) = -T + mg\cos\varphi \tag{2.47}$$

で与えられ，接線成分は，

$$m(r\ddot{\varphi} + 2\dot{r}\dot{\varphi}) = -mg\sin\varphi \tag{2.48}$$

となる．いま $r = l$ だから，$\dot{r} = \ddot{r} = 0$ となり，これらの運動方程式から次式が得られる．

$$T = ml\dot{\varphi}^2 + mg\cos\varphi \tag{2.49}$$

$$\ddot{\varphi} = -\frac{g}{l}\sin\varphi \tag{2.50}$$

式 (2.50) は角度 $\varphi(t)$ に対する微分方程式である．この方程式を解いて得られた $\varphi(t)$ を式 (2.49) の右辺に代入する
と張力 T が計算できる．式 (2.50) の解を求めることは，初等関数の範囲ではできない．解は楕円関数という特殊関数
で表されるが，本書の範囲を超えるので専門書に譲る．

　方程式 (2.50) において，もし $|\varphi| \ll 1$ であるならば $\sin\varphi \simeq \varphi$ であることから，近似的に

$$\ddot{\varphi} = -\frac{g}{l}\varphi, \quad \text{または} \quad \ddot{x} = -\frac{g}{l}x \tag{2.51}$$

が成立する．ここで $\sin\varphi = x/l$ を用いた．よって，前の 2.5 節の項目〈1 次元的な運動としてモデル化〉のなかで先
延ばしした妥当性の確認ができた．

例題 2.6-1 図 2.17(a) に示すように，ひもの一端を円柱に固定し，他端に結びつけられた質点が滑らかな水平面上を運動する．ひもは水平面上にあり，つねにピンと張っているものとする．質点の運動によりひもは円柱に巻き付けられる．円柱の半径を R，質点の質量を m とする．時刻 t において，円柱に巻き付けられずに残っているひもの部分の長さを l，質点の速さを v とする．$t=0$ における l の値を l_0，v の値を v_0 として，質点が円柱に衝突するまでの任意の時刻 t における l を求めよ．

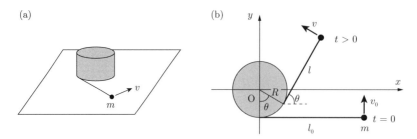

図 2.17　ひもの一端に結びつけられた質点が滑らか水平面上を運動し，ひもが円柱に巻き付く．

解　質点にはひもによる張力が作用する（質点に作用する重力と水平面からの垂直抗力はつり合うので考慮する必要はない）ので，質点の加速度はひもに平行である．また，問題 1.3-2 の解析からわかるように，質点の速度はつねにひもに垂直である．したがって，加速度と速度とはつねに直交している．このような場合，1.4 節で説明したように，質点の速さは一定になる．

図 2.17(b) のように座標軸を設定し，巻き付けられずに残っているひもが x 軸となす角を θ とする．すると，巻き付けられずに残っているひもの長さ l およびその時間微分 $\dot{l}$ は，

$$l = l_0 - R\theta, \quad \dot{l} = -R\dot{\theta}$$

と表すことができる．また，質点の座標 (x, y) は，

$$x = R\sin\theta + l\cos\theta, \quad y = -R\cos\theta + l\sin\theta$$

で与えられる．これより，速度の成分 v_x と v_y は，

$$v_x = \dot{x} = R\dot{\theta}\cos\theta + \dot{l}\cos\theta - l\dot{\theta}\sin\theta = -l\dot{\theta}\sin\theta$$
$$v_y = \dot{y} = R\dot{\theta}\sin\theta + \dot{l}\sin\theta + l\dot{\theta}\cos\theta = l\dot{\theta}\cos\theta$$

と計算できる．したがって，

$$v^2 = v_x{}^2 + v_y{}^2 = l^2\dot{\theta}^2$$

を得る．いま，質点の速さ v は一定であり，その値は $t=0$ における速さ v_0 に等しい．したがって，

$$l\dot{\theta} = v_0$$

でなければならない．よって

$$(l_0 - R\theta)\frac{d\theta}{dt} = v_0$$

が成り立つ．θ を未知関数とするこの微分方程式は，両辺を t で積分することにより解くことができる[16]．すなわち，$t=0$ において $\theta=0$ であることを考慮して，積分

$$\int_0^\theta (l_0 - R\theta)\,d\theta = \int_0^t v_0\,dt$$

を実行することで，

$$l_0\theta - \frac{1}{2}R\theta^2 = v_0 t$$

を得る．この式を θ の 2 次方程式として解いて得られた答を $l = l_0 - R\theta$ に代入すると巻き付けられずに残っている

---

[16] 一般論は付録の D.1 節を参照のこと．ここでは $\dfrac{d}{dt}\displaystyle\int^\theta (l_0 - R\theta)d\theta = (l_0 - R\theta)\dfrac{d\theta}{dt}$ であるので，今の方程式は簡単に t で積分できる．

ひもの長さは

$$l = \sqrt{l_0^2 - 2Rv_0 t} \quad (t < l_0^2/2Rv_0) \tag{2.52}$$

で与えられることがわかる．質点は，時刻 $t = l_0^2/2Rv_0$ に円柱に衝突する．

問題 2.6-1 例題 2.6-1 で扱った運動（図 2.17）において，時刻 t でのひもの張力 T が

$$T = \frac{mv_0^2}{\sqrt{l_0^2 - 2Rv_0 t}} \quad (t < l_0^2/2Rv_0) \tag{2.53}$$

で与えられることを示せ．この結果は，$t \to l_0^2/2Rv_0$ のとき $T \to \infty$ となることを示している．しかし，現実の世界ではひもには質量があり，また質点のように大きさのない物体は存在しないので，この計算のように張力が無限大になるということは起こらない．

工学と物理学（2）：工学的センスと理学的センス

工学部の 1 年生に理学と工学の違いを述べよ，とリポートを書いてもらうと，基礎の理学と応用の工学，といった常識的な答えに加え，普遍性を追求する理学と具体性を追求する工学，あるいは変な人が多い理学と常識人が多い工学，といった鋭い指摘も出てきて思わずうなってしまう．工学の本業であるモノづくりでは人と協力することが大切だから，工学の学徒に「常識人が多い」のはうなずけるし，知の探究を使命とする理学には「他人（ひと）が何と言おうと」という雰囲気があるから，たしかに理学部には個性的な人が多い気がする．筑波大名誉教授の南日康夫先生は「工学部出身の人は与えられた境界条件の下で最適解を求める癖がある．理学部出身の人は与えられた境界条件そのものを疑う癖がある」と巧みに表現された．与えられた境界条件とは機能，価格，納期であり，さらにはこれを実現するための技術，設備，人的資源などを指す．世の中の技術者たちはこうした制約条件下における最適化問題を解くために日々，悪戦苦闘している．しかし歴史を紐解けば，それまで自明と思い込んでいた境界条件を疑う理学部的センスが技術のブレークスルーを生んだ例が少なくない．工学部の諸君，時には制約条件を疑ってみよう．（末光眞希）

第3章
仕事とエネルギー

この章では，仕事と保存力とエネルギーという概念を導入した上で，質点に作用する力が保存力である場合に成り立つエネルギー保存則について説明する．さらに，エネルギー保存則を利用して質点の運動を解析する方法を紹介する．

はじめに解析の容易な1次元運動について仕事とエネルギー，ポテンシャルの概念を導入する．その後で3次元運動も含めて，エネルギー保存則について説明する．3次元表記に慣れた読者，線積分に慣れた読者は直接3次元運動の節に進んでもよい．

次の第4章では，粘性抵抗や摩擦力は保存力でないことを学び，このような力が作用する場合のエネルギー保存則を扱う．

3.1 1次元運動における仕事と運動エネルギー

運動方程式を積分

x 軸に沿って運動する質量 m の質点を考える．また，質点に作用する力は x 軸に平行であるものとする．重力の作用を受けて鉛直線方向に運動する物体や，バネにつながれて直線上を運動する物体などを想定している．

時刻 t における質点の座標を x，その速度を v，質点に作用する力を F とする．一般に，F は x や v，t に依存する．質点の運動方程式は，

$$m\frac{dv}{dt} = F \tag{3.1}$$

と表される．この式の両辺に $v = \dfrac{dx}{dt}$ をかけると，

$$mv\frac{dv}{dt} = F\frac{dx}{dt} \quad \Rightarrow \quad \frac{d}{dt}\left(\frac{1}{2}mv^2\right) = F\frac{dx}{dt} \tag{3.2}$$

となる．さらに，この式の両辺を時刻 t_A から t_B まで積分すると，

$$\frac{1}{2}m\left[v^2(t_\mathrm{B}) - v^2(t_\mathrm{A})\right] = \int_{t_\mathrm{A}}^{t_\mathrm{B}} F\frac{dx}{dt}\,dt$$

が得られる．置換積分を用いて右辺の積分を書き換えると，次の式が得られる．

$$\frac{1}{2}m\left[v^2(t_\mathrm{B}) - v^2(t_\mathrm{A})\right] = \int_{x_\mathrm{A}}^{x_\mathrm{B}} F\,dx \tag{3.3}$$

ただし，x_A と x_B はそれぞれ，時刻 t_A と t_B における質点の座標である．ここで確認しておくが，式 (3.3) は，右辺の被積分関数 F が位置 x における質点の速度 v やさらには時刻 t の関数であっても成り立つ．F が x のみで定まる場合については，この後さらに詳しく述べる．

【補足：$x(t)$ の逆関数が一意的でない場合】鉛直上向きに投げ上げた質点や，振動運動をする質点などの場合，時刻 t_A から t_B までの間に運動の向きが変わることもある．このような場合，質点は同一の点を複数回通

過することになり，1つの x の値に複数の t が対応するので，$x(t)$ の逆関数は一意的に決まらない．そのため，式 (3.3) の導出過程を見直す必要がある．その手続きを，簡単な例を用いて説明する（一般化は容易であろう）．

例として，質点の鉛直投げ上げを考える．図 3.1 (a) のように，$x_A < x_B$ であり，時刻 t_C に質点は最高点 x_C に到達するものとする．この場合，区間 $[x_B, x_C]$ において，一つの x に対応する t が 2 つ（上昇時と下降時に対応）ある．これらのうち小さい方を $t_1(x)$，大きい方を $t_2(x)$ と表す（図 3.1 (b)）．また，区間 $[x_A, x_B]$ での $t(x)$ を便宜的に $t_1(x)$ と書くことにする．すると，式 (3.3) を導いたときの置換積分において，t の積分区間 $[t_A, t_B]$ を 2 つの小区間 $[t_A, t_C]$，$[t_C, t_B]$ に分けて，それぞれの小区間で置換積分を実行すると，式 (3.3) の右辺の代わりに，次の式が得られる．

$$\int_{x_A}^{x_C} F(x)dx + \int_{x_C}^{x_B} F(x)dx \tag{3.4}$$

この式の第 1 項と第 2 項の F は一般には x の関数として異なる関数なので，これら 2 つの項を，式 (3.3) のような 1 つの積分として表すことはできない．しかし，いまの例のように F が x だけに依存する場合には，式 (3.4) は式 (3.3) の右辺に一致する．というのは，この場合，これらの積分の和で，同じ関数を同じ区間で逆向きに積分した部分は互いに打ち消し合うからである．

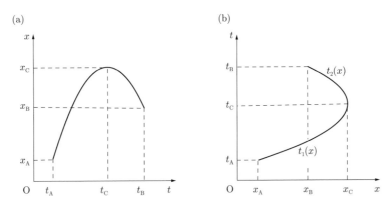

図 3.1　(a) 関数 $x(t)$ と (b) その逆関数 $t_1(x)$ および $t_2(x)$．

仕事とエネルギー（1 次元運動）

1 次元運動をする質点の**運動エネルギー**（kinetic energy）K を

$$K = \frac{1}{2}mv^2 \tag{3.5}$$

で定義すると，式 (3.3) の左辺は，運動エネルギーの時間変化を表す．

式 (3.3) の右辺の積分の意味を考えてみる．ここで仕事を定義する．まず質点に作用する力 F が一定である場合，その力の向きへの作用点の変位（s と記す）と F の積 $W = Fs$ が力のなす仕事である．次に，一般の場合には仕事は積分で定義される．積分の数学的な意味に立ち戻り，作用点の移動つまり x_A から x_B までの区間を N 個の微小区間 $[x_{n-1}, x_n]$（ただし $n = 1, \cdots, N$，$x_0 = x_A$，$x_N = x_B$）に分けて，微小変位を $\Delta x_n = x_n - x_{n-1}$ とする．n 番目の微小区間を質点が通る間に作用する力は一定であるとみなすことができる．その値を F_n と記す．そして，力 F_n と変位 Δx_n の積，つまり各区間の仕事を表す量 $F_n \Delta x_n$ の総和をとり，分割を無限に細かくした極限をとる．この極限値

$$\lim_{N \to \infty} \sum_{n=1}^{N} F_n \Delta x_n$$

が存在する場合，その値が式 (3.3) 右辺の積分である．したがって，積分

$$W = \int_{x_A}^{x_B} F \, dx \tag{3.6}$$

を，時刻 t_A から t_B までに力 F が質点にする**仕事**（work）とよぶ．

これらにより，上の式 (3.3) は，

$$K_B - K_A = W \tag{3.7}$$

と表され，質点の運動エネルギーの増加分は，力が質点にする仕事に等しいことを意味する．これは後で 3 次元運動において力のする仕事を定義したうえで学ぶ**仕事・エネルギーの定理**（work-energy theorem）の 1 次元の場合である．

式 (3.6) の仕事は力 F が質点の速度や作用する時刻に依存する場合にも定義できて，式 (3.7) が成り立つ．

ポテンシャルエネルギー（1 次元）

質点に作用する力 F が，質点の座標 x の関数として表され，時間や質点の速度には依存しない場合を考える．このように，F が x のみの関数として表されるとき，$F(x)$ と記し，この関数の原始関数を $G(x)$ とすると，式 (3.6) の仕事は

$$W = \int_{x_A}^{x_B} F(x) dx = G(x_B) - G(x_A)$$

と表される．つまり，この積分は質点が x_A から x_B まで運動したことにより式 (3.6) に登場したものでありながら，運動の詳細，例えば各点をいつ，どのような速度で質点が通過したか，ということには依存しない．

このように，質点がある点（始点）から別の点（終点）まで移動する間に，力がする仕事が始点と終点の位置だけに依存するとき，その力を**保存力**（conservative force）という．ここまでの議論からわかるように，

> 質点が 1 次元運動をする場合，質点に作用する力が質点の座標のみの関数であれば，その力は保存力である．

保存力ではない力を**非保存力**（nonconservative force）という．第 4 章で学ぶように，粘性抵抗や摩擦力は質点の速度に依存するため，力がする仕事は，質点が動くときに各点をどのような速度で通過したかに依存する．したがって，これらの力は保存力ではない．

質点に作用する力が保存力であるとき，任意に選んだ定点の座標を x_* として，

$$U(x) = -\int_{x_*}^{x} F(x') \, dx' \tag{3.8}$$

で定義される $U(x)$ を（x_* を基準位置とする）力 F による**ポテンシャルエネルギー**（potential energy）とよぶ．以下に示すように質点の運動エネルギーの増加に関係することからエネルギーの名がついている．「ポテンシャル」については，以下および 3 次元運動の説明の中で述べる．場合によっては，基準位置を無限遠点にとることもある．

式 (3.8) の両辺を x で微分すると次の関係式が導かれる．

$$F(x) = -\frac{dU}{dx} \tag{3.9}$$

この関係を，$U(x)$ は力 F の**ポテンシャル**であるといい，ポテンシャルを微分して符号を変えることで力が得られるという．

式 (3.6) と式 (3.8) から $W = -U(x_\mathrm{B}) + U(x_\mathrm{A})$ となり，これを式 (3.7) と合わせると

$$K_\mathrm{B} + U(x_\mathrm{B}) = K_\mathrm{A} + U(x_\mathrm{A}) \tag{3.10}$$

が成り立つことがわかる．この式は，運動エネルギーとポテンシャルエネルギーの和が，時間が経っても変化ないことを表す．運動エネルギーとポテンシャルエネルギーの和を**力学的エネルギー** (mechanical energy) とよぶ．したがって，質点に作用する力が保存力であるならば，力学的エネルギーが保存する．

力のポテンシャルが定義できるのは，その力が保存力の場合だけであるのに対して，仕事は保存力と非保存力の両方に対して定義できる．したがって，エネルギー保存則とは異なり，仕事・エネルギーの定理は力が保存力であるかどうかにかかわらずに成り立つ．

ポテンシャルの例

鉛直線に沿って運動する質量 m の質点の場合，x 軸を鉛直上向きにとり，基準位置を原点に選ぶと，ポテンシャルエネルギーは，

$$U(x) = -\int_0^x (-mg)\, dx' = mgx \tag{3.11}$$

となる．また，バネ定数 k のバネにつながれた質量 m の質点が直線上を運動するとき，バネの自然長における質点の位置を座標原点とし，基準点を原点に選ぶと，ポテンシャルエネルギーは，

$$U(x) = -\int_0^x (-kx')\, dx' = \frac{1}{2}kx^2 \tag{3.12}$$

と表される．

このように，質量 m の質点に作用する重力のポテンシャルの式は式 (3.11) で与えられ，バネ定数が k のバネのポテンシャルの式は式 (3.12) で与えられる．

3.2　3次元運動における仕事と運動エネルギー

運動方程式を積分

前節では質点の1次元運動における仕事・エネルギーの定理を導いた．一般に，3次元運動の場合にも運動方程式から同様の定理を導くことができる．質量 m の質点に力 $\boldsymbol{F}$ が作用し，それによって質点の位置 $\boldsymbol{r} = (x, y, z)$ が時間とともに変化していくとする．質点の速度を $\boldsymbol{v} = (v_x, v_y, v_z)$ として，**運動エネルギー** (kinetic energy) を

$$K \equiv \frac{1}{2}mv^2 = \frac{1}{2}m\left(v_x^2 + v_y^2 + v_z^2\right) \tag{3.13}$$

で定義する．

この質点の運動方程式は

$$m\frac{d\boldsymbol{v}}{dt} = \boldsymbol{F}$$

である．一般に，力 $\boldsymbol{F}$ は質点の位置やその速度，時間に依存する．運動方程式の両辺の各ベクトルと速度 $\boldsymbol{v}$ との内積をとると，

$$m\frac{d\boldsymbol{v}}{dt} \cdot \boldsymbol{v} = \boldsymbol{F} \cdot \boldsymbol{v}$$

となる．この式の左辺は運動エネルギー (3.13) を使って書き直すことができて，

$$\frac{dK}{dt} = \boldsymbol{F} \cdot \boldsymbol{v}$$

という関係を得る．この式の両辺を時刻 t_A から t_B まで積分すると，

$$K_B - K_A = \int_{t_A}^{t_B} \boldsymbol{F} \cdot \boldsymbol{v}\, dt \tag{3.14}$$

となる．ここで，K_A と K_B はそれぞれ，時刻 t_A と t_B における質点の運動エネルギーである．

ベクトル $\boldsymbol{F}$ の線積分

式 (3.14) の右辺で $\boldsymbol{v}\, dt$ は短い時間 dt の間における質点の変位ベクトルであり，$\boldsymbol{F} \cdot \boldsymbol{v}\, dt$ は力のベクトルとの内積であり，したがってその短い時間の間に力 $\boldsymbol{F}$ のなす仕事である．以下に示すように，この時間積分は線積分として表すことができる．

まず，式 (3.14) の右辺を以下のように書き換える．時刻 t_A から t_B までの時間を N 個の小区間に分割し，分割点の時刻を t_n $(n=0,1,2,\ldots,N)$ とする．ただし，t_n は

$$t_A = t_0 < t_1 < t_2 < \cdots < t_{N-1} < t_N = t_B$$

の関係を満たすものとする．点 A から点 B までの軌道を $\mathrm{C_{AB}}$ とし，その上の各分割点（時刻 $t = t_n$ における質点の位置座標）を $\boldsymbol{r}(t_n)$ と記す．各小区間の時間間隔を

$$\Delta t_n = t_{n+1} - t_n$$

と書き，その間の質点の位置の変化を図 3.2 のように

$$\Delta \boldsymbol{r}_n = \boldsymbol{r}(t_{n+1}) - \boldsymbol{r}(t_n)$$

とする．ここで

$$\Delta \boldsymbol{r}_n = \frac{\Delta \boldsymbol{r}_n}{\Delta t_n} \Delta t_n$$

が成り立つ．さらに，時刻 t_n において質点に作用する力を図 3.2 のように $\boldsymbol{F}_n$ とし，これらの時間の各区間において定義される内積 $\boldsymbol{F}_n \cdot \Delta \boldsymbol{r}_n$ を足し合わせると，上のことから以下の関係を満たす．

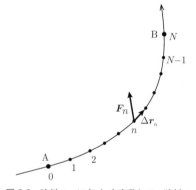

図 3.2　時刻 t_A に点 A を出発して，時刻 t_B に点 B に到達する質点の軌跡を N 個の区間に分割する．

$$\sum_{n=0}^{N-1} \boldsymbol{F}_n \cdot \Delta \boldsymbol{r}_n = \sum_{n=0}^{N-1} \boldsymbol{F}_n \cdot \frac{\Delta \boldsymbol{r}_n}{\Delta t_n} \Delta t_n$$

この式で $N \to \infty$，かつすべての n について $\Delta t_n \to 0$ の極限をとると，右辺の極限は式 (3.14) の右辺である．他方，左辺の極限は一つの積分を定義する．これを

$$\int_{\mathrm{C_{AB}}} \boldsymbol{F} \cdot d\boldsymbol{r} = \lim_{N \to \infty} \sum_{n=0}^{N-1} \boldsymbol{F}_n \cdot \Delta \boldsymbol{r}_n \tag{3.15}$$

と表し，経路 $\mathrm{C_{AB}}$ に沿った力 $\boldsymbol{F}$ の **線積分** (line integral) という[1]．線積分の計算については付

---

[1] 1 変数関数の積分は下限と上限を与えると積分路が 1 つに定まるが，線積分では定まらない．積分路の指定はこのように積分記号の下側に，曲線につけた名前で，記すことになっている．1 変数関数の積分と異なり，経路が異なれば一般に積分値は異なる．例えば $\boldsymbol{F}(\boldsymbol{r}) = (-y, x)$ の線積分 $\int \boldsymbol{F} \cdot d\boldsymbol{r}$ を原点 $(0,0)$ から $(1,1)$ に至る異なった経路で計算して比べてみるとよい．線積分が経路によらないことは関数 $\boldsymbol{F}(\boldsymbol{r})$ に対する制限になる．

録 C で簡単に述べる.

仕事・エネルギーの定理

式 (3.15) の右辺における $F_n \cdot \Delta r_n$ は,経路 C_{AB} 上の各微小区間において,質点に作用する力 F_n の大きさと,その力の向きへの作用点の変位の積であり,この区間において力のなす仕事である.したがって,式 (3.15) の積分を,時刻 t_A から t_B までに経路 C_{AB} に沿って力 F が質点にする**仕事**(work)とよぶ.これが 3 次元運動における仕事の定義である.仕事を記号 W で表すと,

$$W = \int_{C_{AB}} F \cdot dr \tag{3.16}$$

となる.式 (3.14) を**仕事・エネルギーの定理**(work-energy theorem)として書き表す.

質点の運動エネルギーの増加分は,力が質点にする仕事に等しい:
$$K_B - K_A = W \tag{3.17}$$

ここで,次のことを注意しておく.一般に,力 F は作用する位置だけではなく,質点の速度や作用する時刻にも依存する.したがって,一般には,式 (3.16) の積分の値は経路 C_{AB} の各点を質点がどのように(いつ,どんな速度で)通過したか,ということにも依存することがある.そのような場合でも式 (3.17) の関係は成り立つ.F が r のみで定まる場合については,この後さらに詳しく述べる.

定義 (3.16) からわかるように,**仕事の単位**は(力の単位)×(長さの単位)に等しく,一方,**運動エネルギーの単位**は(質量の単位)×(速度の単位)^2 に等しい.前者の SI 単位は $N \cdot m$ であり,$1\,N = 1\,kg \cdot m \cdot s^{-2}$ なので,もちろん仕事と運動エネルギーの単位は同じである.SI では仕事や運動エネルギーの単位として J(ジュール)を定めており,その定義は $1\,J = 1\,N \cdot m = 1\,kg \cdot m^2 \cdot s^{-2}$ である.

【仕事をしない力とは】仕事の定義 (3.16) からわかるように,質点に作用する力 F が各時刻の質点の微小変位 dr に垂直ならば,$F \cdot dr = 0$ となり,この力は仕事をしない.また,式 (3.16) の右辺は式 (3.14) の右辺に等しいので,力 F がいつも質点の速度 v に垂直ならば,この力は仕事をしない,ということもできる.例えば,質点が平面内で円運動をするときに力は円の中心に向かっているが,質点の速度はいつも円の接線方向を向いており,力はいつも速度に垂直である.このとき,円運動を起こしている力は仕事をしない.

3.3 エネルギー保存則・ポテンシャルエネルギー

保存力・ポテンシャルエネルギー

式 (3.16) で定義される仕事 W は,一般に,質点が通る経路だけではなく,質点の運動の様子(経路上の各点を,いつどのような速度で通過するのか)にも依存する.しかし,力 F が質点の位置 r だけに依存し,速度やほかの変数に依存しない場合には,力がする仕事は質点が通る経路で決まる.ここでは,そのような力について考える.

いま,任意に選んだ点 A と B を結び,A から B に向かう曲線 C を描く.この曲線に沿った F の線積分を

$$I = \int_C F \cdot dr \tag{3.18}$$

とする.また,A と B を結ぶ別の曲線 C$'$ を描き(図 3.3),この曲線に沿った F の線積分を

$$I' = \int_{\mathrm{C}'} \boldsymbol{F} \cdot d\boldsymbol{r}$$

とする．任意の曲線 C' に対して等式 $I = I'$ が成り立つとき，すなわち

$$\int_{\mathrm{C}} \boldsymbol{F} \cdot d\boldsymbol{r} = \int_{\mathrm{C}'} \boldsymbol{F} \cdot d\boldsymbol{r} \qquad (3.19)$$

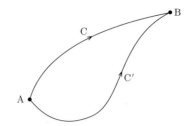

図 3.3 空間内の点 A から B へ向かう曲線 C と C'．

が成り立つとき，$\boldsymbol{F}$ は**保存力**（conservative force）であるという．

　第 4 章で学ぶように，粘性抵抗や摩擦力は質点の速度に依存する．そのとき力がする仕事は経路 C を与えても質点が動くときに経路の各点をどのような速度で通過したかに依存する．式 (3.18) の線積分を違う経路をとって比較するまでもなく，ひとつ経路を与えただけでも定まらないので，これらの力は保存力とはいえない．保存力ではない力を**非保存力**（nonconservative force）という．

> 【補足：保存力の条件について】1 次元的な運動をする質点に対しては，力 F が場所 x だけで決まっているならば保存力であると述べた．しかし，3 次元的（または 2 次元的）な運動をする質点に対して積分が経路の取り方によらない，といった上記の条件をつけた．それは，力の種類によっては，たとえそれが場所にだけ依存する力であっても，任意の 2 点を指定した上でそれらを始点と終点とする経路の選び方を変えたとき，力 $\boldsymbol{F}(\boldsymbol{r})$ の線積分の値が変わることがあるからである．例えば電磁気学を学ぶときそのことがわかるであろう．

　力 $\boldsymbol{F}$ が保存力であるならば，線積分 (3.18) の値は曲線 C の始点と終点だけで決まり，C の形状には依存しない．この場合，任意に定めた基準点を $\boldsymbol{r}_*$ として固定すると，この線積分は終点 $\boldsymbol{r}$ の関数となる．その符号を変えた関数を $U(\boldsymbol{r})$ と記すと，

$$U(\boldsymbol{r}) = -\int_{\boldsymbol{r}_*}^{\boldsymbol{r}} \boldsymbol{F}(\boldsymbol{r}') \cdot d\boldsymbol{r}' \qquad (3.20)$$

である．式 (3.20) で定義される $U(\boldsymbol{r})$ を，力 $\boldsymbol{F}$ により位置 $\boldsymbol{r}$ で質点がもつ（点 $\boldsymbol{r}_*$ を基準とする）**ポテンシャルエネルギー**（potential energy）とよぶ．

　関数 $U(\boldsymbol{r})$ と力 $\boldsymbol{F}$ が式 (3.20) の関係にあるとき，それらは微分と積分の関係により次の式を満たす．

$$F_x = -\frac{\partial U}{\partial x}, \quad F_y = -\frac{\partial U}{\partial y}, \quad F_z = -\frac{\partial U}{\partial z} \qquad (3.21)$$

この関係を U は力 $\boldsymbol{F}$ の**ポテンシャル**であるという．またこれを，ポテンシャル U を偏微分して符号を変えると力 $\boldsymbol{F}$ が求まる，という．

> 【補足：式 (3.21) の導出】式 (3.20) で定義された $U(\boldsymbol{r})$ が式 (3.21) を満たすことを以下に示す．点 $\boldsymbol{r} = (x, y, z)$ から $\boldsymbol{r}' = (x+\Delta x, y, z)$ まで，x 軸に平行な直線に沿って，力 $\boldsymbol{F}$ の線積分を計算すると，$\boldsymbol{F}(\boldsymbol{r}) \cdot \Delta \boldsymbol{r} = F_x(\boldsymbol{r})\Delta x$ であるから，
>
> $$U(\boldsymbol{r}') - U(\boldsymbol{r}) = -\int_x^{x+\Delta x} F_x(x', y, z)\,dx'$$
>
> となる．この式の右辺は $\Delta x \to 0$ の極限で $-F_x(x, y, z)\Delta x$ に近づくので，両辺を $-\Delta x$ で割り，
>
> $$-\lim_{\Delta x \to 0} \frac{U(x+\Delta x, y, z) - U(x, y, z)}{\Delta x} = F_x(x, y, z)$$
>
> を得る．同様にして，F_y や F_z も計算できる．

【補足：偏微分について】複数の独立変数（例えば，x, y, z）の関数 $f(x, y, z)$ があるとき，極限

$$\lim_{h \to 0} \frac{f(x+h, y, z) - f(x, y, z)}{h}$$

が収束するとき，これを (x, y, z) における f の x に関する偏微分（偏微分係数）とよび，$\frac{\partial f}{\partial x}$ と表す．y, z についても同様である．

【ポテンシャルとは】ポテンシャルのことばの意味は「潜在能力」である．初めにある点 A に存在した質点が力を受けて運動して別の点 B に到達したときに得る運動エネルギーは，最初に点 A で質点が潜在的にもっていた能力によるものであるとして，それをポテンシャルエネルギーとよんでいる．

力学的エネルギー保存則

質点が点 A から B まで移動するときに，保存力 $\boldsymbol{F}$ が質点にする仕事 W は次式のように表される．

$$W = \int_{\boldsymbol{r}_A}^{\boldsymbol{r}_B} \boldsymbol{F} \cdot d\boldsymbol{r}$$

この式の右辺は F のポテンシャル $U(\boldsymbol{r})$ を用いて書き換えることができる．ポテンシャルの基準点を $\boldsymbol{r}_*$ とすると，定義式 (3.20) により，

$$U(\boldsymbol{r}_B) = -\int_{\boldsymbol{r}_*}^{\boldsymbol{r}_B} \boldsymbol{F} \cdot d\boldsymbol{r}$$

である．ここで，点 $\boldsymbol{r}_*$ から点 B までの質点の移動を，図 3.4 のように，点 $\boldsymbol{r}_*$ から点 A に至る経路 C_1 と点 A から点 B に至る経路 C_2 に沿うものと考えると，

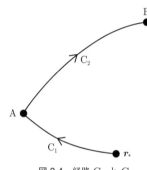

図 3.4 経路 C_1 と C_2．

$$U(\boldsymbol{r}_B) = -\left(\int_{\boldsymbol{r}_*}^{\boldsymbol{r}_A} \boldsymbol{F} \cdot d\boldsymbol{r} + \int_{\boldsymbol{r}_A}^{\boldsymbol{r}_B} \boldsymbol{F} \cdot d\boldsymbol{r} \right)$$

と書き換えられる．そして，この式の右辺は $U(\boldsymbol{r}_A) - W$ と表すことができるので，

$$W = U(\boldsymbol{r}_A) - U(\boldsymbol{r}_B) \tag{3.22}$$

が成り立つ．したがって，仕事・エネルギーの定理 (3.17) は

$$K_B - K_A = U(\boldsymbol{r}_A) - U(\boldsymbol{r}_B)$$

と書き換えられ，つまり，$K_B + U(\boldsymbol{r}_B) = K_A + U(\boldsymbol{r}_A)$ であるから，$K + U$ は質点がどこに移動しても同じ値をもち，$K + U$ を $E \equiv K + U$ と記すと，

$$E = \frac{1}{2}mv^2 + U(\boldsymbol{r}) \quad \text{は時間によらずに一定である．} \tag{3.23}$$

という結論が得られる．これが**エネルギー保存則**（law of energy conservation）である．この保存される量 E を質点の**力学的エネルギー**（mechanical energy）とよぶ．ただし，質点及び質点系の力学を対象にする本書の中では，特に断る必要のある場合を除いて質点のエネルギーあるいは質点系のエネルギーとよぶ．

ポテンシャルは保存力に対して定義されるので，非保存力が作用する場合に，式 (3.23) の形のエ

44　第 3 章　仕事とエネルギー

ネルギーは定義できない．その場合については，第 4 章の 4.3 節で明らかになる．

> **【エネルギーとは】** エネルギーには，力学的エネルギーの他にさまざまなエネルギーがある．例えば，熱エネ
> ルギー・静電エネルギー・磁気エネルギー・化学エネルギーのように異なる形態のエネルギーが挙げられる．
> これらを総合したエネルギーの保存法則を将来学ぶことになろう．

重力のポテンシャル

地表近くで質量 m の質点に作用する重力は，鉛直上向きに z 軸をとると，

$$\boldsymbol{F} = -mg\boldsymbol{e}_z \tag{3.24}$$

と表される．この力は場所によらず一定の定ベクトルである．一般に，定ベクトルで表される力は保存力であることが，以下のようにして確かめられる．力 $\boldsymbol{F} = (F_x, F_y, F_z)$ が定ベクトルであるならば，その成分 F_x, F_y, F_z は定数である．点 A から点 B に至る任意の経路 C を考える．経路の始点と終点の位置ベクトルをそれぞれ，$\boldsymbol{r}_A = (x_A, y_A, z_A)$，$\boldsymbol{r}_B = (x_B, y_B, z_B)$ とする．この経路に沿った $\boldsymbol{F}$ の線積分は

$$\int_C \boldsymbol{F} \cdot d\boldsymbol{r} = \int_C (F_x dx + F_y dy + F_z dz)$$

である（付録 C 参照）．ここで，F_x は定数であるから，右辺第 1 項の積分は次のようになる．

$$\int_C F_x dx = F_x \int_{x_A}^{x_B} dx = F_x(x_B - x_A)$$

残りの項も同様に計算できて，その結果はベクトルの内積を使って次のようにまとめることができる．

$$\int_C \boldsymbol{F} \cdot d\boldsymbol{r} = \boldsymbol{F} \cdot (\boldsymbol{r}_B - \boldsymbol{r}_A) \tag{3.25}$$

このように，力 $\boldsymbol{F}$ が定ベクトルであるならば，その線積分の値が経路の選び方によらず，始点と終点の位置だけで決まることがわかる．したがって，その力は保存力である．

定ベクトルの力 $\boldsymbol{F}$ により位置 $\boldsymbol{r}$ で質点がもつポテンシャルエネルギーを $U(\boldsymbol{r})$，その基準点を $\boldsymbol{r}_*$ とすると，式 (3.20) と式 (3.25) より，

$$U(\boldsymbol{r}) = \boldsymbol{F} \cdot (\boldsymbol{r}_* - \boldsymbol{r}) \tag{3.26}$$

を得る．特に，質量 m の質点に作用する重力 (3.24) の場合，座標原点を基準点にとると，位置 $\boldsymbol{r} = (x, y, z)$ におけるポテンシャルは次式で与えられる．

$$U(\boldsymbol{r}) = mgz \tag{3.27}$$

> **【補足：拘束された質点の場合】** ひもで吊るされた単振り子のおもりや斜面上を斜面に沿って運動する質点な
> どは，ピンと張った糸の張力や斜面から受ける垂直抗力といった，重力以外の力を受ける．しかし糸の張力
> や垂直抗力は質点の微小変位と垂直であり，力が仕事をしない．したがって，この項の結果に変わりはない．
> ただしここでは，糸の質量を無視し，おもりに作用する抵抗力は考えないこととし，また，斜面は滑らかで
> あるとしておく．

中心力

質点に作用する力の作用線が，ある点 O と質点とを結ぶ直線に一致し，力の大きさが点 O から質点までの距離 r だけに依存するとき，この力を**中心力**という（図 3.5）．また，点 O を**力の中心**とよぶ．

力の中心 O を座標原点に選び，質点の位置ベクトル $\boldsymbol{r}$ を定義する．$\boldsymbol{r}$ に平行で，このベクトルと同じ向きを向く単位ベクトル（動径単位ベクトル）を $\boldsymbol{e}_r$ とする（図 3.5）．そうすると，$f(r)$ を $r=|\boldsymbol{r}|$ のある関数として，中心力 $\boldsymbol{F}$ を

$$\boldsymbol{F} = f(r)\boldsymbol{e}_r \tag{3.28}$$

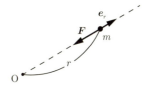

図 3.5 中心力 $\boldsymbol{F}$ の作用線はある点 O と質点を結ぶ直線に一致し，$\boldsymbol{F}$ の大きさは O と質点との距離だけに依存する．$\boldsymbol{e}_r$ は質点の位置ベクトルと同じ向きをもつ単位ベクトル．

と表すことができる．$|f(r)|$ は力の大きさを表し，$f > 0$ ならば力は中心 O から遠ざかる方向を向き（斥力），$f < 0$ ならば中心 O に向く（引力）．

中心力は保存力であり，そのポテンシャル $U(\boldsymbol{r})$ は

$$U(\boldsymbol{r}) = -\int_{r_*}^{r} f(r')\, dr' \tag{3.29}$$

で与えられることを，例題 3.3-1 で示す．ただし，この式の r_* は，基準点から原点（力の中心）までの距離である．中心力のポテンシャルは力の中心からの距離だけに依存する．

万有引力・クーロン力

中心力の代表的な例は，2 つの質点の間に作用する**万有引力** (universal gravitation) である．一方の質点の質量を M，その位置を原点とし，他方の質量を m，その位置ベクトルを $\boldsymbol{r}$ とする．質点間の距離を $r = |\boldsymbol{r}|$ とすると，質点 M から質点 m に作用する万有引力 $\boldsymbol{F}$ は

$$\boldsymbol{F} = -\frac{GMm}{r^3}\boldsymbol{r} = -\frac{GMm}{r^2}\boldsymbol{e}_r \tag{3.30}$$

で与えられる．ただし，

$$G = 6.674 \times 10^{-11}\,\mathrm{m^3 \cdot kg^{-1} \cdot s^{-2}} \tag{3.31}$$

はニュートンの**重力定数**あるいは**万有引力定数**とよばれる量である．式 (3.28) と式 (3.30) を比べると，万有引力において $f(r)$ に相当する関数は $-GMm/r^2$ であることがわかる．したがって，ポテンシャルの基準点を無限遠点にとり，式 (3.29) の積分を実行すると，万有引力によるポテンシャル

$$U(\boldsymbol{r}) = -\int_{\infty}^{r}\left(-\frac{GMm}{r'^2}\right)dr' = -\frac{GMm}{r} \tag{3.32}$$

が得られる．

中心力のもうひとつの代表例として，2 つの点電荷の間に作用する**クーロン力（静電気力）**がある．この力の大きさは，万有引力と同様に，電荷間の距離の二乗に反比例する．万有引力はその名が示すとおり引力であるのに対して，クーロン力の場合，同符号の電荷間では斥力であり，異符号の電荷間では引力である．

例題 3.3-1 中心力が保存力であり，式 (3.29) が成り立つことを示せ．

解 力の中心を原点 O として，図 3.6 のように点 O, A, B が与えられているとする．点 A と B の位置ベクトルをそれぞれ $\boldsymbol{r}_\mathrm{A}$, $\boldsymbol{r}_\mathrm{B}$ とする．A から B に向かうある曲線 C_1 のパラメータ表示が $\{\boldsymbol{r} = \boldsymbol{r}_1(s); a \leq s \leq b\}$ で与えられているとする．ただし $\boldsymbol{r}_1(s) = (x_1(s), y_1(s), z_1(s))$，$\boldsymbol{r}_\mathrm{A} = \boldsymbol{r}_1(a)$，$\boldsymbol{r}_\mathrm{B} = \boldsymbol{r}_1(b)$ である．

題意は，ある経路 C_1 に沿って作用点が動くときの中心力 $\boldsymbol{F}$ のする仕事が，同じ始点・終点をもつ別の任意の経路 C_2 に沿っての仕事と等しいことである．このことを，仕事の表式を求めて示す．

仕事を表す積分

$$W = \int_{C_1} \boldsymbol{F} \cdot d\boldsymbol{r}$$

はパラメータ表示によって

$$W = \int_a^b f(r_1(s))\boldsymbol{e}_r \cdot \frac{d\boldsymbol{r}_1(s)}{ds}ds \quad (3.33)$$

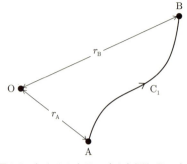

図 3.6 点 A から点 B へ向かう経路 C_1．点 O から A, B までの距離をそれぞれ r_A, r_B とする．

($r_1(s) = |\boldsymbol{r}_1(s)|$) によって求められる（付録 C 参照）．ただし，式 (3.28) を使って $\boldsymbol{F}$ を書き換えた．ここで，積分路上の点では $\boldsymbol{e}_r(s) = \boldsymbol{r}_1(s)/r_1(s)$ であることから，被積分関数は

$$f(r_1(s))\frac{\boldsymbol{r}_1(s)}{r_1(s)} \cdot \frac{d\boldsymbol{r}_1(s)}{ds}$$

である．さらに，微分の性質により明らかである関係

$$2\boldsymbol{r}_1(s) \cdot \frac{d\boldsymbol{r}_1(s)}{ds} = \frac{dr_1^2(s)}{ds}, \quad \frac{dr_1^2(s)}{ds} = 2r_1(s)\frac{dr_1(s)}{ds}$$

に注意すると，式 (3.33) は次のように書き換えられる．

$$W = \int_a^b f(r_1(s))\frac{dr_1(s)}{ds}ds$$

この式の右辺は次の式の右辺の $r = r_1(s)$ による置換積分であり，よって

$$W = \int_{r_A}^{r_B} f(r)dr \quad (3.34)$$

が成り立つ．ただし $r_A = |\boldsymbol{r}_A|$, $r_B = |\boldsymbol{r}_B|$ である．この式は，W の値が経路によらないことを示している．もしも，$r_1(s)$ が s の単調関数でなく，逆関数が一価関数でない場合には，s の積分範囲 $[a, b]$ を複数の積分区間に分けて，それぞれの中で単調関数になるようにして示す必要があるが（3.1 節の補足参照），いずれの区間の点であっても $f(r)$ の表式は共通であるから結論は変わらない．

仕事が式 (3.34) として求められた．式 (3.20) を導いた「力 $\boldsymbol{F}$ により位置 $\boldsymbol{r}$ で質点がもつポテンシャルエネルギーの定義」に従って，式 (3.34) の積分の下限を基準点とし上限を r として符号を変えれば，力 $\boldsymbol{F}$ のポテンシャルとして式 (3.29) が導かれる．

問題 3.3-1 万有引力によるポテンシャル (3.32) について，式 (3.21) の偏微分を計算して，位置 $\boldsymbol{r} = (x, y, z)$ における力 $\boldsymbol{F}(x, y, z)$ を求めよ．

【補足：偏微分の性質】原点からの距離 r のみの関数 $f(r)$ の偏微分は次のようにして求めることができる．

$$\frac{\partial f(r)}{\partial x} = \frac{\partial r}{\partial x}\frac{df(r)}{dr} \quad \text{ほか，ただし} \quad \frac{\partial r}{\partial x} = \frac{x}{r} \quad \text{ほか}$$

3.4 エネルギー保存則の応用 (1)：バネ，地球の引力

　ここでは，エネルギー保存則が問題を解くうえで便利な法則であることを示すが，実はエネルギー保存則が運動方程式と同様に重要であることがわかるであろう．まず，2.4 節で考察した，バネによる質点の振動（調和振動）の問題を，エネルギー保存則を使って解析しよう．運動を x 軸方向に起こる 1 次元運動とする．

　バネ定数 k のバネによる力を受けた質点のポテンシャルエネルギー U は式 (3.12) で与えられるので，この質点のエネルギー E はその質量を m として，

$$E = \frac{1}{2}m\dot{x}^2 + \frac{1}{2}kx^2 \tag{3.35}$$

と表される．エネルギーは時間によらず一定であり，その値は質点の初期位置 x_0 と初期速度 v_0 で決まり，

$$E = \frac{1}{2}mv_0^2 + \frac{1}{2}kx_0^2 \tag{3.36}$$

となる．式 (3.35) により，

$$\dot{x}^2 = \frac{2}{m}\left(E - \frac{1}{2}kx^2\right)$$

であるが，ポテンシャル U がエネルギー E に等しくなる変位を a として右辺を整理すると，次を得る．

$$\dot{x}^2 = \omega^2 \left(a^2 - x^2\right) \tag{3.37}$$

ただし，

$$\omega = \sqrt{\frac{k}{m}}, \quad a = \sqrt{\frac{2E}{k}} \tag{3.38}$$

とおいた．ここで E は式 (3.36) で与えられる．
式 (3.37) の左辺は負にはならないので，右辺もそうでなければならない．これより，質点の運動範囲が，

$$-a \leq x \leq a \tag{3.39}$$

に限定されることがわかる (図 3.7)．したがって，質点はこの範囲を振動する．

　エネルギー保存則から導かれた式 (3.37) の平方根をとり，整理すると，

$$\frac{1}{\sqrt{a^2-x^2}}\frac{dx}{dt} = \pm\omega \tag{3.40}$$

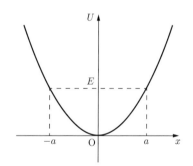

図 3.7　バネによる力のポテンシャル $U(x) = \frac{1}{2}kx^2$．

が得られる．この式の両辺を時間 t で積分すると，x を t の関数として表すことができる．以下で得られる式が簡単になるように，x の値が最大値 a に達する時刻を $t = 0$ とする [2]．そうすると，式 (3.40) 右辺の複号 $\pm$ は，$t < 0$ のときに $+$，$t > 0$ のときに $-$ を採用するべきである．そして，式 (3.40) の積分は次のようになる（この後の補足に詳細を示す）．

$$\int_a^x \frac{dx}{\sqrt{a^2-x^2}} = \pm\omega t \tag{3.41}$$

この式の左辺の積分は $x = a\cos\theta$ と置換すると実行できて，

---
[2] 初期条件を $x_0 = a$, $v_0 = 0$ としたことになる．

$$x = a\cos\omega t = \sqrt{\frac{2E}{k}} \cos\left(\sqrt{\frac{k}{m}}t\right) \qquad (3.42)$$

という結果を得る．これは，2.4 節において，運動方程式を解いて得た結果 (2.38) に一致する．

【補足】置換積分の公式 $\int_{x_0}^{x_1} f(x)dx = \int_{t_0}^{t_1} f(x(t))\frac{dx(t)}{dt}dt$ を利用する．この式を導くときには，x が t の関数 $x(t)$ であることと，$x_0 = x(t_0), x_1 = x(t_1)$ であることを用いている．$x(t)$ の具体的な関数形によらずに，この等式は一般に成り立つ．$f(x) = \dfrac{1}{\sqrt{a^2 - x^2}}$ とすると，この公式から

$\int_{x_0}^{x_1} \dfrac{1}{\sqrt{a^2 - x^2}} dx = \int_{t_0}^{t_1} \dfrac{1}{\sqrt{a^2 - x^2}} \dfrac{dx}{dt} dt$ が成り立つ．

問題 3.4-1 図 3.8 に示すように，バネ定数 k のバネの上方 h の高さから，質量 m の質点を初速度 0 で落下させる．バネは最大でどれだけ縮むか．

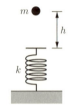

図 3.8 バネの上に落下する質点．

問題 3.4-2 図 3.9 に示すように，質量 m の質点が傾斜角 α の滑らかな斜面に沿って運動する．バネ定数 k のバネの一端が斜面の下端に固定されている．バネの他端は斜面上にあり，固定されていない．質点の位置を記述するために，斜面に沿って x 軸を定義する．座標軸の原点は，バネが自然長にあるときのバネの先端（固定されていない端点）に選び，斜面の上方を x 軸の正の向きとする．質点が $x < 0$ の領域にあるときには，質点はバネの

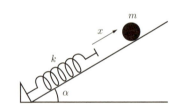

図 3.9 バネのある斜面上を運動する質点．

先端に接触しており，$x > 0$ のときには接触はなく，バネは自然長にあるものとする．

バネの長さが a だけ縮んでいて，質点がバネに接して静止している状態を初期状態とする運動について，以下の問いに答えよ．

(1) この系のポテンシャルエネルギー U を x の関数として表し，関数 $U(x)$ のグラフを描け．（$x > 0$ の領域と $x < 0$ の領域を分けて考えよ．）

(2) 初期のバネの縮み a がある値 a_0 よりも小さいと，質点はバネから離れることなく運動を続けるが，a_0 よりも大きいとバネから離れることがある（接触した状態と離れた状態を交互に繰り返す）．この a_0 を求めよ．

(3) 初期のバネの縮み a が a_0 より大きい場合，質点が達する最高点の x 座標の値 b を求めよ．（a と a_0 を使って表せ．）

問題 3.4-3（発展） 地球を密度が一様な半径 R の球とみなし，地表における重力加速度を g とする．すると，地球の中心から距離 r $(r > R)$ の位置にある質量 m の物体（質点とみなすことができるものとする）に作用する，地球の重力によるポテンシャルエネルギーは $U(r) = -R^2 mg/r$ と表すことができる（次節参照）．この物体を，地表から鉛直上方に速さ v_0 で投げる．地球の自転，空気抵抗，他の天体の影響を無視すると，物体は地球の中心を通る直線に沿って運動する．$R = 6.4 \times 10^6$ m, $g = 9.8$ m/s^2 として，以下の問いに答えよ．

(1) 速さ v_0 がある値 v_c を超えると，物体は再び地上に戻ってこない（v_c は第 2 宇宙速度とよばれる）．第 2 宇宙速度 v_c を求めよ．

(2) $v_0 < v_c$ の場合について，物体の最高到達点の高さ h を v_0 と R を用いて表せ．

(3) 物体を投げてから最高到達点に至るまでの時間 T を求めたい．エネルギー保存則を利用して，T を積分で与える次の表式を導け．

$$T = \sqrt{\frac{R+h}{2g}} \frac{1}{R} \int_R^{R+h} \sqrt{\frac{r}{R+h-r}} dr$$

〔註〕積分の結果は次のように表すことができる．

$$T = \sqrt{\frac{R+h}{2g}} \left\{ \sqrt{\frac{h}{R}} + \left(1 + \frac{h}{R}\right) \arctan \sqrt{\frac{h}{R}} \right\} \quad (3.43)$$

この結果を h/R の関数としてグラフに表すと図 3.10 のようになる．到達高度が地球の半径に比べて小さい ($h/R \ll 1$) ときには $T \approx \sqrt{2h/g}$ となり（図の破線），到達高度が高い ($h/R \gg 1$) ときには $T \approx (\pi/2)\sqrt{R/2g}(h/R)^{3/2}$ となる（図の一点鎖線）．$T^2/h^3 \approx$（一定）の関係は，ケプラーの第 3 法則（第 5 章 5.3 節参照）に対応している．

(4) $h = 4.0 \times 10^2$ km（国際宇宙ステーションの高度にほぼ等しい）と $h = 3.6 \times 10^4$ km（静止衛星の高度）のそれぞれの場合について，初速 v_0 と最高到達点に達するまでの時間 T を計算せよ．

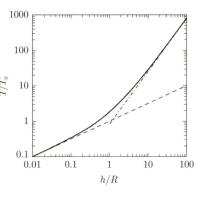

図 3.10 式 (3.43) で表される時間 T と到達点の高さ h との関係．$T_0 \equiv \sqrt{2R/g}$ として，縦軸は T/T_0，横軸は h/R である．

人はなぜ疲れるか

手に荷物を持ってじっと立っていると，やがて疲れる．筋肉が生み出す力によって荷物を支えているのだが，荷物が動かない限り筋肉は仕事をしていないことになる．それなのに人が疲れるのはなぜだろう．誰でも一度は疑問に思ったことではないだろうか．

この問題を真面目に考えた物理学者がいる．ロゲルギスト著『続 物理の散歩道』（岩波書店，1964）所収の「人はなぜ疲れるか」という論考が興味深い．この文章の著者は，荷物を持っているだけなのに絶えず仕事をしていなければならないようなからくりとして図のような装置を考えた．D のモーターが巻取機 B を動かし，糸を巻き上げる．この糸は C のしかけにより荷物 A につながっている．ただし，C は洗濯ばさみのようなもので巻取機の糸をつかんでいるだけであって，糸と C が堅く結びついているのではない．そのため，巻取機を止めておくと糸は動かないが，A に作用する重力により C はずるずると下がってゆく．適当な速さで巻取機を動かすと，荷物は上がりも下がりもしないようになる．このとき，C は静止しているが，巻取機の糸は上昇を続け，モーターは絶えず仕事をしている．そして，その仕事は糸と C との間の摩擦で生じる熱として失われるのである．

もちろん筋肉の中にこのようなしかけがあるわけではない．

しかし，このような考察から，筋肉の仕組みにまで立ち入って考えれば，「荷物を持っているだけで疲れる」ことが，力学の法則と矛盾なく説明できるであろうことが容易に想像できる．筋肉の仕組みについてはかなり解明されてきた（例えば，B. Alberts 他著，中村桂子・松原謙一監訳『Essential 細胞生物学』（南江堂，2016）参照）．その仕組みをもとにして，人が疲れる理由を考えてみませんか．（佐々木一夫）

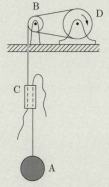

3.5 【発展】天体による重力

質点の間に作用する万有引力については 3.3 節で説明した．大きさのある物体でも太陽や惑星のように球形ならば，この力は質量が球の中心に集中しているかのように扱ってよい．なぜ球状の天体からの重力はその天体の中心にすべての質用が集中している万有引力として扱えるのか．ここでは一般に一様な密度の物質でできた半径 R，質量 M の球体を考える．この球体から質量 m の質点に作用する重力のポテンシャルエネルギー U は球体の中心から質点までの距離 r だけに依存し，次の式で表されることを以下で導く．

$$U(r) = \begin{cases} -\dfrac{GMm}{2R}\left(3 - \dfrac{r^2}{R^2}\right) & (r < R) \\ -\dfrac{GMm}{r} & (r \geq R) \end{cases} \tag{3.44}$$

この式によると，**球の外側でのポテンシャルエネルギーは，球の中心に質量 M の質点がある場合のポテンシャルエネルギーに等しい**．球体の密度分布が一様でなくても，球対称（密度が球の中心からの距離だけに依存する）であれば，この結論は有効である（問題 3.5-1 参照）．

公式 (3.21) を使って，質点に作用する力 $\boldsymbol{F}$ をポテンシャルエネルギー (3.44) から計算すると

$$\boldsymbol{F} = \begin{cases} -\dfrac{GMm}{R^3}\boldsymbol{r} & (r < R) \\ -\dfrac{GMm}{r^3}\boldsymbol{r} & (r \geq R) \end{cases} \tag{3.45}$$

となる．球の内側では，十分に小さな空洞を考えて，そこに置かれた質点に作用する力は中心に向かう引力で，その大きさは中心からの距離 r に比例する．球の外側では，距離の 2 乗に反比例する大きさの引力が作用する．

式 (3.44) を導くための準備として，一様な面密度 σ をもつ半径 a の球殻による重力ポテンシャルを計算する．球殻の中心 O から r だけ離れた点 P にある質量 m の質点に作用する重力のポテンシャルを $U_{\text{shell}}(r;a)$ と表す．このポテンシャルを求めるために，図 3.11 のように，線分 OP に垂直な平面で球殻を切断し，細いリングに分割する．そして，個々のリングによるポテンシャルを計算して足しあげることで $U_{\text{shell}}(r;a)$ を求める．図 3.11 に灰色塗りで示したリングは，半径が $a\sin\theta$，面積が $dS = 2\pi a^2\, d\theta \sin\theta$ だから，その質量は $dM = \sigma\, dS = 2\pi\sigma a^2 d\theta \sin\theta$ である．また，リング上の一点から点 P までの距離は

$$s = \sqrt{r^2 + a^2 - 2ar\cos\theta}$$

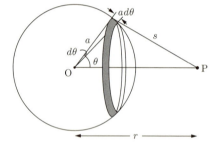

図 3.11 球殻による重力のポテンシャルエネルギーを求めるために，球殻を細いリングに分割し，それぞれのリングによる重力ポテンシャルを計算する．

で与えられるので，このリングによる重力ポテンシャルは

$$dU_{\text{shell}}(r;a) = -\frac{Gm}{s}\,dM = -\frac{2\pi\sigma a^2 mG \sin\theta}{\sqrt{r^2 + a^2 - 2ar\cos\theta}}\,d\theta$$

となる．すべてのリングからの寄与を足し合わせると，球殻による重力ポテンシャルが得られる．すなわち，

$$U_{\text{shell}}(r;a) = \int dU_{\text{shell}}(r;a) = -2\pi\sigma a^2 mG \int_0^\pi \frac{\sin\theta}{\sqrt{r^2 + a^2 - 2ar\cos\theta}}\,d\theta$$

である．この積分は $x = \cos\theta$ と置換すると実行できて，

$$U_{\text{shell}}(r;a) = -2\pi\sigma a^2 mG \int_{-1}^{1} \frac{dx}{\sqrt{r^2 + a^2 - 2arx}} = -\frac{2\pi\sigma a mG}{r}(a + r - |a - r|)$$

となる．ここで，$a > r$ ならば $|a - r| = a - r$，$a < r$ ならば $|a - r| = r - a$ だから，上の結果は次のようになる．

$$U_{\text{shell}}(r;a) = \begin{cases} -\dfrac{GM_{\text{shell}} m}{a} & (r < a) \\ -\dfrac{GM_{\text{shell}} m}{r} & (r \geq a) \end{cases} \tag{3.46}$$

ただし，$M_{\text{shell}} \equiv 4\pi\sigma a^2$ は球殻の質量である．式 (3.46) によると，球殻内部では，重力によるポテンシャルは場所によらず一定である．したがって，**球殻内の質点に作用する重力は 0 である**．一方，球殻の外側でのポテンシャルは，球殻の中心に置かれた質量 M_{shell} の質点が作るポテンシャルに一致する．

半径 R，質量 M の密度が一様な球による重力ポテンシャルを計算するために，球を多数の同心球面で切断し，薄い球殻に分割する．そして個々の球殻によるポテンシャル dU を計算して足し合わせる．図 3.12 の半径 a，厚み da の

球殻について考える．この球殻の体積は $4\pi a^2\,da$ だから，その質量は
$$dM = \frac{4\pi a^2\,da}{(4\pi/3)R^3}M = \frac{3Ma^2}{R^3}da$$
である．よって，式 (3.46) より，この球殻によるポテンシャルは，
$$dU = \begin{cases} -\dfrac{3GMma}{R^3}da & (r < a) \\ -\dfrac{3GMma^2}{R^3 r}da & (r \geq a) \end{cases}$$
となる．したがって，球形の物質による重力ポテンシャルエネルギーは $r < R$ の場合には，
$$U(r) = -\int_0^r \frac{3GMma^2}{R^3 r}da - \int_r^R \frac{3GMma}{R^3}da,$$
そして $r > R$ の場合には，
$$U(r) = -\int_0^R \frac{3GMma^2}{R^3 r}da$$
で与えられる．これらの積分を実行すると，式 (3.44) が得られる．

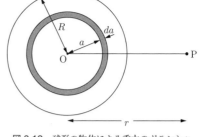

図 3.12 球形の物体による重力のポテンシャルエネルギーを求めるために，球を薄い球殻に分割し，それぞれの球殻による重力ポテンシャルを計算する．

問題 3.5-1 質量 M の球形の物体を考える．この物体の密度 ρ は，球の中心からの距離だけに依存するものとする．この球が質量 m の質点に及ぼす重力のポテンシャルを U とする．質点と球の中心との距離 r が球の半径より大きいならば，
$$U = -\frac{GMm}{r}$$
であることを示せ．

問題 3.5-2 地球は密度が一様で，質量が $M = 5.97 \times 10^{24}\,\mathrm{kg}$，半径 $R = 6.37 \times 10^6\,\mathrm{m}$ の球であると仮定して，地表における重力加速度 g の値を計算せよ．万有引力定数 G の値は式 (3.31) で与えられる．

問題 3.5-3 地球の中心を通り，地球を貫通するまっすぐなトンネルを掘る（図 3.13）．トンネルの入口から，質量 m の質点とみなせる物体を初速度 0 で落下させる．この物体が，地球の反対側の出口まで到達するまでの時間を計算せよ（地球は密度が一様な球であると仮定する）．

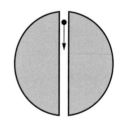

図 3.13 地球を貫くトンネルに物体を落下させる．

問題 3.5-4 地球は密度が一様で質量が M，半径 R の球であると仮定して，地球のまわりを回る人工衛星について以下の問いに答えよ．
(1) 地上からの高度が h であるような円軌道を描いて運動する衛星の速さ v_0 を求めよ．結果は R, h, G, M を使って表せ（G は万有引力定数）．
(2) 高度が $h = 4.0 \times 10^2\,\mathrm{km}$（国際宇宙ステーションの高度にほぼ等しい）の円軌道を描く衛星の公転周期を計算せよ．
(3) 赤道上空で円軌道を描き，公転周期が地球の自転周期 $T = 8.6 \times 10^4\,\mathrm{s}$ に等しい衛星（静止衛星）の高度を計算せよ．

3.6 【発展】エネルギー保存則の応用 (2)：重力を受ける質点の拘束条件つき運動

3.4 節に引き続き，エネルギー保存則が役に立つ応用例について学び，エネルギー保存則が便利な法則であることを知るであろう．この節はまた，問題を解くときの考え方を学ぶ機会になるはずである．

次のような問題が与えられたとする．半径 R の滑らかな球が固定されている．質量 m の質点が，この球の頂上から静かに滑り始めたとして，質点が球から離れる位置を求めよう．

図 3.14 から想像できるように質点は初めのうち球の表面に沿って円軌道を進む．このとき受ける力は重力と球面からの垂直抗力である．垂直抗力は球の中心と質点を結ぶ直線の方向に作用する．その大きさは未知数である．力がわかっていれば運動方程式が立てられ，それを解くことにより質点の運動が求められるが，この問題では未知数を含んだ方程式を立てることになる．これで問題は方程式を解くことと，未知数を定めるための条件式を立てることの 2 つになった．

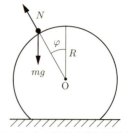

図 3.14　滑らかな球面上を質点が滑り降りる．

ヒントは，この問題では，球面から離れるところまでについて考えることを求められていることである．だから運動は円軌道であり，それは解く際に使える条件である．これが，束縛条件の利用である．もう 1 つのヒントは，この運動ではエネルギー保存則が成り立つことである．ここで重力のほかに球面から受ける垂直抗力があるが，力の向きが質点の微小変位に垂直であり，仕事をしないため質点のエネルギーには寄与しない．以下では，エネルギー保存の関係を出発点にする．3.4 節で学んだように，エネルギーの式は，運動方程式を使って時間で一度積分したものである．つまり運動方程式を解く代わりにエネルギー保存則を使って問題を解くことができる．

これだけの考察をして以下のように順次解いていく．図 3.14 のように，質点と球の中心 O を結ぶ直線と鉛直線のなす角を φ とする．また，質点の O からの距離を r とする．運動の軌道が円であるので $r = R$，質点の速さは $v = R\dot\varphi$ と表される．また，O を基準にした質点の高さは $h = R\cos\varphi$ で与えられる．質点に作用する重力の大きさは mg である．質点が球面から受ける垂直抗力の大きさを N とする．抗力の向きは質点の速度に垂直であり仕事をしないので，質点のエネルギーには寄与しない．したがって，質点の力学的エネルギーは

$$E = \frac{1}{2}m(R\dot\varphi)^2 + mgR\cos\varphi \tag{3.47}$$

で与えられる．初期条件 $\varphi = 0$, $\dot\varphi = 0$ より落ち始めたときのエネルギーを求めると $E = mgR$ であるから，

$$R\dot\varphi^2 = 2g(1 - \cos\varphi) \tag{3.48}$$

を得る．この式は質点の位置 φ と角速度 $\dot\varphi$ との関係を表している．

一方，垂直抗力に対する条件式を立てるためには，動径方向の運動方程式が必要であり，そこに軌道が円になることを使う．動径方向の加速度は，第 1 章で求めたように，$a_r = \ddot{r} - r\dot\varphi^2$（式 (1.43)）であり，$r = R$ より $\ddot{r} = 0$ であるから，動径方向の運動方程式は

$$-mR\dot\varphi^2 = N - mg\cos\varphi \tag{3.49}$$

で与えられる．この式と式 (3.48) より

$$N = mg(3\cos\varphi - 2) \tag{3.50}$$

が得られる．この式によると，φ の値が 0 から増加して $\cos\varphi$ が 1 から減少していくと，あるところから $N < 0$ となる．垂直抗力が負になることはあり得ないので，$N = 0$ になった時点（$\cos\varphi = 2/3$ となった時点）で質点は球面から離れることを意味する．つまり角度 φ が $\arccos(2/3) \approx 48.2°$ となるときに，質点は球面から離れる．

【物理的な視点】これで問題は解かれたが，質点の位置における接線の方向が鉛直になるより前に球面を離れてしまう理由を式から離れて考えてみよう．もし質点を最初に静かに置く位置が球面の途中であったなら，たとえ φ が角度 $\arccos(2/3) \approx 48.2°$ よりも少し大きい場所であったとしても，少なくともある短時間は球面から離れずに滑り降りるであろう．頂上から滑り降りてきた場合に面から途中で離れてしまうこととの違いはどこにあるだろう．

頂上から滑り降りてきた場合には，表面に沿った円運動の速さがある．それは φ の増加とともに次第に大きくなる．円運動のためには向心力が必要であり，その大きさは速さとともに大きくなる必要がある．向心力の役目を担うものは質点に作用する重力の法線成分である．ところが，φ の増加とともに表面の傾きは急になり，法線成分は次第に小さくなっていくから，どこかで向心力不足になり，第 2 章の図 2.7 の円運動に起こる糸が切れたときの現象のように質点は円軌道から飛び出してしまう．

実は式 (3.49) には，重力の法線成分が足りるかどうか，その判断をする条件の意味が含まれているのであるが，その説明は読者に任せよう．

問題を解く際には，式を立てる前にあれこれ問題の意味を分析してみることが役にたつ．また，パターンに当てはめて方程式を使って問題が解けたと思っても，そうなった理由を考え直してみることで論理的に整理できたり，さらに新しい問題を見つけたりする．物理的に考える，とは例えばこういうことである．

問題 3.6-1（発展） 図 3.15 に示すように，長さ l のひもに吊るしたおもりがある．ひもの支点は固定する．おもりが支点の真下で静止しているところへ撃力を加えて，おもりに水平方向を向く速さ v_0 の初速度を与える．その後どこかでひもがたるむとすると，初期の速さ v_0 はどの範囲にあるか．また，ひもがたるむまでにひもが回転する角度 φ_0 と v_0 の関係を求めよ．

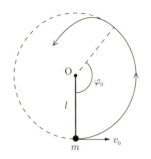

図 3.15 ひもで吊るしたおもりに撃力を作用させ，水平方向に初速度 v_0 を与える．

工学と物理学（3）：教養としての物理学

　物理学が自然を記述する厳密な学問として発達してきた足跡をたどることは，工学部に限らず，大学に学ぶすべての学生諸君にとって，きわめて大切なことである．これが「教養」としての物理学である．学問としての「教養」はリベラル・アーツの訳語であり，リベラルの名が示すように，古くはギリシャ時代の「自由人の学問」に遡る．当時，自由人の学問は，学問自身が内発的にはらむ動機（＝好奇心）に支えられて発展し，学問の外部に存在する価値基準（ご主人様，国家）に動機・方向づけられないものとして定義された．これに対し，学問の外部に存在する価値基準に仕える知的営みは奴隷の技術であり，テクネとよばれた．もちろん当時の自由人たちの「ゆたかな」生活は，こうした奴隷たちの犠牲のもとに成り立っていたわけで，「教養」がそうした階級社会と無縁でないことは確かである．しかし大学における学問がさまざまな方向からバイアスされがちな今日，内発的な動機だけに支えられて発展した「教養」学問を学ぶ意義はけっして少なくない．物理学こそは大学で学生諸君が学び得る最高の「教養」学問である．ゆめゆめ単位や就職といった外的価値基準を学習目的としないよう，心して学んでほしいものである．（末光眞希）

第4章
抵抗と摩擦

第2章では運動を起こす原因や理由についての法則，つまりニュートンが導入した運動の3つの法則といくつかの典型的な運動について運動方程式の解き方を学び，力が与えられると質点の運動がわかることを知った．第3章では質点に作用する力が保存力であるときにエネルギー保存則が成り立つこと，それがニュートンの第2法則から導かれることがわかった．この章では，ほかの種類の力について運動方程式の解き方を学ぶ．エネルギー保存則が成り立たないようにみえるときには，力学的エネルギーが失われていくことを知るであろう．

4.1 粘性抵抗の作用する運動

空気中や水中を運動する物体には抵抗力が作用する．これは運動する物体が，周囲の流体（気体や液体）を引きずることによって生じる．この抵抗力は**粘性抵抗力**とよばれる．粘性抵抗については本書の第 II 部で詳しく説明する．物体の速さがあまり大きくない場合には，粘性抵抗力は物体の速度 v に比例する．比例係数（粘性抵抗係数）を γ とすると，粘性抵抗力 F は，

$$F = -\gamma v \tag{4.1}$$

と表される．この式の右辺にマイナス記号がついているのは，抵抗力が速度と逆向きに作用するからである．抵抗力は位置に依存するのではなく速度に依存しているので明らかに保存力ではない．これについては後でもう一度説明する．式 (4.1) で与えられる粘性抵抗と速度の関係は，バネの伸びと力の関係のように，経験則として現象の説明と理解に役に立つ．

粘性抵抗力は大きさのある物体に作用する力であるが，ここでは物体の回転を無視できるとして，質量 m の質点の運動を記述し解析する．ただし抵抗力の起源を意識して，質点ではなく物体とよぶこともある．

抵抗力のほかに力が作用していないとき，運動する質点は速度と逆向きに力を受けてその運動量の大きさは時間とともに減少する．速さが次第に減るにつれて抵抗力の大きさも減るので運動の向きを変えることにはならない．後で示すように，運動方程式 $d(mv)/dt = -\gamma v$ を満たす速度を時間の関数として求めると，初期時刻に速度 v_0 であるとして，$v = v_0 \exp\left(-\gamma t/m\right)$ である．速度が 0 にならない限り抵抗は作用し続けるが，この式からもわかるように十分な時間が経過したのち質点は静止したとみなしてよい．質点の刻々の位置は初期時刻の位置とその後の速度の時間積分から求めることができる．

本節ではほかにも力が作用している場合の具体例について運動方程式の解き方を示す．地球上の空気中で投げ出された物体は抵抗がなければ重力を受けて下方に加速されるであろう．空気による粘性抵抗の影響を考慮した場合に初速度と初期位置を与えてその後の速度と位置を調べてみよう．以下でまず運動方程式を用いて速度を時間の関数として求める．そこで得られる式を用いて運動の特徴を考察し，最後に位置を時間の関数として求める．

運動方程式を立てる

まず座標系を決める．この場合にも，質点は 1 つの鉛直面内を運動する．この鉛直面内の水平方向に x 軸をとり，鉛直上向きに y 軸をとる．原点は質点の初期位置にとる（図 4.1 参照）．したがって，$t = 0$ のとき，$x = 0$，$y = 0$ である．質点の速度の x 成分と y 成分をそれぞれ v_x，v_y とすると，運動方程式は次のようになる．

$$m\dot{v}_x = -\gamma v_x, \quad m\dot{v}_y = -mg - \gamma v_y \tag{4.2}$$

1 番目の方程式の未知関数は $v_x(t)$ であり，2 番目の方程式の未知関数は $v_y(t)$ である．後者の方程式において，

$$v_y(t) = u(t) - \frac{m}{\gamma}g \tag{4.3}$$

とおくと，

$$m\dot{u} = -\gamma u \tag{4.4}$$

が得られる．これは，$u(t)$ を未知関数とする微分方程式であり，式 (4.2) の第 1 式（v_x に対する方程式）と同じ形をしている．したがって，方程式 (4.4) の解がわかれば，$v_x(t)$ も $v_y(t)$ もわかる．

運動方程式を解く

解くべきは微分方程式 (4.4) である．解析学を学ぶと変数分離法とよばれる方法が使えることがわかるであろう．本書でも読者の便宜のために，いろいろなタイプの常微分方程式の簡単な説明と解法を付録 D に記しておく．変数分離型微分方程式の説明と一般的な解法は付録 D.1 節に示す．ここではそれを今の運動方程式に適用した具体的な手順で示す．まずこの式の両辺を mu で割って，

$$\frac{1}{u}\frac{du}{dt} = -\alpha \tag{4.5}$$

と書き換える．ここで α は，

$$\alpha = \frac{\gamma}{m} \tag{4.6}$$

で定義される定数である．式 (4.5) の u と du/dt は時間 t の関数なので，この式の左辺は t の関数であり，右辺は定数である．この式の両辺を t で積分すると，

$$\int \frac{1}{u}\frac{du}{dt}\, dt = -\alpha t$$

となる．さらに，置換積分の公式を使ってこの式の左辺を書き換えると（D.1 節），

$$\int \frac{1}{u}\, du = -\alpha t$$

となる．この積分は容易に実行できて，

$$\ln|u| = -\alpha t + C \quad （C は積分定数） \tag{4.7}$$

を得る．いま，$t = 0$ における u の値を u_0 とおくと，

$$C = \ln|u_0|$$

となる．よって，式 (4.7) より $|u| = |u_0|e^{-\alpha t}$ が得られ，$t = 0$ で $u = u_0$ であることから

$$u(t) = u_0 e^{-\alpha t}$$

56   第 4 章　抵抗と摩擦

とできる．粘性係数をあらわに記して，解は次のように求まった．

$$u(t) = u_0 \exp\left(-\frac{\gamma}{m}t\right) \tag{4.8}$$

速度を求める

　方程式 (4.4) の解が得られたので，上で説明したように，$v_x(t)$ と $v_y(t)$ も直ちに得られる．初期速度の大きさを v_0，その仰角を θ として v_x と v_y の初期値をそれぞれ $v_0\cos\theta$, $v_0\sin\theta$ とすると，次式を得る．

$$v_x(t) = v_0\cos\theta\exp\left(-\frac{\gamma}{m}t\right), \quad v_y(t) = \left(v_0\sin\theta + \frac{mg}{\gamma}\right)\exp\left(-\frac{\gamma}{m}t\right) - \frac{mg}{\gamma} \tag{4.9}$$

　速度が時間の関数として得られたので，運動の特徴を考察しよう．この結果から，十分に時間が経つと，

$$v_x \to 0, \quad v_y \to -\frac{mg}{\gamma}$$

となることがわかる．つまり，質点は鉛直下向きに速さ

$$v_{\mathrm{t}} = \frac{mg}{\gamma} \tag{4.10}$$

で落下する．この速さ v_{t} を**終端速度**（terminal velocity）という．

　物体の速さが終端速度に達したときには，この物体は等速直線運動をする．したがって，このとき物体に作用する力の合力は 0 である．いまの場合，物体に作用する力は重力（大きさ mg で鉛直下向き）と粘性抵抗力だけであるから，これらの力は大きさが等しく逆向きである．こうして，物体に作用する粘性抵抗力は大きさが mg で鉛直上向きであることがわかる．運動方程式を解かなくても，このような考察から終端速度を求めることができる．すなわち，終端速度を v_{t} とすると，物体に作用する粘性抵抗力の大きさは γv_{t} であり，これが mg に等しいので，

$$\gamma v_{\mathrm{t}} = mg \quad \Rightarrow \quad v_{\mathrm{t}} = \frac{mg}{\gamma} \tag{4.11}$$

この結果は式 (4.10) に一致する．ここで考察した重力と抵抗力とが大きさは等しく逆向きである状態は，力がつり合って静止した平衡状態とは異なる．

位置座標を求める

　式 (4.9) のように速度が時間の関数として得られたので，これを積分すると質点の位置座標 (x, y) を時間の関数として求められる．$t = 0$ のとき $x = 0$, $y = 0$ を仮定したので，積分の結果は次のようになる．

$$x(t) = \frac{mv_0\cos\theta}{\gamma}\left(1 - \exp\left(-\frac{\gamma}{m}t\right)\right), \quad y(t) = \frac{m(v_0\sin\theta + v_{\mathrm{t}})}{\gamma}\left(1 - \exp\left(-\frac{\gamma}{m}t\right)\right) - v_{\mathrm{t}}t \tag{4.12}$$

これらの式から t を消去すると軌跡の式

$$y = \left(\tan\theta + \frac{v_{\mathrm{t}}}{v_0\cos\theta}\right)x + \frac{mv_{\mathrm{t}}}{\gamma}\ln\left(1 - \frac{\gamma}{mv_0\cos\theta}x\right) \tag{4.13}$$

が得られる．$t \to \infty$ の極限では，x の値は一定値 $mv_0\cos\theta/\gamma$ に収束する．式 (4.12) で与えられる $x(t)$ と $y(t)$ のグラフおよび軌跡を表す式 (4.13) の例を図 4.1 に示す．

図 4.1 運動方程式 (4.2) で記述される質点（速度に比例する粘性抵抗力がある場合の投射体）の運動. $\theta = 45°$, $\alpha v_0/g = 0.5$ の場合を実線で描いた. 破線は粘性抵抗がない場合の運動を表す.

問題 4.1-1 質点の運動が式 (4.12) で与えられるとして，$0 < \theta \leq 90°$ の場合について，y 座標の最大値（質点の最高到達点の高さ）を求めよ．

問題 4.1-2 $\gamma/m \to 0$ の極限では，式 (4.13) は次の放物線に収束することを確かめよ．
$$y = \tan\theta \left(1 - \frac{g}{v_0^2 \sin 2\theta} x\right) x$$

問題 4.1-3 半径 a の球形の物体が空気中を運動するとき，式 (4.1) の γ は，
$$\gamma = 6\pi\eta a \tag{4.14}$$

で与えられる (12.5.4 項参照)．ここで η は空気の粘性率（粘度）とよばれる量であり，その値は空気の圧力や温度に依存する．1 気圧，20°C のとき，$\eta = 1.81 \times 10^{-5}$ Pa·s である．ここで Pa は圧力の SI 単位で，$1\,\text{Pa} = 1\,\text{N/m}^2 = 1\,\text{kg/(m·s}^2)$ である．1.00 気圧，20°C の空気中を落下する球形の物体の終端速度について，以下の問いに答えよ．
(1) 半径 $10.0\,\mu$m の霧雨の雨粒の終端速度を計算せよ．20°C における水の密度は 1.00×10^3 kg/m³ である．
(2) 密度が 0.92×10^3 kg/m³ で半径が $2.5\,\mu$m の油滴[1]の終端速度を計算せよ．

4.2 摩擦力の作用する運動

第 2 章 2.6 節で学んだように，拘束運動する物体には，その物体を拘束するために必要な力，拘束力が作用する．拘束力はその性質上，後で示すように一般に保存力ではない．拘束運動の例として，ここでは水平面上や斜面上の 1 次元運動を取り上げる．

4.2.1 摩擦力

物体が面の上に静止した，または面に沿って運動している場合を考える．はじめに，静止しているときに作用する拘束力について，次いで運動しているときに作用する拘束力について述べる．

傾斜角 α の斜面上に静止した質量 m の物体について考えよう（図 4.2(a)）．$\alpha = 0$ とおくと，以下の議論は水平面上を 1 次元運動する物体に適用できる．物体には鉛直下向きに大きさ mg の重力が作用する．面が傾いているときに物体が静止するためには，このほかにも力が作用しており，物体に作用する力の合計が 0 になっていなければならない．重力以外の力は物体と斜面との接触によって生じる拘束力であり，**抗力**（contact force）とよばれる．抗力のうち，斜面（接触面）に垂直な成分を**垂直抗力**（normal force）とよび，接触面に平行な成分を**静止摩擦力**（static friction force）とよぶ．垂直抗力の大きさを N，摩擦力の大きさを F とすると，物体が静止するためには，

$$N = mg\cos\alpha, \quad F = mg\sin\alpha \tag{4.15}$$

---
[1] ミリカン（R. A. Millikan, 1863–1953）が電子の電荷を測定するために用いた油滴の密度と半径が，これくらいである．

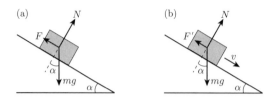

図 4.2 (a) 粗い斜面上に静止する物体には重力 mg と垂直抗力 N と静止摩擦力 F が作用する．(b) 粗い斜面上を運動する物体には静止摩擦力の代わりに動摩擦力 F' が作用する．

が成立しなければならない．

【補足】後に第 7 章で学ぶように，物体の重心の運動の記述と解析に際しては，物体の各部分に作用する重力は，その総和が重心に作用するとしてよい．

垂直抗力や摩擦力は，物体を構成する分子と斜面を構成する分子のうち，物体と斜面との接触面の近くにある分子間に作用する力に起因する．これらの力の作用点は接触面上に分布している．このように分布している力の接触面に垂直あるいは平行な成分の総和を物体に作用する垂直抗力および摩擦力とよぶのである．そして，大きさをもつ物体に複数の力 $\boldsymbol{F}_1, \boldsymbol{F}_2, \ldots, \boldsymbol{F}_n$ が作用する場合，重心の運動方程式には第 7 章で学ぶように，それらの総和だけが必要であるが，その和にはそれぞれの力 $\boldsymbol{F}_i$ の作用点がどこかということは関係しない．物体は斜面に沿って移動し，回転することはないとしており，力の作用点の位置は運動に影響を与えないので，これらの力を図示するときには，図 4.2 のように，作用点の位置を任意の場所に選んでかまわない．

また，摩擦力が物体の面全体に作用する力であることを意識して，本節では質点に代えて物体とよぶことにする．

経験によると静止摩擦力の大きさには上限（**最大摩擦力**）があって，その値 F_m は垂直抗力に比例する．

$$F_\mathrm{m} = \mu N \tag{4.16}$$

比例係数 μ は物体と斜面の材質によって決まる定数であり，**静止摩擦係数**（coefficient of static friction）とよばれる．$\mu = 0$ の場合，物体と斜面の接触は**滑らか**である，あるいは斜面は滑らかであるという．$\mu > 0$ の場合，物体と斜面の接触は**粗い**，あるいは斜面は粗いという．

もしも式 (4.15) の第 2 式右辺の値が最大摩擦力 F_m 以下であれば，この式で与えられる大きさ F の摩擦力が物体に作用し，物体は斜面上に静止する．もしもこの右辺の値が F_m を超えるのであれば，物体は斜面上に静止できずに滑り降りる．したがって，物体が斜面に静止できるための条件は，

$$mg \sin \alpha \leq \mu N = mg\mu \cos \alpha$$

すなわち，

$$\tan \alpha \leq \mu \tag{4.17}$$

で与えられる．$\tan \alpha_\mathrm{m} = \mu$ を満たす角度 α_m のことを**摩擦角**という．不等式 (4.17) は，斜面の傾斜角が摩擦角以下であれば，物体が斜面上に静止できることを示している．

つぎに，傾斜角 α の斜面上を質量 m の物体が 1 次元運動する場合を考えよう（図 4.2(b)）．斜面が滑らかであれば物体には重力と垂直抗力だけが作用する．また，斜面が粗い場合にはこのほかに**動摩擦力**（kinetic friction force）が物体の速度と逆向きに作用する．経験によると動摩擦力の大きさ F' は垂直抗力の大きさ N に比例し，

$$F' = \mu' N \tag{4.18}$$

と表すことができる．比例係数 μ' は**動摩擦係数** (coefficient of kinetic friction) とよばれ，それは物体と斜面の材質によって決まる定数である．表 4.1 にいくつかの物質の静止摩擦係数と動摩擦係数の値を示す[2]．一般に，物体と斜面の材質が与えられた場合，動摩擦係数は静止摩擦係数よりも小さい，すなわち，

$$\mu' < \mu \qquad (4.19)$$

であることが知られている．式 (4.18) で与えられる動摩擦力と垂直抗力の関係は今まで扱ったバネや粘性抵抗による力の関係式と同様に，経験則として多くの物質や体系にみられる類似の現象の共通の説明と理解のために役に立つ．

表 4.1 静止摩擦係数 μ と動摩擦係数 μ' の例．

物質	μ	μ'
木の上の木	0.25–0.5	0.2
ガラスの上のガラス	0.94	0.4
鋼鉄の上の鋼鉄	0.74	0.57
コンクリートの上のゴム	1.0	0.8
氷の上の氷	0.1	0.03

4.2.2 摩擦力の作用する斜面上の運動

図 4.2(b) の状況で，物体の斜面に沿っての 1 次元運動を，初めの位置と速度を与えられたとき，運動方程式を使って求めてみよう．斜面に沿って下向きに x 軸をとり，運動方程式を書き下そう．

まず，物体の初期速度が斜面に沿って下降する向きをもつ場合について考える．物体の速度 $\dot{x}$ は初めは正であるから，その後しばらくは正のままである．摩擦力は物体の速度と向きが逆であるから，x 軸の負方向を向いて，大きさが

$$F' = \mu' N = \mu' mg \cos \alpha$$

である．運動方程式は，

$$m\dot{v} = mg \sin \alpha - \mu' mg \cos \alpha \qquad (4.20)$$

である．よって速度 v の従う微分方程式は，$v > 0$ の条件付きで

$$\dot{v} = g(\sin \alpha - \mu' \cos \alpha) \qquad (4.21)$$

となる．したがって，物体は加速度の大きさが

$$a = g(\sin \alpha - \mu' \cos \alpha)$$

の等加速度運動をする．

もしも，

$$\tan \alpha > \mu'$$

ならば，物体は速さを増しながら下降を続けるが，

$$\tan \alpha < \mu'$$

ならば，下降する速さが減少し，やがてある時刻に $v = 0$ となる．ここで前者の場合には，$v > 0$ の条件は満たされ続ける．しかし後者の場合にはその時刻以後は静止した物体として静止摩擦力を受けることになる．一般に静止摩擦力のほうが動摩擦力よりも大きいので，$\tan \alpha < \mu' < \mu$ が成り立ち，物体はそのまま静止する．その時刻を表す式を求めることは，読者にゆだねる（問題 4.2-2 はその特別な場合である）．

---

[2] 表 4.1 の摩擦係数の値は，R. A. Serway 著，松村博之 訳『科学者と技術者のための物理学 Ia 力学・波動』（学術図書出版社，1995）より．

つぎに，物体の初期速度が斜面に沿って上昇する向きであった場合について考える．物体の速度 $\dot{x}$ は初めは負であるが，その後しばらくすると，摩擦力と重力の両方の作用により絶対値を減らしてある時刻に 0 に等しくなるであろう．その後については問題 4.2-1 として課すことにする．

> **例題 4.2-1** 戸田盛和著『おもちゃセミナー』（日本評論社，1973）によると，図 4.3 (a) のようなおもちゃがあるそうだ．犬の前半身と後半身をかたどった木製のブロック（それぞれ前足，後ろ足とよぼう）がやわらかいバネでつながれている．首に付けられたひもを前方に引くと，前足が床の上を滑り，バネは伸びるが，後ろ足は静止したままである．バネがさらに伸びて復元力が摩擦力に勝ると，後ろ足が滑り始める．そして，いったん伸びたバネが縮み始めて，やがて後ろ足は停止する．その後は再び，バネが伸びて復元力が最大摩擦力に達すると後ろ足が滑り始める，ということを繰り返す．後ろ足が前足におくれを取りながら動くこのおもちゃに，この本では「おくればせ犬」という名が与えられている．前足の速度が一定になるようにひもを引く場合について，後ろ足の運動を解析せよ．

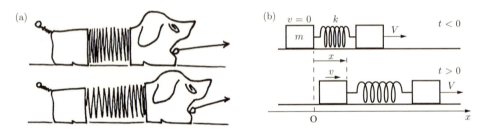

図 4.3 (a) おくればせ犬．戸田盛和著『おもちゃセミナー』（日本評論社，1973, p. 121）より．
(b) 後ろ足の運動を解析するための座標軸の設定．

解 図 4.3 (b) のように，ひもを引く方向に x 軸をとり，後ろ足が動き始める前のその位置を $x = 0$ とする．前足と後ろ足それぞれの速度を V, v とする．またバネ定数を k，後ろ足の質量を m，後ろ足と床との間の静止摩擦係数を μ，動摩擦係数を μ' とする．最初に後ろ足が動き始める時刻を $t = 0$ とする．$t \geq 0$ におけるバネの伸びは，

$$l(t) = \frac{mg\mu}{k} + Vt - x(t) \tag{4.22}$$

で与えられる [3]．したがって，$t \geq 0$ における後ろ足の運動方程式は，

$$m\ddot{x} = k(Vt - x) + mg(\mu - \mu') \tag{4.23}$$

となる．いま，

$$\omega = \sqrt{\frac{k}{m}}, \quad u = Vt - x + \frac{g(\mu - \mu')}{\omega^2} \tag{4.24}$$

とおくと，運動方程式 (4.23) は，$\ddot{u} = -\omega^2 u$ となる．これは調和振動子の運動方程式 (2.34) と同じだから，その一般解は，

$$u(t) = A\cos\omega t + B\sin\omega t \quad (A \text{ と } B \text{ は積分定数})$$

と表される．初期条件 $x(0) = 0$，$\dot{x}(0) = 0$ を考慮して積分定数を決定すると，最終的には，

$$x = \frac{V}{\omega}(\omega t - \sin\omega t) + \frac{g(\mu - \mu')}{\omega^2}(1 - \cos\omega t) \tag{4.25}$$

が得られる．これを t で微分した $\dot{x}$ が後ろ足の速度 v であり，

$$v = V(1 - \cos\omega t) + \frac{g(\mu - \mu')}{\omega}\sin\omega t = V[1 - a\cos(\omega t + \varphi)] \tag{4.26}$$

となる．ただし，

---

[3] 式 (4.22) の第 1 項 $mg\mu/k$ は，後ろ足が動き始める直前のバネの伸びである．

$$a = \sqrt{1 + \left[\frac{g(\mu - \mu')}{\omega V}\right]^2}, \quad \tan\varphi = \frac{g(\mu - \mu')}{\omega V}$$

である．式 (4.26) より，

$$\omega t_1 = 2\left(\pi - \arctan\frac{g(\mu - \mu')}{\omega V}\right) \tag{4.27}$$

で定義される時刻 t_1 において $v = 0$ となることがわかる（$0 < t < t_1$ では $v > 0$ である）．

式 (4.25) に $t = t_1$ を代入し，その結果を式 (4.22) に代入すると，$t = t_1$ におけるバネの伸びとして，$l_1 \equiv l(t_1) = g(2\mu' - \mu)/\omega^2$ を得る．このときのバネの復元力の大きさは，

$$k|l_1| = mg|2\mu' - \mu| \tag{4.28}$$

であり，これは最大摩擦力 $mg\mu$ より小さい（問題 4.2-5）．したがって，後ろ足は $t > t_1$ において，しばらくは静止し続ける．後ろ足が静止している間は，バネが速度 V で伸びるので，時間 Δt 後の伸びは $V\Delta t + l_1$ となる．バネの復元力 $k(V\Delta t + l_1)$ が最大摩擦力に達すると，後ろ足は再び動き出す．したがって，後ろ足が停止してから，

$$\Delta t = \frac{1}{V}\left(\frac{mg\mu}{k} - l_1\right) = \frac{2g(\mu - \mu')}{\omega^2 V} \tag{4.29}$$

だけ時間が経過すると後ろ足が動き出す（動き出す時刻は $t_2 = t_1 + \Delta t$）．

以上の結果を基にして，後ろ足の位置 x と速度 v の時間依存性をグラフに表すと，図 4.4 のようになる．

【自励発振】 このように一定の力を入力しているにもかかわらず，出力（この場合は犬の後ろ足の速度）が振動する現象を自励発振という．自励発振は通信に用いる発振回路など，多くの工学的応用がある．

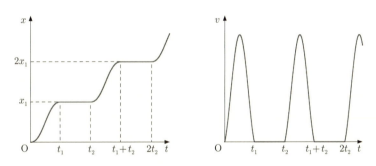

図 4.4 おくればせ犬（図 4.3）の後ろ足の運動．位置 x と速度 v の時間依存性．

問題 4.2-1 傾斜角が一定の粗い斜面を物体が上昇する状況を考える．この場合に次を示せ．
(1) 傾斜角が摩擦角よりも小さいならば，物体はやがて静止し，その後も静止を続ける．
(2) 傾斜角が摩擦角よりも大きいならば，物体はやがて静止し，その後は下降を始め，速さを増しながら下降を続ける．

問題 4.2-2 図 4.5 に示すように，滑らかな水平面上を速さ v_0 で x 軸の正方向に運動している質量 m の物体がある．この水平面は $x < 0$ の領域では滑らかだが，$x > 0$ の領域では粗い．粗い面の動摩擦係数を μ' として，運動方程式を使って，物体が $x = 0$ の点を通過してから静止するまでの時間と静止するまでに動く距離を求めよ．

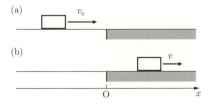

図 4.5 水平面上を運動する物体が (a) 表面の滑らかな領域から (b) 粗い領域に突入して運動を続ける．

問題 4.2-3 問題 4.2-2 で考察した運動（図 4.5）を，力積と仕事を使って解析しよう．物体が表面

の粗い領域に突入してから静止するまでの時間を，2.2.4 項で学んだことに基づいて求めよ．また，静止するまでに粗い部分を運動する距離を，3.1 節で学んだことに基づいて求めよ．

問題 4.2-4 時速 40 km でアスファルト道路を走行している乗用車が急ブレーキをかけた．ブレーキをかけてから車が停止するまでの走行距離を計算せよ．ただし，乗用車のタイヤとアスファルト面との動摩擦係数は $\mu' = 0.80$ とし，ブレーキをかけた後はタイヤの回転が完全に停止するものとする．

問題 4.2-5 例題 4.2-1 において，式 (4.28) で与えられるバネの復元力の大きさが，最大摩擦力 $mg\mu$ よりも小さいことを示せ．

4.3　抵抗・摩擦とエネルギーの散逸

　力の作用で質点の運動量が変化する．前の節までに，抵抗と摩擦は運動量の大きさを減らすこと，それは運動方程式で記述できることを学んだ．一方，前の章では，力の作用で質点に仕事がなされ運動エネルギーの変化が生じることを学び，運動エネルギーにポテンシャルエネルギーを加えた力学的エネルギーの考え方が理解できたであろう．

　第 3 章の 3.3 節で説明したように，抵抗も摩擦力も質点の速度に依存するので，保存力ではない．したがって，これらの力にはポテンシャルエネルギーを定義できない．非保存力が作用する場合の仕事とエネルギーについて少し詳しく考察しよう．

抵抗力・摩擦力のする仕事

　簡単のため 1 次元の運動を考え，まず，一定の力が作用する摩擦力の例をみる．図 4.2(b) に示す質量 m の物体が摩擦のある斜面を滑り落ちる運動を，質点の運動とみなす．座標は 4.2.2 項と同様に，斜面に沿って下向きを x 軸とする．図 4.2(b) 中に記載がないが，斜面上に 2 点 A と B を A のほうが上側になるように決めたとする．質点が斜面に沿って点 A から点 B まで下向きに移動したときに摩擦力のする仕事を式で表そう．それぞれの点の x 座標を x_A, x_B とすると，摩擦力が x 軸方向で負の向きだから，摩擦力のする仕事は，式 (3.6) より

$$W = -\int_{x_\mathrm{A}}^{x_\mathrm{B}} \mu' N dx \qquad (x_\mathrm{A} < x_\mathrm{B}) \tag{4.30}$$

である．ただし N はその状況では

$$N = mg\cos\alpha$$

である．N が一定値をとるので式 (4.30) の積分は，力と移動距離の積であり，

$$W = -\mu' mg(x_\mathrm{B} - x_\mathrm{A})\cos\alpha \qquad (x_\mathrm{A} < x_\mathrm{B}) \tag{4.31}$$

となる．

　力の向きが移動する向きと逆だから，この場合の力のする仕事は負である．もしもこれとは逆に点 A と点 B を入れ替えて，点 A にあった質点が初めは上向きの速度を与えられて点 B に向かって上向きに移動したとき，摩擦力は x 軸の正の向きに作用するから，摩擦力のする仕事は式 (4.30) の負号の付かないものになる．したがってそのときには

$$W = mg\mu'(x_\mathrm{B} - x_\mathrm{A})\cos\alpha \qquad (x_\mathrm{A} > x_\mathrm{B}) \tag{4.32}$$

となる．これは負である．このように，「**摩擦力のする仕事は運動の向きによらず常に負である**」．

つぎに，物体が重力と粘性抵抗の力を受けて落下する運動を考える．これも質点の運動とみなす．鉛直上向きに y 軸をとり運動は y 軸の方向にのみ起こるとする．重力と粘性抵抗は y 軸の向きに作用して，それぞれ $F_\mathrm{G} = -mg$，$F_\mathrm{R} = -\gamma v_y$ であるとする．F_R の符号は v_y の符号と逆である．質点が点 A から点 B まで移動したときに粘性抵抗のする仕事は，

$$W = -\int_{y_\mathrm{A}}^{y_\mathrm{B}} \gamma v_y dy \tag{4.33}$$

である．被積分関数は y だけでは決まらずこの運動の初期条件に依存しているので，この積分は始点 A と終点 B を決めるだけでは決まらない量である．その意味で，重力のする仕事

$$W_\mathrm{G} = -\int_{y_\mathrm{A}}^{y_\mathrm{B}} mg dy = -mg(y_\mathrm{B} - y_\mathrm{A}) \tag{4.34}$$

のように始点と終点のみで決まるものではない．としても，粘性抵抗のする仕事は式 (4.33) で定義される量であり，例えば式 (4.9) と式 (4.12) のような y と v_y の式を使って計算できるものである．

注意することは，このとき力の作用する向きと移動する向きは逆であり，したがって，式 (4.33) で $y_\mathrm{A} < y_\mathrm{B}$ のように上昇する場合は $v_y > 0$ であり，逆に $y_\mathrm{A} > y_\mathrm{B}$ の場合は $v_y < 0$ であるので，**「粘性抵抗のする仕事は運動の向きによらず常に負である」**．

抵抗力・摩擦力は非保存力

第 3 章の 3.3 節で説明したように保存力は式 (3.6)，式 (3.16) の積分が始点と終点のみで決まってポテンシャルが定義される力である．点 A と点 B の入れ替えの議論で見たように，摩擦力は運動の向きに依存することから，また粘性抵抗では速度に関係することからその条件を満たしていないことがわかる．これらは保存力ではない．

エネルギー保存則

第 3 章で，質点に保存力が作用するときにはエネルギー保存則が成り立つことを，仕事・エネルギーの定理から導いた．非保存力が作用するときには，この定理から何がわかるだろうか．

重力のような保存力 $\boldsymbol{F}_\mathrm{c}$ と抵抗力や摩擦力のような非保存力 $\boldsymbol{F}_\mathrm{nc}$ のもとで質量 m の質点が運動するとき，時刻 t_A から t_B までに，保存力と非保存力のそれぞれがする仕事を W_c，W_nc とする．また，これらの時刻における運動エネルギーを K_A，K_B とすると，仕事・エネルギーの定理 (3.17) より

$$K_\mathrm{B} - K_\mathrm{A} = W_\mathrm{c} + W_\mathrm{nc} \tag{4.35}$$

が成り立つ．保存力 $\boldsymbol{F}_\mathrm{c}$ に対してはポテンシャルが定義できるので，それを $U(\boldsymbol{r})$ と記す．そして式 (3.22) に示したように，時刻 t_A と t_B における質点の位置をそれぞれ $\boldsymbol{r}_\mathrm{A}$，$\boldsymbol{r}_\mathrm{B}$ とすると，保存力がする仕事は

$$W_\mathrm{c} = U(\boldsymbol{r}_\mathrm{A}) - U(\boldsymbol{r}_\mathrm{B}) \tag{4.36}$$

と表すことができる．この関係を式 (4.35) に代入して整理すると

$$(K_\mathrm{B} + U(\boldsymbol{r}_\mathrm{B})) - (K_\mathrm{A} + U(\boldsymbol{r}_\mathrm{A})) = W_\mathrm{nc} \tag{4.37}$$

となる．この式で $K + U$ は，抵抗や摩擦のないときに，保存力 $\boldsymbol{F}_\mathrm{c}$ のポテンシャルを含めた質点の力学的エネルギーとしていたものである．式の意味は，初めに点 A にあった質点が力を受けて運動し，点 B まで到達したとき，力学的エネルギーは右辺に表された非保存力のした仕事の分だけ増加するということである．抵抗力と摩擦力について，すでに式 (4.32) と式 (4.33) のところで述べた

ように，それらのする仕事は必ず負であるから，力学的エネルギーは減少する．

　抵抗の力や摩擦力が作用した結果生じる物体やその構成物質の変化は，一般に熱の発生および物質の構造や形の変化である．これらの結果として力学的エネルギーの一部が使われた，と考えればよい．抵抗力・摩擦力が物体になした負の仕事は仕事をする主体を変えれば，物体がそれに接触していた物質に与えた正のエネルギーとみることができる．運動する物体にその接触した物質をあわせた全体を閉じた体系とみるとき，それが外部から孤立しているならば[4]，その体系全体としてエネルギーは保存しているといえる．

問題 4.3-1 図 4.6 に示すように，粗い水平面上を運動する質量 m の物体がバネ定数 k のバネに衝突する．物体と水平面との動摩擦係数は μ' である．物体がバネに接触し始めるときの速さは v_0 であった．バネは最大でどれだけ縮むか．式 (4.37) を応用せよ．

図 4.6　粗い水平上を運動する物体がバネに衝突する．

工学と物理学（4）：方法論としての物理学

　同コラム（3）で，物理こそは最高の「教養」学問であると述べた．その理由は，物理が長い年月をかけ（それこそ紀元前から），自然との論理的対話法を精緻に確立させてきたからである．そしてまさに同じ理由によって，物理は工学のもっとも重要な基礎学問である．1965 年のノーベル物理学賞受賞者である朝永振一郎先生は，

　　ふしぎだと思うこと　これが科学の芽です
　　よく観察してたしかめ　そして考えること　これが科学の茎です
　　そうして最後になぞがとける　これが科学の花です

と説かれたが，この言葉は物理学の方法をよく表している．不思議だな！と思う現象があり，その原因を既知の現象と論理の組み合わせで説明すべく仮説を立てる．その仮説の妥当性を検証する実験を考え，その実験結果によって仮説を修正する．実験の検証に耐えた論理には数学的表現を与えて法則化する——こうした人間と自然，あるいは理論と実験の地道な対話を繰り返すことで物理学は発展してきた．だからこそ物理学は，人が自然と対話する方法をもっともよく教える学問なのである．自然現象を制御して人の役に立てようとするわれわれ工科系の人間が，自然法則の根底に横たわる物理学を理解しなくてはならないのはしごく当然のことである．　（末光眞希）

---

[4] 見かけ上孤立している場合でも，さらにその外部と光や熱線の放射・吸収，また他の力でエネルギーのやり取りをする場合には孤立していないこともある．

第5章
角運動量

　ここまでは質点について運動と力の法則を学んできた．現実の物体の運動を観察すると，必ずしも質点の運動としては記述しきれない．例えば，移動しながら向きを変えている運動が見られる．空中に蹴り上げられたラグビーのボールはクルクルと回りながら放物線軌道を描いて運動するように見える．そのような回転を伴う運動の記述と回転を起こす理由についての法則をこれ以後，段階を踏んで学んでいく．

　回転する物体を構成するのは多くの微小要素であると考えると，そのそれぞれを1つの質点のように扱うことができよう．1つの質点についての回転運動を考えることが第1段階である．本章では1つの質点について回転運動の記述と法則を扱う．複数の質点が互いに力を及ぼし合いながら運動する場合の回転は第6章で，また大きさをもつ物体の回転を伴う運動は第7章で学ぶ．

　回転を記述するときには空間の特定の一点を基準にする．質点の運動の場合，回転とは基準点から質点に向かうベクトルの向きの変化のことである．考えやすい例として，棒やひもの一端を原点に固定し，他端におもりを取り付け，ぐるぐる回す運動がある．この例ではベクトルの大きさは変わらず，運動の記述は向きだけでよい．また1つの極端な例として，質点の直線的な運動であって遠方から飛来して原点の近くを通りそのまま遠方に飛び去るような運動も，原点のまわりの回転を含んだ運動である．原点から質点に向かうベクトルの向きは無限の過去から無限の未来までに π の変化をする．

　ベクトルの向きを表す角の時間変化率が角速度，角速度の変化率が角加速度である（1.5節）．すでに学んだニュートンの運動方程式は，質点の運動について加速度と力の関係であった．質点の回転運動について，角加速度と関係があるものはトルクであることを学ぶ．質点の運動について力の作用がなければ質点の運動量は保存することを学んだ．質点の回転運動については角運動量を定義し，力が中心力であるならば角運動量が保存することを学ぶ．別の言い方をすれば，中心力のトルクは0である．

5.1　角運動量保存則（2次元の運動）

　平面内を運動する質点があるとき，平面内の固定した一点から質点に向かうベクトルは一般に，刻々と向きを変える．この回転に着目して運動の勢いを表す量として角運動量を，また作用する力の回転に対する効果を表す量としてトルクを定義する．力が中心力である場合には，角運動量は保存する．このことを含めて角運動量についての運動方程式がニュートンの第2法則から導かれる．

※本節を飛ばして直接5.2節から読み始めてもよい．本節はベクトル積に不慣れな読者，平面運動に限ることによってより容易に角運動量の概念を把握したい読者を想定している．

5.1.1　回転の速度

回転運動

　質点が平面内を運動し，平面内に定めた一点から質点へのベクトルの向きが時間とともに変化しているとする．ここでは，このとき質点はその点のまわりの**回転運動**をしているという．回転運動

というと図 5.1 の左図に示す原点のまわりの円運動のように周回運動をする場合か，それに近い動きをする運動が想定されるが，図 5.1 の右図に示すような運動についても使う．この場合，いま原点から遠ざかりながら回転運動をしている，などという．軌道は必ずしも曲線でなくてよい．例えば y 軸に平行で $x>0$ である直線上を y の増す方向に運動する場合でも原点のまわりの回転運動をする．回転運動を定量的に記述するためには次に述べる角速度を使う．

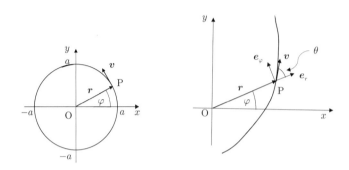

図 5.1 円運動（左図），原点のまわりを回りながら運動する質点 P（右図）．

平面運動の回転の向き

回転運動の向きは時計回りか反時計回りである．基準となる点を原点とし，位置ベクトル $\bm{r}$ を時計の針に見立てる．位置ベクトルの向きの変化を時計の針の動きにたとえたものである．

質点の位置を極座標で表すとき（図 5.1），その偏角 φ の時間変化率 $\dot{\varphi}$ を**角速度**という．$\dot{\varphi}>0$ であれば回転運動は反時計回りである．$\dot{\varphi}<0$ であれば時計回りである．

向きを正負で言い分けることもある．反時計回りを正の向き，時計回りを負の向きという．

極座標表示

平面内の質点の運動の例として円運動を考える．円の中心を原点とする xy 座標をとるものとする（図 5.1 の左図）．円の半径を a とすると質点 P の位置座標は時間とともに変化する偏角 φ を用いて次の式で与えられる．

$$x = a\cos\varphi, \quad y = a\sin\varphi, \quad \text{等速円運動の場合} \quad \dot{\varphi} = \omega\,(\text{一定}) \tag{5.1}$$

一般に，回転運動の記述では基準となる点が必要になる．この例では，円の中心を基準となる点にとると，基準となる点からの距離が a で回転角が φ である．

ここからの式展開のためには極座標表示が便利である．すでに第 1 章 1.5 節で速度と加速度の極座標表示を求めている．以下にその結果を整理しておく．まず図 5.2 のように質点の位置における基本ベクトル $\bm{e}_r$ と $\bm{e}_\varphi$ を定義する．$\bm{e}_\varphi$ の向きを第 1 章 1.5 節でのように接線方向，あるいは φ 方向とよぶ．

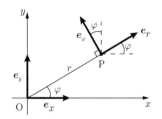

図 5.2 点 P における極座標の基本ベクトル．（図 1.15 を再掲）

これらを点 P の xy 座標を使って表すと，

$$\bm{e}_r = \frac{1}{r}(x, y), \ \bm{e}_\varphi = \frac{1}{r}(-y, x), \quad \text{ただし} \quad \bm{r} = (x, y),\ r = |\bm{r}| \tag{5.2}$$

である．前者は $\bm{e}_r$ が動径向きを向く単位ベクトルであるから，また後者は $\bm{e}_\varphi$ が $\bm{e}_r$ と直交するこ

とと，e_φ が e_r の向きに向かって左方にあること，から求められる．また，式 (1.36) からも導かれる．

速度の φ 成分

質点 P が図 5.1 の右図のように，ある曲線に沿って運動しているとする．回転を記述するための基準になる点を任意に選んで原点にとり，xy 座標を任意に設定する．位置ベクトルを r と記し，速度を v と記す．v を動径方向速度 v_r と φ 方向の速度 v_φ に分解すると，後者が原点のまわりの回転運動の速さを表す速度である．v の φ 成分を v_φ と記し，その表式を求めておく．

質点 P の xy 座標は

$$x = r\cos\varphi, \qquad y = r\sin\varphi \tag{5.3}$$

であることから，xy 座標系での速度 v を極座標で表すことができる．

$$\dot{x} = \dot{r}\cos\varphi - r\dot{\varphi}\sin\varphi \quad \Rightarrow \quad v_x = \dot{r}\frac{x}{r} - r\dot{\varphi}\frac{y}{r} \tag{5.4}$$

$$\dot{y} = \dot{r}\sin\varphi + r\dot{\varphi}\cos\varphi \quad \Rightarrow \quad v_y = \dot{r}\frac{y}{r} + r\dot{\varphi}\frac{x}{r} \tag{5.5}$$

これらから $(v_x, v_y) = \dot{r}(x/y, y/r) + r\dot{\varphi}(-y/r, x/r)$ であり，式 (5.2) を用いると式 (1.41) のとおり，次式を得る．

$$v = \dot{r}e_r + r\dot{\varphi}e_\varphi \tag{5.6}$$

よって，速度の φ 成分 v_φ の表式が得られた．

$$v_\varphi = r\dot{\varphi} \quad \text{（極座標による表式）} \tag{5.7}$$

また，図 5.1 の右図からわかるように，v_φ は v と基本ベクトル e_φ により $v_\varphi = v \cdot e_\varphi$ で求まることから，式 (5.2) を用いて，次の表式が得られる．

$$v_\varphi = \frac{1}{r}(xv_y - yv_x) \quad \text{（xy 座標による表式）} \tag{5.8}$$

また，図 5.1 の右図に示した r の方向を基準にした v の偏角 θ を用いると，$v = |v|$ として，

$$v_\varphi = v\sin\theta \quad \text{（xy 座標の向きによらない表式）} \tag{5.9}$$

である．括弧内は，原点のまわりに xy 軸を回転させてもこの表式は変わらないことを述べている．

式 (5.7) からもわかるが，$v_\varphi > 0$ のとき $\dot{\varphi} > 0$ つまり回転は反時計回りである．逆に $v_\varphi < 0$ であれば回転は時計回りである．

5.1.2 角運動量

質点に力が作用しているとき，一般には運動量も運動エネルギーも保存量ではない．しかし，中心力の場合には，つまり質点がどこにあっても空間のある一点に向かう力，またはその逆向きの力，が作用している場合，保存する物理量がある．それがここで学ぶ角運動量である．

角運動量とは

質点の運動の勢いを表す量として運動量 p を，質量 m と速度 v によって $p = mv$ と定義した．もし力が作用しなければ運動量は保存することも学んだ．

そこで，原点のまわりの回転運動の勢いを表す量として，同じように質量 m と v_φ の積に注目す

68   第 5 章　角運動量

る．ここでは，さらに r をかけたものを L と記す [1]．

$$L = mrv_\varphi \tag{5.10}$$

この L を原点に関する**角運動量**とよび，大きさと符号をもつ量として扱う．前後の流れから原点の
まわりの回転に関することが明らかである場合，改めて「原点に関する」と断らない場合も多い．

式 (5.10) の v_φ に式 (5.7) または (5.8)，(5.9) のそれぞれを代入すると，$p = |\boldsymbol{p}|$ として，角運
動量を表す次の式が得られる．

$$L = mr^2\dot{\varphi} \qquad \text{（平面極座標）} \tag{5.11}$$

$$L = xp_y - yp_x \quad \text{（直交座標）} \tag{5.12}$$

$$L = rp\sin\theta \qquad \text{（平面内直交座標の向きによらない）} \tag{5.13}$$

中心力

質点 P に作用する力を $\boldsymbol{F}$ とする．$\boldsymbol{F}$ を点 P における極座標の動径方向成分と φ 方向成分に分け
ると，

$$\boldsymbol{F} = F_r\boldsymbol{e}_r + F_\varphi\boldsymbol{e}_\varphi \tag{5.14}$$

ただし，式 (5.2) を用いて，

$$F_\varphi = \boldsymbol{F} \cdot \boldsymbol{e}_\varphi \quad \Rightarrow \quad F_\varphi = \frac{1}{r}(xF_y - yF_x) \tag{5.15}$$

である．もしも力 $\boldsymbol{F}$ が原点を力の中心とする中心力であるならば，$F_\varphi = 0$ である（力の中心と中
心力については，第 3 章 3.3 節を参照）．

角運動量の保存

質点 P の運動量を $\boldsymbol{p}$，P に作用する力を $\boldsymbol{F}$ とすると，ニュートンの運動方程式 $\dot{\boldsymbol{p}} = \boldsymbol{F}$ が成り立
つ．xy 座標の成分で記すと $\dot{p}_x = F_x$，$\dot{p}_y = F_y$ である．式 (5.12) を t で微分して，その右辺に対
して運動方程式を使うと，

$$\dot{L} = x\dot{p}_y - y\dot{p}_x \quad \Rightarrow \quad \dot{L} = xF_y - yF_x \quad \Rightarrow \quad \dot{L} = rF_\varphi \tag{5.16}$$

である．ここで $\boldsymbol{p} = m\boldsymbol{v}$ により $\dot{x}p_y - \dot{y}p_x = 0$ となること，また式 (5.15) を用いた．

力 $\boldsymbol{F}$ が中心力であるとき $F_\varphi = 0$ であることから，式 (5.16) により

$$\dot{L} = 0 \tag{5.17}$$

が成り立ち，角運動量 L は保存する [2]．

等速円運動の角運動量

角速度が ω の等速円運動では $\dot{\varphi} = \omega$（一定）である．極座標での角運動量の表式 (5.11) により，
xy 平面内で原点を中心とする半径 r（一定）の等速円運動をする質量 m の原点に関する角運動量
は次である．

$$L = mr^2\omega \tag{5.18}$$

---

[1] なぜ mv_φ ではなく，さらに r をかけて角運動量を定義するのか？　それはこの後，角運動量の保存則（式 (5.17)）を知
 るとわかるだろう．

[2] これは r と v_φ の積が一定であることを意味するのであり，それぞれが一定であるわけではない．問題 5.1-2 を解くとき
にそのことを考えてみるとよい．r をかけて角運動量を定義した理由はここにある．

5.1.3 トルクと運動方程式

角運動量と質点に作用する力の関係式 (5.16) は運動方程式である．その右辺を N と記す．

$$N = rF_\varphi \quad \text{(平面極座標)} \tag{5.19}$$

$$N = xF_y - yF_x \quad \text{(直交座標)} \tag{5.20}$$

$$N = rF\sin\theta \quad \text{(平面内直交座標の向きによらない)} \tag{5.21}$$

ただし，式 (5.21) で $F = |\boldsymbol{F}|$ であり，角 θ は図 5.3 に示すように $\boldsymbol{r}$ の方向を基準とする $\boldsymbol{F}$ の偏角である．この式が式 (5.19) と同等であることは，$F_\varphi = F\sin\theta$ であることからわかる．

この N を原点に関する**トルク**または**力のモーメント**という．前後の流れから原点のまわりのトルクであることが明らかであれば，改めて「原点に関する」と断らない場合もある．

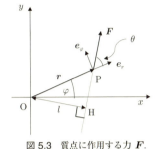

図 5.3 質点に作用する力 $\boldsymbol{F}$.

これらにより，運動方程式は

$$\dot{L} = N \tag{5.22}$$

である．この方程式は運動量に関する運動方程式 $\dot{\boldsymbol{p}} = \boldsymbol{F}$ に相当するものである．角運動量が運動量に対応し，トルクが力に対応する．

式 (5.21) はまた，原点から力の作用線までの距離を使った次の表式と同等である．図 5.3 に示すように原点 O から力 $\boldsymbol{F}$ の作用線に下ろした垂線の足 H までの距離を l とすると，

$$|N| = lF \tag{5.23}$$

と定義することもできる．これは $l = r|\sin\theta|$ であることによる．ただし，この式を用いる場合，N の符号を図に示す θ の符号と同じにとることが必要である．

次の 5.2 節では，3 次元的な運動について角運動量とトルクを定義し，運動方程式をニュートンの運動方程式から導く．

【太陽と惑星】惑星が太陽のまわりを回るとき，軌道は楕円であり面積速度 $r^2\dot\varphi/2$ が一定になる，というケプラーの発見した経験法則がある（後で 5.3 節で詳しく学ぶ）．ニュートンは万有引力と力学法則によってこれを導くことができた．惑星を太陽に向かって引こうとする万有引力の方向と，太陽を原点とする惑星の位置ベクトルの方向は同じであるから，惑星に作用する万有引力のトルクは 0 であり，角運動量（式 (5.11)）が保存するからである．

問題 5.1-1 a を正の定数として，xy 平面内の直線 $x = a$ に沿って，一定の速さ v で質量 m の質点が y 軸の正方向に運動している（図 5.4）．座標原点 O に関する，この質点の角運動量 L は時間変化するか．それはなぜか．L を m, a, v を使って表せ．

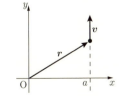

図 5.4 xy 平面内の直線 $x = a$ に沿って等速運動をする質点．

問題 5.1-2 図 5.5 に示すように，ひもの一端に質量 m の質点を固定し，ひもを水平なテーブル面に開けられた穴に通す．質点をテーブル面上に置き，質点を結んでいないほうのひもの端を手でつかんで固定し，質点に初速度を与えて等速円運動をさせる．この円運動の半径を r_0，角速度を

ω_0 とする．その後，テーブルの下のひもの端を下方に引き，時刻 t におけるテーブル上のひもの長さ $r(t)$ を次のように変化させる．

$$r(t) = \begin{cases} r_0 & (t \leq 0) \\ r_0(1 - t/2T) & (0 < t < T) \\ r_0/2 & (T \leq t) \end{cases}$$

ただし，T は正の定数である．穴の位置に関する，質点の角運動量が保存することを示し，$t > 0$ における質点の角速度 $\omega(t)$ を求めよ．

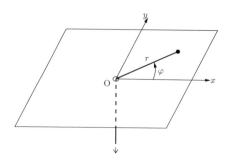

図 5.5　ひもにつながれた質点が滑らかな水平面上を回転する．

5.2 トルクと角運動量保存則（3次元の運動）

運動している質点に力が作用しているとき，任意に選んだ一点に関する角運動量と力のトルクを定義し，回転運動についての運動法則がニュートンの第2法則から導かれることを学ぶ．前の5.1節では平面内の運動に限って議論し，作用する力も平面内に限ったが，本節では限定しない．

3次元の運動には例えば，天井から吊り下げたおもりの一般の揺れがある．このことは鉛直線方向とひもの方向で決まる平面に含まれない方向に初速を与えて観察することができる．また，平面ではない斜面を滑り落ちる質点の運動も一般に3次元的である．例えば，「じょうご」状の容器の縁から斜めに滑り落ちる質点は，中心線のまわりを回転しながら中心に向かって落下する．

5.2.1 トルク

質点に力 $\boldsymbol{F}$ が作用しているとしよう．任意に選んだ点 O を基準にした質点の位置ベクトルを $\boldsymbol{r}$ とし，点 O と $\boldsymbol{F}$ の作用線が作る平面を α とする（図 5.6）．点 O から力の作用線までの距離を l として，大きさが lF で平面 α に垂直なベクトル $\boldsymbol{N}$ を，点 O に関する**トルク** (torque) または**力のモーメント** (moment of force) という．ベクトル $\boldsymbol{N}$ の向きは次のように定義する．点 O を通り平面 α に垂直な棒があるとして，この棒を「右手」で握る．このとき，図 5.6 に示すように，親指以外の 4 本の指が力 $\boldsymbol{F}$ と同じ方向を向くようにする．そして，親指を立てたときに，親指が向く方をトルク $\boldsymbol{N}$ の向きと定める．

これをベクトル積を用いて表す．ここで，**ベクトル積** (vector product) とは，任意の2つのベ

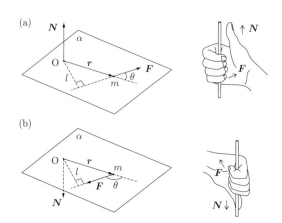

図 5.6　質点 m に作用する力 $\boldsymbol{F}$ と点 O に関するトルク $\boldsymbol{N}$ との関係．

クトル $\boldsymbol{A}$ と $\boldsymbol{B}$ の積として以下の補足において定義されるベクトルで，$\boldsymbol{A} \times \boldsymbol{B}$ と記す．このベクトルを直交座標の成分で表すと，

$$\boldsymbol{A} \times \boldsymbol{B} = (A_y B_z - A_z B_y, A_z B_x - A_x B_z, A_x B_y - A_y B_x) \tag{5.24}$$

となる（付録 A の式 (A.14)）．

【補足：ベクトル積】任意の 2 つのベクトル $\boldsymbol{A}$ と $\boldsymbol{B}$ のベクトル積 $\boldsymbol{A} \times \boldsymbol{B}$ とは，以下のように定義されるベクトルである．$\boldsymbol{A}$ と $\boldsymbol{B}$ のなす角を θ（$0 < \theta < \pi$）として，大きさが $AB \sin \theta$ に等しく，$\boldsymbol{A}$ と $\boldsymbol{B}$ が作る面に垂直なベクトルを考える．このようなベクトル（その向きは 2 通りが可能）のうち，次の「右ねじの規則」で定められる向きのベクトルを $\boldsymbol{A} \times \boldsymbol{B}$ とする．すなわち，図 5.7 のように，$\boldsymbol{A}$ と $\boldsymbol{B}$ が作る平面に垂直に右ねじを置き，$\boldsymbol{A}$ から $\boldsymbol{B}$ へ π より小さな角度でねじを回したとき，このねじの進む向きをベクトル $\boldsymbol{A} \times \boldsymbol{B}$ の向きと定める．$\boldsymbol{A}$ と $\boldsymbol{B}$ のなす角が $\theta = 0$ または $\theta = \pi$ の場合には $\boldsymbol{A} \times \boldsymbol{B} = 0$ と定義する．ベクトル積のことを**外積**ともいう．

図 5.7 ベクトル $\boldsymbol{A}$ と $\boldsymbol{B}$ のベクトル積 $\boldsymbol{C} = \boldsymbol{A} \times \boldsymbol{B}$ の向きは，右ねじの規則で定める．

【ベクトル積の行列式表記】ベクトル積 $\boldsymbol{A} \times \boldsymbol{B}$ は直交座標系の成分では式 (5.24) のように表される．これを行列式を使って表記すると便利である．式 (5.24) は，基本ベクトルを使って表すと，$\boldsymbol{A} = A_x \boldsymbol{e}_x + A_y \boldsymbol{e}_y + A_z \boldsymbol{e}_z$ であるとし，$\boldsymbol{B}$ も同様であるとすると，

$$\boldsymbol{A} \times \boldsymbol{B} = (A_y B_z - A_z B_y)\boldsymbol{e}_x + (A_z B_x - A_x B_z)\boldsymbol{e}_y + (A_x B_y - A_y B_x)\boldsymbol{e}_z$$

であるが，これを次のように表記する．

$$\boldsymbol{A} \times \boldsymbol{B} = \begin{vmatrix} \boldsymbol{e}_x & \boldsymbol{e}_y & \boldsymbol{e}_z \\ A_x & A_y & A_z \\ B_x & B_y & B_z \end{vmatrix}$$

質点に作用する力の任意に選んだ点 O に関する**トルク**を以下のように定義する．質点の，点 O を原点とする位置ベクトルを $\boldsymbol{r}$ として，質点に作用する力 $\boldsymbol{F}$ の点 O に関するトルク $\boldsymbol{N}$ は

$$\boldsymbol{N} = \boldsymbol{r} \times \boldsymbol{F} \tag{5.25}$$

である．

トルク $\boldsymbol{N}$ が式 (5.25) の右辺のベクトル積で表されることは，次のようにして確かめられる．まず，$\boldsymbol{r}$ と $\boldsymbol{F}$ のなす角を θ（$0 \leq \theta \leq \pi$）とすると（図 5.6 参照），点 O から力の作用線までの距離は $l = r \sin \theta$ と表される[3]．したがって，トルク $\boldsymbol{N}$ の大きさは

$$N = lF = rF \sin \theta \tag{5.26}$$

---

[3] ここでは 5.1 節とは違って，θ の値は負にならないように定義する．図 5.6(a), (b) のどちらも $\theta > 0$ である．これに対して，5.1 節では (a) の場合は $\theta > 0$，(b) の場合は $\theta < 0$ となるように θ を定義した．

で与えられ，それはベクトル積 $\boldsymbol{r} \times \boldsymbol{F}$ の大きさに等しい．また，$\boldsymbol{N}$ は $\boldsymbol{r}$ と $\boldsymbol{F}$ の両方に垂直であり，その向き（図 5.6 参照）は右ねじの規則で定まる $\boldsymbol{r} \times \boldsymbol{F}$ の向きに一致する．したがって，式 (5.25) が成立する．

【トルクの座標成分表記】式 (5.24) によると，$\boldsymbol{r}$ と $\boldsymbol{F}$ のベクトル積 $\boldsymbol{r} \times \boldsymbol{F}$ を直交座標の成分を使うと

$$\boldsymbol{N} = \boldsymbol{r} \times \boldsymbol{F} = (yF_z - zF_y, \ zF_x - xF_z, \ xF_y - yF_x)$$

と表すことができる．もしも，$\boldsymbol{r}$ も $\boldsymbol{F}$ も xy 平面内にあるならば，$z = F_z = 0$ であるから，

$$\boldsymbol{N} = (0, \ 0, \ xF_y - yF_x)$$

となる．したがって，5.1 節で議論した質点の 2 次元運動におけるトルクの表式 (5.20) は，3 次元空間で定義したトルクの z 成分に一致することがわかる．

5.2.2 運動方程式と角運動量

質点の運動に及ぼすトルクの影響について調べよう．質点の質量を m，位置ベクトルを $\boldsymbol{r}$，速度を $\boldsymbol{v} = \dot{\boldsymbol{r}}$，運動量を $\boldsymbol{p} = m\boldsymbol{v}$，質点に作用する力を $\boldsymbol{F}$ とする．運動量を使って表した運動方程式 (2.19)，すなわち

$$\dot{\boldsymbol{p}} = \boldsymbol{F}$$

より

$$\boldsymbol{r} \times \dot{\boldsymbol{p}} = \boldsymbol{r} \times \boldsymbol{F} \tag{5.27}$$

が得られる．この式の右辺は質点に作用するトルク $\boldsymbol{N}$ に等しい．左辺を，積の微分に関する公式を使って書き換えると

$$\boldsymbol{r} \times \dot{\boldsymbol{p}} = \frac{d}{dt}(\boldsymbol{r} \times \boldsymbol{p}) - \dot{\boldsymbol{r}} \times \boldsymbol{p}$$

となる．この式の右辺第 2 項が 0 になることが次のようにしてわかる．つまり

$$\dot{\boldsymbol{r}} \times \boldsymbol{p} = \boldsymbol{v} \times (m\boldsymbol{v}) = m\boldsymbol{v} \times \boldsymbol{v}$$

と書き換えると，ベクトル積の性質（付録 A の式 (A.7)）により $\boldsymbol{v} \times \boldsymbol{v} = 0$ となるのである．したがって，式 (5.27) は

$$\frac{d}{dt}(\boldsymbol{r} \times \boldsymbol{p}) = \boldsymbol{N}$$

と表すことができる．この式のカッコの中の量で**角運動量** (angular momentum) を定義する．すなわち

> 運動量をもつ質点の，任意に選んだ点 O に関する角運動量を以下のように定義する．質点の，点 O を原点とする位置ベクトルを $\boldsymbol{r}$，運動量を $\boldsymbol{p}$ とするとき，点 O に関する角運動量 $\boldsymbol{L}$ は
>
> $$\boldsymbol{L} = \boldsymbol{r} \times \boldsymbol{p} \qquad \text{または} \qquad \boldsymbol{L} = m\boldsymbol{r} \times \boldsymbol{v} \tag{5.28}$$
>
> である．

【角運動量の座標成分表記】式 (5.24) によると，$\boldsymbol{r}$ と $\boldsymbol{p}$ のベクトル積 $\boldsymbol{r} \times \boldsymbol{p}$ を直交座標の成分を使うと

$$\boldsymbol{L} = \boldsymbol{r} \times \boldsymbol{p} = (yp_z - zp_y, \ zp_x - xp_z, \ xp_y - yp_x)$$

と表すことができる．もしも，$\boldsymbol{r}$ も $\boldsymbol{p}$ も xy 平面内にあるならば，$z = p_z = 0$ であるから，

$$\boldsymbol{L} = (0, \ 0, \ xp_y - yp_x)$$

となる．したがって，5.1 節で議論した質点の 2 次元運動における角運動量の表式 (5.12) は，3 次元空間で定義した角運動量の z 成分に一致することがわかる．

角運動量を使うと，式 (5.27) は次のように表される．

$$\frac{d\boldsymbol{L}}{dt} = \boldsymbol{N} \tag{5.29}$$

すなわち，角運動量の変化率は質点に作用するトルクに等しいのである．

運動方程式から導かれた式 (5.29) より次のことがいえる．

質点に作用するトルクが 0 ならば，質点の角運動量は変化しない．

質点の運動に関するこの性質を**角運動量保存則**という．トルクが 0 でなくても，トルクの 1 つの成分が 0 であるならば，角運動量のその成分が保存する．例えば $N_z = 0$ ならば L_z が保存する．

問題 5.2-1 時刻 $t = 0$ に，速さ v_0，仰角 θ で質量 m の石を投げる．図 5.8 のように，石を投げた点 O を原点とし，水平方向に x 軸，鉛直上向きに y 軸をとる（石が運動する面を xy 面とする）．時刻 t における，点 O に関する石の角運動量 $\boldsymbol{L}$ を求めよ．また，石に作用するトルクは $\boldsymbol{N} = (0, 0, -mgv_0 t \cos\theta)$ で与えられることと，さらに，これらの $\boldsymbol{L}$ と $\boldsymbol{N}$ が $\dot{\boldsymbol{L}} = \boldsymbol{N}$ を満たすことを確かめよ．

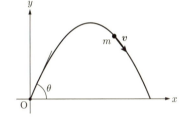

図 5.8 点 O から仰角 θ で投げた石の運動．

問題 5.2-2 a と c を正の定数として，図 5.9 のように，$z = c$ の平面内を質量 m の質点が半径 a の等速円運動をしている．ω を正の定数として，質点の座標が

$$x = a\cos\omega t, \quad y = a\sin\omega t, \quad z = c$$

で与えられるものとする．時刻 t における，原点 O に関する質点の角運動量を求めよ．角運動量は，時間とともにどのように変化するだろうか．

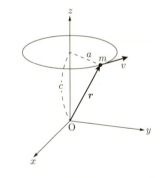

図 5.9 $z = c$ の平面内を，半径 a の等速円運動をする質量 m の質点．

問題 5.2-3 図 5.10 に示すように，点 O を支点として，長さ l のひもに質量 m のおもり（質点）を吊るした単振り子を考える．図のように，支点 O を原点とし，振り子の振動面を xy 平面とする座標系 (x, y) を設定する（鉛直下向きに x 軸をとり，水平方向に y 軸，紙面に垂直手前向きに z 軸をとる）．さらに図 5.10 のように，鉛直線とひものなす角を φ とする．

(1) おもりに作用する力の（支点 O に関する）トルクは z 軸向きのベクトルであり，その z 成分は $N_z = -mgl\sin\varphi$ で与えられることを示せ．

(2) 式 (5.28) によって支点 O に関するこの単振り子の角運動量を求めると，角運動量は z 方向を

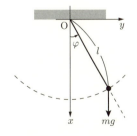

図 5.10 単振り子．

向いていて，その z 成分は $L_z = ml^2\dot{\varphi}$ と表すことができる．またこれは 5.1 節で式 (5.11) として与えられている．この単振り子に式 (5.29) を適用すると，2.6 節で導いた運動方程式 (2.50) が得られることを示せ．

問題 5.2-4 2 つの単振り子 A, B が天井の同じ点から吊り下げられている．おもりの大きさは無視できるほど小さく，つり合いではいずれも鉛直向きであるとしてよい．A, B はいずれも同じ質量 m で同じ長さ l であるとする．天井の支点を原点 O にとり，天井を xz 面とする．観察者は z 軸が手前から奥向き，x 軸が右向きに見えるよう観察しているとする．また原点 O から鉛直下向きに y 軸をとる．

支点 O を含む鉛直な xy 平面内で 2 つの単振り子 A と B を x 方向にそれぞれ小さな角度 θ と $-\theta$ に開き，時刻 $t = 0$ に静かに放したとする．重力によって 2 つの単振り子は動き始め，互いに近づき，時刻 t_c に鉛直線上で衝突する．衝突は弾性的に起こるものとする．

(1) $0 < t < t_c$ における単振り子 A と B の支点に関する角運動量ベクトルの向きを基本ベクトル $\boldsymbol{e}_x, \boldsymbol{e}_y, \boldsymbol{e}_z$ を用いて表せ．

(2) $0 < t < t_c$ の間に，支点に関する A, B それぞれの角運動量は時間とともにどう変化するか？

(3) $0 < t < 3t_c$ の間，全角運動量（それぞれの角運動量の和）がベクトル和として 0 であることを示せ．

問題 5.2-5 長さ l のひもに吊るした質量 m の質点を考える．質点の運動を鉛直面内に限定しなければ，質点は，ひもの支点を中心とする球面の上を運動する（ただし，ひもはたるまないとする）．このような運動（球面振り子という）において，支点に関する質点の角運動量の鉛直成分が保存することを示せ．

5.3 ケプラーの法則

ティコ・ブラーエ（Tycho Brahe, 1546–1601）による惑星運動の精密なデータを解析した**ケプラー**（J. Kepler, 1571–1630）は，私たちが**ケプラーの法則**とよぶ，以下の 3 つの法則を発見した[4]．

> **第 1 法則**：惑星の軌道は楕円であり，太陽はその焦点のひとつに位置する．
> **第 2 法則**：太陽と惑星を結ぶ線分が，等しい時間に通過する（掃過する）面積は一定である（図 5.11）．
> **第 3 法則**：惑星の公転周期の 2 乗と軌道の長半径の 3 乗との比は，すべての惑星について等しい．

5.3.1 面積速度一定の法則

ケプラーの第 2 法則を数式を用いて表現しよう．太陽と惑星を結ぶ線分が時間 t の間に掃過する面積を $S(t)$ とすると，「$S(t)$ は t に比例する」ことが第 2 法則からわかる．面積 $S(t)$ の時間 t による導関数 dS/dt を**面積速度**という．したがって，ケプラーの第 2 法則は，1 つの惑星の面積速度が時間によらず一定であることを意味している．そのため，第 2 法則は「面積速度一定の法則」ともよばれる．太陽の位置を原点 O とし，惑星の軌道面に平面極座標 (r, φ) を設定して惑星の位置を記述する．図 5.12 に示すように，微小時間 dt の間に惑星が点 P (r, φ) から P$'$ $(r + dr, \varphi + d\varphi)$

---

[4] ケプラーが論理的考察を重ねてこれらの法則，特に第 1 法則を見出す過程が朝永振一郎 著『物理学とは何だろうか（上）』（岩波新書，1979）に興味深く紹介されている．一読を勧めたい．

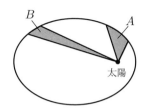

図5.11 太陽と惑星を結ぶ線分が同一時間に通過する領域の面積 A と B は等しい．

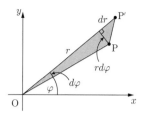

図5.12 微小時間 dt の間に，惑星は点 P から P′ まで移動する．影をつけた領域の面積を dS とすると，面積速度は dS/dt で与えられる．

まで移動したとする．時間 dt の間に，太陽と惑星を結ぶ線分が掃過するのは，この図の灰色に塗った領域である．この領域の面積 dS は

$$dS = \frac{1}{2}(r+dr)r\,d\varphi = \frac{1}{2}r^2\,d\varphi$$

で与えられる（2次の微小量は無視した）．したがって，面積速度 h は

$$h = \frac{dS}{dt} = \frac{1}{2}r^2\dot\varphi \tag{5.30}$$

と表すことができる．

5.3.2 ケプラーの法則の導出

これまでに学んだ力学の法則にもとづいて，ケプラーの法則を導こう．

(1) 万有引力・惑星のエネルギー

すでに第3章3.3節で万有引力について記述されていることに重複するが，改めて記す．太陽は座標原点に固定されていると仮定する．1つの惑星の運動を考察する．太陽の質量を M，惑星の質量を m，惑星の位置ベクトルを $\boldsymbol{r}$ とする．惑星と太陽の間には万有引力が作用する．太陽から惑星に作用する万有引力 $\boldsymbol{F}$ は式 (3.30) に与えられる

$$\boldsymbol{F} = -\frac{GMm}{r^3}\boldsymbol{r} = -\frac{GMm}{r^2}\boldsymbol{e}_r \tag{5.31}$$

である．ここで，$\boldsymbol{e}_r$ は $\boldsymbol{r}$ 方向の単位ベクトルであり，式 (3.31) に与えたように

$$G = 6.674 \times 10^{-11}\,\mathrm{m^3 \cdot kg^{-1} \cdot s^{-2}}$$

である．

惑星に作用する力 (5.31) は保存力であり，無限遠点を基準にした相互作用ポテンシャルは式 (3.32) で与えたように

$$U = -\int_\infty^r \left(-\frac{GMm}{r^2}\right)dr = -\frac{GMm}{r} \tag{5.32}$$

である．したがって，惑星のエネルギー

$$E = K + U = \frac{1}{2}mv^2 - \frac{GMm}{r} \tag{5.33}$$

は保存する．ただし，v は惑星の速さである．

万有引力が太陽を向いていることから第2法則が成り立つこと，万有引力が距離の2乗に反比例

していることから第2法則と第3法則が成り立つことが，この後明らかになる．

(2) 面積速度一定

万有引力 (5.31) は位置ベクトル $\boldsymbol{r}$ に平行なので，この力によるトルク $\boldsymbol{r} \times \boldsymbol{F}$ は 0 である．したがって，惑星の角運動量

$$\boldsymbol{L} = \boldsymbol{r} \times \boldsymbol{p}$$

は保存する．ここで $\boldsymbol{p}$ は惑星の運動量である．そして，ベクトル積の性質により $\boldsymbol{L}$ は $\boldsymbol{r}$ に垂直なので，惑星は原点を通り定ベクトル $\boldsymbol{L}$ に垂直な平面内を運動することがわかる．この平面を xy 平面とする直交座標 (x, y) と平面極座標 (r, φ) を使って，惑星の運動を解析しよう．

惑星は xy 平面内を運動するので，その角運動量は z 軸方向を向く．そして角運動量の z 成分 L は

$$L = mr^2 \dot{\varphi} \tag{5.34}$$

と表される（式 (5.11) 参照）．この式と**面積速度** h の式 (5.30) を比べると，

$$h = \frac{L}{2m} \tag{5.35}$$

という関係があることがわかる．したがって，角運動量の保存則（L が一定）から面積速度一定の法則が導かれる．つまり，**ケプラーの第2法則**は角運動量の保存則を反映しているのである．

(3) 楕円軌道

速度の 2 乗 v^2 は，平面極座標では式 (1.33) のように表されるので，惑星のエネルギー (5.33) は

$$E = \frac{1}{2} m \left(\dot{r}^2 + r^2 \dot{\varphi}^2 \right) - \frac{GMm}{r} \tag{5.36}$$

と書ける．角運動量保存則 (5.34) から得られる式

$$\dot{\varphi} = \frac{L}{mr^2} \tag{5.37}$$

を式 (5.36) に代入して整理すると

$$E = \frac{1}{2} m \dot{r}^2 + U_{\mathrm{eff}}(r) \tag{5.38}$$

となる．ただし，$U_{\mathrm{eff}}(r)$ は

$$U_{\mathrm{eff}}(r) = \frac{L^2}{2mr^2} - \frac{GMm}{r} \tag{5.39}$$

で定義される関数である．式 (5.38) の右辺は，ポテンシャルエネルギー $U_{\mathrm{eff}}(r)$ による力を受けて，r 軸上を 1 次元運動する質点のエネルギーと同じ形をしている．このため，$U_{\mathrm{eff}}(r)$ を**有効ポテンシャル**とよぶ．したがって式 (5.38) を使うと，3.4 節でエネルギー保存則を利用して振動子の運動を調べたのと同様の方法で，惑星運動における $r(t)$ を解析することができる（ここではその説明を省略する）．

有効ポテンシャル $U_{\mathrm{eff}}(r)$ をグラフに描くと図 5.13 のようになる．距離 r_0 とエネルギー E_0 を

$$r_0 = \frac{L^2}{GMm^2}, \quad E_0 = \frac{m}{2} \left(\frac{GMm}{L} \right)^2 \tag{5.40}$$

とすると，$U_{\mathrm{eff}}(r)$ は $r = r_0$ で最小値 $-E_0$ をとる．また，$r \to 0$ のとき $U_{\mathrm{eff}} \to \infty$，$r \to \infty$ のとき $U_{\mathrm{eff}} \to 0$ である．このことから，質点の運動範囲（r のとり得る範囲）について次のことがいえる．$E \geq 0$ ならば，

$$r_{\min} = \frac{r_0}{1 + \sqrt{1 + E/E_0}} \tag{5.41}$$

として，運動範囲は $r \geq r_{\min}$ となる．一方，$E < 0$ であれば，

$$r_{\max} = \frac{r_0}{1 - \sqrt{1 + E/E_0}} \quad (E < 0) \tag{5.42}$$

として，運動範囲は $r_{\min} \leq r \leq r_{\max}$ となる．明らかに，惑星の運動は $E < 0$ の場合に相当する．そして，太陽に一度だけ接近して二度と戻ってこない彗星の運動が，$E \geq 0$ の場合に相当する．

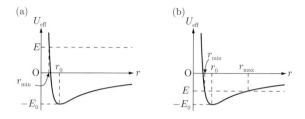

図 5.13 式 (5.39) で定義される有効ポテンシャル $U_{\text{eff}}(r)$ のグラフ．(a) $E \geq 0$ の場合の運動範囲は $r \geq r_{\min}$．(b) $E < 0$ の場合の運動範囲は $r_{\min} \leq r \leq r_{\max}$．

惑星の軌道を求めるには，式 (5.37) と (5.38) から t を消去して，r と φ の関係を導けばよい．そのために，媒介変数による微分の公式（時間 t が媒介変数）

$$\frac{dr}{d\varphi} = \frac{\dot{r}}{\dot{\varphi}}$$

を用いる．この式の両辺を 2 乗して，右辺の $\dot{r}^2$ と $\dot{\varphi}^2$ に式 (5.38) と (5.37) を代入して整理すると，

$$\left(\frac{r_0}{r^2}\frac{dr}{d\varphi}\right)^2 = 1 + \frac{E}{E_0} - \left(\frac{r_0}{r} - 1\right)^2 \tag{5.43}$$

が得られる．ここで，

$$w = \frac{r_0}{r} - 1 \tag{5.44}$$

とおくと，式 (5.43) は次のように書き換えられる．

$$\frac{1}{2}\left(1 + \frac{E}{E_0}\right) = \frac{1}{2}\left(\frac{dw}{d\varphi}\right)^2 + \frac{1}{2}w^2 \tag{5.45}$$

この式は，バネにつながれた質点のエネルギー (3.35) と同じ形をしている．つまり，式 (3.35) において

$$x \to w, \quad t \to \varphi, \quad E \to \frac{1}{2}\left(1 + \frac{E}{E_0}\right), \quad m \to 1, \quad k \to 1$$

という置き換えをすると式 (5.45) になるのである．したがって，式 (3.42) において同じ置き換えをすると

$$w = \sqrt{1 + \frac{E}{E_0}}\cos\varphi \tag{5.46}$$

という結果が得られる[5]．ここで

$$\varepsilon = \sqrt{1 + \frac{E}{E_0}} \tag{5.47}$$

とおいて，式 (5.44) を使うと

$$r = \frac{r_0}{1 + \varepsilon\cos\varphi} \tag{5.48}$$

が得られる．これは，離心率が ε の 2 次曲線の方程式である（1.5 節参照）．

そして，この曲線は，$\varepsilon < 1$ の場合（$-E_0 < E < 0$ の場合）には長半径 a と短半径 b が

$$a = \frac{r_0}{1 - \varepsilon^2} = \frac{GMm}{2|E|}, \quad b = \frac{r_0}{\sqrt{1 - \varepsilon^2}} = \frac{L}{\sqrt{2m|E|}} \tag{5.49}$$

の楕円である（図 5.14）．こうして，**ケプラーの第 1 法則** が導かれた．

(4) 第 3 法則

惑星の公転周期 T は，角運動量 L と面積速度の関係 (5.35) を使って求めることができる．楕円軌道で囲まれる領域の面積は $S = \pi ab$ であり，これを面積速度 h で割ると周期 T になるので，

$$T = \frac{\pi ab}{h} = \pi a \frac{L}{\sqrt{2m|E|}}\frac{2m}{L} = \pi a \sqrt{\frac{2m}{|E|}} = \frac{2\pi}{\sqrt{GM}}a^{3/2} \tag{5.50}$$

を得る．この式を書き直すと

---

[5] 式 (3.42) を導くときには，x が最大になるときの時刻を $t = 0$ とした．これは，w が最大（r が最小）になるときの偏角を $\varphi = 0$ としたことに相当する．つまり，惑星の近日点の方向に x 軸を設定したことになる．

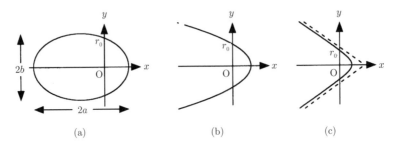

図 5.14 式 (5.48) で表される軌道. (a) $\varepsilon<1$ ならば楕円, (b) $\varepsilon=1$ ならば放物線, (c) $\varepsilon>1$ ならば双曲線. 図 (c) の破線は双曲線の漸近線を表す.

$$\frac{T^2}{a^3}=\frac{4\pi^2}{GM} \qquad (5.51)$$

となる. この式の右辺は万有引力定数 G と太陽の質量 M だけにしか依存しないので, 惑星の公転周期 T の 2 乗と楕円軌道の長半径 a の 3 乗の比が, すべての惑星で等しいことがわかる. こうして**ケプラーの第 3 法則**が導かれた.

問題 5.3-1 地球の公転周期（恒星年）は 365 日であり, 公転軌道の長半径は 1.496×10^{11} m である. 式 (5.51) を用いて, 太陽の質量 M を計算せよ.

問題 5.3-2 太陽からの距離の最小値が r_min で最大値が r_max の楕円軌道上を運動する惑星について, 以下の問いに答えよ.
(1) 楕円軌道の長半径 a と短半径 b を, r_min と r_max を使って表せ.
(2) 軌道上を運動する惑星の速さは, 近日点（太陽に最も近い点）で最も大きく, 遠日点（太陽から最も遠い点）で最も小さい. 惑星の公転周期を T とすると, 速さの最大値 v_max と最小値 v_min は次式で与えられることを, ケプラーの第 2 法則を利用して導け.

$$v_\mathrm{max}=\frac{\pi(r_\mathrm{min}+r_\mathrm{max})}{T}\sqrt{\frac{r_\mathrm{max}}{r_\mathrm{min}}}, \quad v_\mathrm{min}=\frac{\pi(r_\mathrm{min}+r_\mathrm{max})}{T}\sqrt{\frac{r_\mathrm{min}}{r_\mathrm{max}}}$$

問題 5.3-3 図 5.15(a) に示すような軌道を利用して, 地球から火星へロケットを送り込むことを考えよう. 燃料を節約するために, 地球の重力圏から脱出するときと, 火星の重力圏に入ってから火星に着陸（あるいは衝突）するまでの短い時間をのぞいて, 動力を使わずに太陽の重力だけを利用して航行するのである. しかもその楕円軌道は近日点（軌道上で太陽に最も近い点）において地球の軌道に接し, 遠日点（軌道上で太陽に最も遠い点）で火星の軌道に接するように選ぶ. この火星ロケットについて以下の問いに答えよ.
(1) 地球と火星の軌道は円で近似できて, 火星の軌道半径は地球の軌道半径の 1.52 倍であること, および地球の公転周期は一年であるということとケプラーの第 3 法則を用いて, 地球から火星まで行くのにかかる日数を計算せよ. 地球と火星の重力がロケットの運動に与える影

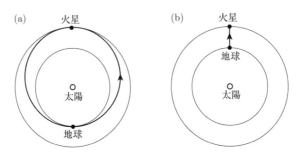

図 5.15 火星ロケットの軌道.

響は無視せよ．

(2) このロケットが地球を離れるときの速さを v_R，地球の公転運動の速さを v_E とする．ケプラーの第 2 法則を用いて，v_R/v_E の値を計算せよ（問題 5.3-2(2) 参照）．このとき，地球に対するロケットの相対速度の大きさ $(v_R - v_E)$ は v_E の何倍か．

(3) もしも，図 5.15(b) に示すように，地球と火星を最短距離で結ぶ直線軌道を利用するならば，地球を離れるときに必要なロケットの速さの最小値は v_E の何倍か．このときの，地球に対するロケットの相対速度の大きさは v_E の何倍か．この相対速度を前問の相対速度と比較せよ．

(4) 前問の直線軌道を使って，打ち上げ時の速さが最小になるようにロケットを航行させた場合，地球から火星までの所要日数を計算せよ（問題 3.4-3(3) の式 (3.43) を利用するとよい）．

問題 5.3-4 地球のまわりを回る人工衛星について第 3 章の問題 3.5-4 で扱った．地球は密度が一様で質量が M，半径 R の球であると仮定して，地上からの高度が h であるような円軌道を描いて運動する衛星の速さ v_0 を R, h, G, M を使って表した（G は万有引力定数）．衛星のロケットエンジンを噴射して，短時間に速度を変えることにする．速度の向きを変えずに速さを v_0 から v_1 に減少させて，衛星が地球にもっとも近づくときの高度が 0 になるようにしたい（図 5.16）．そのために必要な v_1 を求めよ（角運動量とエネルギーの保存則を利用するとよい）．$h = 4.0 \times 10^2$ km の場合について v_1 の値を計算せよ．ここで，$R = 6.4 \times 10^3$ km, $M = 6.0 \times 10^{24}$ kg, $G = 6.7 \times 10^{-11}$ m$^3\cdot$kg$^{-1}\cdot$s^{-2} を用いてよい．

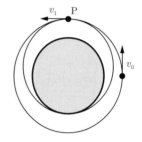

図 5.16 速さ v_0 で円軌道を描いていた人工衛星が，点 P において短時間で v_1 まで減速して地球に帰還する．

問題 5.3-5（発展） 宇宙エレベータは地上と静止衛星を結ぶ輸送機関として提案されている．エレベータが高度 h に停止しているときに，物体を「自由落下」させると，h がある値 h_0 よりも大きければ，この物体は地球に落下せずに，人工衛星となる（図 5.17）．地上駅が地球の中心から $R = 6.4 \times 10^3$ km，宇宙駅の高さ（静止衛星の高さ）が $H = 3.58 \times 10^4$ km であることを用いて，h_0 の値は約 2.34×10^4 km であることを示せ．

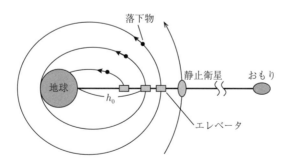

図 5.17 停止した宇宙エレベータからの自由落下．（宇宙エレベータを造るときには，エレベータの重さで静止衛星が落下しないように，地球とは反対側におもりを付ける必要がある．）

工学と物理学（5）：数字に強くなれ

　工学における物理は最終的にモノづくりの役に立たなくてはいけない．皆さんにはぜひ数字に強くなってほしい．数値を使った計算問題では，①有効数字，②桁（オーダー），③単位，の三者の計算を並行して行うことをつねに意識してほしい．物理学は国際単位系（SI）で統一的に記述されるが，実際のモノづくりの現場で使われる単位は SI 系に限らない．しかしそうした場合でも，単位を付けて数値計算を行うことで，たとえ SI 以外の単位系から出発しても，計算途中で SI 単位に変換することによって間違わずに計算を進めることができる．数値結果が得られたら，そのオーダーが常識的に考えて妥当かどうか，必ず吟味してほしい．コンピュータによる数値計算では，必ず無次元量が扱われていることを忘れないでほしい．計算結果を現実の数値に焼き直すときには，必ず系の特徴的な長さ，質量，時間，といった次元をもつ物理量を乗じる必要がある．グラフの縦軸と横軸も無次元量であることに注意されたい．例えばある物理量を系のエネルギー E(eV) の関数としてプロットするとき，横軸にとる E (eV) とは系のエネルギーを 1 eV というエネルギー単位で割って無次元化した E/eV のことである．

（末光眞希）

第6章
質点系の力学

これまでは，1つの質点の運動を扱ってきた．この章では，複数の質点の集まり（**質点系**，system of particles）における個々の質点の運動や，集団全体としての運動の特徴について学ぶ．大きさをもつ物体は質点の集まりとみなすことができる．この先，剛体や弾性体，流体などの運動を学ぶとき，質点系の運動についての理解が必要になる．急ぐ読者は次の解説を読まずに直接に次の6.1節に進んでよい．

図 6.1 2つの質点からなる物体の落下運動の例．

【解説：何ができるようになるか】質点系の最も簡単な構成は2つの質点である．例えば右の図 6.1 に示すような同じ質量の2つの小球をバネで結んだ物体の重力のもとでの運動を考えてみよう．初めに一方の小球を固定し，他方を吊り下げた状態に置き，静かに固定を外して起こる落下の様子を見たとする．物体全体として自由落下する一方で，小球の互いの距離が振動するようすが見えるであろう．

それぞれの小球の位置を時間の関数として予測することは，本書でここまで学んだ運動法則を使ってできる．それぞれを質点とみなし，それらに作用する重力とバネの力をそれぞれの位置座標を使って表し，連立した運動方程式が立てられる．それらを解けばよいであろう．だが，この章を読んでわかることは，2つの質点をまとめる見方である．自由落下するのはこの2質点の重心であり，振動するのは相対的な距離である．この例のように，質点系の力学で注目すべきことは，あたかも1つの質点であるかのようにふるまう全体としての運動と，個々の質点の相対的な運動とを切り離して記述できることである．

6.1 重心の運動

N 個の質点で構成される系（質点系）の運動について考えよう[1]．このあと定義する**重心**の運動は各質点に作用する**外力**の総計だけによること，重心の運動方程式は全系の質量の和をもつ1つの質点の運動方程式であることを導く．ここで作用反作用の法則は重要である．

質点に番号を付けて区別し，i 番目（$i = 1, 2, \ldots, N$）の質点を質点 i とよぶ．質点 i に作用する力を，他の質点から受ける力とそれ以外の力に分けて考える．前者を**内力**（internal force），後者を**外力**（external force）とよぶ．質点 i が質点 j から受ける力を $\boldsymbol{F}_{ij}$ と表す[2]と，作用反作

---
[1] 簡単化して理解したい読者は $N = 2$ の場合に引き直して考えるとよい．その場合は，例えば図 6.2 で i を 1, j を 2 とすればよい．
[2] $\boldsymbol{F}_{ji}$ と表す流儀もあるので注意が必要．

82　第 6 章　質点系の力学

用の法則により

$$\boldsymbol{F}_{ij} = -\boldsymbol{F}_{ji} \qquad (6.1)$$

が成立する（図 6.2）．質点 i に作用する内力の合計は $\sum_{j=1}^{N} \boldsymbol{F}_{ij}$ と表される．質点 i は自分自身には力を作用しないので，この和からは $j = i$ の項を除く必要がある．しかし，便宜上 $\boldsymbol{F}_{ii}$ を

$$\boldsymbol{F}_{ii} = 0 \qquad (6.2)$$

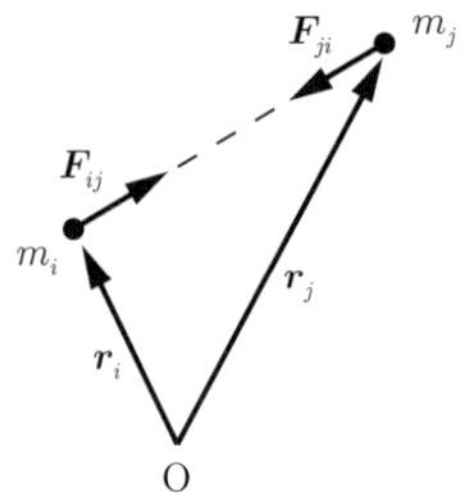

図 6.2　作用反作用の法則：$\boldsymbol{F}_{ij} = -\boldsymbol{F}_{ji}$.

と定義すると，上の和において $j = i$ の項を除く必要はなくなる．

　質点 i に作用する外力（外力が複数ある場合にはそれらの和）を $\boldsymbol{F}_i$，質点 i の質量を m_i，位置ベクトルを $\boldsymbol{r}_i$ とすると，この質点 i の運動方程式は

$$m_i \ddot{\boldsymbol{r}}_i = \boldsymbol{F}_i + \sum_{j=1}^{N} \boldsymbol{F}_{ij} \qquad (i = 1, 2, \ldots, N) \qquad (6.3)$$

で与えられる．この式を $i = 1$ から $i = N$ まで足し合わせると

$$\sum_{i=1}^{N} m_i \ddot{\boldsymbol{r}}_i = \sum_{i=1}^{N} \boldsymbol{F}_i + \sum_{i=1}^{N} \sum_{j=1}^{N} \boldsymbol{F}_{ij} \qquad (6.4)$$

となる．この式の右辺第 2 項は，作用反作用の法則により，0 であることがわかる．

【解説】2 質点の場合に単純な式で表し，何が重要かを把握しよう．

　　式 (6.3) と式 (6.4) は次のことを示している．運動方程式は質点 1 と質点 2 のそれぞれに

$$m_1 \ddot{\boldsymbol{r}}_1 = \boldsymbol{F}_1 + \boldsymbol{F}_{12}, \qquad m_2 \ddot{\boldsymbol{r}}_2 = \boldsymbol{F}_2 + \boldsymbol{F}_{21}$$

である．ここで $\boldsymbol{F}_1$，$\boldsymbol{F}_2$ は外力，$\boldsymbol{F}_{12}$ は質点 1 が質点 2 から受ける力，$\boldsymbol{F}_{21}$ はその逆である．この 2 式を辺々加えると，作用反作用の法則から $\boldsymbol{F}_{12} + \boldsymbol{F}_{21} = 0$ であるから，

$$m_1 \ddot{\boldsymbol{r}}_1 + m_2 \ddot{\boldsymbol{r}}_2 = \boldsymbol{F}_1 + \boldsymbol{F}_2$$

となる．この方程式には外力だけが含まれることが重要である．

【式 (6.4) の右辺第 2 項が 0 であることを示す】この項の二重の和を具体的に書き表すと

$$
\begin{aligned}
\sum_{i=1}^{N} \sum_{j=1}^{N} \boldsymbol{F}_{ij} &= \sum_{i=1}^{N} (\boldsymbol{F}_{i1} + \boldsymbol{F}_{i2} + \cdots + \boldsymbol{F}_{iN}) \\
&= \quad \boldsymbol{F}_{11} + \boldsymbol{F}_{12} + \cdots + \boldsymbol{F}_{1N} \\
&\quad + \boldsymbol{F}_{21} + \boldsymbol{F}_{22} + \cdots + \boldsymbol{F}_{2N} \\
&\quad + \cdots \cdots \\
&\quad + \boldsymbol{F}_{N1} + \boldsymbol{F}_{N2} + \cdots + \boldsymbol{F}_{NN}
\end{aligned}
$$

ここで，右辺の（左上から右下に向かう）対角線上の項 $\boldsymbol{F}_{ii}$ は，式 (6.2) により 0 となる．また，この対角線の右上に並んでいる各項 $\boldsymbol{F}_{ij}$ $(i < j)$ と対になる項 $\boldsymbol{F}_{ji}$ が対角線の左下に存在する（例えば，$\boldsymbol{F}_{12}$ と $\boldsymbol{F}_{21}$）．したがって，上の二重和は

$$\sum_{i=1}^{N} \sum_{j=1}^{N} \boldsymbol{F}_{ij} = \sum_{i=1}^{N} \sum_{j=i+1}^{N} (\boldsymbol{F}_{ij} + \boldsymbol{F}_{ji}) = 0 \qquad (6.5)$$

となる．ただし，最後の式変形では作用反作用の法則 (6.1) を利用した．

こうして，運動方程式 (6.3) と作用反作用の法則から

$$\sum_{i=1}^{N} m_i \ddot{\boldsymbol{r}}_i = \sum_{i=1}^{N} \boldsymbol{F}_i \tag{6.6}$$

という関係を得る．ここで重要なのは，個々の質点の運動方程式 (6.3) には外力 $\boldsymbol{F}_i$ と内力 $\boldsymbol{F}_{ij}$ の両方が含まれていたのに対して，式 (6.6) には外力しか含まれていないことである．

質点系の運動の特徴を抽出した式 (6.6) を利用しやすい形にするために，**質量中心**（center of mass）という量を導入する．質点系の全質量を

$$M = \sum_{i=1}^{N} m_i \qquad \text{【質点系の全質量】} \tag{6.7}$$

として，位置ベクトル

$$\boldsymbol{R} = \frac{1}{M} \sum_{i=1}^{N} m_i \boldsymbol{r}_i \qquad \text{【質量中心の位置ベクトル】} \tag{6.8}$$

で表される点を質点系の質量中心という．質量中心は**重心**（center of gravity）ともよばれる．

質点系に作用する外力の和を

$$\boldsymbol{F} = \sum_{i=1}^{N} \boldsymbol{F}_i \tag{6.9}$$

と書くと，式 (6.6) から，**重心の運動方程式**を次のように得る．

$$M\ddot{\boldsymbol{R}} = \boldsymbol{F} \tag{6.10}$$

この式は，質点系の重心の運動は力 $\boldsymbol{F}$ の作用を受けて運動する質量 M の質点の運動と同じである，ということを意味している．これまでの章で，物体の運動を質点の運動方程式を使って解析してきたが，その取り扱いの根拠がここにある．**質点系の重心の運動を決めているのは外力だけであり，内力は重心の運動に関与しない**，ということを強調しておく．

例題 6.1-1 　質量 m_1 の質点と質量 m_2 の質点で構成される系の重心 G の位置を求めよ．

解 　質点 1 と 2 の位置ベクトルをそれぞれ $\boldsymbol{r}_1$, $\boldsymbol{r}_2$ とすると，重心 G の位置ベクトル $\boldsymbol{R}$ は

$$\boldsymbol{R} = \frac{m_1 \boldsymbol{r}_1 + m_2 \boldsymbol{r}_2}{m_1 + m_2} \tag{6.11}$$

重心は，2 つの質点を結ぶ線分を $m_2 : m_1$ に内分する点に位置する（図 6.3）．

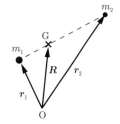

図 6.3 　2 つの質点からなる系の重心 G.

問題 6.1-1 　月の質量は地球の質量の 0.0123 倍であり，地球から月までの距離は 3.8×10^5 km である．地球と月を質点系とみなして，地球から重心までの距離を求めよ．この距離を地球の半径 6.4×10^3 km と比較せよ．

84 第6章 質点系の力学

6.2 質点系のエネルギー保存則

質点系について成り立つ力学的エネルギー保存則は，重心の運動を質点の運動のようにみなしたエネルギーだけでは記述しきれない．系を構成する質点間の相対位置ベクトルと相互作用ポテンシャルが必要である．簡単のために2つの質点だけで構成される系を考える．

6.2.1 仕事と運動エネルギー

2つの質点（質点1と質点2）は互いに力を作用し合っているものとする．このとき，2つの質点は**相互作用**（interaction）をするという．質点1が質点2から受ける力を $\boldsymbol{F}_{12}$，質点2が質点1から受ける力を $\boldsymbol{F}_{21}$ とする．質点1と質点2には，それぞれ外力 $\boldsymbol{F}_1$，$\boldsymbol{F}_2$ が作用しているものとする．

微小時間 dt における質点1と質点2の変位を $d\boldsymbol{r}_1$，$d\boldsymbol{r}_2$ とする．時間 dt の間に，相互作用 $\boldsymbol{F}_{12}$ と外力 $\boldsymbol{F}_1$ が質点1にする仕事は

$$dW_1 = (\boldsymbol{F}_{12} + \boldsymbol{F}_1) \cdot d\boldsymbol{r}_1$$

である．相互作用 $\boldsymbol{F}_{21}$ と外力 $\boldsymbol{F}_2$ が質点2にする仕事 dW_2 も同様に

$$dW_2 = (\boldsymbol{F}_{21} + \boldsymbol{F}_2) \cdot d\boldsymbol{r}_2$$

である．2つの質点を合わせた系についてはこれらの和をとればよいが，すると，その結果新しく見えてくることがある．和は

$$dW_1 + dW_2 = (\boldsymbol{F}_{12} + \boldsymbol{F}_1) \cdot d\boldsymbol{r}_1 + (\boldsymbol{F}_{21} + \boldsymbol{F}_2) \cdot d\boldsymbol{r}_2 \tag{6.12}$$

と表される．ここで，質点2の**相対位置ベクトル**を質点1の位置を基準にして，

$$\boldsymbol{r}_{21} = \boldsymbol{r}_2 - \boldsymbol{r}_1 \tag{6.13}$$

により導入する（図6.4）．式 (6.12) において $\boldsymbol{F}_{12}$ と $\boldsymbol{F}_{21}$ は互いに作用と反作用である．したがって作用反作用の法則 $\boldsymbol{F}_{12} = -\boldsymbol{F}_{21}$ が成り立つ．よって式 (6.12) は次のように書き換えることができる．

$$dW_1 + dW_2 = \boldsymbol{F}_{21} \cdot d\boldsymbol{r}_{21} + \boldsymbol{F}_1 \cdot d\boldsymbol{r}_1 + \boldsymbol{F}_2 \cdot d\boldsymbol{r}_2 \tag{6.14}$$

ただし，

$$d\boldsymbol{r}_{21} = d\boldsymbol{r}_2 - d\boldsymbol{r}_1 = d(\boldsymbol{r}_2 - \boldsymbol{r}_1)$$

は微小時間 dt における相対位置ベクトル $\boldsymbol{r}_{21}$ の微小変化である（図6.4）．

質点1と質点2の運動エネルギーをそれぞれ K_1，K_2 とする．個々の質点について第3章で示した仕事・エネルギーの定理 (3.17) は，運動エネルギーの変化は作用した力が質点になした仕事に等しい，ということであった．よって，時間 dt の間の各々の変化は $dK_1 = dW_1$，$dK_2 = dW_2$ であるから，式 (6.14) より次を得る．

質点系における**仕事・エネルギーの定理**は，次のように表される．

$$dK_1 + dK_2 = \boldsymbol{F}_{21} \cdot d\boldsymbol{r}_{21} + \boldsymbol{F}_1 \cdot d\boldsymbol{r}_1 + \boldsymbol{F}_2 \cdot d\boldsymbol{r}_2 \tag{6.15}$$

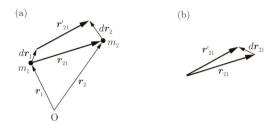

図 6.4 (a) 質点 1 を基準にした質点 2 の相対位置ベクトル r_{21} と (b) その微小変化 dr_{21}. $r'_{21} = r_{21} + dr_2 - dr_1$ だから, $dr_{21} = dr_2 - dr_1$ が成り立つ.

ただし, 式 (3.17) と式 (3.16) の表現と違ってここでは時間 dt の間の微小変化について記したものである. 力のする仕事を外力と相互作用の力に分けて表しており, 相対位置ベクトルが重要であることがこの式によって見えてきた.

6.2.2 エネルギー保存則と相互作用ポテンシャル

質点 2 が質点 1 から力 F_{21} を受けているとする. この力が 2 つの相対的位置関係（距離と方向）だけに依存する場合を考える. このとき F_{21} は r_{21} の関数として次のように 1 つの関数 $F(r)$ を使って表せる.

$$F_{21} = F(r_{21}), \quad \text{ただし} \quad F(-r) = -F(r)$$

ここで, 奇関数であることは作用反作用の法則が成り立つためである.

すると相対位置ベクトル r_{21} が r_{21}^{A} から r_{21}^{B} まで変化するとき, ある経路 C を通るとして, 線積分

$$\int_C F(r_{21}) \cdot dr_{21}$$

が定義できる. 特に, これが変化の経路によらずに, 始点と終点の相対位置 r_{21}^{A}, r_{21}^{B} だけに依存する場合, これを

$$\int_{r_{21}^{\mathrm{A}}}^{r_{21}^{\mathrm{B}}} F(r) \cdot dr$$

と書く. 積分記号の中の r_{21} は積分変数なので単に r と記す. このように相互作用による力の積分が変化の経路によらないときその力は**保存力**であるという.

このとき, 基準となる相対位置 r_{21}^* を任意に選び, 関数

$$U(r_{21}) = -\int_{r_{21}^*}^{r_{21}} F(r) \cdot dr \tag{6.16}$$

を定義する. この関数 $U(r_{21})$ を相互作用のポテンシャルエネルギー, 略して**相互作用エネルギー** (interaction energy) あるいは**相互作用ポテンシャル** (interaction potential) とよぶ. なお, 式 (6.16) と同じように F_{12} の線積分によって $U(r_{12})$ を定義することができるが, $U(r_{21}) = U(r_{12})$ が成り立つので, どちらを使ってもよい（補足に示す）.

【相互作用ポテンシャルの例】例えば, 2 つの質点がバネで結ばれている場合, 質点 2 が質点 1 から受ける力は, その間の距離を $r_{21} = |r_{21}|$ とし, バネ定数を k, バネの自然の長さを l_0 として,

$$F_{21} = -k(r_{21} - l_0)\frac{r_{21}}{r_{21}} \tag{6.17}$$

である. そして, 例題 3.3-1 と同様の議論により, この相互作用は保存力であることがわかる. 2 つの質点が距離 l_0 にある状況を基準に選ぶと, 相互作用エネルギーは

$$U(r_{21}) = \frac{1}{2}k(r_{21} - l_0)^2 \tag{6.18}$$

86　第 6 章　質点系の力学

となる（例題 6.2-1 参照）．バネで結ばれた 2 つの質点の相互作用ポテンシャルは，このように 2 質点間の距離のみの関数である．

　また例えば，2 つの質点間に作用する万有引力の場合，質点 2 が質点 1 から受ける力は，

$$\boldsymbol{F}_{21} = -\frac{Gm_1m_2}{r_{21}^3}\,\boldsymbol{r}_{21} \tag{6.19}$$

である．この相互作用も保存力であることがわかる．2 つの質点が無限に離れている状況を基準に選ぶと，相互作用エネルギーは

$$U(\boldsymbol{r}_{21}) = -G\frac{m_1m_2}{r_{21}} \tag{6.20}$$

となる．このように，万有引力の相互作用ポテンシャルも 2 質点間の距離のみの関数である．

【相互作用ポテンシャルから力を求めること】第 3 章で式 (3.20) から式 (3.21) を導いたのと同様にして，相互作用ポテンシャルから相互に作用しあう力を求めることができる．すなわち，$\boldsymbol{r}_{21} = (x_{21}, y_{21}, z_{21})$ として，

$$\boldsymbol{F}_{21} = -\left(\frac{\partial U}{\partial x_{21}}, \frac{\partial U}{\partial y_{21}}, \frac{\partial U}{\partial z_{21}}\right)$$

が成り立つ．ところで，$\boldsymbol{r}_{21} = \boldsymbol{r}_2 - \boldsymbol{r}_1$ であるから，例えば $x_{21} = x_2 - x_1$ と表されるので，上の式は，次のように質点 2 の座標についての微分で表すこともできる．

$$\boldsymbol{F}_{21} = -\left(\frac{\partial U}{\partial x_2}, \frac{\partial U}{\partial y_2}, \frac{\partial U}{\partial z_2}\right)$$

$\boldsymbol{F}_{12}$ は x_1, y_1, z_1 についての微分で同様に求められる．

【補足】$U(\boldsymbol{r}_{12}) = U(\boldsymbol{r}_{21})$ は次のようにして確かめられる．左辺は $\boldsymbol{r}_{12}^*$ から $\boldsymbol{r}_{12}$ までの経路を N 分割し，n 番目の区間を $\Delta\boldsymbol{r}_{12}^n$，その区間の一点を $\boldsymbol{r}_{12}^n$ と記すと，積分は $\boldsymbol{F}(\boldsymbol{r}_{12}^n) \cdot \Delta\boldsymbol{r}_{12}^n$ の n についての総和をとって $N \to \infty$ かつすべての区間の長さを 0 にした極限である．ところで，右辺については同じように分割をして $\boldsymbol{F}(\boldsymbol{r}_{21}^n) \cdot \Delta\boldsymbol{r}_{21}^n$ の総和をとる．この 2 つを比べると $\boldsymbol{r}_{12}^n = -\boldsymbol{r}_{21}^n$ であって $\boldsymbol{F}$ が奇関数であることから，$\boldsymbol{F}(\boldsymbol{r}_{12}^n) = -\boldsymbol{F}(\boldsymbol{r}_{21}^n)$．また $\Delta\boldsymbol{r}_{12}^n = -\Delta\boldsymbol{r}_{21}^n$ であるから，等しいことがわかる．よって総和の極限である U もまた等しい．

　相互作用が保存力であり，それぞれの質点に作用する外力も保存力であるならば，仕事・エネルギーの定理の式 (6.15) を積分して特に重要な法則を導くことができる．時間 $t = 0$ から t までの間に質点 1 と質点 2 が運動することによりそれぞれの位置が，$\boldsymbol{r}_1^A$，$\boldsymbol{r}_2^A$ から $\boldsymbol{r}_1^B$，$\boldsymbol{r}_2^B$ になったとする．このすぐあとに補足として示すようにして

$$K_{1B} + K_{2B} + U(\boldsymbol{r}_{21}^B) + U_1(\boldsymbol{r}_1^B) + U_2(\boldsymbol{r}_2^B) = K_{1A} + K_{2A} + U(\boldsymbol{r}_{21}^A) + U_1(\boldsymbol{r}_1^A) + U_2(\boldsymbol{r}_2^A)$$

が導かれ，したがって次のことがいえる．

---

2 つの質点からなる系では，それぞれの外力のもとでの力学的エネルギーの和とともに，相互作用エネルギーを合わせたもの，

$$E \equiv (K_1 + U_1(\boldsymbol{r}_1)) + (K_2 + U_2(\boldsymbol{r}_2)) + U(\boldsymbol{r}_{21}) \tag{6.21}$$

で定義される量 E が保存する．

式 (6.21) が 2 つの質点で構成される**質点系の力学的エネルギーの定義**である．より多くの質点からなる系の力学的エネルギーも同様に定義される．

【補足】微小時間 dt の間の運動エネルギーの変化に関する仕事の定理の式 (6.15) を積分することにより，左辺は運動エネルギーの変化

$$(K_{1B} + K_{2B}) - (K_{1A} + K_{2A})$$

となり，右辺の各項はそれぞれ

$$-\left(U(\boldsymbol{r}_{21}^{B}) - U(\boldsymbol{r}_{21}^{A})\right), \quad -\left(U_1(\boldsymbol{r}_{1}^{B}) - U_1(\boldsymbol{r}_{1}^{A})\right), \quad -\left(U_2(\boldsymbol{r}_{2}^{B}) - U_2(\boldsymbol{r}_{2}^{A})\right)$$

となる．ただし U_i ($i = 1, 2$) は質点 i に作用する外力のポテンシャルである．

例題 6.2-1 バネでつながれた 2 質点が，滑らかな水平面上で 1 次元運動をする場合，この系のエネルギーを求めよ．(図 6.5).

解 それぞれの質点の質量を m_1, m_2, バネの自然長を l_0, バネ定数を k として，図 6.5 のように座標を設定する．すると，バネの長さは $l = x_2 - x_1$, バネの伸びは $l - l_0$ と表される．したがって，バネが質点 1 に及ぼす力は $k(l - l_0) = k(x_2 - x_1 - l_0)$, 質点 2 に及ぼす力は $-k(x_2 - x_1 - l_0)$ で与えられる．これらは，バネを介した質点間の相互作用とみなすことができる．すなわち，

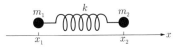

図 6.5 バネでつながれた 2 つの質点．

$$F_{21}(x_{21}) = -k(x_{21} - l_0), \quad x_{21} = x_2 - x_1 \tag{6.22}$$

と表現できる．そして，質点間の距離がバネの自然長に等しいときを基準にすると，相互作用エネルギーは

$$U_{21}(x_{21}) = -\int_{l_0}^{x_{21}} [-k(x_{21} - l_0)] \, dx_{21} = \frac{1}{2}k(x_{21} - l_0)^2 \tag{6.23}$$

となる．したがって，この系の力学的エネルギー E は次式で与えられる．

$$E = \frac{1}{2}m_1\dot{x}_1^2 + \frac{1}{2}m_2\dot{x}_2^2 + \frac{1}{2}k(x_2 - x_1 - l_0)^2 \tag{6.24}$$

問題 6.2-1 図 6.6 に示すように，質量 m の 2 枚の円板を，バネ定数 k のバネでつなぎ，水平な床の上に置く．上の円板を手で下向きに押し込む．手を放した後で，下の円板が床から離れるためには，どれくらいの距離，押し込む必要があるか．

図 6.6 2 枚の円板をバネでつなぎ，水平な床の上に置く．

6.3 運動量保存則

第 3 章で学んだとおり，質点の運動量は外力が作用しなければ変化しない．しかし質点系では外力が作用しなかったとしても各質点の間に内力が作用し，質点それぞれの運動量は変化する．その一方で，どんな内力であっても質点系の運動量は保存する．各質点の運動量に注目するとき質点系の運動量保存則をどのように記述し，利用することができるのか．

6.3.1 運動量の総和

質点系における個々の質点の運動量 $\boldsymbol{p}_i = m_i \dot{\boldsymbol{r}}_i$ の総和を**質点系の運動量**とよぶ．前後からわかるときは単に**全運動量**という．質点系の運動量を $\boldsymbol{P}$ とすると，

$$\boldsymbol{P} = \sum_{i=1}^{N} \boldsymbol{p}_i = \sum_{i=1}^{N} m_i \dot{\boldsymbol{r}}_i = M\dot{\boldsymbol{R}} \qquad \text{【質点系の運動量】} \qquad (6.25)$$

が成り立つ．これより，質点系の運動量は重心と同じ速度 $\dot{\boldsymbol{R}}$ で運動する質量 M の質点の運動量と同じである，とわかる．さらに，質点系の運動量を使うと，重心の運動方程式 (6.10) は，

$$\frac{d\boldsymbol{P}}{dt} = \boldsymbol{F} \qquad \text{【質点系の重心の運動方程式】} \qquad (6.26)$$

と表される．

系に外力が作用しないとき，この系は**孤立している**という[3]．式 (6.26) により，孤立した質点系の運動量は一定である．これを質点系の**運動量保存則**という．また式 (6.25) から，質点系の運動量が保存するときには質点系の重心は等速直線運動をすることがわかる．

6.3.2 2質点系の運動量保存則

孤立した2質点の系で質点1と質点2の運動量を $\boldsymbol{p}_1$，$\boldsymbol{p}_2$ と記すと，運動量保存則は

$$\frac{d}{dt}(\boldsymbol{p}_1 + \boldsymbol{p}_2) = 0 \qquad (6.27)$$

である．この式に内力が現れない理由は，すでに述べたように，相互に作用しあう力が互いに作用と反作用の関係だからである．したがって，相互にどのような力を及ぼしあっても，全運動量は保存する．このことは物体の衝突を質点の衝突とみなせる場合，衝突の前後で質点系の運動量が同じに保たれること，また，衝突して合体する2つの質点がもつ運動量の和は合体後の質点の運動量に等しいこと，またその逆に分裂する際にも全運動量が保たれるなど，初期条件から結果を予想する際に役に立つ．質点系を構成する質点の数が増えても，事情は同じである．

注意すべきことは，一般に衝突においては物体の変形や温度上昇などが起こり，質点系としてもっていた力学的エネルギーが衝突後には別のエネルギーに変わってしまうことが起こるのに対して，質点系としてもっていた全運動量はほかの何かに変わってしまうことなく，必ず全運動量として保存されることである．

6.3.3 2体の衝突の問題

孤立した2質点の衝突の結果を予測する際に運動量の保存則とエネルギー保存則は役に立つ．特に1次元運動の場合には衝突前の速度が与えられると未知数が2つに方程式が2つの問題であり，解くことができる．2次元・3次元では衝突後の速度を決めるためには他の条件が必要になる．1次元運動に限って，次の例で考えてみる．図 6.7 のように，原点 O に静止している質量 m_1 の質点1に x 軸に沿って正の向きに進む質量 m_2 の質点2が速度 v_{20} で衝突するとき，その後のそれぞれの速度 v_1，v_2 を表す式を求めよう．以下では運動は x 軸の上に限るので，速度として，x 軸の向きを正とする v_1, v_2, v_{20} を用いる．

運動量保存則の関係式は

$$m_2 v_{20} = m_1 v_1 + m_2 v_2 \qquad (6.28)$$

である．また，これにエネルギー保存則を使って導かれる関係式は

$$v_{20} = v_1 - v_2 \qquad (6.29)$$

である．これは，相対速度の大きさが衝突の前後で等しいという関係である．

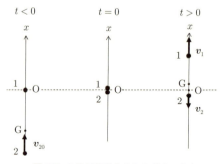

図 6.7　1次元運動をする2質点の衝突．

---

[3] 熱の出入りや電磁場を考慮しなければならない場合には注意が必要である．

【式 (6.29) の導出】衝突は時刻 $t=0$ で起こるものとする．2つの質点の間には衝突の際の短時間だけ内力が作用する（図の $t=0$）が，それ以外では（図の $t<0$ と $t>0$）各質点には力が作用しないから，それぞれの速度は一定である．

運動量保存則の式 (6.27) から，この質点系の運動量 $\boldsymbol{p}_1+\boldsymbol{p}_2$ は定数である．それぞれの速度は衝突の瞬間の内力によって変化するとしても，この和は衝突前・瞬間・後を問わず時間によらない定数である．したがって，衝突前と衝突後におけるその値は等しく，

$$m_2 v_{20} = m_1 v_1 + m_2 v_2$$

が成り立つ．

エネルギー保存則の成り立つ衝突であるならば，衝突前と衝突後における力学的エネルギーの値は等しい．今の場合は離れているときには相互作用はないから運動エネルギーの和が等しく，

$$\frac{1}{2}m_2 v_{20}{}^2 = \frac{1}{2}m_1 v_1{}^2 + \frac{1}{2}m_2 v_2{}^2$$

が成り立つ．これら2つの式は v_1, v_2 に対する方程式である．これらから，

$$v_{20} = v_1 - v_2$$

が導かれる．（導き方は，運動エネルギーに関する等式を変形して $m_2(v_{20}{}^2 - v_2{}^2) = m_1 v_1{}^2$，さらにこれを $m_2(v_{20}+v_2)(v_{20}-v_2) = m_1 v_1{}^2$ と変形しておき，これと運動量に関する等式を変形して $m_2(v_{20}-v_2) = m_1 v_1$ としたものを比較すること．）

式 (6.28) と式 (6.29) から求まるそれぞれの速度は，

$$v_1 = \frac{2m_2}{m_1+m_2}v_{20}, \quad v_2 = -\frac{m_1-m_2}{m_1+m_2}v_{20} \tag{6.30}$$

である．ここで特に2質点の質量が等しい場合には，質点2は静止し，質点1は衝突前の質点2の速度そのままで運動するようになる．これは式 (6.30) で $m_1 = m_2$ とすることで得られる．

なお，この項で考察したことは次の節で，相対座標の時間変化に着目して，もう一度展開するであろう．

例題 6.3-1 宇宙空間を運動するロケットの運動を解析しよう．ロケットには外力が作用していないと仮定する．ロケットは後方に一定の相対的速さ u でガスを噴射して推進する．単位時間当たりに噴出するガスの質量 α は一定（時間 t の間に噴出するガスの質量は αt）であるものとして，このロケットの運動を調べよ．

解 時刻 t におけるロケットの速度を v，質量を m とする．微小時間 dt の間に質量 $\alpha\,dt$ のガスを噴射するので，この時間にロケットの質量は $\alpha\,dt$ だけ減少する（図 6.8）．ロケットとガスで構成される系には外力が作用しないので，この系の運動量は保存する．時刻 t

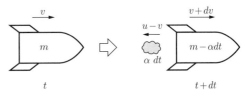

図 6.8 ロケットの運動．

におけるロケット（噴射する前のガスを含む）の運動量は mv である．時刻 $t+dt$ におけるロケットの速度を $v+dv$ とすると，ロケットの運動量は $(m-\alpha\,dt)(v+dv)$ であり，時間 dt の間に噴射されたガスの運動量は $\alpha\,dt(-u+v)$ である[4]．したがって，運動量保存則より，

$$mv = (m-\alpha\,dt)(v+dv) + \alpha\,dt(-u+v)$$

が成り立つ．この式の右辺において2次の微小量 $-\alpha\,dt\,dv$ を無視すると，

---
[4] 宇宙空間から見たガスの速度は $-(u-v)$ である．

$$m\,dv = \alpha u\,dt \tag{6.31}$$

が得られる．初期時刻 $t=0$ におけるロケットの質量を m_0, 速度を v_0 とすると，$m = m_0 - \alpha t$ だから，式 (6.31) は

$$\frac{dv}{dt} = \frac{\alpha u}{m_0 - \alpha t} \tag{6.32}$$

となる．この式の右辺は時間 t の増加関数なので，ロケットの加速度は時間とともに増加する．初期条件を考慮して，式 (6.32) の両辺を時間で積分して，

$$\int_{v_0}^{v} dv = \int_0^t \frac{\alpha u\,dt}{m_0 - \alpha t}$$
$$\Rightarrow \quad v = v_0 - u \ln\left(1 - \frac{\alpha t}{m_0}\right)$$

を得る．この結果をグラフに描くと図 6.9 のようになる．

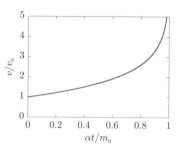

図 6.9 ロケットの速度 v の時間 t 依存性（$u=v_0$ の場合）．

問題 6.3-1 滑らかな水平面の上に，質量 M の物体が静止している（図 6.10）．この物体に，質量 m の銃弾が打ち込まれた．銃弾はこの物体を貫通せずに，物体内にとどまった．銃弾は水平に撃ち込まれ，その速さは v であった．銃弾が撃ち込まれた後の物体と銃弾の複合体の速さを求めよ．

図 6.10 滑らかな水平面上に静止していた物体に銃弾が撃ち込まれた．

問題 6.3-2 図 6.11 に示すような系を考える．質量 M の台車が水平な床の上に置かれている．台車の上には筒が水平に固定され，その中にはバネ定数 k のバネと質量 m の質点がある（スプリング銃）．バネの自然長は筒の長さに等しく，筒とバネの質量は無視できるほど小さい．初めは，バネの長さが a だけ縮んでおり，質点も台車も静止している．質点を放すと同時に台車を支える力を取り去る．質点が筒から飛び出す瞬間の台車の速さを求めよ．

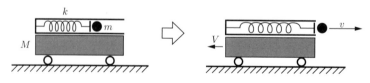

図 6.11 台車上のスプリング銃．

問題 6.3-3 図 6.12 に示すような系を考える．これは図 6.11 において水平だったスプリング銃を仰角（水平方向から測った角度）α ($0 < \alpha < \pi/2$) で固定したものである．初めは，バネの長さが a だけ縮んでおり，質点も台車も静止している．質点を放すと同時に台車を支える力を取り去る．この系の運動について，以下の問いに答えよ．

(1) 質点が筒から飛び出した直後の台車の速さ V と質点の速度の水平成分 v_x と垂直成分 v_y を，エネルギーと運動量の保存則を使って求めよ．

(2) 質点が筒から飛び出した直後の質点の位置を基準にして，質点の飛距離（質点が着地するまでに移動した水平距離）l を求めよ．ただし床（地面）から筒先までの高さは無視できるものとする．

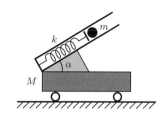

図 6.12 台車上に仰角 α でスプリング銃を固定する．

問題 6.3-4 図 6.13 に示すように，断面が直角三角形の角柱を滑らかな水平面の上に置いて斜面を作る．三角柱の質量は M，斜面の高さは h，傾斜角は α である．この斜面の上を質量 m の質点が滑り降りるものとする．初期時刻 $t = 0$ に角柱は静止しており，質点が斜面の頂上から初速度 0 で滑り降りる，という状況を考える．このとき質点が斜面の下端に到達した時点での角柱の速さ V を，保存則を使って求めよ．

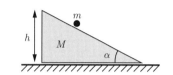

図 6.13 滑らかな水平面に置かれた三角柱の斜面を質点が滑り降りる．

ただし，それぞれの質量，柱の高さ，斜面の傾きなどの値の関係が適切であり質点が斜面を押す力によって三角柱の回転が始まることはないものとする．

6.4 2つの質点の相対運動

質点系の重心の運動は運動方程式 (6.26) で記述されるが，重心の運動だけから個々の質点の運動を知ることはできない．質点間の相対運動を知る必要がある．2 つの質点だけを含む質点系（2 体系）では，孤立系であるか，または外力が重力のみである場合には相対位置ベクトルだけについての運動方程式を立てることができる．これを以下に示す．ここで，質量と位置ベクトルをそれぞれの質点について m_1, $\boldsymbol{r}_1$ および m_2, $\boldsymbol{r}_2$ と記す．

【補足：相対運動を分離できる外力】重力でなくても，質量に比例する力であって場所によらないものであればよい．

6.4.1 重心の運動と相対運動

外力が作用していない場合には，重心（式 (6.11)）

$$\boldsymbol{R} = \frac{m_1 \boldsymbol{r}_1 + m_2 \boldsymbol{r}_2}{m_1 + m_2} \tag{6.33}$$

の時間変化は運動方程式 (6.10) に従い，その運動は等速直線運動である．速度を $\boldsymbol{V}$，初期位置を $\boldsymbol{R}_0$ とすると $\boldsymbol{R}$ は

$$\boldsymbol{R} = \boldsymbol{R}_0 + \boldsymbol{V} t \quad \text{(外力がないとき)} \tag{6.34}$$

となる．外力が重力であるとき，重力の向きと重力加速度の大きさをもつベクトルを $\boldsymbol{g}$ と記すと[5]，質点のそれぞれに作用する外力は

---

[5] $\boldsymbol{g}$ は重力の加速度を表すベクトルとしてここで導入したものである．ここで展開する議論に座標系を特定する必要がないが，もし，鉛直上向きを z 軸にとる座標系ならば $\boldsymbol{g} = (0, 0, -g)$ とする．この式からも，$\boldsymbol{g}$ が鉛直下向きのベクトルであることが確認できよう．

92   第 6 章　質点系の力学

$$\boldsymbol{F}_1 = m_1 \boldsymbol{g}, \quad \boldsymbol{F}_2 = m_2 \boldsymbol{g} \tag{6.35}$$

であり，式 (6.10) の右辺の $\boldsymbol{F}$ は 2 質点系の全質量

$$M = m_1 + m_2$$

を用いて

$$\boldsymbol{F} = M\boldsymbol{g}$$

と表すことができ，この運動方程式の解は

$$\boldsymbol{R} = \boldsymbol{R}_0 + \boldsymbol{V}t + \frac{1}{2}\boldsymbol{g}\,t^2 \quad (\text{外力が重力のとき}) \tag{6.36}$$

となる．

　個々の質点の運動を調べるためには重心のほかには 6.2 節で導入した相対位置ベクトルがわかれ ばよい．質点 1 の位置を基準にした質点 2 の**相対位置ベクトル** $\boldsymbol{r}$ を改めて

$$\boldsymbol{r} = \boldsymbol{r}_2 - \boldsymbol{r}_1 \tag{6.37}$$

とする．質点 1 と質点 2 に対する運動方程式は重力のある場合の式を記すと，式 (6.3) のとおり，

$$m_1 \ddot{\boldsymbol{r}}_1 = \boldsymbol{F}_{12} + \boldsymbol{F}_1, \quad m_2 \ddot{\boldsymbol{r}}_2 = \boldsymbol{F}_{21} + \boldsymbol{F}_2 \tag{6.38}$$

であるから $\ddot{\boldsymbol{r}} = (m_1 \boldsymbol{F}_{21} - m_2 \boldsymbol{F}_{12})/m_1 m_2 + \boldsymbol{F}_2/m_2 - \boldsymbol{F}_1/m_1$，よって

$$\ddot{\boldsymbol{r}} = \frac{m_1 + m_2}{m_1 m_2} \boldsymbol{F}_{21} \tag{6.39}$$

が得られる．ただし，最後の右辺の式変形では作用反作用の法則 (6.1) を用いた．また，式 (6.35) を代入した結果，重力は質量に比例することにより相対座標の運動方程式には影響しないことがわ かった．式 (6.39) の右辺の係数はこの運動方程式において質量の逆数の役割を果たす．このことか ら，2 質点系の**換算質量** m を

$$m = \frac{m_1 m_2}{m_1 + m_2} \tag{6.40}$$

で定義する．すると，次のことがいえる．

　相対位置ベクトル $\boldsymbol{r}$ の従う運動方程式は，換算質量を m とすると次のとおりである．

$$m\ddot{\boldsymbol{r}} = \boldsymbol{F}_{21} \tag{6.41}$$

つまり，相対座標の運動は，力 $\boldsymbol{F}_{21}$ の作用を受けて運動する質量 m の質点の運動と同じなのであ る．そして相互作用の力が保存力であれば $\boldsymbol{F}_{21}$ は相対座標だけに依存し，個々の質点の座標には依 存しない．したがって方程式 (6.41) は換算質量 m をもち，その位置が $\boldsymbol{r}$ で表される仮想的な 1 つの質点の運動方程式とみなすことができるのである．

　この運動方程式を解いて $\boldsymbol{r}(t)$ が得られると，個々の質点の運動は $\boldsymbol{r}(t)$ を用いて

$$\boldsymbol{r}_1 = \boldsymbol{R} - \frac{m_2}{m_1 + m_2}\boldsymbol{r}, \quad \boldsymbol{r}_2 = \boldsymbol{R} + \frac{m_1}{m_1 + m_2}\boldsymbol{r} \tag{6.42}$$

と表される．

【応用例】 万有引力で相互作用する 2 つの天体（地球と月など）を考える．この例では，天体 1 から天体 2 に作用する力は式 (6.19)，すなわち

$$\boldsymbol{F}_{21} = -\frac{Gm_1 m_2}{r^3}\, \boldsymbol{r} \tag{6.43}$$

で与えられる．これを式 (6.41) に代入して整理すると

$$m\ddot{\boldsymbol{r}} = -\frac{GMm}{r^3}\, \boldsymbol{r}, \quad M \equiv m_1 + m_2 \tag{6.44}$$

が得られる．この方程式は，質量 M の天体が座標原点に静止しており，そのまわりを質量 m の天体が運動するときの運動方程式と同じである．第 5 章の 5.3 節で解いたように，相対座標 $\boldsymbol{r}$ が描く軌跡は楕円であり，その長半径を a とすると，公転周期は式 (5.50) より次式のように求まる．

$$T = \frac{2\pi}{\sqrt{G(m_1 + m_2)}}\, a^{3/2} \tag{6.45}$$

重心とともに移動する観測者から見ると，個々の天体は，重心を焦点とする楕円軌道を描く．質量 m_1 と質量 m_2 のそれぞれの天体の軌道の長半径は $am_2/(m_1 + m_2)$ と $am_1/(m_1 + m_2)$ である．地球と月の場合，地球の軌道の長半径は 4.7×10^3 km，月の軌道の長半径は 3.75×10^5 km となる．

6.4.2 力学的エネルギー

系の力学的エネルギーを 6.2 節では式 (6.21) に表した．この見方は，基本的に独立している 2 つの質点に重きを置いているといえる．相互作用ポテンシャルによる力は比較的短い時間だけに作用する場合で，例えば近づいて衝突したあとは遠ざかるような運動に適した見方である．

その逆に，バネで結ばれた 2 質点のように，相互作用の特徴が現れた運動が続き，それぞれがもつ運動エネルギーは絶えず変動しているような場合に適した見方は，個別の運動エネルギーではなく，相対運動の運動エネルギーに注目することである．これについて，具体的に示す．

それぞれの運動を重心の運動と相対運動で表してみる．2 つの質点からなる系の力学的エネルギーは各々の速度を $\boldsymbol{v}_1$, $\boldsymbol{v}_2$, 相対座標ベクトルを $\boldsymbol{r}$ とすると 6.2 節の式 (6.21) で与えられ，

$$E = \frac{1}{2}m_1 \boldsymbol{v}_1^2 + \frac{1}{2}m_2 \boldsymbol{v}_2^2 + U(\boldsymbol{r}) + U_1(\boldsymbol{r}_1) + U_2(\boldsymbol{r}_2)$$

となる．ただし U_1 と U_2 は外力のある場合にのみ加わる外力のポテンシャルエネルギーであり，重力の場合には定数の不定さを除いて

$$U_1(\boldsymbol{r}_1) = -m_1 \boldsymbol{g} \cdot \boldsymbol{r}_1, \quad U_2(\boldsymbol{r}_2) = -m_2 \boldsymbol{g} \cdot \boldsymbol{r}_2$$

である．また，$\boldsymbol{v}_1$ と $\boldsymbol{v}_2$ は重心座標と相対座標ベクトルの時間微分を使って表すことができる．重心の速度を $\boldsymbol{V}$, 相対座標ベクトルの時間微分を $\boldsymbol{v}$ と置くと式 (6.42) から，

$$\boldsymbol{v}_1 = \boldsymbol{V} - \frac{m_2}{m_1 + m_2}\boldsymbol{v}, \ \ \boldsymbol{v}_2 = \boldsymbol{V} + \frac{m_1}{m_1 + m_2}\boldsymbol{v} \tag{6.46}$$

である．また，重心の定義から $m_1 \boldsymbol{r}_1 + m_2 \boldsymbol{r}_2 = M\boldsymbol{R}$ だから，$-m_1 \boldsymbol{g} \cdot \boldsymbol{r}_1 - m_2 \boldsymbol{g} \cdot \boldsymbol{r}_2 = -M\boldsymbol{g} \cdot \boldsymbol{R}$ となり，これを $U_{\mathrm{CG}}(\boldsymbol{R})$ と記すと

$$U_{\mathrm{CG}}(\boldsymbol{R}) = U_1(\boldsymbol{r}_1) + U_2(\boldsymbol{r}_2) \quad \Rightarrow \quad U_{\mathrm{CG}}(\boldsymbol{R}) = -M\boldsymbol{g} \cdot \boldsymbol{R} \tag{6.47}$$

である．これらを上の E を表す式に代入して計算すると，次のことが得られる．

94 第 6 章 質点系の力学

2 質点系の力学的エネルギーは，重心と相対運動それぞれによる運動エネルギーと，重心のポテンシャルエネルギーと相互作用エネルギーの和であり，

$$E = \frac{1}{2}M\boldsymbol{V}^2 + \frac{1}{2}m\boldsymbol{v}^2 + U(\boldsymbol{r}) \quad (外力がないとき) \tag{6.48}$$

$$E = \frac{1}{2}M\boldsymbol{V}^2 + U_{\mathrm{CG}}(\boldsymbol{R}) + \frac{1}{2}m\boldsymbol{v}^2 + U(\boldsymbol{r}) \quad (外力が質量に比例し場所によらないとき) \tag{6.49}$$

と表される．ここで M は質点系の全質量，m は換算質量である．

ここで相対運動の運動エネルギー $m\boldsymbol{v}^2/2$ には，運動が 2 次元的，3 次元的であれば回転運動のエネルギーも含まれていることに注意しよう．2 質点の 2 次元的な合体と回転については次節の 6.5.3 項の中で扱うことになる．

6.4.3 1 次元的な衝突と質点と壁の衝突の比較

6.3.3 項の図 6.7 に示された 2 質点の 1 次元的な衝突の問題では，運動量保存則とエネルギー保存則を満たすことを利用して，連立方程式を解くことで衝突後のそれぞれの速度 v_1, v_2 を求めることができた．本項では (1) 相対運動に注目したエネルギー保存則，式 (6.48) を利用して，同じ問題を解き，(2) さらに運動エネルギーのロスがある場合の考察をし，(3) そのあとで質点と壁の衝突では運動量が保存しないように見えることについての考察を行う．読者には，「孤立系であること」が保存則を適用するための条件であることを学んでほしい．なお，以下では外力がない場合に限っておく．

(1) 相対速度の大きさが保存する

まず，衝突後について記す．質点 1 と質点 2 からなる質点系の重心の位置ベクトルは式 (6.33) のように表されることから，衝突後のそれぞれの速度を v_1, v_2 とすると衝突後の重心の速度は

$$V = \frac{m_1 v_1 + m_2 v_2}{m_1 + m_2} \tag{6.50}$$

である．ここで，速度は x 軸の向きを正にとる．また質点 1 の位置を基準にした質点 2 の相対座標ベクトルは式 (6.37) のように表されることから，相対速度は

$$v = v_2 - v_1 \tag{6.51}$$

である．これらを v_1, v_2 について解いた結果は式 (6.46) に与えられている．

次に衝突前について記す．相対速度と重心の速度を v_0 と V_0 とする．図 6.7 に示すとおりに 衝突前には相対速度は $v_0 = v_{20}$ である．また外力は作用していないので質点系の運動量は保存するから，$V_0 = V$ である．

最後に衝突前と後の関係をつける．質点系のエネルギーが保存するならば式 (6.48) の E が衝突の前後で保存することと，衝突の瞬間以外は相互作用ポテンシャルは 0 であることから

$$\frac{1}{2}MV_0^2 + \frac{1}{2}mv_0^2 = \frac{1}{2}MV^2 + \frac{1}{2}mv^2$$

が成り立つ．この関係と上記のように $V_0 = V$ であるから，

$$|v_0| = |v| \tag{6.52}$$

が導かれる．これは相対速度の大きさが保存することを表すが，すでに前の節で式 (6.29) として得られていたものである．ここでは相対速度で表したエネルギー保存則を使って導いた．

(2) 衝突に際してエネルギーのロスがあるとき

上の関係式の代わりに

$$\frac{1}{2}MV_0{}^2 + \frac{1}{2}mv_0{}^2 > \frac{1}{2}MV^2 + \frac{1}{2}mv^2$$

が成り立つ．ただし，やはり $V_0 = V$ である．したがって

$$|v_0| > |v| \tag{6.53}$$

である．**反発係数** e をこの相対速度の衝突前の値に対する衝突後の値の比率で定義する．

$$e = \frac{|v|}{|v_0|} \tag{6.54}$$

衝突前の全運動エネルギーに対する失われたエネルギーの割合を ε とすると，衝突前の全運動エネルギーは質点 2 のみの運動エネルギーであるので，

$$\varepsilon = \frac{\frac{1}{2}m\left(v_{20}{}^2 - v^2\right)}{\frac{1}{2}m_2 v_{20}{}^2}$$

である．また $m = m_1 m_2/(m_1 + m_2)$ であることと式 (6.54) を用いて，

$$\varepsilon = \frac{m_1}{m_1 + m_2}\left(1 - e^2\right) \tag{6.55}$$

が得られた．反発係数の値は，質点が表している物体が衝突するときの物体の性質で決まり，経験的に得られるものであるが，このように，エネルギーロスが起こっている程度を表す指標であるといえる．エネルギーロスの詳細は，衝突に際して，例えば物体のもつ力学的エネルギーの一部が物体を構成する分子の個別の運動エネルギー（つまり熱）に変わったり，物体の変形や結晶の破壊などエネルギーを必要とする変化に使われるなど，さまざまである．逆に，エネルギーロスの比がわかっているときにはこれを解いた次式が使える．

$$e = \sqrt{1 - \left(1 + \frac{m_2}{m_1}\right)\varepsilon} \tag{6.56}$$

(3) 質点と壁の衝突と比較

2 質点の衝突と，質点と壁との衝突のいずれにも反発係数が使われる．反発係数が 1 であるならばいずれにおいてもエネルギーは保存する．2.2.4 項で質点の壁との衝突では，反発係数が 1 である場合に衝突後の速度は向きが逆になり大きさが等しいことを学んだ．エネルギーは保存するが，質点の運動量は保存しない．一方，ここで考察している 2 質点の衝突では反発係数が 1 である場合には質点系の運動量とエネルギーのいずれも保存する．この違いは，壁に衝突する質点は壁から力を受けるので孤立した系ではないことと，他の質点と衝突する質点は，2 つの質点を合わせて孤立した系をなしていることである．では，壁を構成する物体も含めて孤立した系として，その運動量が保存するといえるのか，考えてみよう．

いま，図 6.7 において，質点 1 の質量がけた違いに大きいとしよう．例えば $m_2 = 10^{-6}m_1$ とする．このとき，衝突前の質点系の重心の速度は式 (6.50) を利用して

$$V = \frac{m_2 v_{20}}{m_1 + m_2} \simeq \frac{m_2}{m_1}v_{20} \simeq 10^{-6}v_{20} \tag{6.57}$$

となって，重心の速度はぶつかっていく質点の速度に比べてあまりに小さい．したがって衝突後の重心の速度 V はほとんど 0 とみなせる．衝突に際してエネルギーは保存する場合を考えているので反発係数は 1 であり，衝突後の相対運動の速度 v は $t < 0$ における速度によって $v = -v_0 = -v_{20}$ と表される．このとき質点 1 は質点 2 によって跳ね返されるが，その速度は式 (6.46) により，m_2/m_1 程度に小さい量を無視すると

$$v_1 = 0, \quad v_2 = -v_0, \quad \text{ただし } v_0 = v_{20}$$

と求まる．つまり質点 1 は動かず，壁のごとき振る舞いをする．

　ここで，質点 2 の運動量は衝突前の m_2v_{20} から $-m_2v_{20}$ になり，保存してはいないが，質点系の運動量は保存している．その説明は，質点 2 のこの運動量の変化を質点 1 の運動量の逆向き変化が打ち消していることである．実際，式 (6.46) から $m_1v_1 = m_1V + \frac{m_1m_2}{m_1+m_2}v_{20} \simeq 2m_2v_{20}$ が求まる．このように，壁に衝突する質点は運動量を保存しないが，壁を重い質点として質点系に含めて考えると運動量は保存するのだといえる．壁にぶつかる質点は孤立していないが，壁の役割をする重い質点と合わせた質点系は孤立しているから，運動量は保存する．保存則は孤立系に適用するべきである．なお，エネルギーロスがあって反発係数が 1 より小さい場合でも，質点系の運動量は保存する．

例題 6.4-1　図 6.5 に示した（例題 6.2-1 参照），バネでつながれた 2 質点系の運動を解析せよ．また，図 6.1 に示したバネでつながれた 2 質点系が重力のもとで落下する場合の運動を，x 方向に重力が作用しているとして考えてみよ．

解　図 6.5 の系には外力が作用しないので，重心の座標

$$X = \frac{m_1x_1 + m_2x_2}{m_1 + m_2}$$

は等速度運動をする．相対座標

$$x = x_2 - x_1$$

に対する運動方程式は

$$m\ddot{x} = -k(x - l_0) \tag{6.58}$$

となる．ここで，$m = m_1m_2/(m_1 + m_2)$ は換算質量，k はバネ定数，l_0 はバネの自然長である．式 (6.58) は調和振動子の運動方程式であり，その解は

$$x = l_0 + A\cos(\omega t + \alpha), \quad \omega \equiv \sqrt{\frac{k}{m}}$$

で与えられる．ここで，A と α は初期条件によって決まる積分定数である．

　また，図 6.1 の系では，重心の座標 X が重力により運動方程式

$$\ddot{X} = g$$

を満たし，この解は

$$X = \frac{1}{2}gt^2$$

である．それぞれの質点の座標は，次のように表せる．

$$x_1 = X - \frac{m_2}{m_1 + m_2}x, \qquad x_2 = X + \frac{m_1}{m_1 + m_2}x$$

問題 6.4-1 質量 m_1 のブロックが滑らかな水平面上を速度 v_1 で運動している．この進行方向には，同じ方向に速度 v_2 で運動している質量 m_2 のブロックがある（$v_1 > v_2$）．質量 m_2 のブロックの後ろには，バネ定数 k で質量が無視できるバネが付いている（図 6.14）．2 つのブロックが衝突したときに，バネは最大でどれだけ縮むか．保存則を利用して求めよ．

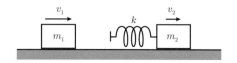

図 6.14 バネを介したブロックの衝突．

問題 6.4-2 1978 年に冥王星（Pluto）の衛星が発見され，カロン（Charon）と命名された．カロンは半径 $a = 1.96 \times 10^4$ km，周期 $T = 6.4$ day の円軌道を描いて冥王星のまわりを公転していることがその後の観測で明らかになった．これらの情報を利用して，冥王星の質量とカロンの質量の和を求めよ．

6.5 質点系の角運動量保存則

5.2 節で学んだ通り，質点の角運動量はトルクが作用しなければ変化しない．質点系では各質点のあいだに内力が作用して互いにトルクを作用しあうが，各質点の角運動量の総和で定義される「質点系の角運動量」は内力によっては変化しない．このことはこの節でこれから学ぶ．

質点系ではさらに，原点を基準にした重心の角運動量と，重心を基準にした質点系の角運動量とを切り離して扱うと便利である．このこともこの節で学ぶ．なお，本節でも，角運動量やトルクの基準点を明記しない場合には，原点を基準にしているものとする．

6.5.1 質点系の角運動量

すでに 3 次元空間でベクトルを使って角運動量を表すことに慣れた読者は，以下の 2 次元運動の説明を読まずに本文に進んでよい．

> 【平面内を運動する 2 つの質点間の力によるトルク】5.1 節で平面内を運動する質点とこれに作用する平面内の力について，トルクと角運動量の法線成分の表式を与えた．ベクトルで表示することに十分慣れていなかった読者は，以下の本文を読む前にそちらを参照するとよい．ここでは，そのような読者のために平面上を運動する 2 つの質点の系に限って，この節の導入の解説をする．
>
> 図 6.15 に示すように質点 1，質点 2 にそれぞれ相手からの力 $\boldsymbol{F}_{12}$ あるいは $\boldsymbol{F}_{21}$ が作用しているとする．図は，原点 O と 2 つの質点の乗っている平面を示している．外力は作用していないとする．
>
> 質点 1 に作用する力の原点に関するトルク（その法線成分）を N_1 と記す．式 (5.23) により大きさは，$\boldsymbol{F}_{12}$ の作用線と原点 O の距離 l（原点から作用線におろした垂線の長さ）と，力の大きさ $|\boldsymbol{F}_{12}|$ の積 $|N_1| = l|\boldsymbol{F}_{12}|$ である．符号はこの図のような場合には，$\boldsymbol{r}_1$ を基準にした $\boldsymbol{F}_{12}$ の偏角が負であることから，負である．同様に質点 2 に作用する力の原点に関するトルクを N_2 と記す．$\boldsymbol{F}_{21}$ は $\boldsymbol{F}_{12}$ と作用反作用の関係にあり，したがってそれらの作用線は共通，向きは逆向きであり，大きさは等しい．よって，同じ l を用いて $|N_2| = l|\boldsymbol{F}_{21}|$ と表され，$|N_1| = |N_2|$ であり，N_1 と N_2 は必ず異符号である．
>
> したがって，$N_1 + N_2 = 0$ であり，これによって，2 質点の系で内力のトルクは全体として 0 であることが示された．

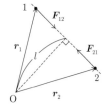

図 6.15 平面上を運動する 2 個の質点の系では内力はトルクを生じない．

98   第6章　質点系の力学

互いに力を及ぼし合う N 個の質点からなる質点系を考える. $\boldsymbol{r}_i$ を i 番目（$i = 1, 2, \ldots, N$）の質点の位置ベクトルとし，$\boldsymbol{N}_i$ を質点 i に作用するすべての力によるトルクとすると，

$$\boldsymbol{N}_i = \boldsymbol{r}_i \times \boldsymbol{F}_i + \sum_{j=1}^{N} \boldsymbol{r}_i \times \boldsymbol{F}_{ij} \tag{6.59}$$

である．ただし，$\boldsymbol{F}_i$ は質点 i に作用する外力であり，$\boldsymbol{F}_{ij}$ は質点 j から質点 i に作用する力（内力）である[6].

質点 i の運動量を $\boldsymbol{p}_i$ とすると，角運動量は $\boldsymbol{L}_i = \boldsymbol{r}_i \times \boldsymbol{p}_i$ で与えられる．そして，質点の角運動量の変化率は，質点に作用するトルクに等しいことを 5.2 節で学んだ．すなわち，

$$\frac{d}{dt}\boldsymbol{L}_i = \boldsymbol{N}_i \tag{6.60}$$

が成り立つ.

次に，**質点系の角運動量 $\boldsymbol{L}$** を

$$\boldsymbol{L} = \sum_{i=1}^{N} \boldsymbol{L}_i = \sum_{i=1}^{N} \boldsymbol{r}_i \times \boldsymbol{p}_i \tag{6.61}$$

で定義すると，$d\boldsymbol{L}/dt$ は式 (6.60) により $\boldsymbol{N}_i$ の和で与えられる．ここで，式 (6.59) の第 2 項の和は，作用反作用の法則により，打ち消し合うことがわかるので

$$\sum_{i=1}^{N} \sum_{j=1}^{N} \boldsymbol{r}_i \times \boldsymbol{F}_{ij} = 0 \tag{6.62}$$

である（この後の補足で示される）．これにより，外力のトルクの和

$$\boldsymbol{N} = \sum_{i=1}^{N} \boldsymbol{r}_i \times \boldsymbol{F}_i \tag{6.63}$$

によって $d\boldsymbol{L}/dt$ が与えられることがわかる．これをまとめる.

原点を基準にした質点系の角運動量 $\boldsymbol{L}$ は式 (6.61) で与えられ，その時間変化は

$$\frac{d\boldsymbol{L}}{dt} = \boldsymbol{N} \tag{6.64}$$

によって決まる．ここで質点系に作用する外力の原点を基準にしたトルク $\boldsymbol{N}$ は式 (6.63) で与えられる.

この方程式で重要なのは，個々の質点の角運動量の変化率を決めるのは外力によるトルクと内力によるトルクの両方であるのに対して，「**質点系の角運動量の変化率を決めるのは外力によるトルクだけである**」ということである．したがって，質点系に作用する外力のトルクが 0 ならばこの系の角運動量は一定であることがわかる．これを質点系の**角運動量保存則**という．これらのことは，質点系の重心の運動（質点系の運動量の変化率）を決めるのは外力だけ（6.1 節）であり，外力が 0 ならば質点系の運動量は保存する，という事実に類似している.

---

[6] 式 (6.2) で決めたように $\boldsymbol{F}_{ii} = 0$ としているから，j についての和を取るときに $j \neq i$ の条件をおく必要はない.

【補足：式 (6.62) を導く】左辺を次のように書き換える.

$$\sum_{i=1}^{N}\sum_{j=1}^{N} \bm{r}_i \times \bm{F}_{ij} = \sum_{i=1}^{N}\sum_{j=i+1}^{N} (\bm{r}_i \times \bm{F}_{ij} + \bm{r}_j \times \bm{F}_{ji}) = \sum_{i=1}^{N}\sum_{j=i+1}^{N} (\bm{r}_i - \bm{r}_j) \times \bm{F}_{ij} \qquad (6.65)$$

ただし，最後の式変形で作用反作用の法則 (6.1) を用いた．さらに，$\bm{F}_{ij}$ の作用線が質点 i と j を結ぶ直線に一致するので，$\bm{r}_i - \bm{r}_j$ と $\bm{F}_{ij}$ は平行である．そして互いに平行な 2 つベクトルのベクトル積は 0（式 (A.6) 参照）だから，式 (6.65) の最右辺は 0 になることがわかる．

6.5.2 重心を基準にした角運動量とトルク

第 5 章に定義したように角運動量やトルクは基準とする点に依存する．質点系の運動を解析するときには，重心の運動と独立に相対位置ベクトルの運動方程式を立てた 6.4 節で学んだ考え方が役に立つ．質点系の角運動量では**重心を基準にした位置ベクトル**を考えると便利なことが多い．座標原点を基準にした（通常の）質点 i の位置ベクトルを $\bm{r}_i$，質点系の重心の位置ベクトルを $\bm{R}$ として，重心を基準にした質点 i の位置ベクトル $\bm{q}_i$ を

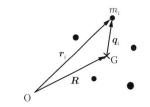

図 6.16 座標原点 O を基準にした位置ベクトル $\bm{r}_i$ と重心 G を基準にした位置ベクトル $\bm{q}_i$.

$$\bm{q}_i = \bm{r}_i - \bm{R} \qquad (6.66)$$

で表す（図 6.16）．そして，**重心を基準にしたトルク**と**角運動量**を次のように定める．

重心を基準にした質点系の角運動量 $\bm{L}_0$ と質点系に作用する外力のトルク $\bm{N}_0$ を

$$\bm{L}_0 = \sum_{i=1}^{N} \bm{q}_i \times \bm{p}_i, \quad \bm{N}_0 = \sum_{i=1}^{N} \bm{q}_i \times \bm{F}_i \qquad (6.67)$$

で定義する．$\bm{L}_0$ はまた重心に乗った座標系での各点の速度 $\dot{\bm{q}}_i$ を用いて

$$\bm{L}_0 = \sum_{i=1}^{N} \bm{q}_i \times m_i \dot{\bm{q}}_i \qquad (6.68)$$

と定義することもできる（問題 6.5-1 参照）．

すると，

$\bm{P}$ を質点系の運動量，$\bm{F}$ を質点系に作用する外力つまり各質点に作用する外力 $\bm{F}_i$ の総和とすると，

$$\bm{L} = \bm{R} \times \bm{P} + \bm{L}_0, \quad \bm{N} = \bm{R} \times \bm{F} + \bm{N}_0 \qquad (6.69)$$

という関係が成立する（問題 6.5-2 参照）．

式 (6.69) は，質点系の角運動量 $\bm{L}$ が重心の角運動量 $\bm{R} \times \bm{P}$ と重心を基準にした角運動量 $\bm{L}_0$ の和として表されることを示している．同様に，質点系に作用するトルク $\bm{N}$ は重心に力 $\bm{F}$ が作用した場合のトルクと重心に関するトルクの和として表される．式 (6.69) を (6.64) に代入して次が得られる．

質点系の重心に関する角運動量に対する運動方程式は,

$$\frac{d\boldsymbol{L}_0}{dt} = \boldsymbol{N}_0 \tag{6.70}$$

である（問題 6.5-2 参照）.

一様な重力は質点系の回転を変えない

一様な重力が質点系に及ぼすトルクは, 重心を使うと簡単な式で表すことができる. 重力加速度を $\boldsymbol{g}$（大きさが g で鉛直下向きのベクトル）とすると, 質点 i に作用する重力は $\boldsymbol{F}_i = m_i\boldsymbol{g}$ と書ける. したがって, 質点系に作用する重力のトルクは

$$\boldsymbol{N} = \sum_{i=1}^{N} \boldsymbol{r}_i \times \boldsymbol{F}_i = \sum_{i=1}^{N} (m_i\boldsymbol{r}_i) \times \boldsymbol{g} = M\boldsymbol{R} \times \boldsymbol{g} = \boldsymbol{R} \times (M\boldsymbol{g}) \tag{6.71}$$

と表される. こうして,

質点系に作用する一様重力のトルク $\boldsymbol{N}$ は, 質量のすべてが重心の位置 $\boldsymbol{R}$ に集中していると仮定して計算したトルクに等しい.

ことがわかる. これが重心という名の由来である. また, 重心に関する一様重力のトルク

$$\boldsymbol{N}_0 = \sum_{i=1}^{N} \boldsymbol{q}_i \times (m_i\boldsymbol{g}) \tag{6.72}$$

は 0 であることは, 式 (6.71) が $\boldsymbol{N} = \boldsymbol{R} \times \boldsymbol{F}$ と書けることと, 式 (6.69) によりわかるが, 直接にも導ける（問題 6.5-3 参照）.

したがって, 一様重力場中の質点系が, もしその各質点が互いの距離と全体の形を変えないように固定されているものであり全体としての回転だけができるようになっているならば, 何らかの方法でその重心を固定したとき初期位置がどのようなものであっても全体としての回転は起こらない. またそのような大きさと形を変えない質点系の一様重力場中の運動では, 重心が放物線を描いて運動し, 重心に関する角運動量 $\boldsymbol{L}_0$ が一定に保たれる（後で第 7 章で剛体について同じように議論をする）.

6.5.3 2質点の合体と角運動量保存則

6.3.3 項で 2 つの質点の 1 次元的な衝突の問題を相対位置ベクトルに注目して考察した. 2 次元的な衝突であれば相対位置ベクトルは 2 次元的に変化でき, つまり回転することができる. ここでは, 衝突後に 2 つの質点の間の距離が一定に保たれる例を用いて運動の様子を調べよう. 衝突して合体する場合には, 一般には系の運動量と角運動量は保存するが運動エネルギーは特別な場合以外は保存しないことがわかるであろう.

図 6.17 のように, 初めは原点 O に質量 m_1 の質点 1 が静止しており, その後質量 m_2 の質点 2 が近くを通過しようとするとき, ある位置で合体した後 2 質点の系として運動するものとする.

質点 2 は直線 $x = a$ に沿って $y < 0$ から $y > 0$ に向かって一定の速度 $\boldsymbol{v}_2 = (0, v_{20})$ で運動し, あるとき質点 1 から距離が l で偏角が α である点 $(l\cos\alpha, l\sin\alpha)$ に達したとする. 質点 1 にはごく細くまっすぐな長さ l の棒が付随し, 棒は偏角 α の方向に向いており, その端が $(l\cos\alpha, l\sin\alpha)$ にあるとする. 時刻 $t = 0$ に質点 2 が棒の端に触れた瞬間に質点 2 は棒に結合され, それ以後は棒

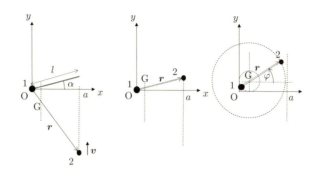

図 6.17 平面上の 2 質点の衝突：結合にともなう並進と回転の運動．
$t<0$（左図），$t=0$（中図），$t>0$（右図）．

によって質点 1 と質点 2 の距離は l のまま固定されるものとする．これをもって，$t=0$ で 2 つの質点は衝突により合体したとする．ここで棒は十分に軽くその質量は無視できるとする．

以下では，図 6.17 に示すような 2 つの質点の衝突による合体について，これまでに学んだ質点系についての保存則を使って合体後の運動の特徴を調べる．そのため，(1) 運動量保存則を使って衝突後の重心の運動を求め，(2) 角運動量保存則を使って重心に関する衝突後の角運動量を求めて衝突後の質点系の回転角速度を求め，(3) それによって衝突後の質点系の運動エネルギーを求めて衝突前の運動エネルギーと比較し，$\alpha=0$ である場合以外は衝突前の値の一部が失われることを確かめる．さらに，(4) 静止していた質点が原点に固定されているものとした場合に直線的に運動していた質点が同様に「合体」をさせられたとき，質点の角運動量は保存されるが質点のもっていた運動エネルギーと運動量は一般に保存されないこと，を考察する．また，保存則は孤立系について成り立つことに注意する．

(1) 重心の運動

この 2 つの質点の系には外力が作用しないから，運動量保存則が成り立つ．つまり重心の運動量は衝突の前後で変わらない．重心の位置ベクトルを $\boldsymbol{R}$，重心の速度を $\boldsymbol{V}$，全質量を M，系の運動量を $\boldsymbol{P}$ とすると，それぞれ各質点の位置と速度によって表せる．式 (6.11) とその時間微分の式，さらに式 (6.25) より，

$$\boldsymbol{R} = \frac{m_1 \boldsymbol{r}_1 + m_2 \boldsymbol{r}_2}{m_1 + m_2}, \quad \boldsymbol{V} = \frac{m_1 \boldsymbol{v}_1 + m_2 \boldsymbol{v}_2}{m_1 + m_2}, \quad \boldsymbol{P} = m_1 \boldsymbol{v}_1 + m_2 \boldsymbol{v}_2 = M\boldsymbol{V}$$

となる．重心の運動量と速度の値を $t<0$ において与えられた条件から求めることができ，衝突の瞬間も含めて常に $\boldsymbol{P}$ の値が一定であるから，$t<0$ および $t>0$ を通じて

$$P_x = 0, \quad P_y = m_2 v_{20} \Rightarrow V_x = 0, \quad V_y = \frac{m_2}{m_1 + m_2} v_{20}$$

となる．$t=0$ で $R_x = \dfrac{m_2}{m_1 + m_2} a$, $R_y = \dfrac{m_2}{m_1 + m_2} l \sin\alpha$ であることを用いて，重心の位置ベクトルは衝突の前後を通じて，次のように求められる．

$$R_x = \frac{m_2}{m_1 + m_2} a$$

$$R_y = \frac{m_2}{m_1 + m_2} l \sin\alpha + V_y t = \frac{m_2}{m_1 + m_2} (l \sin\alpha + v_{20} t)$$

(2) 衝突後の回転角速度（角運動量保存則）

外力が作用しないためこの系の重心に関する角運動量は保存する．重心に関する角運動量 $\boldsymbol{L}_0$ の

102 第 6 章 質点系の力学

表式は，式 (6.67) により

$$\boldsymbol{L}_0 = (\boldsymbol{r}_1 - \boldsymbol{R}) \times m_1 \boldsymbol{v}_1 + (\boldsymbol{r}_2 - \boldsymbol{R}) \times m_2 \boldsymbol{v}_2$$

と与えられて，$\boldsymbol{R}$ の表式を使うと

$$\boldsymbol{L}_0 = \frac{m_2(\boldsymbol{r}_1 - \boldsymbol{r}_2)}{m_1 + m_2} \times m_1 \boldsymbol{v}_1 + \frac{m_1(\boldsymbol{r}_2 - \boldsymbol{r}_1)}{m_1 + m_2} \times m_2 \boldsymbol{v}_2$$

と求まる．まず $t < 0$ における $\boldsymbol{L}_0$ の値を与えられた条件から求める．質点 1 は静止しているので第 1 項は 0，第 2 項は $\boldsymbol{v}_2 = v_{20} \boldsymbol{e}_y$ だから，$\boldsymbol{r}_2 \times \boldsymbol{v}_2 = a\boldsymbol{e}_x \times v_{20}\boldsymbol{e}_y = av_{20}\boldsymbol{e}_z$ である．ただしここで図には記してないが z 軸は紙面に垂直手前向きであり，その単位ベクトルを $\boldsymbol{e}_z$ とした．よって換算質量 $m = m_1 m_2/(m_1 + m_2)$ を用いて

$$\boldsymbol{L}_0 = mav_{20}\boldsymbol{e}_z$$

と求まる．衝突の瞬間も含めて常に $\boldsymbol{L}_0$ の値は一定であるから，これは $t > 0$ についても成り立つ．

質点 2 が点 $(a, l\sin\alpha)$ において合体した後（図 6.17 の右図），2 つの質点は与えられた条件からそれぞれ重心からの距離を一定に保ちながら運動する．角運動量が一定なのでそれぞれの運動は重心のまわりの等速円運動である．その角速度（質点 1，2 に共通である）を ω と記すと図の角度 φ を用いて

$$\omega = \frac{d\varphi}{dt}$$

である．各質点の重心に関する角運動量を円運動の半径と角速度で表す式は 5.1 節で示した式 (5.11) により与えられて，それらの和として

$$\boldsymbol{L}_0 = m_1|\boldsymbol{r}_1 - \boldsymbol{R}|^2\omega\boldsymbol{e}_z + m_2|\boldsymbol{r}_2 - \boldsymbol{R}|^2\omega\boldsymbol{e}_z$$

である．この表式はまた式 (6.68) を使って，重心に関するそれぞれの角運動量の和の表式 $\boldsymbol{L}_0 = (\boldsymbol{r}_1 - \boldsymbol{R}) \times m_1(\boldsymbol{v}_1 - \boldsymbol{V}) + (\boldsymbol{r}_2 - \boldsymbol{R}) \times m_2(\boldsymbol{v}_2 - \boldsymbol{V})$ から直接求めてもよい．

$\boldsymbol{R}$ の式を代入して計算すると

$$\boldsymbol{L}_0 = ml^2\omega\boldsymbol{e}_z$$

が得られるので，これが $t < 0$ における条件から得られた値と等しいことから，ω が得られる．

$$\omega = \frac{av_{20}}{l^2}$$

(3) 衝突前後の運動エネルギー

6.4.3 項の (2) でみたように，衝突の際には運動エネルギーの減少が起こり得る．式 (6.48) により重心と相対運動それぞれによる運動エネルギーの和は

$$E = \frac{1}{2}(m_1 + m_2)\boldsymbol{V}^2 + \frac{1}{2}m\boldsymbol{v}^2$$

である．運動量保存則から重心の速度 $\boldsymbol{V}$ が衝突の前後で変わらないので，第 1 項の値は変わらない．

相対速度の大きさ $|\boldsymbol{v}|$ は衝突の前 $(t < 0)$ では質点 1 が静止しているので $|\boldsymbol{v}| = |\boldsymbol{v}_2| = v_{20}$ であり，衝突の後 $(t > 0)$ では円運動をするので $|\boldsymbol{v}| = |\dot{\boldsymbol{r}}_2 - \dot{\boldsymbol{r}}_1| = l\omega$ であるから，

$$t < 0 \quad \text{で} \quad E_{\mathrm{i}} = \frac{1}{2}(m_1 + m_2)\boldsymbol{V}^2 + \frac{1}{2}mv_{20}{}^2$$

$$t>0 \quad \text{で} \quad E_{\mathrm{f}} = \frac{1}{2}(m_1+m_2)\boldsymbol{V}^2 + \frac{1}{2}m\frac{a^2}{l^2}v_{20}{}^2$$

である．ここで $a^2/l^2 = \cos^2\alpha$ である．

【補足：$|\boldsymbol{v}|=l\omega$ の導出】 それぞれ重心のまわりで角速度 ω の円運動をするから，$|\dot{\boldsymbol{r}}_1 - \dot{\boldsymbol{R}}| = \dfrac{m_2}{m_1+m_2}l\omega$, $|\dot{\boldsymbol{r}}_2 - \dot{\boldsymbol{R}}| = \dfrac{m_1}{m_1+m_2}l\omega$ である．$\boldsymbol{r}_1 - \boldsymbol{R}$ と $\boldsymbol{r}_2 - \boldsymbol{R}$ は同じ方向で反対向きのベクトルであるから，$|\boldsymbol{v}| = |\dot{\boldsymbol{r}}_2 - \dot{\boldsymbol{r}}_1| = \dfrac{m_2}{m_1+m_2}l\omega + \dfrac{m_1}{m_1+m_2}l\omega = l\omega$ である．

したがって，
$$E_{\mathrm{f}} - E_{\mathrm{i}} = -\frac{1}{2}m v_{20}{}^2 \sin^2\alpha \leq 0$$

であり，衝突によって運動エネルギーは特別な場合以外では減少することが確かめられた．特に $\alpha=0$ のときだけ，運動エネルギーが保存する．

$\alpha=0$ の場合に $\alpha \neq 0$ の場合と違うことは，合体直前において，この 2 質点系の相対速度ベクトルの向きと相対位置ベクトルの向きが垂直か否かである．図 6.18 の左図に見るように，相対速度 $\boldsymbol{v}$（今は質点 1 は静止している）と相対位置ベクトル $\boldsymbol{r}$ は一般には垂直ではない．相対速度ベクトルの相対位置ベクトル方向の成分は $v_{20}\sin\alpha$ である．

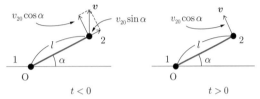

図 6.18 合体の瞬間の質点 2 の速度．合体直前（左図），合体直後（右図）．

衝突直後には合体して質点間の距離は固定されるので，この成分は 0 である．相対運動の運動量が変化するために衝突の瞬間に 2 つの質点の間には棒を介しての撃力が作用している．撃力の存在が運動エネルギーの減少をもたらす理由は接触部の構造などに依存するが，今の場合には合体のための何らかの機構により運動エネルギーの一部が吸収・蓄積されるか，あるいは接合部の変形や熱の発生などにより喪失すると考えればよい．

改めて確認することは，運動エネルギーが減少するような 2 質点の衝突において，外力が作用しない場合には，1 次元的な衝突でも 2 次元的な衝突でも運動量は保存することであり，いまの問題のように 2 次元的な衝突に際しての相互作用が中心力であるならば，衝突に際して角運動量は必ず保存される．

(4) 一端を固定された棒との衝突と比較

ここまで考察した運動では，静止していた質点から伸びた棒の先に運動してきた質点が付着して合体し，静止していた質点は原点から離れて移動を始めた．これに対して，静止していた質点は原点に固定されて動けないという拘束条件がついている体系で同じような合体をさせると，付着した物体は原点のまわりを回ることになる．保存する量は何か，どんな運動が起こるか．

衝突の前には質点 2 に外力は作用しない．衝突の瞬間に質点 2 は速度の向きを y 軸正の向きから円周の接線方向に急に変える．これは撃力の作用によると考えられる．また衝突後に棒は質点に力を及ぼす．ところで，撃力も衝突後の力も質点 1 から棒を介して作用する内力である．外力は質点 1 に対して支点が及ぼす拘束力のみである．この結果，この 2 質点の系に作用する原点のまわりのトルクは 0 である．したがって，系の角運動量は衝突の前後と瞬間のすべてにわたって保存する．

この系の運動は質点 1 は原点に固定し質点 2 は原点を中心とする半径 l の等速円運動をするもの，とわかった．その角速度を ω と置き，角運動量保存則を用いて求めてみよう．

衝突前に原点に関する質点 2 の角運動量は上の (2) の中で求めた $\boldsymbol{r}_2 \times \boldsymbol{v}_2$ の値を用いると

$$\boldsymbol{L}_2 = m_2 a v_{20} \boldsymbol{e}_z \qquad (t<0)$$

である．衝突後の回転運動の角運動量は

$$\boldsymbol{L}_2 = m_2 l^2 \omega \boldsymbol{e}_z \quad (t > 0)$$

であり，$t < 0$ のときの値と等しいとおくと，ω が得られる．

$$\omega = \frac{a}{l^2} v_{20}$$

　このように，衝突の前後で角運動量は保存する．しかし，質点 2 の運動の速さは v_{20} から $l\omega = a v_{20}/l$ のように遅くなり，運動エネルギーの一部が失われる．例外は $\alpha = 0$ のときだけである．

　拘束力として外力が作用するから系の運動量は保存しない．質点 1 は静止しているから，運動量は質点 2 のもつ運動量である．質点 2 のもつ x-y 面内の運動量は，$t < 0$ では $\boldsymbol{p}_2 = (0, m_2 v_{20})$ であり，一定である．$t > 0$ では円運動をするから質点 2 の運動量は時間変化する．

　以上では運動量が保存しない理由は，拘束されていて孤立系でないからである．この拘束された系と似た状況として，孤立系でも，系の一部のみに着目すると運動量が保存しないように見える例を示す．質点 1 は拘束されてはいないが質量が質点 2 に比べて桁違いに大きい場合を想定する．例えば

$$m_1 = 10^6 m_2$$

であるとする．このとき上記の項目 (1) で求めた重心の速度は

$$V_x = 0, \quad V_y = \frac{m_2}{m_1 + m_2} v_{20} \simeq 10^{-6} v_{20}$$

であり，質点 2 の速さに比べてごくごく小さい．したがって同様に重心のすぐ近くにある質点 1 の速度もごくごく小さい．よって，拘束された系とほとんど同様の振る舞いをする．また，あらわに示すことは省略するが質点 2 の運動も，拘束された系で求めたものとほとんど同様になる．一方で運動量に注目すると，質点 2 の運動量に質点 1 のもつ運動量を加えたものは，上の項目 (1) で見たように質点系の運動量として保存されている．

　ここでわかったことは，束縛された質点 1 に合体したとき質点 2 の運動量は変化してしまうのに対して，重い質点 1 との衝突では，見かけ上束縛された衝突と同じように見えても質点 1 と質点 2 の質点系の運動量は保存することである．拘束された質点との衝突において，運動している質点だけに着目したときに運動量保存則が成り立たないかのように見えるが，これは質点 2 は孤立した質点ではないからである．運動量保存則を利用できるためには，その質点系が孤立した系でなくてはならないことに注意しよう．

例題 6.5-1　等しい質量 m の質点 1 と質点 2 が，長さ $2l$ の軽い棒の両端に固定されている．図 6.19 に示すように，この物体が滑らかな水平面（xy 平面）上を運動する．系の重心 G は直線 $x = a$（a は正の定数）に沿って y 軸の正方向に一定の速さ V で動き，棒は反時計回りに一定の角速度 ω で回転する．座標原点 O を基準にした質点 i（$i = 1, 2$）の角運動量の z 成分 L_i を計算せよ．また，重心を基準にしたこの物体（2 質点系）の角運動量の z 成分 L_0 と，原点を基準にした重心の角運動量 L_G を計算せよ．その結果は $L_1 + L_2 = L_G + L_0$ を満たしていることを確認せよ．

解　質点 i の座標を (x_i, y_i) とすると，$L_i = m(x_i \dot{y}_i - y_i \dot{x}_i)$ である．そして，重心の座標を (a, Y)，

G と質点 1 を結ぶ線分が x 軸となす角を φ（図 6.19）とすると，各質点の座標は

$$x_1 = a + l\cos\varphi, \quad y_1 = Y + l\sin\varphi$$
$$x_2 = a - l\cos\varphi, \quad y_2 = Y - l\sin\varphi$$

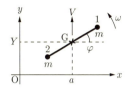

図 6.19 軽い棒の両端に固定された質点 1 と質点 2 が滑らかな水平面（xy 平面）上で回転しながらその重心は等速直線運動をする．

と表すことができる．また，速度は

$$\dot{x}_1 = -l\omega\sin\varphi, \quad \dot{y}_1 = V + l\omega\cos\varphi$$
$$\dot{x}_2 = l\omega\sin\varphi, \quad \dot{y}_2 = V - l\omega\cos\varphi$$

となる（$V = \dot{Y}$, $\omega = \dot{\varphi}$）．したがって質点 1 の角運動量は

$$L_1 = m\left[(a + l\cos\varphi)(V + l\omega\cos\varphi) - (-l\omega\sin\varphi)(Y + l\sin\varphi)\right]$$
$$= m\left[V(a + l\cos\varphi) + l\omega(a\cos\varphi + Y\sin\varphi) + l^2\omega\right]$$

で与えられる．同様に

$$L_2 = m\left[V(a - l\cos\varphi) - l\omega(a\cos\varphi + Y\sin\varphi) + l^2\omega\right]$$

が得られ，それぞれの角運動量が求まった．これらの和をとると，

$$L_1 + L_2 = 2m(aV + l^2\omega)$$

となる．

一方，重心を基準にすると，質点 i は重心を中心にして半径 l の円を描き，角速度 ω（速さ $l\omega$）で運動するので，角運動量の z 成分は $ml^2\omega$ である．したがって，$L_0 = 2ml^2\omega$ となる．また，重心は，原点から距離 a の位置にある直線上を速さ V で運動するので，その角運動量は $L_\mathrm{G} = 2amV$ である．

上で求めた $L_1 + L_2$ と，それぞれ求めた L_0 と L_G の和 $L_\mathrm{G} + L_0 = 2m(aV + l^2\omega)$ を比較して，等しいことが確かめられた．

問題 6.5-1 $\boldsymbol{R}$ の定義式 (6.8) と $\boldsymbol{q}_i$ の定義式 (6.66) を用いて，$\boldsymbol{L}_0$ の式 (6.67) による定義と式 (6.68) による定義とが同等であることを示せ．

問題 6.5-2 等式 (6.69) と (6.70) を導け．

問題 6.5-3 式 (6.72) の右辺が 0 になることを示せ．

問題 6.5-4 長さ $2l$ の軽い剛体棒の一端に質量 m の質点 1 を固定し，他端に質量 m の質点 2 を固定する．棒と 2 つの質点で構成される，この物体が滑らかな水平面（xy 平面）の上に置かれており，質点 2 の位置は $(0, 0)$，質点 1 の位置は $(2l, 0)$ であった（図 6.20(a)）．時刻 $t = 0$ に 質点 1 に撃力を加えたところ，この質点は y 軸の正方向に速さ v_0 で動き出し，質点 2 の速度は 0 であった．撃力を加えた後（$t > 0$），この物体の重心は y 軸方向に一定の速さ V で動き，棒は一定の角速度 ω で回転を続けた（図 6.20(b)）．V と ω を求めよ．

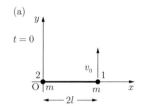 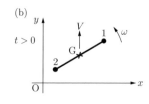

図 6.20 (a) 滑らかな水平面（xy 平面）上で静止していた，軽い棒に 2 つの質点を固定した物体に撃力を与えたところ，(b) この物体は回転を伴う重心の等速直線運動を始めた．

工学と物理学（6）：道具としての物理学

　工学では，めざす機能をもったモノ（材料，機械，構造物，システム，…）を設計し，これを実際に作ってみせることがゴールである．工学で物理が大切なのは，物理がモノの機能を支配し，モノづくりの機構を支配する自然法則を扱う学問だからである．このとき物理は工学にとってかけがえのない「道具」である．物理はさまざまな現象を「切り取る」すぐれた道具である．物理が「よく切れる」のは，場当たり的な「付け焼刃」であることに満足せず，「何でも切れる」普遍性をつねに志向してきたからである．この普遍性は物理における現象の数学的記述に由来する．ある現象を記述する方程式（より広義には「数理モデル」）が得られると，物質やスケールがまったく異なる別の系で同様の現象が生じる可能性を予言できるし，初めて出くわす現象の本質を理解することができる．これが物理の底力である．まったく異なるように見える 2 つの事象が，物理の眼によって同じ本質を持つことを見出すとき，われわれは驚き，感動する．本書で学ぶ物理は，質点のニュートン力学に始まり，連続体（固体・液体）が示す機能（変形・波動）へと発展するが，これらの物理を貫く法則と数理モデルをよく理解し，ぜひ自家薬籠中のものとしてほしい．（末光眞希）

第7章
剛体の運動

ここまでは，主に質点や相互作用する質点系に対してその運動の記述と運動法則について学んできた．運動の記述と運動法則の対象は，さらに広げることができる．点ではなく広がりをもつ物体がもしその形・大きさを変えずに運動するならば，運動方程式が成り立ち，保存量の概念が役に立つ．

剛体の運動の複雑さは，大きさのある物体の特徴である向きの変化のためである．向きの変化は回転で表される．第6章では質点の集まりについて質点系の角運動量とその従う方程式についても学んだが，この章ではそれを用いて，剛体を多くの質点の集まりとみなすことで改めて剛体の一般の回転を含む運動についての法則を導く．

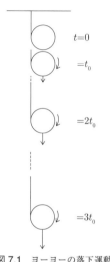

図 7.1　ヨーヨーの落下運動.

とはいえ一般的な運動について詳しく学ぶには紙面も時間も足りない．本章では解析が容易な回転軸の定まった運動と，それを少しだけ一般的にした運動に限ることにする．

【何がわかるようになるか】回転しながら運動する物体の簡単な例を左の図 7.1 に示す．ヨーヨーのようにひもが巻き付けられた円筒を，ひもの端を固定して重力のもとで落下させるならば，ひもがほどけるにしたがって円筒は回転しながら落下する．円筒はひもに引かれる力を受けるから，自由落下よりもゆっくり落下するであろう．運動方程式をどのように立てればよいのであろう．エネルギー保存則を使って落下速度と位置の関係を求めるためにはどうすればよいか．

7.1　剛体の運動方程式

剛体を微小領域に分割して各領域を質点とみなすとき，質点間の相対位置関係は剛体の運動に際して変化せず一定に保たれる．この意味で剛体は質点系の特別な場合である．ここでは質点系の運動についてわかった法則や関係式を利用して，剛体の運動についての関係式を導く．

7.1.1　重心の位置と剛体の向き

重心の位置

剛体を質点の集まりとみなすと，第6章で学んだことにより質点系の重心の運動を記述することができる．これが剛体の重心の運動の記述を与える．剛体を N 個の微小領域に分割して，i 番目の微小領域を代表する点の座標を $\bm{r}_i$ と記し，その領域の微小体積を ΔV_i，質量を m_i とする．その密度を $\rho(\bm{r}_i)$ とすると，$m_i = \rho(\bm{r}_i)\Delta V_i$ となる．m_i は質点系の式にあわせているが，ここでは微小量である．

質点系の全質量と重心は，式 (6.7)，式 (6.8) のように，

$$M = \sum_{i=1}^{N} m_i = \sum_{i=1}^{N} \rho(\bm{r}_i)\Delta V_i \tag{7.1}$$

および

$$R = \frac{1}{M}\sum_{i=1}^{N} r_i m_i = \frac{1}{M}\sum_{i=1}^{N} r_i \rho(r_i) dV_i \tag{7.2}$$

で表される.

剛体について考えているので，分割を限りなく細かくする．このとき式 (7.1)，式 (7.2) の右辺によって積分が定義されるから，これを次のようにまとめておく．

> **剛体の質量** M と**剛体の重心** R を表す式は，その密度を場所に依存するものとして $\rho(r)$ で表すと，
> $$M = \iiint \rho(r)\, dx\, dy\, dz \tag{7.3}$$
> および
> $$R = \frac{1}{M}\iiint r \rho(r)\, dx\, dy\, dz \tag{7.4}$$
> である．ただし，積分領域は空間内で剛体が占める領域である．

剛体の向き

質点系の運動の場合には，重心のほか，質点間の相対位置座標を記述しなければならないが，剛体については一般の質点系と異なり，仮想的に分割した剛体の各点 r_i 間の相対位置座標のすべてを記述する必要はない．剛体上に任意の，ただし一直線上にはないように，3 点を選んでその 1 点を固定する．つぎに，この 1 点を基準にして他の 2 点の相対位置座標の向きを与える．するとそれだけで剛体全体の向きが定まる．これは経験的な事実として理解できよう．

例えば，ある剛体に固定した 3 つの点 O, A, B を一直線上にはないように選ぶ．ここでは特に線分 OA と線分 OB が直交するようにとる．まず，点 O を原点に，ただし線分 OA が z 軸方向に向くように置く．その上で剛体を OA を軸として回転させ，線分 OB が x 軸方向に向くようにする．これで，図 7.2(a) のように，剛体のすべての点について原点からの方位が決まる．例えば，点 C のように面 AOB に垂直で O を通る直線上にある点は，y 軸上となる．

【剛体の向きの記述】剛体の向きの時間変化を記述するためには向きを角度で記述する．例として，図 7.2(a) に示す剛体が向きを変えて図 7.2(b) になったことを記述したいとする．必要な変数は回転軸の向きを表す 3 次元極座標の θ, φ と回転角 ψ の 3 つである．ここで図 7.2(c) の P について $x = r\sin\theta\cos\varphi$, $y = r\sin\theta\sin\varphi$, $z = r\cos\theta$ である．

この変化がある固定軸のまわりの回転ならば，$\theta = \cos^{-1}(1/\sqrt{3})$, $\varphi = \pi/4$, $\psi = 2\pi/3$ である．軸が固定されない回転であれば，以下のような角度のとり方もある．剛体の 1 点を原点 O とし，z 軸上に剛体の 1 点 A, x 軸上に剛体の 1 点 B, を選ぶ．直線 OA を図 (a) から図 (b) の向きに移すように，xy 面上の適当な直線のまわりに剛体を必要な角度だけ回転する．今の場合，(b) における直線 OA の向きは $\theta = \pi/2$, $\varphi = 0$ であることから

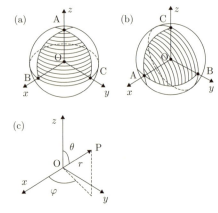

図 7.2 (a), (b) 剛体の向きの記述．
(c) 点 P を表す 3 次元極座標 (r, θ, φ)．

その回転軸は y 軸と同じで回転角は $\pi/2$ でなければならない．回転軸の指定と回転角とで 2 変数をとる．これにより直線 OB が移ってしまった先（今の例は z 軸負の向き）から (b) の向きに移すための直線 OA まわりの回転角を $\psi = \pi/2$ にとる．

ここまで述べたように，剛体の運動を記述するためには，重心の座標，回転軸の方向と回転の角度のように，6 つの座標が必要である．運動法則を表す方程式としてベクトルの微分方程式が 2 つ必要になる．

7.1.2 運動量・角運動量と運動方程式

運動量

剛体を細分化して各々を質点とみなすとき，質点系の運動量が第 6 章 6.1 節で，また質点系の角運動量が第 6 章 6.5 節で定義されているので，これらに従って剛体の運動量と角運動量を定義する．

剛体の運動量を質点の運動量の和として，式 (6.25) のように定義すると，

$$P = \sum_{i=1}^{N} p_i = \sum_{i=1}^{N} m_i \dot{r}_i = \sum_{i=1}^{N} \dot{r}_i \rho(r_i) \Delta V_i \tag{7.5}$$

であり，分割を細かくした極限として

$$P = \iiint v(r) \rho(r) \, dx \, dy \, dz \tag{7.6}$$

である．ただし積分領域は式 (7.4) のところで断っているものと同様に，空間内で剛体が占める領域である．以後，本章で三重積分を使うときの断り書きを省く．この式 (7.6) で $v(r)$ は剛体のうちで位置 r に存在する部分の速度を表す．式 (7.5) の右辺を M で割ったものは式 (7.2) の時間微分であるので，各部分の速度を使う代わりに重心の速度を使って簡潔に表すことができる．

剛体の運動量 P は

$$P = M\dot{R} \tag{7.7}$$

である．ここで R は式 (7.4) で表され，$\dot{R}$ は剛体の重心の速度である．

この式は，剛体の <u>部分ごとの運動の詳細を使わずに全体の運動を記述する</u> ために重要な役割を果たしている．剛体の力学のうちでその全質量が重心に集中した質点のように考えてよい部分は，ここである．そうでない部分が次に記す剛体の回転についてである．

角運動量

剛体の角運動量を質点の角運動量の和として，式 (6.61) のように定義すると，

$$L = \sum_{i=1}^{N} L_i = \sum_{i=1}^{N} r_i \times p_i = \sum_{i=1}^{N} r_i \times \dot{r}_i \rho(r_i) \Delta V_i \tag{7.8}$$

であり，分割を細かくした極限として次が得られる．

剛体の角運動量 L は

$$L = \iiint r \times v(r) \rho(r) \, dx \, dy \, dz \tag{7.9}$$

で定義される．

剛体の角運動量を表す式 (7.9) は運動量の式 (7.7) と比べると，各部分の運動の詳細を用いなければならないので不便である．本章では角運動量ベクトルの回転軸方向の成分を角速度 ω に比例する形に表す．これについては 7.2 節で示す．

剛体に作用する力と重心の運動方程式

　剛体に作用する力は，剛体を質点系とみなしたとき，それら質点のそれぞれに作用している外力である．質点系の重心の運動は 6.1 節の式 (6.9) と式 (6.10) で考えて，重心の運動は各質点に作用する外力の和によって決まることがわかった．剛体を構成するとみなした質点の間に作用する内力は，剛体の形を保つことに関係するが重心の運動に関係しないことは，理解できよう．

　剛体に作用する外力の和を F と記すと，外力が剛体上の特定のいくつかの点に作用しているとき，例えば k 個の点 r_j に F_j が作用しているときは，

$$F = \sum_{j=1}^{k} F_j \tag{7.10}$$

であり，もしも外力が重力のように連続的にある領域 V に分布して作用しているものであって，j 番目の微小領域に作用する力が

$$F_j = f(r_j)\Delta V_j \tag{7.11}$$

のように，力の密度 $f(r)$ を用いて表される場合には

$$F = \iiint f(r)\, dx\, dy\, dz \tag{7.12}$$

である．

　第 6 章で導いた質点系の重心の運動方程式 (6.10) により，また運動量で表した運動方程式 (6.26) により，次が得られる．

剛体の重心の運動方程式は

$$M\ddot{R} = F \tag{7.13}$$

ここで M，R は式 (7.3) と式 (7.4) で表される剛体の質量と重心の位置座標である．また，

$$\dot{P} = F \tag{7.14}$$

ここで P は式 (7.7) に表されている剛体の運動量である．

　剛体が向きを変えないで運動するとき，その各点の速度は共通であり，値は重心の速度である．したがって剛体を細分化した質点系の運動エネルギーは

$$K = \sum_{i=1}^{N} \frac{1}{2} m_i \dot{r}_i^2 = \sum_{i=1}^{N} \frac{1}{2} m_i \dot{R}^2 \tag{7.15}$$

である．この式で $\dot{R}$ は和の各項で共通だから，次が得られる．

　重心の運動による剛体の運動エネルギー K は

$$K = \frac{1}{2} M \dot{R}^2 = \frac{1}{2M} P^2 \tag{7.16}$$

ここで，M と $\dot{R}$ はそれぞれ剛体の質量と重心の速度，P は剛体の運動量である．

剛体に作用するトルクと角運動量の運動方程式

剛体に作用するトルクは，剛体を質点系とみなしたときにそれら質点のそれぞれに作用している外力のトルクの和である．質点系の角運動量を決めているものは式 (6.63) と式 (6.64) で考えたように，このトルクの和であることがわかっている．トルクの和を N と記すと，外力が剛体上の特定のいくつかの点，例えば k 個の点 r_j に作用しているときは，それらを F_j とすると

$$N = \sum_{j=1}^{k} r_j \times F_j \tag{7.17}$$

であり，もしも外力が連続的にある領域 V に分布して作用しているものであって力の密度 $f(r)$ を用いて表される場合には

$$N = \iiint r \times f(r)\, dx\, dy\, dz \tag{7.18}$$

である．ただし重力のように質量に比例して分布した力では，すでに式 (6.71) で示したように，まとまって重心に作用するとした式

$$N = R \times Mg \tag{7.19}$$

であることが式 (7.18) から導かれる．ここで g は重力加速度の大きさをもつ鉛直下向きのベクトルとする．

質点系の角運動量についての運動方程式 (6.64) から次が得られる [1]．

剛体の角運動量 L の従う運動方程式は，

$$\frac{dL}{dt} = N \tag{7.20}$$

ここで N は剛体に作用する力のトルクであり，式 (7.17) あるいは式 (7.18) で与えられる．

重心の運動による角運動量とトルクを分けて扱う

固定した原点の代わりに**重心を基準にした角運動量** L_0 と**トルク** N_0 を使うことは便利である．これらは式 (7.9) および，式 (7.17) または式 (7.18) の代わりに，式 (6.67) または式 (6.68) に対応する式，

$$L_0 = \iiint (r - R) \times v(r)\rho(r)\, dx\, dy\, dz \qquad \text{または} \tag{7.21}$$

$$L_0 = \iiint (r - R) \times (v(r) - \dot{R})\rho(r)\, dx\, dy\, dz \tag{7.22}$$

および

$$N_0 = \sum_{j=1}^{k} (r_j - R) \times F_j \qquad \text{または} \tag{7.23}$$

$$N_0 = \iiint (r - R) \times f(r)\, dx\, dy\, dz \tag{7.24}$$

で表される．

方程式 (7.20) の代わりに，ここで定義した重心を基準とする角運動量とトルクを用いて，式 (6.70)

---

[1] 剛体の位置と向きを記述するために 3 つの座標と 3 つの角度が必要であることはすでに述べた．方程式 (7.13) と (7.20) は成分で表すとそれぞれ 3 つの方程式になる．これらの，全部で 6 つの運動方程式が 6 つの変数（座標と角度）の時間変化を記述する連立方程式となる．

に対応する方程式，すなわち

$$\frac{d\boldsymbol{L}_0}{dt} = \boldsymbol{N}_0 \tag{7.25}$$

を用いるほうが都合がいい場合もある．

重心の運動と剛体の角運動量の間には，質点系についての式 (6.69) のように，関係式

$$\boldsymbol{L} = \boldsymbol{R} \times \boldsymbol{P} + \boldsymbol{L}_0, \quad \boldsymbol{N} = \boldsymbol{R} \times \boldsymbol{F} + \boldsymbol{N}_0 \tag{7.26}$$

が成り立つ．これらの式について，前者は $\boldsymbol{L}_0$, $\boldsymbol{P}$, $\boldsymbol{L}$ を定義する式を組み合わせて，また後者は $\boldsymbol{N}_0$, $\boldsymbol{F}$, $\boldsymbol{N}$ を定義する式を組み合わせて容易に導くことができる．導出の実際については読者にゆだねる．

これらの式 (7.26) は，剛体の運動の記述には重心を用いることが便利であることを示している．つまり，重心を角運動量とトルクの基準の点にすることによって，運動を重心の移動と重心のまわりの回転に分けて扱うことができる．

【補足】念のため詳しく書くと，式 (7.26) の前者の第 1 項は剛体をひとつの質点とみなした質点の運動の角運動量であり，第 2 項は剛体の向きの時間変化による角運動量である．また後者の第 1 項は剛体をひとつの質点とみなしたときに作用する力のトルクであり，第 2 項は剛体の向きを変えようとするトルクである．

例題 7.1-1 密度が一様な半球の重心の位置を求めよ．

解 半球の半径を R とする．図 7.3(a) のように座標軸を設定すると，重心 G は z 軸（回転対称軸）の上に存在する．密度を ρ とすると，半球の質量は $M = 2\pi R^3 \rho/3$ である．xy 面からの高さが z で，xy 面に平行な平面で半球を切断すると，断面の円の半径は $a = \sqrt{R^2 - z^2}$ で与えられる（図 7.3(a)）．原点 O から重心までの距離を c とすると，次のように求められる．

$$c = \frac{1}{M}\iiint \rho z\, dx\, dy\, dz = \frac{\rho}{M}\int_0^R \pi a^2 z\, dz = \frac{\pi\rho}{M}\int_0^R (R^2 - z^2)z\, dz = \frac{3}{8}R$$

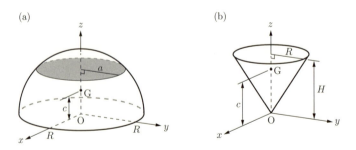

図 7.3 (a) 半球と (b) 円錐の重心 G．

問題 7.1-1 密度が一様な円錐（図 7.3.(b)）の重心の位置を求めよ．

問題 7.1-2 質量 M, 半径 R の円板にひもが巻きつけられている. 図 7.4(a) のように円板は中心 C を通り円板に垂直な直線を固定軸として回転でき, ひもの先端には質量 m のおもりが結ばれている. おもりの動きにつれてひもがほどけていくとする.
(1) 円板の重心はどこか.
(2) 円板に作用する力をすべて挙げよ.
(3) 点 O を軸の真上の一点とする. 円板に作用する力の点 O に関するトルク, および重心に関するトルクを求めよ.

問題 7.1-3 質量 M, 半径 R の円板にひもが巻きつけられている. 図 7.4(b) のように, ひもの一端が天井に固定されていて, 円板が重力の方向へ運動するにつれてひもがほどけていくとする.
(1) 円板に作用する力をすべて挙げよ.
(2) 点 O を円板の中心 C の真上の点とする. 円板に作用する力の点 O に関するトルク, および重心に関するトルクを求めよ.

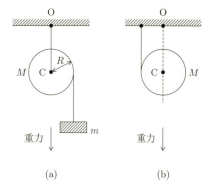

図 7.4 吊り下げられた円板の回転運動. (a) 軸が点 C に固定されて, おもりの落下とともに回転が加速する. (b) ヨーヨーのように円板が回転しながら落下してひもがほどけていく. ここで, C 点は円板とともに下方に移動することに注意する.

7.2 慣性モーメント

回転軸が固定された剛体

剛体の向きとその時間変化を記述するとき一般には複雑な式が必要になる. しかし, 外力が作用していない場合や向きの変化が固定軸のまわりの回転に限られる場合には, 回転と角運動量を表す便利な量と式によって記述できる. 剛体の向きの変化は, 7.1.1 項で学んだように, 一般に, 適切な軸を 1 つ選びそのまわりの回転によって記述できる. ここでは, 特に固定された 1 つの軸のまわりの回転に限ることにする.

回転角速度と角運動量

剛体の回転軸を z 軸とする座標系を用いる. 剛体を微小領域に分割し, これを質点系と考えて, i 番目の領域を質点 i とよぶことにする. その位置ベクトルを $\bm{r}_i = (x_i, y_i, z_i)$, 質量を m_i とする. この剛体の回転角速度を ω とする. z 軸の正方向から眺めて反時計回りに回転するときに $\omega > 0$ とする. そうすると質点 i の速度は

$$\bm{v}_i = \omega \bm{e}_z \times \bm{r}_i, \quad \Rightarrow \quad \bm{v}_i = (-\omega y_i, \omega x_i, 0) \quad (7.27)$$

で与えられる (図 7.5). ここで $\bm{e}_z$ は z 軸方向の単位ベクトル (基本ベクトル) である.

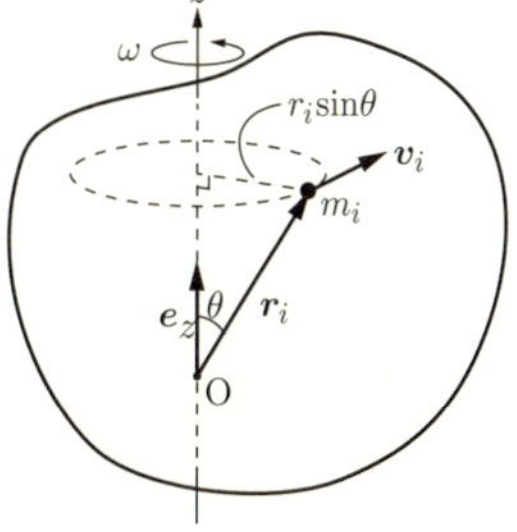

図 7.5 z 軸のまわりの剛体の回転.

【補足：式 (7.27) の導出】 図 7.5 で示すように, 剛体が z 軸まわりを角速度 ω で回転しているとき, 剛体内任意の点 $\bm{r}$ における速度 $\bm{v}$ を求めれば, 大きさは $r\omega \sin\theta$ であり, 向きはベクトル $\omega \bm{e}_z$ とベクトル $\bm{r}$ を含む平面に垂直奥向きであるから, $\bm{v} = \omega \bm{e}_z \times \bm{r}$ で表すことができる.

114 第7章 剛体の運動

式 (7.27) を使うと剛体の角運動量 $\boldsymbol{L}$ は

$$\boldsymbol{L} = \sum_i m_i \boldsymbol{r}_i \times \boldsymbol{v}_i = \omega \sum_i m_i \left[\boldsymbol{r}_i \times (\boldsymbol{e}_z \times \boldsymbol{r}_i) \right] = \omega \sum_i m_i \left[(\boldsymbol{r}_i \cdot \boldsymbol{r}_i) \boldsymbol{e}_z - (\boldsymbol{r}_i \cdot \boldsymbol{e}_z) \boldsymbol{r}_i \right] \quad (7.28)$$

と表される. ただし, 最後の式変形において, ベクトル三重積の公式 (A.15) を用いた. したがって, z 軸のまわりを角速度 ω で回転する剛体の角運動量の z 成分は[2]

$$L_z = \omega \sum_i m_i \left[(x_i^2 + y_i^2 + z_i^2) - z_i^2 \right] = \omega \sum_i m_i (x_i^2 + y_i^2) \quad (7.29)$$

となる. この式の右辺で ω の係数として現れた量を慣性モーメントとよび,

$$I_z = \sum_i m_i (x_i^2 + y_i^2) \quad (7.30)$$

で定義する. 微小領域への分割を無限に細かくした極限で次の積分による慣性モーメントの定義式が得られる.

剛体の z 軸 (回転軸) のまわりの**慣性モーメント** (moment of inertia) は

$$I_z = \iiint \rho(\boldsymbol{r})(x^2 + y^2)\, dx\, dy\, dz \quad (7.31)$$

で定義される. 慣性モーメントはまた**慣性能率**とよばれることもある. この式の積分領域は, 空間内で剛体が占める領域であり, $\rho(\boldsymbol{r})$ は剛体内の点 $\boldsymbol{r}$ における密度である.

ここで定義した I_z は剛体の形状と質量 (密度) 分布および回転軸の位置によって決まる量である. 慣性モーメントを用いると, 式 (7.29) の微小領域への分割を細かくした極限で次が得られる.

剛体が z 軸のまわりに角速度 ω で回転するとき, 角運動量 $\boldsymbol{L}$ の z 成分 L_z は

$$L_z = I_z \omega \quad (7.32)$$

である. ここで z 軸のまわりの慣性モーメント I_z は式 (7.31) で与えられる.

以上の式 (7.30) あるいは式 (7.31) と式 (7.32) と同様に x 軸や y 軸のまわりの回転についても角運動量の成分が次のように与えられる.

---

x 軸や y 軸のまわりの慣性モーメント I_x, I_y を

$$I_x = \iiint \rho(\boldsymbol{r})(y^2 + z^2)\, dx\, dy\, dz, \quad I_y = \iiint \rho(\boldsymbol{r})(z^2 + x^2)\, dx\, dy\, dz \quad (7.33)$$

で定義すると, 剛体が x 軸 (または y 軸) を回転軸にして角速度 ω で回転するときの角運動量の x 成分 (y 成分) は

$$L_x = I_x \omega, \qquad x \text{ 軸のまわりの回転の場合} \quad (7.34)$$

$$L_y = I_y \omega, \qquad y \text{ 軸のまわりの回転の場合} \quad (7.35)$$

---

[2] 「z 成分」と断る理由は, 剛体の角運動量の方向は回転軸の方向と一般には一致しないからである. 今の座標系では, $\boldsymbol{L} = I_z \omega \boldsymbol{e}_z - \omega \sum_i x_i z_i \boldsymbol{e}_x - \omega \sum_i y_i z_i \boldsymbol{e}_y$ である. 回転軸に関して軸対称であるなど一定以上の対称性をもつ剛体では第 2, 第 3 項が 0 であり, 回転角速度の向きと角運動量の向きは一致する.

固定軸をもつ回転運動の運動エネルギー

剛体が z 軸のまわりに角速度 ω で回転するとき，この剛体の運動エネルギーは

$$K = \frac{1}{2}\sum_i m_i(\boldsymbol{v}_i \cdot \boldsymbol{v}_i)$$

で与えられる．これに式 (7.27), $\boldsymbol{v}_i = (-\omega y_i, \omega x_i, 0)$, を代入すると $K = (1/2)\sum_i m_i \omega^2 (x_i^2 + y_i^2)$, したがって，式 (7.30) により，次の表式が得られる．

> 固定軸をもつ剛体の**回転運動の運動エネルギー**は，
>
> $$K = \frac{1}{2}I_z \omega^2 \tag{7.36}$$
>
> で表される．ここで I_z は回転軸である z 軸のまわりの慣性モーメントである．

式 (7.32) と式 (7.36) を，速度 v で 1 次元運動する質量 m の質点の運動量 $p = mv$, 運動エネルギー $K = mv^2/2$ と比べてみると，回転運動の角速度 ω が直線運動の速度 v に対応し，慣性モーメント I_z が質量に対応することがわかる．慣性モーメントは，剛体の運動を解析する上で欠かせない基本的な量である．質点についての質量が，力が作用したときの加速がされにくい程度を表す量であることが $\boldsymbol{p} = m\boldsymbol{v}$ と $d\boldsymbol{p}/dt = \boldsymbol{F}$ からわかることに対応して，式 (7.32) の $L_z = I_z \omega$ と式 (7.20) の $dL_z/dt = N_z$ からわかるように，剛体についての慣性モーメントはトルクが作用したとき回転の加速がされにくい程度を表すといえる．

平行軸の定理

慣性モーメントを計算するときに役に立つ定理を 2 つ紹介する．まずは，剛体の重心 G を通る固定軸のまわりの慣性モーメントと，原点 O を通るこれと平行な固定軸のまわりの慣性モーメントの関係である（図 7.6）．原点を通る回転軸を z 軸とする座標系をとり，z 軸のまわりの慣性モーメントを I_z と記す．これと平行な重心を通る回転軸を z' 軸とする座標系において z' 軸のまわりの慣性モーメントを I_z^0 と記す．

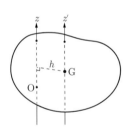

図 7.6 剛体の重心 G を通り z 軸に平行な軸を z' 軸とし，2 つの軸の距離を h とする．

重心 G の位置を，O を原点とする x, y, z 座標で表したとき，(X, Y, Z) であるとすると，I_z^0 を求める式において剛体を細分化した i 番目の微小部分の位置座標 (x_i', y_i', z_i') はその x, y, z 座標を使うと $x_i' = x_i - X$, $y_i' = y_i - Y$, $z_i' = z_i - Z$ と表されるから，

$$I_z^0 = \sum_i m_i \left[(x_i - X)^2 + (y_i - Y)^2\right] = \sum_i m_i \left[x_i^2 + y_i^2 - 2(x_i X + y_i Y) + X^2 + Y^2\right]$$
$$= I_z - 2X \sum_i m_i x_i - 2Y \sum_i m_i y_i + M(X^2 + Y^2)$$

となる．

この式の最後の行の第 2 項と第 3 項に含まれる和は，重心座標の定義 (7.2) を使うと

$$\sum_i m_i x_i = MX, \quad \sum_i m_i y_i = MY$$

と書き換えることができる．これにより，上の式の最右辺は $I_z - M(X^2 + Y^2)$ となる．得られた

関係を整理する．

> z軸のまわりの慣性モーメントI_zと，重心を通りz軸に平行な軸のまわりの慣性モーメントI_z^0の間には，**平行軸の定理**（parallel-axis theorem）
> $$I_z = I_z^0 + Mh^2 \tag{7.37}$$
> が成り立つ．ここで$h = \sqrt{X^2 + Y^2}$はz軸から重心までの距離である．

この定理により，太陽系における惑星のように，重心のまわりに回転しながら全体としてある点を中心にして回転する系の角運動量や運動エネルギーを，重心の運動と剛体の回転に分けて考えることができる（問題 7.2-1 参照）．

薄板の定理

次に，薄い平板状の剛体に関するものである．図 7.7 のように，平板内にx軸とy軸をとり，平板に垂直方向にz軸をとる．このとき，

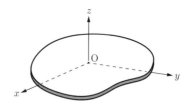

> 薄板の慣性モーメントI_x, I_y, I_zの間には**薄板の定理**が成り立つ．
> $$I_z = I_x + I_y \tag{7.38}$$

図 7.7　薄い平板状の剛体内の任意の点を座標原点 O とし，平板内にx軸とy軸をとり，平板に垂直にz軸をとる．

この定理の証明には，$I_x = (1/2)\sum_i m_i(y_i^2 + z_i^2)$と$I_y = (1/2)\sum_i m_i(z_i^2 + x_i^2)$において板の厚さが十分に小さい極限で$z_i = 0$としてよいことに注意して，この2つの和をとればよい．

一様な密度の物体の慣性モーメントの例

図 7.8 に示す，代表的な形状の質量Mの剛体の，**重心を通る軸のまわりの慣性モーメント**を列挙する．剛体は一様な物質でできているものとする．

(a) 長さ$2l$の細い棒（太さは無視できる）．z軸を棒と平行にとる．
$$I_x = I_y = \frac{1}{3}Ml^2, \quad I_z = 0 \tag{7.39}$$

(b) 長辺a，短辺bの長方形の平板（厚さは無視できる）．長辺に平行にx軸，短辺に平行にy軸をとる．
$$I_x = \frac{1}{12}Mb^2, \quad I_y = \frac{1}{12}Ma^2, \quad I_z = \frac{1}{12}M(a^2 + b^2) \tag{7.40}$$

(c) 半径Rのリング（太さは無視できる）．リングが横たわる面に垂直にz軸をとる．（例題 7.2-1）
$$I_z = MR^2, \quad I_x = I_y = \frac{1}{2}I_z = \frac{1}{2}MR^2 \tag{7.41}$$

(d) 半径Rの円板（厚さは無視できる）．円板に垂直にz軸をとる．（例題 7.2-1）
$$I_z = \frac{1}{2}MR^2, \quad I_x = I_y = \frac{1}{2}I_z = \frac{1}{4}MR^2 \tag{7.42}$$

(e) 半径Rの球殻（厚さは無視できる）．（例題 7.2-1）
$$I_x = I_y = I_z = \frac{2}{3}MR^2 \tag{7.43}$$

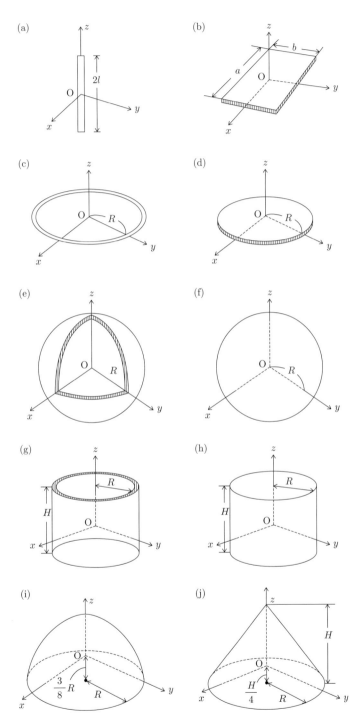

図 7.8 さまざまな形状の剛体．(a) 細い棒．(b) 長方形の板．(c) リング．(d) 円板．(e) 球殻．(f) 球．(g) 中空円筒．(h) 円柱．(i) 半球．(j) 円錐．

(f) 半径 R の球.
$$I_x = I_y = I_z = \frac{2}{5}MR^2 \tag{7.44}$$

(g) 半径 R, 高さ H の中空円筒（厚さは無視できる）. 円柱の軸を z 軸にとる.
$$I_x = I_y = \frac{M}{2}\left(R^2 + \frac{H^2}{6}\right), \quad I_z = MR^2 \tag{7.45}$$

(h) 半径 R, 高さ H の円柱. 円柱の軸を z 軸にとる.
$$I_x = I_y = \frac{M}{4}\left(R^2 + \frac{H^2}{3}\right), \quad I_z = \frac{1}{2}MR^2 \tag{7.46}$$

(i) 半径 R の球を, 中心を通る平面で二分してできる半球. 対称軸を z 軸にとる.
$$I_x = I_y = \frac{83}{320}MR^2, \quad I_z = \frac{2}{5}MR^2 \tag{7.47}$$

(j) 底面の半径 R, 高さ H の円錐. 円錐の軸を z 軸にとる.
$$I_x = I_y = \frac{3M}{20}\left(R^2 + \frac{H^2}{4}\right), \quad I_z = \frac{3}{10}MR^2 \tag{7.48}$$

例題 7.2-1 密度が一様なリングと円板と球殻の慣性モーメントを求めよ.

解 まず，図 7.8(c) に示すリングの I_z を計算する. リングを細かく分割して，i 番目の区画の質量を m_i とする. どの区画も z 軸からの距離は R なので，式 (7.30) より，
$$I_z = \sum_i m_i R^2 = R^2 \sum_i m_i = MR^2$$

ただし，M はリングの質量である. このリングの I_x と I_y の計算には，対称性と薄板の定理 (7.38) を利用する. 対称性から $I_x = I_y$ と推論され，薄板の定理を使うと次のように求まる.
$$I_x = I_y = \frac{1}{2}I_z = \frac{1}{2}MR^2$$

次に，図 7.8(d) に示す円板の I_z を計算する. 円板の質量を M とすると単位面積当たりの質量（面密度）は $\sigma = M/\pi R^2$ である. 図 7.9 (a) のように，円板をリングに分割し，その 1 つのリングの半径を r, 幅を dr とする. このリングの面積は $2\pi r\,dr$ だから，その質量は $dM = 2\pi\sigma r\,dr$

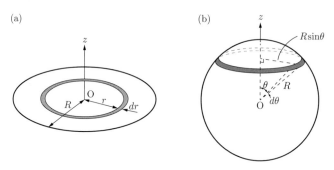

図 7.9 (a) 半径 R の円板と (b) 半径 R の球殻をリングに分割する.

であり，z 軸のまわりの慣性モーメントは $dI_z = r^2\,dM = 2\pi\sigma r^3\,dr$ で与えられる．したがって，円板の I_z は

$$I_z = \int dI_z = \int_0^R 2\pi\sigma r^3\,dr = \frac{\pi}{2}\sigma R^4 = \frac{1}{2}MR^2$$

となる．そして，対称性と薄板の定理より次を得る．

$$I_x = I_y = \frac{1}{2}I_z = \frac{1}{4}MR^2$$

最後に，図 7.8(e) に示す球殻を考える．球殻の質量を M とすると，面密度は $\sigma = M/4\pi R^2$ である．この場合には対称性より $I_x = I_y = I_z$ といえる．I_z を計算するために，図 7.9(b) に示すように，z 軸に垂直な平面で球殻を切って，リングに分割する．1 つのリングの上部の円周上の一点から原点 O へ引いた線分と z 軸とのなす角を θ，下部の円周上の一点から O へ引いた線分と z 軸とのなす角を $\theta + d\theta$ とする．このリングの半径は $R\sin\theta$，幅は $R\,d\theta$ だから，その質量は $dM = 2\pi\sigma R\sin\theta R\,d\theta$．そして z 軸のまわりの慣性モーメントは

$$dI_z = (R\sin\theta)^2\,dM = 2\pi\sigma R^4 \sin^3\theta\,d\theta$$

で与えられる．したがって，次のように計算できる．

$$I_x = I_y = I_z = \int dI_z = 2\pi\sigma R^4 \int_0^\pi \sin^3\theta\,d\theta = \frac{2}{3}MR^2$$

球殻の慣性モーメントは次のように計算することもできる．上でも指摘したように，対称性により $I_x = I_y = I_z$ が期待される．したがって

$$I_x = I_y = I_z = \frac{1}{3}(I_x + I_y + I_z)$$

という関係が成り立つ．ここで，

$$I_x + I_y + I_z = \sum_i \left[m_i(y_i^2 + z_i^2) + m_i(z_i^2 + x_i^2) + m_i(x_i^2 + y_i^2) \right] = 2\sum_i m_i(x_i^2 + y_i^2 + z_i^2)$$

である．ところで，球殻上ではどの点も原点（球殻の中心）からの距離は R なので

$$I_x + I_y + I_z = 2\sum_i m_i(x_i^2 + y_i^2 + z_i^2) = 2\sum_i m_i R^2 = 2R^2 \sum_i m_i = 2MR^2$$

となる．よって，次を得る．

$$I_x = I_y = I_z = \frac{2}{3}MR^2$$

問題 7.2-1 図 7.10 に示すように，半径 R，質量 m の円形の回転台が円の中心 C を通り円に垂直な軸のまわりに回転できるようになっているとする．周上の 2 点 A と B を，A, B, C が 1 つの直線上にあるようにとる．D あるいは E は密度は一様な円板で，A あるいは B を通り回転台の円に垂直な軸が D あるいは E の中心を通るように取り付けられて，それぞれその軸のまわりに回転できるとする．また，固定して回らないようにすることもできるとする．D, E の質量はそれぞれ同じく M であり，それぞれの円の中心を通る回転軸のまわりの慣性モーメントが同じく I_0 であるとする．

いま，簡単のため，$m \ll M$ であり，大きな回転台の慣性モーメントは I_0 に比べて無視できるほど小さいとする．

(1) 円板 D, E が台に対して回転しないように固定された状況で回転台を角速度 ω で回すとき，C を通る回転軸のまわりの慣性モーメントを R, M, I_0 を用いて表し，回転台

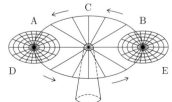

図 7.10 回転できる台の上に載った 2 つの小さな回転円板．

と円板からなる体系の角運動量を求めよ.

(2) 回転台に対して2つの円板は摩擦なく回転できるものとして，回転台が一定速度で回転しているとき円板はそれぞれ回転台の外にいる観測者からみて回転していない状況が作れたとする．これにより，回転台の角速度が ω のとき，円板はそれぞれ回転台に対して角速度 $-\omega$ で回転する．このとき回転台と円板からなる体系の角運動量を求めよ.

角運動量ベクトルと核磁気共鳴（NMR）

核磁気共鳴（NMR）現象は理工学や医学のさまざまな分野で利用されている．例えば，有機化合物の合成ではその化学構造を決定するのに用いられ，最近では，MRI イメージングとして医療分野で画像診断に使用されている．

原子核は，大きさのある粒子で正電荷をもち，自転していて決まった大きさの角運動量をもつ．これをスピンとよぶ．電荷が回転することにより角運動量ベクトルの向きの極微小磁石になる．これは磁石の最小単位のひとつであり，原子核のもつ磁気モーメントという．磁場がかかると（主磁場），その向きと違う向きの核磁気モーメントは同じ向きになろうと，トルクが発生する．角運動量ベクトルに垂直なトルクが作用すると，重力の下でのコマのように，主磁場の向きを軸とする歳差運動をする．歳差運動は本書の少し後で詳しく学ぶ．その周波数は磁場強度が 1 T（テスラ）のとき水素原子核（プロトン）で約 43 MHz である．NMR 装置ではその周波数の回転磁場（ラジオ波）をかけ，歳差運動を共鳴させることができる．

試料中のたくさんのプロトンスピンの向きは統計分布して平均磁気モーメントは主磁場の向きを向く．そこに共鳴させる回転磁場を時間パルス的に加え，歳差運動を大きくするとスピンは倒れて行くが，同時に回転磁場と同期するよう向きがそろう．倒れ角がちょうど 90 度になった瞬間に回転磁場を切れば，その後は，それぞれのプロトンのスピンは主磁場の方向を軸とした歳差運動をしながら最初の向きに戻っていくが，同時に，測定される系の磁場の不均一などによりその回転の同期は次第に失われる．前者の緩和時間を縦緩和時間 T_1，後者の緩和時間を横緩和時間 T_2 とよび，医療用ではこれらを組織状態の識別や診断に用いている．　　（鈴木　誠）

7.3　固定軸をもつ剛体の運動

ここまでで，剛体が固定した軸のまわりに回転する運動の場合には角運動量が回転の角速度と慣性モーメントで表されることがわかった．これにより，7.1 節で学んだ剛体の角運動量の方程式を具体的に解くことができる．本節では剛体が固定軸のまわりを回転できるような状況で行う運動について考察する．この軸を z 軸とすると，剛体の角運動量に対する運動方程式 (7.20) の z 成分は

$$I_z \frac{d\omega}{dt} = N_z \tag{7.49}$$

と表される．ここで ω は剛体の回転角速度（z 軸の正方向から見て反時計回りに回転するときに $\omega > 0$）である．また，z の正方向から見て反時計回りに測った剛体の回転角を φ とすると，$\omega = \dfrac{d\varphi}{dt}$ だから，運動方程式 (7.49) は次式となる．

$$I_z \frac{d^2\varphi}{dt^2} = N_z \tag{7.50}$$

例題 7.3-1　半径 R，質量 M の均質な円板がその中心を通る水平軸のまわりで回転できるようになっている（図 7.11）．円板に巻きつけられた糸の一端には質量 m のおもりが吊り下げられている．おもりが下降する加速度を求めよ.

解 円板の回転角速度を ω とする．図のような向きのとき $\omega > 0$ とする．おもりの下降する速さを v, ひもの張力を T とおく．

滑車に巻き付けたひもがほどけていくので滑車の外周の回る速さは v である．外周は円であり，その半径は R であるので，関係式 $\omega = v/R$ が成り立つ．滑車の回転軸のまわりの慣性モーメントを I とおくと，角運動量は $L = I\omega$ である．また，$I = MR^2/2$ が成り立つ．

滑車に作用する張力のトルクを求めると，$N = RT$ である．これらにより，滑車の運動方程式 $\dot{L} = N$ は

$$I\dot{\omega} = RT$$

となる．一方でおもりについての運動方程式は，おもりに作用する力が重力と張力であるので，

$$m\dot{v} = mg - T$$

である．これらより ω と T を消去すると，次の式が得られる．

$$m\dot{v} = mg - \frac{I}{R}\frac{\dot{v}}{R}$$

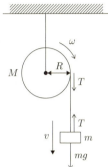

図 7.11 滑車とおもりからなる系．

この式に I の表式を代入すると $(m + M/2)\dot{v} = mg$ が得られ，これよりおもりの下降する加速度の大きさは次のように求まる．

$$\dot{v} = \frac{2m}{2m + M}g \tag{7.51}$$

なお，滑車の質量がおもりの質量に比べて十分に大きい場合には加速度が重力加速度 g に比べて約 $2m/M$ 倍であることがわかる．

例題 7.3-2 剛体が水平軸（z 軸とする）のまわりで振動している状況（図 7.12）を考える．このような系を**物理振り子**（physical pendulum）または**実体振り子**という．小さい振幅で振動（微小振動）する物理振り子の振動の周期 T をこの剛体の質量 M, 重心 G の回転軸からの距離 h, この剛体の z 軸に関する慣性モーメント I_z と重力加速度 g を用いて表せ．

解 重心から回転軸へ下ろした垂線が鉛直軸となす角を φ とすると，剛体に作用する重力のトルクの z 成分は $-Mgh\sin\varphi$ で与えられる[3]．したがって運動方程式 (7.50) は

$$I_z\frac{d^2\varphi}{dt^2} = -Mgh\sin\varphi \tag{7.52}$$

となる．この式は単振り子の運動方程式 (2.50) と同じ形をしており，物理振り子の Mgh/I_z が単振り子の g/l に対応する．したがって，小さい振幅で振動（微小振動）する物理振り子の振動の周期 T は，

$$T = 2\pi\sqrt{\frac{I_z}{Mgh}} \tag{7.53}$$

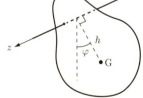

図 7.12 物理振り子．

で与えられる（式 (2.46) 参照）．

---

[3] 式 (6.71) で示したように，「質点系に作用する一様重力のトルクは，質量のすべてが重心の位置に集中していると仮定して計算したトルクに等しい」ことを思い出そう．

例題 7.3-3 一辺の長さが $2a$, 質量 M の正方形の均質な板がある. 板の中心 O を通り, 板に垂直な回転軸のまわりを板は自由に（摩擦なしで）回転できる. この回転軸を鉛直に立てる. 初めに静止した板の中心にいた質量 m の人が, 図 7.13(a) に示すような三角形の経路 OABO に沿って歩く. 線分 AB は板の 1 つの辺に一致する. また, 線分 AB の中点を C とする. この人が一周して板の中心に戻るまでに, 板はどれだけ回転するか.

解 人が歩くとき, 回転軸から板に力が作用するが, 板の中心 O に関するこの力のモーメントは 0 である. したがって, 板と人を合わせた系の点 O に関する角運動量（の鉛直成分）は保存する（最初に板も人も静止しているので, 角運動量はつねに 0 となる）. 人が, 線分 OA 上を歩くときと BO 上を歩くときには, 板は回転しない（人から板に作用する力の点 O に関するモーメントは 0 だから）.

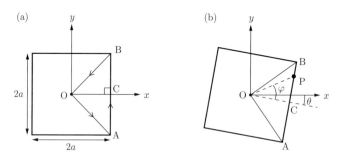

図 7.13 正方形の板の上を三角形の経路 OAB に沿って人が反時計回りに歩くと, 板は時計回りに回転する.

線分 AB 上を歩くときの人の位置を P として, 線分 OP と OC のなす角を φ とする（点 P が線分 CB 上にあるときには $\varphi > 0$, 線分 AC 上にあるときには $\varphi < 0$）と, 線分 OP の長さは $r = a/\cos\varphi$ で与えられる. また, 時計回りに測った円板の回転角を θ とする（図 7.13(b)）. 図 7.13 のように x 軸と y 軸をとると, 点 P の座標は,

$$x = r\cos(\varphi - \theta), \quad y = r\sin(\varphi - \theta)$$

と表される. さらに, 歩く人の（点 O に関する）角運動量の鉛直成分は

$$m(x\dot{y} - y\dot{x}) = mr^2(\dot{\varphi} - \dot{\theta}) = \frac{ma^2(\dot{\varphi} - \dot{\theta})}{\cos^2\varphi}$$

となる. また, 回転軸に関する板の慣性モーメントは $I = (2/3)Ma^2$ であるから, 板の角運動量（の鉛直成分）は $-I\dot{\theta} = -(2/3)Ma^2\dot{\theta}$ である. したがって, 角運動量保存則より,

$$\frac{ma^2(\dot{\varphi} - \dot{\theta})}{\cos^2\varphi} - \frac{2}{3}Ma^2\dot{\theta} = 0$$

が成り立つ. この式を書き直すと, 次のようになる.

$$\frac{\dot{\theta}}{\dot{\varphi}} = \frac{3m}{3m + 2M\cos^2\varphi} \Rightarrow \frac{d\theta}{d\varphi} = \frac{3m}{3m + 2M\cos^2\varphi}$$

A から B まで歩く間に φ は $-\pi/4$ から $\pi/4$ まで増加するので, この間に円板が回転する角度を $\Delta\theta$ とすると, 次のように計算できる.

$$\Delta\theta = \int_{-\pi/4}^{\pi/4} \frac{3m}{3m + 2M\cos^2\varphi} d\varphi$$
$$= \frac{2}{\sqrt{1 + 2M/3m}} \arctan\frac{1}{\sqrt{1 + 2M/3m}} \quad (7.54)$$

人の質量 m が板の質量 M に比べて十分小さい場合には $\Delta\theta \approx 3m/M$ となり, 十分大きい場合には $\Delta\theta \approx \pi/2$ となる. $\Delta\theta$ を m/M の関数として描くと図 7.14 のようになる.

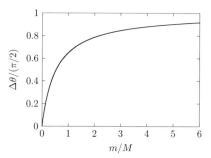

図 7.14 式 (7.54) で与えられる $\Delta\theta$ の m/M 依存性. $m/M \to \infty$ の極限で $\Delta\theta$ は $\pi/2$ に漸近する.

問題 7.3-1 半径 R, 質量 M の均質な円板がある. 円板の中心から距離 l の位置に, 回転軸を円板に垂直に付ける (図 7.15). この軸を水平に固定して, 円板を微小振動させる. 振動の周期を求めよ. また, 周期を l の関数としてグラフに描け $(0 < l < R)$.

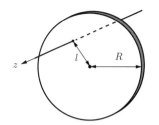

図 7.15 円板に垂直に軸を取り付けて, この軸を中心にして円板を振動させる.

問題 7.3-2 半径 R, 質量 M の均質な円板がある. 円板の中心 O を通り, 円板に垂直な回転軸のまわりを円板は自由に回転できる. この回転軸を鉛直に立てる. 初めに静止した円板の中心にいた質量 m の人が, 図 7.16(a) に示すように, まず縁の一点 Q に向かって歩き, Q に到達後円周に沿って反時計回りに歩く. この人が円周を一周して Q に戻って, 再び最初の半径を逆にたどって中心に戻るまでに, 円板はどれだけ回転するか. (図 7.16(b) のように座標軸と角度 θ, φ を設定して, 例題 7.3-3 と同様にして考えるとよい.)

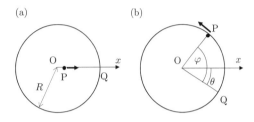

図 7.16 回転できる台の上に乗った人が台の縁を一周すると ….

問題 7.3-3 半径 $2R$, 質量 M の均質な円板がある. 円板の中心 O を通り, 円板に垂直な回転軸のまわりを円板は自由に回転できる. この回転軸を鉛直に立てる. 初めに静止した円板の中心にいた質量 m の人が, 図 7.17(a) に示すように, 中心が O' で半径が R の円周に沿って反時計回りに歩く. この円周は点 O を通り円板の周に内接する. この人が一周して中心 O に戻るまでに, 円板はどれだけ回転するか. (図 7.17(b) のように座標軸と角度 θ, φ を設定して, 例題 7.3-3 と同様にして考えるとよい.)

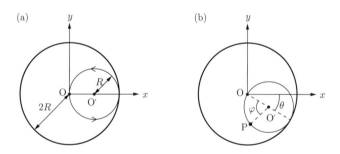

図 7.17 半径 $2R$, 中心 O の円板の上を, 中心 O' 半径 R の円周に沿って人が反時計回りに歩くと, 円板は時計回りに回転する.

7.4 剛体の平面運動

並進運動と回転運動

剛体が向きを変えずに運動するとき剛体の各点は並行して移動する. この運動を**並進運動** (translational motion) という. 並進運動は重心の位置の時間変化として記述される. 一般には, 剛体の運動は重心の運動と回転運動が同時に起こっている. 本節では, 剛体の重心が 1 つの平面内を移動し, 回転軸が常にこの面に垂直であるような運動を考える. このような運動を**剛体の平面運動**という. この平面を xy 平面として, 重心の位置 (X, Y) と剛体の回転角 φ を時間 t の関数として表すことができれば, この剛体の運動がわかったことになる. 重心の位置は運動方程式 (7.13), すな

わち

$$M\frac{d^2X}{dt^2} = F_x, \quad M\frac{d^2Y}{dt^2} = F_y \tag{7.55}$$

を使って解析できる．ここで，F_x と F_y は剛体に作用する外力の x 成分と y 成分である．また，回転角は運動方程式 (7.25)，すなわち

$$I_z^0 \frac{d^2\varphi}{dt^2} = N_z^0 \tag{7.56}$$

を使って解析できる．ここで，I_z^0 は重心を通り xy 平面に垂直な軸のまわりの慣性モーメント，N_z^0 は重心に関する外力のモーメントの z 成分である．

例として，ひとつの鉛直面内を運動する平板について考える（図 7.18）．物体には鉛直下向きに重力が作用するので，重心は放物線を描いて運動する．また，6.5 節で説明したように，一様重力が作用する物体の重心に関するトルクは 0 である．したがって式 (7.56) より，平板の回転角速度は一定であることがわかる．

図 7.18　ひとつの鉛直面内を運動する三角形の平板．丸印は，平板の重心の位置を表す．

剛体の運動エネルギー

平面運動をする剛体の運動エネルギーはどのような式で表されるのだろうか．剛体を微小領域に分けて考えよう．第 i 番目の領域の質量を m_i，位置を $\boldsymbol{r}_i = (x_i, y_i, z_i)$ とすると，剛体の運動エネルギー K は

$$K = \sum_i \frac{1}{2} m_i \dot{\boldsymbol{r}}_i \cdot \dot{\boldsymbol{r}}_i = \sum_i \frac{1}{2} m_i (\dot{x}_i^2 + \dot{y}_i^2) \tag{7.57}$$

で与えられる．ただし，最後の式変形では，平面運動の平面を xy 平面とすると $\dot{z}_i = 0$ であることを用いた．いま，図 6.16 のように，剛体の重心位置を $\boldsymbol{R} = (X, Y, 0)$，重心を基準にした微小領域 i の位置を $\boldsymbol{q}_i = (\xi_i, \eta_i, \zeta_i)$ とすると，$\boldsymbol{r}_i = \boldsymbol{R} + \boldsymbol{q}_i$ が成立するので，式 (7.57) は次のように書き換えられる．

$$K = \frac{1}{2}\left(\sum_i m_i\right) \dot{\boldsymbol{R}} \cdot \dot{\boldsymbol{R}} + \dot{\boldsymbol{R}} \cdot \frac{d}{dt}\left(\sum_i m_i \boldsymbol{q}_i\right) + \frac{1}{2} \sum_i m_i \dot{\boldsymbol{q}}_i \cdot \dot{\boldsymbol{q}}_i \tag{7.58}$$

この式の右辺第 1 項の $\sum_i m_i$ は剛体の質量 M に等しく，第 2 項の $\sum_i m_i \boldsymbol{q}_i$ は重心位置 $\boldsymbol{R}$ の定義と $\boldsymbol{q}_i$ の定義から 0 に等しいことがわかる．そして，重心のまわりの剛体の回転角速度を ω とすると，

$$\dot{\boldsymbol{q}}_i = \omega \boldsymbol{e}_z \times \boldsymbol{q}_i = (-\omega\eta_i, \omega\xi_i, 0)$$

と表すことができる（式 (7.27) 参照）ので

$$\dot{\boldsymbol{q}}_i \cdot \dot{\boldsymbol{q}}_i = \omega^2 (\xi_i^2 + \eta_i^2)$$

が得られる．また，重心を通り xy 平面に垂直な軸のまわりの慣性モーメント I_z^0 は

$$I_z^0 = \sum_i m_i(\xi_i^2 + \eta_i^2)$$

で与えられるから，式 (7.58) の右辺第 3 項は

$$\frac{1}{2}\sum_i m_i \dot{\boldsymbol{q}}_i \cdot \dot{\boldsymbol{q}}_i = \frac{1}{2}I_z^0 \omega^2$$

と書き換えることができる．以上の結果をまとめる．

平面運動をする**剛体の運動エネルギー**は

$$K = \frac{1}{2}MV^2 + \frac{1}{2}I_z^0 \omega^2 \tag{7.59}$$

と表すことができる．ここで，V は重心の速さ，ω は重心のまわりの回転角速度である．

これは運動エネルギーが重心の運動のエネルギー（式 (7.16) 参照）と重心のまわりの回転運動のエネルギー（式 (7.36) 参照）の和として表現できることを表している．

床の上を転がる球のエネルギー

例として，図 7.19(a) のように平面の上を滑ることなく転がる均質な球の運動エネルギーを計算してみよう．球の半径を R，質量を M，重心の速さを V とする．まず最初に，重心の速さ V と球の回転の角速度 ω の関係を求める．球が滑らずに転がるということは，球が床と接している点 P の速度は 0 であることを意味する．一方，この運動を球の中心といっしょに動く観測者から見ると，点 P は速さ $v = R\omega$ で，球の運動方向とは逆向きに動く（図 7.19(b)）．そして，静止した観測者から見ると，この点の速さは $V - v = V - R\omega$ となり，それが 0 なのだから，

$$V = R\omega \tag{7.60}$$

という関係が成立する[4]．

これより $\omega = V/R$ であり，また球の中心を通る軸のまわりの慣性モーメントは，式 (7.44) より，$I = (2/5)MR^2$ だから，滑らずに転がる球の運動エネルギーは，次のようになる．

$$K = \frac{1}{2}MV^2 + \frac{1}{2}\left(\frac{2}{5}MR^2\right)\left(\frac{V}{R}\right)^2 = \frac{7}{10}MV^2 \tag{7.61}$$

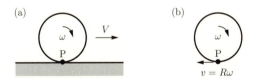

図 7.19 (a) 半径 R の球が平面の上を滑ることなく，角速度 ω で転がるとき，平面と接している球の表面の点 P の速度は 0 である．(b) この運動を球の中心といっしょに動く観測者から見ると，点 P の速さは $R\omega$ である．

---

[4] 別の考え方をしてもよい．角度 θ の回転をすると剛体の断面の円周の一部分が床と順次接触するが，その長さ l は $l = R\theta$ である．したがってその間に球は床の上を l だけ移動するから，球の速度は $V = \dot{l}$ つまり，$V = R\dot{\theta}$ よって $V = R\omega$ である．

斜面を転がり落ちる球の加速度

剛体に作用する外力が保存力の場合，剛体の力学的エネルギー（運動エネルギーと外力のポテンシャルエネルギーの和）は保存する．例として，斜面上を滑ることなく転がり下りる均質な球の運動を考える（図 7.20）．この球に作用する外力は重力と摩擦力と垂直抗力である．この例では摩擦力と垂直抗力は仕事をせず，重力は保存力だから，運動エネルギーと重力のポテンシャルエネルギーの和は保存する．最初に球を静かに斜面に置いたとして，鉛直方向に h だけ降下した後の球の中心（重心）の速さ V を求めよう．球の半径を R，質量を M とすると，球の運動エネルギーは式 (7.61) で与えられるから，エネルギー保存則により

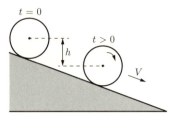

図 7.20　一定の傾きをもつ斜面の上に静かに置いた球 ($t=0$) が滑ることなく転がり，最初の位置から鉛直方向に h だけ下ったとき ($t>0$) の球の中心の速さを V とする．

$$0 = \frac{7}{10}MV^2 - Mgh, \qquad よって \qquad V = \sqrt{\frac{10gh}{7}} \qquad (7.62)$$

を得る．この値は，球が転がらずに滑り下りる場合に得られる速さ $\sqrt{2gh}$ よりも小さい．その理由は，転がる場合には，ポテンシャルエネルギーの一部が球の回転の運動エネルギーに変換されるため，重心の運動のエネルギーが減少するからである．

例題 7.4-1 均質な円板に糸が巻きつけられ，その糸の一端が天井に固定されている．図 7.21 のように，糸が鉛直になるように円板を保ち，静かに手を放した．円板の重心の加速度を求めよ．円板の半径を R，質量を M とする．

解 図 7.21 のように，円板が重力により鉛直下向きに移動すると，糸と円板の接点を支点とする左回転を起こす．回転によって糸の巻きはほどけ，円板から離れて鉛直になった部分の長さが増す．下向きを x 軸とし，回転軸の向きに z 軸をとることにする．重心の位置座標を (X,Y,Z) と記し，円板の回転角を φ と記す．

回転軸の向きを変えるような力が作用してはいないから，時間的に変化する量は (X,Y,Z) と φ である．さらに，重力と糸の張力はともに x 軸に平行であり重心は初めに止まっていたことから，Y と Z は変化しない．よって重心の運動は鉛直下向きであり，向きの変化は重心を通り z 軸に平行な軸のまわりの回転運動である．

円板の下向きの速さを v とし，回転角速度を ω とすると，$v = \dot{X}$，$\omega = \dot{\varphi}$ である．

下向きの運動は重心の運動方程式で求めることができる．張力 T は上向き，重力 Mg は下向きであるので

$$M\dot{v} = Mg - T \qquad (7.63)$$

である．円板に作用する力の重心のまわりのモーメントは張力のモーメントが左回りだから正であって RT，また重力は重心に作用すると考えてよいからモーメントが 0 である．したがって，円板の重心を通り，円板に垂直な軸のまわりの慣性モーメントを I とすると，円板の回転の運動方程式は

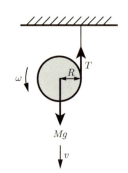

図 7.21　円板に糸を巻きつけ，糸の一端を天井に固定して，円板を降下させる．

$$I\dot{\omega} = RT \tag{7.64}$$

である．また，糸のほどけた長さ l と回転角の関係 $l = R\varphi$ から

$$v = R\omega \tag{7.65}$$

が成り立っている．これらの方程式から ω と T を消去して，

$$MR\dot{v} = MRg - I\frac{\dot{v}}{R}$$

これより，求める加速度は以下の通りである．

$$\dot{v} = \frac{MR^2}{MR^2 + I}g \tag{7.66}$$

ここで密度が一様な円板の慣性モーメントの式 $I = MR^2/2$ を用いれば，円板の重心の加速度として次式が得られる．

$$\dot{v} = \frac{2}{3}g \tag{7.67}$$

例題 7.4-2　図 7.22(a) に示すように，傾斜角 α の斜面を均質な円柱が滑ることなく転がり下りる．円柱の半径を R，質量を M として，この円柱の運動を解析し，転がらずに滑り落ちたとした場合と比較してその特徴を説明し，なぜそのようになるかを保存則に触れて説明せよ．

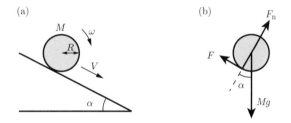

図 7.22　(a) 傾斜角 α の斜面を半径 R，質量 M の円柱が滑ることなく転がり下りる．
(b) 円柱には重力 Mg，垂直抗力 F_n，摩擦力 F が作用する．

解　まず重心の運動を考える．図 7.22(b) に示すように，円柱には大きさ Mg の重力が鉛直下向きに，垂直抗力（大きさを F_n とする）が斜面に垂直で上向きに，摩擦力（大きさを F とする）が斜面に平行で上向きに，それぞれ作用する．重心（円柱の中心）の速度を V とすると，重心の運動方程式 (7.55) より

$$M\dot{V} = Mg\sin\alpha - F \tag{7.68}$$

を得る．

次に重心のまわりの回転運動を考える．重心に関する重力のトルクは 0 であり，垂直抗力の作用線は重心を通るのでそのトルクも 0 であり，したがって，摩擦力のトルクだけが回転の変化を与える．円柱の軸のまわりの回転角速度を ω（回転の向きが時計回りならば $\omega > 0$ とする）とすると，式 (7.56) より，

$$I\dot{\omega} = FR, \quad \text{ただし} \quad I = \frac{1}{2}MR^2 \tag{7.69}$$

が成り立つ．ここで，I は円柱の軸のまわりの慣性モーメントである．

運動方程式 (7.68) と式 (7.69) から F を消去し，さらに転がる条件の式 (7.60) を使って ω を消去すると，
$$\dot{V} = \frac{2}{3} g \sin \alpha \tag{7.70}$$
が得られる．したがって，円柱の軸は等加速度運動をすることがわかる．加速度の大きさは式 (7.70) の右辺で与えられ，それは物体が転がることなく摩擦のない斜面を滑り降りる場合の 2/3 倍である．

重心の運動の加速度が転がらずに滑った場合よりも小さくなった理由は，坂を降りたことによる重力ポテンシャルエネルギーの減少分が重心の運動だけでなく回転の運動のエネルギーにも配分されたためである．

例題 7.4-3 図 7.23 に示すように，滑らかな床と壁に長さ $2l$，質量 M の均質な棒 AB を立てかける．棒を水平方向と θ_0 の角度に保ち静かにはなす．棒はつねに鉛直面内にあるものとする．滑り出した棒が壁から離れるのは棒の位置がどのようになったときか．

解 図のように x 軸と y 軸をとり，重心 G の座標を (X, Y) とする．また，棒と床のなす角を θ とする．このとき，$\overline{\mathrm{GB}}$ の長さが l であるから，
$$X = l \cos \theta, \quad Y = l \sin \theta \tag{7.71}$$
という関係が成り立つ．また，棒の反時計回りの回転角速度 ω は
$$\omega = -\dot{\theta} \tag{7.72}$$
である．

棒には，全体に重力と上端 A に作用する壁からの垂直抗力および下端 B に作用する床からの垂直抗力が作用する．重力はまとめて重心に作用するとしてよい．垂直抗力の大きさをそれぞれ F_A，F_B とする．これらにより，棒の重心に対する運動方程式は，

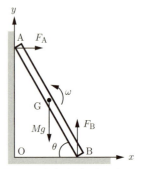

図 7.23 鉛直面上を回転しながら滑る棒 AB．

$$M\ddot{X} = F_\mathrm{A}, \quad M\ddot{Y} = F_\mathrm{B} - Mg \tag{7.73}$$
となる．

次に，重心のまわりのトルクについて考える．壁の垂直抗力によるトルクは右回りで $-lF_\mathrm{A} \sin \theta$，床の垂直抗力によるトルクは左回りで $lF_\mathrm{B} \cos \theta$ と求められる．したがって重心のまわりの回転に関する運動方程式は，
$$I\dot{\omega} = l(F_\mathrm{B} \cos \theta - F_\mathrm{A} \sin \theta), \quad \text{ただし } I = \frac{1}{3} M l^2 \tag{7.74}$$
となる．式 (7.73) と式 (7.74) から F_A と F_B を消去し，さらに，式 (7.71) と式 (7.72) を使って X，Y，ω を消去すると，
$$4l\ddot{\theta} = -3g \cos \theta \tag{7.75}$$
が得られる．この微分方程式は $\dot{\theta}$ をかけると積分することができる．初期条件 $\theta = \theta_0$，$\dot{\theta} = 0$ を考慮すると，
$$2l\dot{\theta}^2 = 3g(\sin \theta_0 - \sin \theta) \tag{7.76}$$
棒に作用する抗力を計算するために，X と Y の式 (7.71) を運動方程式 (7.73) に代入して，これに式 (7.75) と式 (7.76) を使って整理すると，
$$F_\mathrm{A} = \frac{3}{4} Mg (3 \sin \theta - 2 \sin \theta_0) \cos \theta, \quad F_\mathrm{B} = \frac{1}{4} Mg \left[\cos^2 \theta_0 + (3 \sin \theta - \sin \theta_0)^2 \right]$$
となる．床からの抗力 F_B はつねに正であるのに対して，壁からの抗力は，$\sin \theta = (2/3) \sin \theta_0$ となるときに 0 になる．したがって，床から重心までの高さが，初期値の 2/3 倍になるときに棒は壁から離れる．このとき，$F_\mathrm{B} = Mg/4$，$\omega = \sqrt{(g/2l) \sin \theta_0}$ である．

問題 7.4-1 図 7.24 に示すように，傾斜角 α の斜面上を，円柱 A，中空円筒 B，球 C が初速度 0 で転がり下りる．B の外半径と C の半径は A の半径に等しく，A と B と C の質量は等し

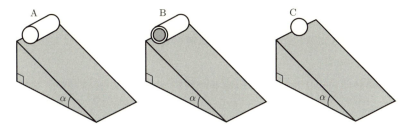

図 7.24 斜面を転がる 3 つの物体 A, B, C.

い．また，A，B，C ともに密度は一様である．どの物体も滑ることなく転がり下りるものとする．A，B，C のそれぞれが転がり始めてから 1 回転するまでの時間を t_A, t_B, t_C とする．これらの時間の大小関係を答えよ．

問題 7.4-2 一様な円柱（半径 R，質量 M）が，粗い水平な床の上を速さ v で転がっている．図 7.25 のように，床があるところから急に h だけ高くなっているとすると，この円柱が段差を上りきるために必要な v を求めよ．ただし，円柱と C との衝突は完全に非弾性的で，上りきるまで円柱は C から離れないものとする．

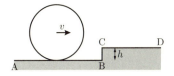

図 7.25 段差のある床を転がる円柱．

問題 7.4-3 図 7.26 のように，粗い水平な床の上に置かれた半径 R の半球が滑ることなく微小振動している．振動の周期を求めよ．半球の傾き角を φ，重心の座標の鉛直成分を y として，$|\varphi| \ll 1$, $\ddot{y} \approx 0$ と仮定して計算するとよい．

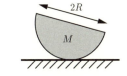

図 7.26 水平な床の上で振動する半球．

問題 7.4-4 滑らかな水平面上に半径 $2R$，質量 M の円板が置かれている．初めに，静止した円板上の中心 C にいた質量 m の人が，図 7.27(a) に示すように，中心が C′ で半径が R の円周に沿って反時計回りに歩く．この円周は点 C を通り円板の周に内接する．この人が一周して円板の中心に戻るまでに，円板はどれだけ回転するか．人と円板からなる系の角運動量（の鉛直成分）と運動量を保存する．人の位置を点 P で表し，図 7.27(b) のように座標軸と角度 θ, φ を設定して，例題 7.3-3 と同様にして考えるとよい．

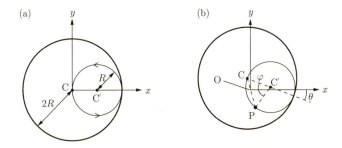

図 7.27 滑らかな水平面上に置かれた半径 $2R$ の円板の上を，中心 C′，半径 R の円周に沿って人が反時計回りに歩くと，円板は時計回りに回転する．人が移動するにつれて円板の中心 C も移動するが，人と円板からなる系の重心は移動しない．

> ### 月と地球の角運動量
>
> 毎日規則正しく昼と夜が来るのは地球の自転の角運動量がほぼ一定だからである．国立天文台によれば，この1日という自転周期は5万年で1秒ずつ長くなっている．外力が作用しなければ自転周期は一定のはずだが，月からの引力によって海水が月に向かう流れが生じ，地面との間に摩擦力（潮汐摩擦力）が発生するため地球の自転速度を遅くする．このように地球の自転の角運動量は少しずつ失われていく．
>
> その失われた角運動量はどこに行くのだろうか？　月は静止軌道よりはるかに外側であるため地球中心から見た月の角速度は地球の自転の角速度よりずっと遅く，月からの潮汐力が地球の自転を遅くする一方で，その反作用として月自身の公転速度を速めるのである．そのため，月は地球から少しずつ遠ざかる．その結果，地球の自転軸まわりの月の角運動量が増加し，結局月と地球の総角運動量はほぼ一定に保たれる．つまり地球と月の2体系の地軸まわりの角運動量はほぼ保存されている．
>
> この"ほぼ保存"も，さらに精密な測定をすれば，太陽やほかの惑星の引力による影響で厳密な保存でないことがわかる．このように精度を高めるほど考慮すべき天体の数は増えるが角運動量は全体として保存される．
>
> （鈴木　誠）

7.5 【発展】歳差運動

高速で回転しているコマの軸が鉛直軸に対して傾いているとき，図 7.28(a) に示すように，軸の先端はゆっくりと水平な円を描く．この運動を**歳差運動**（precession）という．このとき，コマの軸と鉛直線のなす角は一定に保たれる．コマの回転速度があまり速くない場合には，軸と鉛直軸のなす角は周期的に変動し，軸の先端は図 7.28(b) に示すような動きをする．この周期的な振動を**章動**（nutation）という．

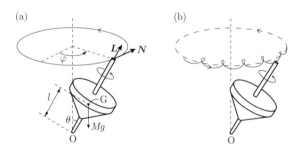

図 7.28　コマの運動．(a) 歳差運動．(b) 章動をともなう歳差運動．

ここでは高速で回転するコマの歳差運動を調べる．図 7.28(a) のように，コマの支点 O は床の上に固定されており，コマは，上から見て軸のまわりに反時計回りに角速度 ω で回転（自転）しているとしよう．支点 O に関する，コマの角運動量 $\boldsymbol{L}$ は回転軸に平行[5]で，図の $\boldsymbol{L}$ が示す向きを向く．そして，コマの回転軸のまわりの慣性モーメントを I とすると，角運動量の大きさは $L = I\omega$ で与えられる．コマの軸と鉛直線のなす角を θ，コマの重心から支点までの距離を l，コマの質量を M とすると，支点 O に関する重力のモーメント $\boldsymbol{N}$ の大きさは $N = Mgl\sin\theta$ であり，その向きは図 7.28(a) の $\boldsymbol{N}$ が示す向き（鉛直軸とコマの軸が作る鉛直面に垂直）であり，$\boldsymbol{N}$ は $\boldsymbol{L}$ と鉛直軸の両方に垂直である．したがって，運動方程式 (7.20) より得られる微小時間 dt 後の角運動量 $\boldsymbol{L}' = \boldsymbol{L} + \boldsymbol{N}\,dt$ と $\boldsymbol{L}$ との関係は図 7.29 のようになる．すなわち，角運動量の大きさおよび角

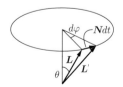

図 7.29　時刻 t における角運動量 $\boldsymbol{L}$ と時刻 $t+dt$ における角運動量 $\boldsymbol{L}'$ との関係．$\boldsymbol{N}$ は時刻 t におけるトルク．

---

[5] これは，自転速度が歳差運動の速度に比べて圧倒的に大きい場合に成り立つ近似である．

運動量と鉛直軸となす角は変わらず，角運動量と鉛直軸が作る平面（鉛直面）が角度

$$d\varphi = \frac{N\,dt}{L\sin\theta} = \frac{Mgl}{I\omega}\,dt \tag{7.77}$$

だけ回転する．そして，コマの軸は角運動量と同じ方向を向くので，コマの軸の先端は角速度

$$\frac{d\varphi}{dt} = \frac{Mgl}{I\omega} \tag{7.78}$$

の等速円運動をすることがわかる．この運動が歳差運動である．

問題 7.5-1 「地球ゴマ」[6]という玩具がある．図 7.30 に示すように，地球ゴマは金属製の丸い枠の中で，金属製のコマが回るしかけになっている．枠の外側に突き出ている軸の一端を糸で吊し，コマの軸を水平にして回転させたところ，軸が水平を保ったまま歳差運動をした．歳差運動の周期は 3.0 s であった．地球ゴマの質量は 62 g，糸を結びつけた点からコマの重心までは 35 mm，コマの軸のまわりの慣性モーメントは $2.8 \times 10^4\,\mathrm{g\,mm^2}$ である．コマの自転速度を求めよ．

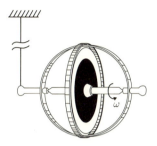

図 7.30 地球ゴマ．

7.6 剛体のつり合い

剛体が静止して動かないための条件（**つり合いの条件**）は，式 (7.13)，式 (7.20) より，

$$\boldsymbol{F} = 0, \quad \boldsymbol{N} = 0 \tag{7.79}$$

であることがわかる．つまり，剛体に作用する力（外力の総和）とトルクが 0 に等しいことが，剛体のつり合い条件である．6.5 節で述べたように，トルク $\boldsymbol{N}$ は一般に基準点のとり方に依存する．しかし以下で示すように，$\boldsymbol{F} = 0$ の場合には，$\boldsymbol{N}$ は基準点のとり方に依存しない．したがって，剛体のつり合いを議論するときには，任意に選んだ基準点を用いてトルクを計算すればよい．

剛体がつり合っている場合には，剛体に作用する力のモーメントの値は，基準点のとり方によらないことを証明しよう．2 つの基準点 O と O′ があるとしよう．点 O を基準にした点 O′ の位置ベクトルを $\boldsymbol{a}$ とする（図 7.31）．剛体を細かく区分したときの i 番目の区画について考えると，O を基準にした場合の位置ベクトル $\boldsymbol{r}_i$ と O′ を基準にした場合の位置ベクトル $\boldsymbol{r}_i'$ の間には

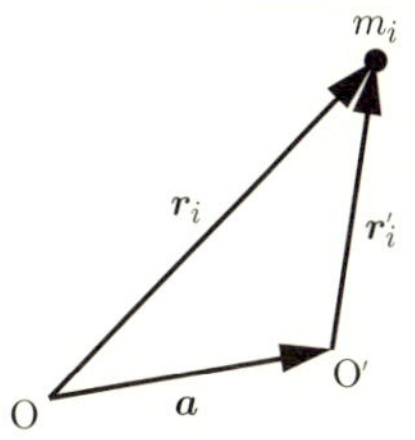

$$\boldsymbol{r}_i = \boldsymbol{r}_i' + \boldsymbol{a}$$

図 7.31 点 O を基準にした質点 i の位置ベクトル $\boldsymbol{r}_i$ と点 O′ を基準にした位置ベクトル $\boldsymbol{r}_i'$．点 O を基準にした点 O′ の位置は $\boldsymbol{a}$．

という関係がある．したがって，点 O に関するトルクを $\boldsymbol{N}$，点 O′ に関するトルクを $\boldsymbol{N}'$ とすると，

$$\begin{aligned}\boldsymbol{N} &= \sum_i \boldsymbol{r}_i \times \boldsymbol{F}_i = \sum_i \boldsymbol{r}_i' \times \boldsymbol{F}_i + \sum_i \boldsymbol{a} \times \boldsymbol{F}_i \\ &= \boldsymbol{N}' + \boldsymbol{a} \times \left(\sum_i \boldsymbol{F}_i\right)\end{aligned}$$

が成り立つ．ところで，剛体がつり合っている状況では $\sum_i \boldsymbol{F}_i = 0$ であるから，$\boldsymbol{N} = \boldsymbol{N}'$ となり，トルクは基準点の選び方に依存しないことが示された．

---

[6] 「地球ゴマ」は，株式会社タイガー商会の登録商標．

剛体のつり合いの例として，図 7.32 のように，壁に立てかけた長さ l，質量 M の棒について考える．床は水平であり，壁は鉛直である．また，棒は鉛直面内にあり，この鉛直面は壁に垂直である．棒と壁との間の静止摩擦係数を μ_1，棒と床との間の静止摩擦係数を μ_2 とする．棒と鉛直線のなす角を θ として，θ を少しずつ大きくしていくと，どこかで棒は滑り出すであろう．どこで滑り出すのだろうか．棒と壁との接点を A，棒と床との接点を B，点 A の真下の床の点を O とする．図のように，壁から棒に作用する垂直抗力を

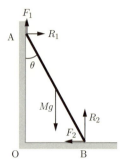

図 7.32 壁に立てかけた長さ l，質量 M の棒．

R_1，摩擦力を F_1，床から棒に作用する垂直抗力を R_2，摩擦力を F_2 とする．棒が滑らずに静止するためには，棒に作用する力とトルクは 0 でなければならない．力の鉛直成分および水平成分が 0 であるという条件より，

$$F_1 + R_2 = Mg, \quad F_2 = R_1 \tag{7.80}$$

を得る．また，点 O に関するトルクが 0 であるという条件より，

$$R_1 l \cos\theta + Mg \frac{l}{2} \sin\theta = R_2 l \sin\theta \quad \Rightarrow \quad R_2 = \frac{1}{2}Mg + R_1 \cot\theta \tag{7.81}$$

を得る．

いま，未知の力は R_1，F_1，R_2，F_2 の 4 つであるのに対して，つり合いの条件からは 3 つの式しか得られない．したがって，これらの条件だけではすべての力の大きさを一義的に決めることはできない．しかし，θ がどの範囲にあるときに，これらの条件が満たされるかを知ることはできる．棒が滑らないためには，摩擦力 F_1 と F_2 はともに最大摩擦力以下でなければならない．つまり，$F_1 \leq \mu_1 R_1$ および $F_2 \leq \mu_2 R_2$ が成立しなければならない．これらの条件と式 (7.80) より，

$$R_2 \geq Mg - \mu_1 R_1, \quad R_2 \geq R_1/\mu_2 \tag{7.82}$$

が得られる．これらの条件はそれぞれ，図 7.33 の直線 $\alpha (R_2 = Mg - \mu_1 R_1)$ と直線 $\beta (R_2 = R_1/\mu_2)$ よりも上側の領域を表し，両方の条件を満たすのは，この図において影をつけた領域である．したがって，棒が静止するためには R_1 と R_2 は，この領域内になければならない．さらに，トルクのつり合い条件 (7.81) は図 7.33 の直線 γ で表される．そして，θ が大きいほどこの直線の傾き（$\cot\theta$）は小さくなるので，θ がある値 θ_c を超えると，この直線 γ は影をつけた領域を通らなくなる[7]．そのような状況では，棒は静止することができない．$\theta = \theta_\mathrm{c}$ となる（棒が滑り出す）のは，直線 γ が α と β の交点（その座標は，$R_1 = R_1^\mathrm{c} \equiv \mu_2 Mg/(1 + \mu_1\mu_2)$，$R_2 = R_2^\mathrm{c} \equiv Mg/(1 + \mu_1\mu_2)$ で与えられる）を通るときであるから，θ_c の値は次式で与えられる．

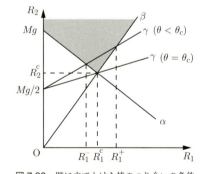

図 7.33 壁に立てかけた棒のつり合いの条件をグラフで表す．直線 α と β はそれぞれ，式 (7.82) の第 1 式と第 2 式の等号が成立する条件を表し，直線 γ は式 (7.81) で与えられる（その傾きは $\cot\theta$ で与えられる）．

$$\theta_\mathrm{c} = \arctan\frac{2\mu_2}{1 - \mu_1\mu_2} \tag{7.83}$$

また，棒が滑り出す直前（$\theta = \theta_\mathrm{c}$ のとき）には，点 A と B の両方で，摩擦力は最大摩擦力に等しくなる．

---

[7] もしも $\mu_1\mu_2 > 1$ ならば，$\theta = \pi/2$ になるまで，棒は滑ることはない．しかし，静止摩擦係数は通常 1 よりも小さいので，θ が $\pi/2$ に達する前に，棒は滑り出す．

棒が滑らずに静止する場合 ($\theta < \theta_c$) には，図 7.33 の γ と α の交点および γ と β の交点における R_1 の値をそれぞれ R_1^-, R_1^+，すなわち

$$R_1^- \equiv \frac{Mg}{2(\mu_1 + \cot\theta)}, \quad R_1^+ \equiv \frac{\mu_2 Mg}{2(1 - \mu_2 \cot\theta)}$$

とすると，R_1 の値は $R_1^- < R_1 < R_1^+$ の範囲のある値をとる．そして，R_2 と R_1 のあいだには式 (7.81) の関係が成立する．

例題 7.6-1 図 7.34 のように，高さ h の段差がある床に置かれた半径 R，質量 M の均質な円柱を，段の上まで持ち上げたい．そのために，円柱にロープを巻きつけて，ロープを水平方向に引っ張る．円柱を床から持ち上げるために必要な最小限の力の大きさ F を求めよ．ただし，円柱は段との接触点で滑らないとする．

解 円柱が床から持ち上がった直後の状況を考える．最小限の力でロープを引いた場合，この状況では円柱はつり合いの状態にある．このとき，円柱には図 7.34 に示すようにロープから受ける力（大きさ F），重力（Mg），段から受ける垂直抗力（F_r）と摩擦力（F_t）が作用する．円柱の中心を O，円柱と段の接点を P とすると，垂直抗力は OP に平行で，摩擦力は OP に垂直である．まず，点 O に関するトルクが 0 であるという条件より，

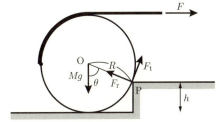

図 7.34 高さ h の段差があるところで，半径 R，質量 M の円柱を持ち上げるために，円柱にロープを巻きつけて，ロープを水平方向に引っ張る．

$$F = F_t \tag{7.84}$$

が得られる．つぎに，OP と鉛直線のなす角を θ とすると，力の水平成分と鉛直成分が 0 であるという条件より，

$$F - F_r \sin\theta + F_t \cos\theta = 0, \quad F_r \cos\theta + F_t \sin\theta - Mg = 0 \tag{7.85}$$

を得る．式 (7.84) と (7.85) から F を求めると，次の結果が得られる．

$$F = \frac{Mg \sin\theta}{1 + \cos\theta} = Mg\sqrt{\frac{h}{2R - h}} \tag{7.86}$$

最後の式変形では $\cos\theta = (R-h)/R$ という関係を使った．この結果から，R/h が大きいほど，小さな力で円柱を持ち上げることができることがわかる．

問題 7.6-1 剛体のつり合いを考察するとき，（剛体に作用する力が 0 であることに加えて）任意の点に関するトルクが 0 であればよいことを説明した．図 7.32 の棒のつり合いを調べるときに，本文では点 O に関するトルクを考慮した．ここでは，点 A に関するトルクを考慮しても同じ結果が得られることを確かめよ．

問題 7.6-2 図 7.35 に示すように，質量 M，長さ l の一様な棒が高さ h の壁に立てかけてある．棒の下端 B は糸 AB で支えられている．棒が鉛直線から角度 θ だけ傾いているとき，糸に作用する張力 T を求めよ．ただし，棒と壁・床との接触は滑らかである．

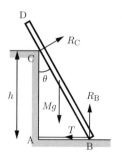

図 7.35 壁に立てかけた棒のつり合い．

問題 7.6-3 図 7.36 のように，質量 M，長さ $2l$ のはしご AB が壁に立てかけてある．点 A における接触は滑らかであり，点 B における接触の静止摩擦係数は $\mu > 0$ である．はしごは鉛直線から角度 θ だけ傾いており，傾き角は $\mu < \tan\theta < 2\mu$ を満たしている．質量 m の人が，このはしごを登っていくとき，どこまで行くとはしごは滑り出すか．

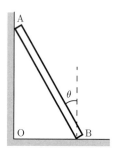

図 7.36 壁に立てかけたはしご．

工学と物理学（7）：工学から生まれた現代物理学

　工学において物理は単なる道具だけの存在ではない．工学の現場から生まれた物理が現代物理学の屋台骨となっている例を 2 つ示そう．第一は量子力学である．普仏戦争でフランスに勝利したプロシアが，戦利として併合したアルザス・ロレーヌ地方から産出する石炭と鉄鉱石を用いて鉄鋼業を興そうとしたとき，溶けた銑鉄の温度をその色から知る物理が必要となった．W. ウィーンはモデル発光体として考えた黒体輻射から温度と共に青色にシフトする発光スペクトルを得，M. プランクは，この振る舞いを理論的に説明する中でエネルギー量子仮説を得た．これが量子力学の始まりである．第二は固体物理学である．1947 年ベル研にて，ゲルマニウム結晶の表面に立てた針と結晶の間に電流を流すと，すぐ近くに立てた針と結晶の間に流れる電流が大きく変化するという点接触型トランジスタ現象が発見された．これが電気信号増幅に使えるとの工学的発想が，固体物理学の発展を促すこととなった．日本の半導体の父とよばれる西澤潤一先生（東北大学元総長）の座右の銘は「真理はすべて実験室にありて机の上にはあらず」であった．実験室やモノづくりの現場から常に新しい発見が生まれ，それが現代物理学を産み出してきたことをぜひ知ってほしい．（末光眞希）

第8章

振動

自動車や電車に乗っているときには車体が振動するのを感じる．地震が起きると地面や建物などありとあらゆるものが振動する．固体や液体，気体の内部で振動が起きると，それは波動として空間を伝わる．テレビ放送や携帯電話に不可欠の電波は，電気回路で生じる振動を利用して作られる．このように，振動や波動はいたるところで見られる現象であり，物理学や工学において重要な位置を占めている．

2.4 節ではバネにつながれた物体の振動について学び，2.5 節では単振り子の振動について学んだ．現実には，バネの力などの振動の原因となる力のほかに，振動を弱めたり強めたりする外力が重要である．本章では減衰振動や強制振動といった応用上重要な現象について，力と運動の関係を運動方程式により考察する．また，複数の単振動が連携して起こる連成振動について，その運動方程式および解の特徴を第 6 章で学んだ質点系の考え方に基づいて学ぶ．波動については第 II 部で学ぶ．

本章で学ぶ事柄は，のちに専門科目で振動に関係することを学ぶ際にそのまま役に立つはずである．数学的には細かい手続きが必要になり，そのすべてを理解するのには時間がかかるであろう．しかし，筋道をしっかり把握できるようになることを目標にしてほしい．

8.1 単振動

すでに 2.4 節でバネの運動が単振動であることを学んだ．ここでは，力のポテンシャルとエネルギーのことを補いながらその復習をする．

平衡位置のまわりの振動

物体が力のつり合いの位置からずれたときに，元の位置に戻そうとする力（**復元力**）が作用するならば，物体は振動する．ここでは，x 軸上を運動する質量 m の質点が行う振動について考察する．質点にはポテンシャル $U(x)$ で記述される保存力が作用しているものとする．質点に作用する力は $F(x) = -dU/dx$ で与えられるので，ポテンシャルの極値が力のつり合いに対応する．力のつり合いの位置のことを**平衡位置**（**平衡点**）ともいう（図 8.1）．平衡点を座標原点に選ぶことにする（平衡点が複数ある場合には，その中のどれか 1 つを選ぶ）．すると $x = 0$ において $dU/dx = 0$ となるので，ポテンシャルを $x = 0$ のまわりでテイラー展開すると

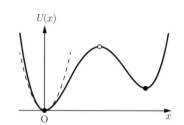

図 8.1 安定な平衡点（黒丸）と不安定な平衡点（白抜きの丸）をもつポテンシャル $U(x)$ の例．破線はテイラー展開による近似式 (8.3) を表す．

$$U(x) = U(0) + \frac{1}{2}kx^2 + \frac{1}{3!}bx^3 + \frac{1}{4!}cx^4 + \cdots \tag{8.1}$$

となる．ただし，係数 k と b と c は次式で定義される．

$$k = \left.\frac{d^2 U}{dx^2}\right|_{x=0}, \quad b = \left.\frac{d^3 U}{dx^3}\right|_{x=0}, \quad c = \left.\frac{d^4 U}{dx^4}\right|_{x=0} \tag{8.2}$$

平衡点からの変位 x が大きくない場合には，展開式 (8.1) の 3 次以上の高次の項を無視することができる．さらに，ポテンシャルの基準点を座標原点に選ぶと，式 (8.1) は次のように近似できる．

$$U(x) = \frac{1}{2}kx^2 \tag{8.3}$$

2.4 節で扱ったバネにつながれた物体の例では，k はバネ定数に等しい．また，2.5 節で議論した単振り子の場合には，k は mg/l に等しい．（単振り子の質点は直線上を運動するわけではないが，単振り子が振幅の小さな振動をする場合には，上記の議論が適用可能である．2.5 節ではバネの運動方程式に帰着する近似をして 1 次元の運動のように扱った．また例題 8.1-2 を参照のこと．）

ポテンシャルが式 (8.3) で与えられる場合には，質点に作用する力は $F = -kx$ となる．もしも $k > 0$ ならば，力は $|x|$ が減少する向きに作用するので，質点を平衡点に引き戻そうとする．このとき，平衡点は**安定**であるという（図 8.1 の黒丸印）．一方，$k < 0$ ならば，力は $|x|$ が増大する向きに作用するので，質点を平衡点から遠ざけようとする．このような平衡点は**不安定**であるという（図 8.1 の白抜きの丸印）．$k = 0$ の場合，質点の運動の様子を知るためには，テイラー展開 (8.1) の高次の項を考慮する必要がある．以下では，質点が安定な平衡点（$k > 0$）の近くにあるときの運動を扱う．

ポテンシャルが式 (8.3) で与えられるとき，質点の運動方程式は

$$m\ddot{x} + kx = 0 \tag{8.4}$$

となる．ここで $\omega_0 = \sqrt{k/m}$ とおくと，この運動方程式は次のように書ける．

$$\ddot{x} + \omega_0^2 x = 0 \tag{8.5}$$

さらに，この微分方程式の一般解は，

$$x(t) = a\cos(\omega_0 t + \alpha) \tag{8.6}$$

で与えられることを 2.4 節で学んだ．この式に現れる定数 a と α は初期条件（$t = 0$ における質点の位置 x と速度 $\dot{x}$ の値）で決まる．また，角振動数 ω_0 は初期条件などによらず，振動子に固有の定数 k と m だけで決まる量なので，**固有角振動数**とよぶことがある．式 (8.6) で記述される運動のことを 2.4 節で述べたように**単振動**（simple harmonic motion）あるいは**調和振動**（harmonic oscillation）とよび，単振動をする力学系のことを**調和振動子**（harmonic oscillator）とよぶ．

調和振動子のエネルギー

調和振動子が式 (8.6) で記述される運動をする場合のエネルギーについて調べよう．まず，運動エネルギーは

$$K = \frac{1}{2}m\dot{x}^2 = \frac{1}{2}ma^2\omega_0^2 \sin^2(\omega_0 t + \alpha) = \frac{1}{2}ka^2 \sin^2(\omega_0 t + \alpha) \tag{8.7}$$

となる．ただし，最後の式変形では $\omega_0^2 = k/m$ という関係を使った．また，ポテンシャルエネルギーは

$$U = \frac{1}{2}kx^2 = \frac{1}{2}ka^2 \cos^2(\omega_0 t + \alpha) \tag{8.8}$$

で与えられる．したがって，調和振動子の力学的エネルギーは

$$E = K + U = \frac{1}{2}ka^2 \qquad (8.9)$$

となり，時間によらずに一定であることがわかる．この結果はエネルギー保存則から期待されることである．また，この結果は，エネルギーが振幅 a の 2 乗に比例することを示している．この性質は調和振動子の重要な特徴である．さらに，式 (8.8) と式 (8.9) により，運動エネルギーを質点の変位 x を使って次のように表すことができる．

$$K = \frac{1}{2}k\left(a^2 - x^2\right) \qquad (8.10)$$

調和振動子のエネルギーについての以上の結果をまとめて，K と U の時間依存性と変位依存性を図 8.2 に示す．

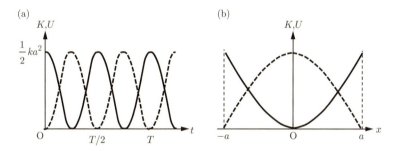

図 8.2 調和振動子の運動エネルギー K（破線）とポテンシャルエネルギー U（実線）の (a) 時間依存性と (b) 変位依存性．振動子の運動は式 (8.6) で表される．この式で $\alpha = 0$ の場合の K と U を図示した．

【発展：2 次元調和振動子】長さ l のひもに吊るした質量 m の質点を考えよう．質点の運動を鉛直面内に限定しなければ，質点は，ひもの支点を中心とする球面の上を運動する．鉛直方向から測ったひもの振れ角が小さい場合には，球面のごく一部の範囲で運動が起こり，近似的には平面内の運動とみなすことができる．この平面内に 2 次元デカルト座標 (x, y) を設定し，ひもの支点の真下の点を座標原点とする．この場合，質点の運動方程式は，2 次元位置ベクトル $\boldsymbol{r} = (x, y)$ を使って，

$$m\ddot{\boldsymbol{r}} = -k\boldsymbol{r} \qquad (8.11)$$

と表される．ただし，$k = mg/l$ である．この例に限らず，運動方程式 (8.11) で記述される力学系を **2 次元調和振動子** という．

運動方程式 (8.11) を成分に分けて表すと，

$$m\ddot{x} = -kx, \quad m\ddot{y} = -ky \qquad (8.12)$$

となり，(1 次元) 調和振動子の運動方程式が 2 つ得られる．これらの方程式の一般解は次のとおりとなる．

$$x = a\cos(\omega_0 t + \alpha), \quad y = b\cos(\omega_0 t + \beta) \qquad (8.13)$$

ここで，ω_0 は振動子の固有角振動数であり，a, b, α, β は初期条件で決まる定数である．

式 (8.13) によると，時間が $2\pi/\omega_0$ だけ経過すると，x の値も y の値ももとに戻るので，2 次元調和振動子は周期 $T = 2\pi/\omega_0$ の周期的運動をすることがわかる．また，その軌跡は直線か円か楕円であることが以下のようにしてわかる．まず，$\alpha = \beta$ の場合には，その軌跡は $ay = bx$ で表される直線になり，$a = 0$ または $b = 0$ の場合にも直線になることが直ちにわかる．そして，$\alpha \neq \beta$ かつ $a \neq 0$ かつ $b \neq 0$ の場合には，式 (8.13) から t を消去すると，

$$\left(\frac{x}{a}\right)^2 + \left(\frac{y}{b}\right)^2 - \frac{2\cos(\alpha - \beta)}{ab}xy = \sin^2(\alpha - \beta) \qquad (8.14)$$

が得られる．線形代数学で学んだように，この式で表される曲線は，原点を中心とする楕円である．$\cos(\alpha - \beta) = 0$ ならば，楕円の長軸は x 軸または y 軸に平行であり，それ以外の場合には長軸は x 軸に対して傾いている．また，$a = b$ かつ $\cos(\alpha - \beta) = 0$ の場合には，この曲線は円になる．

例題 8.1-1 図 8.3 に示すように，x 軸上を運動する質量 m の質点がバネの一端に結びつけられている．バネの他端は，x 軸からの距離が l の点 A に固定されている．バネの自然長 l_0 は l よりも短い．質点が微小振動をするときの角振動数を求めよ．

解 質点に作用する力のポテンシャルを求めて，それにより質点の変位 x の満たす運動方程式を立てる．バネの力のポテンシャルは x の関数であるが，バネの長さを q とおくと，

$$U(x) = \frac{1}{2}k(q - l_0)^2, \quad \text{ただし} \quad q = \sqrt{l^2 + x^2}$$

となる．よって，$x/l \ll 1$ の条件の下で近似的に成り立つ式として

$$U(x) = \frac{1}{2}k(l - l_0)^2 + \frac{1}{2}k\left(1 - \frac{l_0}{l}\right)x^2 \quad (8.15)$$

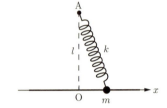

図 8.3 バネ定数 k のバネの一端につながれた質量 m の質点が x 軸上を運動する．バネの他端は，x 軸からの距離が l の点 A に固定されている．

を得る．ここで $q \approx l(1 + x^2/2l^2)$ という近似をした．この $U(x)$ は質点に対して x 軸方向に作用するバネの力のポテンシャルであり，力は $F = -dU(x)/dx$ によって与えられるから，

$$F = -k\left(1 - \frac{l_0}{l}\right)x \quad (8.16)$$

となる．

したがって，質点の運動方程式は

$$m\ddot{x} = -k\left(1 - \frac{l_0}{l}\right)x \quad (8.17)$$

である．方程式 (8.5) の解が角振動数 $\omega_0 = \sqrt{k/m}$ をもつように，今の問題の解の角振動数は

$$\omega = \sqrt{\frac{k}{m}\left(1 - \frac{l_0}{l}\right)} \quad (8.18)$$

である．

条件として与えられている $l > l_0$ はこの ω の値が存在するために必要であることがこの式からわかる．特に $l = l_0$ の場合は，ポテンシャルの平衡点において変位の 2 乗の係数が 0 であり，調和振動が起こらない場合になっている．

例題 8.1-2 2.5 節で扱った単振り子の場合，質点（おもり）は円周上に沿って動く．ところが，本節の議論では，質点が直線（x 軸）上を運動することを仮定している．したがって，その議論は単振り子には厳密には適用できない．しかし，単振り子が振幅の小さな振動をする場合には，円周の一部は直線で近似できるので，直線上の運動として扱うことができる．そのことを確認せよ．

解[1] 振り子の長さを l, おもりの質量を m とする. 図 8.4 のように, 振り子の質点が通過する最下点を原点 O とし, 水平方向に x 軸をとり, 鉛直上向きに y 軸をとる. 振り子の振れ角を φ とすると, おもりの座標は

$$x = l\sin\varphi, \quad y = l(1-\cos\varphi)$$

と表される. 振り子の振幅が小さい ($|\varphi| \ll 1$) ときには, これらの式は次のように近似できる.

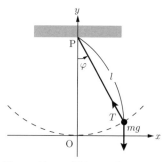

図 8.4 長さ l, 質量 m の単振り子. 振り子の振動面内に x 軸と y 軸をとる.

$$x \approx l\varphi, \quad y \approx \frac{l}{2}\varphi^2 \quad \Rightarrow \quad \frac{y}{l} \approx \frac{1}{2}\left(\frac{x}{l}\right)^2 \quad (8.19)$$

これらの式は, 振幅 φ が小さいときは $x/l, y/l$ が小さいことを意味している. また, x/l を 1 次の微小量とすると, y/l は 2 次の微小量であることもわかる. したがって, 1 次の微小量に比べて 2 次の微小量を無視する近似を行うと, おもりの y 軸方向の変位を無視できて, おもりは近似的に x 軸上を運動するとみなすことができる.

次に, 運動方程式について考察する. ひもの張力を T, 重力加速度を g とすると, おもりに作用する力の y 成分は,

$$F_y = T\cos\varphi - mg \approx T - mg$$

で与えられる (2 次の微小量を無視する近似を使って, 式変形をした). いま, おもりが x 軸上を運動すると近似できるということは, $F_y = 0$ と近似できる ($m\ddot{y} \approx 0$) ことを意味している. したがって,

$$T \approx mg$$

という関係が成り立つ. 一方, おもりに作用する力の x 成分は $F_x = -T\sin\varphi = -Tx/l$ で与えられるので, 上の関係を使うと $F_x \approx -mgx/l$ が得られる. よって, 運動方程式は次のように近似できる.

$$m\ddot{x} = -\frac{mg}{l}x \quad (8.20)$$

こうして, 振幅の小さな単振り子の運動は式 (8.4) で記述できる ($k = mg/l$ とおく) ことが確認できた.

最後に, ポテンシャルエネルギーについて調べよう. 力の x 成分 $F_x \approx -mgx/l$ を積分して得られるポテンシャルエネルギー ($x = 0$ を基準点とする) は

$$U(x) = -\int_0^x F_x\, dx \approx \int_0^x \frac{mgx}{l}\, dx = \frac{mg}{2l}x^2 \quad (8.21)$$

となる. 一方, 重力によるおもりのポテンシャルエネルギーは

$$U = mgy \approx \frac{mg}{2l}x^2 \quad (8.22)$$

と表され, これは式 (8.21) に一致する. ただし, 最後の式変形で式 (8.19) を使った.

問題 8.1-1 調和振動子の振幅を 2 倍にしたときの下記の量の変化を求めよ.
(1) 力学的エネルギー. (2) 最大速度. (3) 最大加速度. (4) 周期.

---

[1] 2.5 節で近似をして 1 次元の問題として解いたが, この例題では少し丁寧に考察し, ポテンシャルについても触れる.

問題 8.1-2 自動車のエンジン内のピストンは単振動をする．中央の位置から測った振動の振幅が 5.0 cm，ピストンの質量が 2.0 kg として，エンジンが毎分 3.6×10^3 回転で作動しているときのピストンの最大の速さと加速度を求めよ．

問題 8.1-3 重量 1.20×10^3 kg の自動車が 4 個の等しいバネで支持されたフレームを使っている．各バネのバネ定数は 2.0×10^4 N/m である．以下の問いに答えよ．
(1) この車に重さが合計 2.4×10^2 kg の人を乗せたとき，車が道路の段差を乗り越えて走るときの車の振動数を求めよ．
(2) 車が完全に 2 回振動するのにかかる時間はどれほどか．

問題 8.1-4 質量 m のおもりと自然長 l_0，バネ定数 k のバネがある．以下の問いに答えよ．
(1) バネの一端を固定し，もう一方におもりをつけて吊るしたとき，つり合いの状態でバネの長さ l はいくらか．また，つり合いの位置の周囲でおもりが上下振動するとき，その角振動数はいくらか．
(2) このバネを 2 個使って図 8.5 の (a), (b) のように 2 つの方法でおもりを吊るすとき，つり合いの状態でのバネの伸びはそれぞれいくらか．また，つり合いの点のまわりでの上下振動の角振動数はそれぞれいくらか．

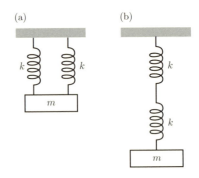

図 8.5 2 つのバネを使っておもりを吊り下げる．(a) バネを並列に並べた場合．(b) バネを直列に結合した場合．

8.2 減衰振動

4.1 節では物体の速度に比例する粘性抵抗力が作用する場合の自由落下の運動を調べた．ここでは，速度に比例する抵抗力が調和振動子に作用する場合を考える．抵抗があると，振動の振幅は時間とともに減少すると予想される．運動方程式を解いてその様子を解析しよう．

抵抗力の比例係数を γ と書くと，x 軸上を運動する質点に作用する抵抗力は $-\gamma \dot{x}$ と表される．したがって，調和振動子の運動方程式 (8.4) は次のように修正される．

$$m\ddot{x} + \gamma\dot{x} + kx = 0 \tag{8.23}$$

この方程式を m で割って，

$$\lambda = \frac{\gamma}{2m}, \quad \omega_0 = \sqrt{\frac{k}{m}} \tag{8.24}$$

とおく（ω_0 は調和振動子の固有角振動数である）と，次式となる．

$$\ddot{x} + 2\lambda\dot{x} + \omega_0^2 x = 0 \tag{8.25}$$

この微分方程式の解は係数の間の大小関係によって，形が大きく変わる．ここでは抵抗力の大きさに応じて場合に分け，以下のようにそれぞれ，解の特徴を考察する（付録 D の D.2 節で一般的に解く方法を説明する．）

運動方程式 (8.25) の解を求めるために，$x(t)$ を

$$x(t) = e^{-\lambda t} f(t) \tag{8.26}$$

と表すことにする．ここで $f(t)$ は未知関数であり，式 (8.26) の $x(t)$ が方程式 (8.25) を満たすよ

うに決める．式 (8.26) を式 (8.25) に代入すると，1 階導関数の項が消えて，

$$\ddot{f} + (\omega_0^2 - \lambda^2)f = 0 \tag{8.27}$$

が得られる．この未知関数 $f(t)$ に対する微分方程式は単振動の運動方程式 (8.5) に似ている．以下のように，解の振る舞いは f の係数 $\omega_0^2 - \lambda^2$ の値によって異なる．

(i) <u>$\lambda < \omega_0$ の場合</u> これは抵抗力が小さい場合である．このときには，$\omega_0^2 - \lambda^2 > 0$ なので，

$$\omega = \sqrt{\omega_0^2 - \lambda^2} \tag{8.28}$$

とおくことができて，f は角振動数 ω の単振動を表す．したがって，元の運動方程式 (8.25) の一般解は

$$x = ae^{-\lambda t}\cos(\omega t + \alpha) \tag{8.29}$$

となる（定数 a と α は初期条件で決まる）．この解は角振動数 ω で振動しながら，その振幅 $A = ae^{-\lambda t}$ が時間とともに減少する運動を表している（図 8.6(a)）．このような振動を**減衰振動** (damped oscillation) という．λ は**減衰率**とよばれる．詳しくは以下の補足に述べる．

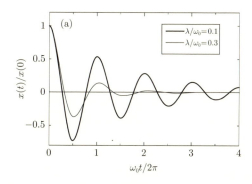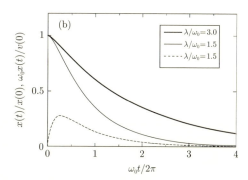

図 8.6 抵抗がある場合の調和振動子の運動．(a) 抵抗力が小さい場合 ($\lambda < \omega_0$) と (b) 抵抗力が大きい場合 ($\lambda > \omega_0$)．初期条件として，$x(0) > 0$, $v(0) = \dot{x}(0) = 0$ を選んだときのグラフが実線で，$x(0) = 0$, $v(0) > 0$ を選んだときのグラフが破線で示してある．

【補足：減衰振動の解を求める】$\lambda > \omega_0$ の場合，式 (8.28) のようにおくと，式 (8.27) は

$$\ddot{f} + \omega^2 f = 0 \tag{8.30}$$

となる．この方程式は単振動の運動方程式 (8.5) と同じ（x と ω_0 がそれぞれ f と ω に置き換わっただけ）なので，その一般解は $f = a\cos(\omega t + \alpha)$ で与えられる．これを x の式 (8.26) に代入して，運動方程式の解，式 (8.29)，が得られた．

【補足：減衰の指標】減衰振動において式 (8.29) の λ が大きいほど減衰は速く，振幅の減衰する速さ $-\dot{A}$ と振幅 A との比 $-\dot{A}/A$ は λ に等しい．そのため λ は減衰率とよばれる．また，減衰振動の角振動数 ω は式 (8.28) で与えられるので，それは固有角振動数 ω_0（抵抗のない場合の振動数）に比べて小さいことがわかる．

減衰振動（図 8.6 (a)）において，変位の極大値がどのように減少していくかを調べよう．極大点では $\dot{x} = 0$ になる．式 (8.29) を時間で微分すると

$$\dot{x} = ae^{-\lambda t}[-\lambda\cos(\omega t + \alpha) - \omega\sin(\omega t + \alpha)]$$

となる．したがって，

$$\tan(\omega t + \alpha) = -\lambda/\omega$$

を満たす時刻 t において $\dot{x} = 0$ となる．このような時刻は等間隔 π/ω で並んでおり，極大と極小に対応する

時刻が交互に現れる．よって，n 番目の極大が現れる時刻を t_n とすると，

$$t_{n+1} - t_n = 2\pi/\omega$$

が成立するので，隣り合う極大点の変位（振幅）の比は

$$\frac{x_{n+1}}{x_n} = e^{-\lambda(t_{n+1}-t_n)}\frac{\cos(\omega t_{n+1}+\alpha)}{\cos(\omega t_n+\alpha)} = e^{-\lambda(t_{n+1}-t_n)}\frac{\cos(\omega t_n+\alpha+2\pi)}{\cos(\omega t_n+\alpha)} = \exp\left(-\frac{2\pi\lambda}{\omega}\right) \tag{8.31}$$

で与えられる．このように，振幅は等比級数的に（一定の比率で）減少することがわかる．その公比の対数をとり符号を変えたものは $2\pi\lambda/\omega$ となる．この量は**対数減衰率**とよばれ，その値が大きいほど速く減衰する．

<u>(ii) $\lambda > \omega_0$ の場合</u>　これは，抵抗力が大きい場合に相当する．このときの運動を**過減衰**の運動 (over-damped motion) という．$\lambda^2 - \omega_0^2 > 0$ なので，

$$\kappa = \sqrt{\lambda^2 - \omega_0^2} \tag{8.32}$$

とおくと，f の解は指数関数になり（以下の補足参照），元の運動方程式 (8.25) の一般解は

$$x = c_1 \exp\left[-(\lambda - \kappa)t\right] + c_2 \exp\left[-(\lambda + \kappa)t\right] \tag{8.33}$$

である．定数 c_1 と c_2 は初期条件によって決まる．

ここで，κ の定義式 (8.32) から，

$$\lambda + \kappa > \lambda - \kappa > 0$$

という関係が導かれる．これらの不等式から，式 (8.33) の第 1 項も，第 2 項も時間が経つとその大きさは減少し，第 1 項よりも第 2 項のほうが速く減少することがわかる．したがって，十分に時間が経過したあと（$t \gg 1/(\lambda + \kappa)$）では，式 (8.33) は次のように近似できる．

$$x \approx c_1 \exp\left[-(\lambda - \kappa)t\right]$$

この状況では，減衰の速さを決める定数は $\lambda - \kappa = \lambda - \sqrt{\lambda^2 - \omega_0^2}$ であり，λ の減少関数である [2]．よって，抵抗力が大きいほど（λ が大きいほど），$|x|$ はゆっくりと減衰する（図 8.6(b) の太い線と細い線のグラフを比較せよ）．

式 (8.33) を時間で微分すると，

$$\dot{x} = -e^{-(\lambda-\kappa)t}\left[(\lambda - \kappa)c_1 + (\lambda + \kappa)c_2 e^{-2\kappa t}\right] \tag{8.34}$$

となる．この式から，$|x|$ が単調に減少するか（図 8.6(b) の実線のグラフを見よ），あるいは初期条件によって c_1 と c_2 が異符号である場合には速度 $\dot{x}$ は一度だけ符号を変えてある程度時間が経過したあとには $|x|$ は単調に減少する（図 8.6(b) の破線のグラフを見よ）ことがわかる．

【補足：過減衰の場合の解を求める】$\lambda < \omega_0$ の場合，式 (8.32) のようにおくと，f に対する微分方程式 (8.27) は次のように書ける．

$$\ddot{f} - \kappa^2 f = 0 \tag{8.35}$$

この方程式の特殊解を求めるために，r を定数として，$f = e^{rt}$ とおいて代入してみると，$r = \pm\kappa$ ならば，この f が解であることがわかる．こうして，2 つの特殊解 $e^{\kappa t}$ と $e^{-\kappa t}$ が得られる．したがって，微分方程式 (8.35) の一般解は，c_1 と c_2 を定数として，

---

[2] 意外かもしれないが，式の上では λ が増すとき κ も増して，その差は減る．物理的な意味を考えると，復元力が平衡に戻そうとする傾向に，戻りだした動きに対する抵抗力がそれを止めようとする効果のほうが勝っているといえる．

$$f(t) = c_1 e^{\kappa t} + c_2 e^{-\kappa t}$$

で与えられる[3]. これを x の式 (8.26) に代入して，運動方程式の解，式 (8.33) が得られた.

(iii) $\lambda = \omega_0$ の場合　この条件を**臨界減衰** (critical damping) とよぶ. この場合には，式 (8.27) は $\ddot{f} = 0$ となる. この方程式の一般解は，a と b を定数として，$f = a + bt$ で与えられる. したがって，運動方程式 (8.25) の一般解は

$$x = (a + bt)e^{-\lambda t} \tag{8.36}$$

と表される. この場合も過減衰運動と同様に，$|x|$ は単調に減少するか，あるいは $\dot{x}$ が一度だけ符号を変えてある程度時間が経過したあとには $|x|$ は単調に減少する.

例題 8.2-1　半径 r，質量 m の木球を糸に吊るした単振り子を，粘性係数 η (12.5 節参照) の空気中で微小振動させる. 振り子の支点から球の中心までの距離は l である. はじめ ($t = 0$) の振れ角が φ_0 で，静止状態から振動をさせた場合，どのような振動をするか. ただし，速さ v で運動する木球には大きさ $6\pi r \eta v$ の抵抗力が作用する. 例題 8.1-2 と同じ座標系 (図 8.4) を設定し，x を変数として運動方程式を表し，これを解け.

解　抵抗がないときの運動方程式は式 (8.20) で与えられるので，この式の右辺に抵抗力の x 成分 $-6\pi r \eta \dot{x}$ を加えて，次の運動方程式を得る.

$$m\ddot{x} = -\frac{mg}{l}x - 6\pi r \eta \dot{x} \tag{8.37}$$

この式を m で割って，

$$\omega_0 = \sqrt{\frac{g}{l}}, \quad \lambda = \frac{3\pi r \eta}{m}$$

とおくと，

$$\ddot{x} + 2\lambda \dot{x} + \omega_0^2 x = 0$$

となり，これは式 (8.25) に等しい. そして，減衰振動を表す一般解は式 (8.29) で与えられるので，

$$x = ae^{-\lambda t}\cos(\omega t + \alpha), \quad \dot{x} = ae^{-\lambda t}\left[-\lambda\cos(\omega t + \alpha) - \omega\sin(\omega t + \alpha)\right], \quad \omega = \sqrt{\omega_0^2 - \lambda^2}$$

を得る. そして，初期条件より，$t = 0$ において，$x = l\varphi_0$，$\dot{x} = 0$ だから，

$$a\cos\alpha = l\varphi_0, \quad \tan\alpha = -\lambda/\omega$$

という関係が得られる. これより，定数 a は $a = l\varphi_0\sqrt{1 + (\lambda/\omega)^2}$ となることがわかる. したがって，与えられた初期条件を満たす解は，

$$x = l\varphi_0\sqrt{1 + (\lambda/\omega)^2}\,e^{-\lambda t}\cos(\omega t + \alpha), \quad \alpha = -\arctan(\lambda/\omega)$$

となることがわかる.

問題 8.2-1　過減衰運動 (8.33) において，初期条件が $x(0) = 0$，$\dot{x}(0) = v_0 > 0$ の場合について，

---

[3] 2.4 節で説明したように，また付録 D の D.2 節で述べているように，2 階の線形同次微分方程式の一般解は，2 つの特殊解の線形結合として表すことができる.

144 第 8 章 振動

積分定数 c_1 と c_2 を決定し，$x(t)$ のグラフが図 8.6(b) の破線のようになることを確かめよ.

問題 8.2-2 天井から吊り下げたバネに質量 100 g のおもりを付けて静かに手を放したところ，バネは 5.0 cm 伸びた. このおもりをバネが自然長になる位置（$x = 0$）まで持ち上げ，静かに手を放したところおもりは上下振動を始め，60 秒後に振幅が 1/2 に減少した. おもりには速度に比例する抵抗力が作用するものとする. 鉛直下向きに x 軸をとる. 以下の問いに答えよ.

(1) 抵抗力の係数 γ を求めよ.

(2) おもりの変位 x の時間変化を表す式を，本文で学んだ知識に基づき導いてみよ.

問題 8.2-3 粗い水平な床の上にバネ定数 k のバネをおき，その一端に質量 m の 物体をつけ，他端は固定する. バネが自然長の状態（$x = 0$）から長さが a だけ伸びるように物体を引き（$x = a$），静かに手を放す. その後，物体はどのような運動をするか. 物体と床の静止摩擦係数を μ，動摩擦係数を μ'（$\mu > \mu'$）とする. 物体が動き出すためにはバネの力が最大摩擦力 μmg より大きくなければならない. また運動する物体には，大きさが $\mu' mg$ の動摩擦力が，物体の速度とは逆向きに加わる.

問題 8.2-4 式 (8.36) で表される臨界減衰の運動をする物体について考える. $t = 0$ で $x = a > 0$，$dx/dt = v < 0$（ただし $|v| > \lambda a$ とする）の初期値を与えると物体はどんな運動をするか. 式 (8.36) に基づいてその挙動を説明し，時間を横軸に，物体の変位を縦軸にとって変位の時間変化を図示せよ.

8.3 強制振動

調和振動子に周期的な外力を加えた場合の運動を調べよう. 例えば，ブランコにタイミングを合わせて力を加えたとき，振動の振幅はどんどん大きくなる. ブランコの固有振動数と押す力の振動数が一致したときに最も大きな振幅となる. 固有振動数でなくてもブランコを揺らすことはできるが押しにくい経験はあるだろう. ブランコに乗れば風を受けて空気抵抗を感じるだろう.

強制振動の運動方程式と解

速度に比例する抵抗を受ける調和振動子に周期的な外力 $F(t) = f \cos \Omega t$ を加えた場合の運動を考える. ここで f と Ω は正の定数である. この場合，運動方程式は次のようになる.

$$m\ddot{x} + \gamma \dot{x} + kx = f \cos \Omega t \tag{8.38}$$

この式の両辺を m で割って次式を得る.

$$\ddot{x} + 2\lambda \dot{x} + {\omega_0}^2 x = \frac{f}{m} \cos \Omega t \tag{8.39}$$

ここで定数 λ と ω_0 は 式 (8.24) のように，γ, k, m で決まる定数である.

非同次線形微分方程式 (8.39) の一般解は，右辺を 0 に置き換えた方程式（同次方程式）の一般解と解くべき方程式の特殊解の和として与えられる（付録 D の D.2 節）. 前者は前節（8.2 節）で求めた. 後者を求めることは以下の補足に記す. ここでは $\lambda < \omega_0$（減衰振動）の場合に限って最後の結果を示す. 運動方程式 (8.39) の一般解は次のようになる.

$$x = ae^{-\lambda t} \cos(\omega t + \alpha) + c \cos(\Omega t + \delta) \tag{8.40}$$

ここで a と α は初期条件によって決まる定数であり，ω は 式 (8.28) に与えられる $\omega = \sqrt{{\omega_0}^2 - \lambda^2}$ であり，c と δ は次で与えられる.

$$c = \frac{f}{m\sqrt{({\omega_0}^2 - \Omega^2)^2 + 4\Omega^2\lambda^2}}, \quad \tan\delta = \frac{2\Omega\lambda}{\Omega^2 - {\omega_0}^2} \tag{8.41}$$

この運動は，角振動数 ω で振動しながら振幅が減衰する運動と，外力（強制力）と同じ角振動数で振動する運動の重ね合わせになっている（図 8.7(a)）．時間が十分に経過すると前者の振幅は 0 に収束し，後者の振動だけが生き残る．

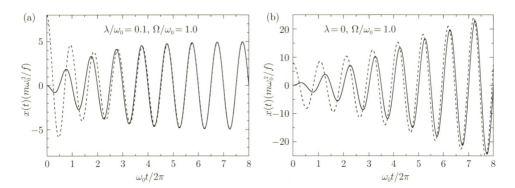

図 8.7 強制力の振動数 Ω が固有振動数 ω_0 に一致する場合の強制振動の様子．(a) 減衰がある場合（$\lambda \neq 0$）と (b) 減衰がない場合（$\lambda = 0$）．初速度 $\dot{x}(0)$ はいずれの例でも 0．実線のグラフは，初期変位 $x(0) = 0$ の場合であり，破線のグラフは $x(0) > 0$ の場合である．

この十分に時間が経過したあとの運動

$$x = c\cos(\Omega t + \delta) \tag{8.42}$$

は，系の固有の性質と強制力の性質だけによって決まり，初期条件には依存しない．この運動を**定常運動**あるいは**定常振動**とよぶ．

【補足：強制振動の特殊解を求める】非同次線形微分方程式 (8.39) の特殊解を求めるために複素変数 z に対する次の微分方程式を考えよう．

$$\ddot{z} + 2\lambda\dot{z} + \omega_0^2 z = \frac{f}{m} e^{i\Omega t} \tag{8.43}$$

ここで z の実部を x，虚部を y とすると，この方程式の実部は方程式 (8.39) に一致する．したがって，方程式 (8.43) の解 z の実部は方程式 (8.39) の解になっている．ところで，方程式 (8.43) は A を複素定数として $z = Ae^{i\Omega t}$ という形の特殊解をもつことが，代入によって確かめることができる．また定数 A は次式で与えられることもわかる．

$$A = \frac{f}{m(\omega_0^2 - \Omega^2 + 2i\Omega\lambda)} = ce^{i\delta} \tag{8.44}$$

ここで A の絶対値 c と偏角 δ は次式で与えられる．

$$c = \frac{f}{m\sqrt{(\omega_0^2 - \Omega^2)^2 + 4\Omega^2\lambda^2}} \quad \tan\delta = \frac{2\Omega\lambda}{\Omega^2 - \omega_0^2}$$

こうして方程式 (8.39) の特殊解として

$$x = \text{Re}(ce^{i\delta + i\Omega t}) = c\cos(\Omega t + \delta)$$

を得る（$\text{Re}\,z$ は複素数 z の実部を意味する）．これを同次方程式 (8.25) の一般解に加えると，方程式 (8.39) の一般解になる．

【位相のずれ】定常振動 (8.42) の振動数は強制力の振動数に一致するけれども，位相は δ だけずれている．この位相のずれ δ は Ω の単調減少関数であり，その値は $-\pi < \delta < 0$ 範囲にある．したがって振動子の振動は外力に比べていつも遅れているのである．Ω が大きいほど遅れは大きい（図 8.8(b)）．ちょうど $\Omega = \omega_0$ のときに $\delta = -\pi/2$ となる．減衰が弱い場合には

$$\tan\delta \simeq \frac{\lambda}{\Omega - \omega_0} \tag{8.45}$$

と近似できる．したがって Ω が増加すると，$\Omega = \omega_0$ をはさむ狭い領域（幅が λ 程度）で δ の値は 0 から

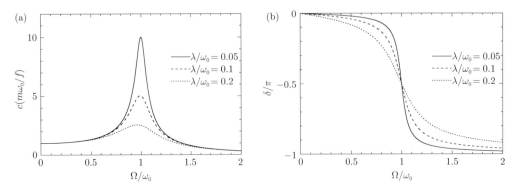

図 8.8 強制振動の定常運動における (a) 振幅 c と (b) 位相のずれ δ. 3 通りの減衰係数 λ に対して，強制力の角振動数 Ω の関数として示してある．

$-\pi$ まで変化する．つまり Ω が ω_0 より小さければ振動子は外力とほぼ「同位相」（f が正のとき x も正，f が負のとき x も負となる）の振動（f が正のとき x も正，f が負のとき x も負となる）を行い，Ω が ω_0 より大きければほぼ「逆位相」（f が正のとき x は負，f が負のとき x は正となる）の振動を行う．

共鳴

定常振動の振幅 c は $\Omega = \sqrt{\omega_0^2 - 2\lambda^2}$ のときに最大になる（図 8.8(a)）．減衰が弱い場合（$\lambda \ll \omega_0$）には，この Ω の値はほぼ ω_0 に等しい．したがって，外力の角振動数が系に固有の角振動数に近いときに振幅の大きな振動が起きる．この現象を**共鳴** (resonance) または**共振**とよぶ．振幅 c を外力の角振動数 Ω の関数としてグラフに表すと，減衰が弱い場合には $\Omega = \omega_0$ 付近に鋭いピークをもつ（図 8.8(a) の実線のグラフ）．Ω が ω_0 に近いときには，

$$c \simeq \frac{f}{2m\omega_0 \sqrt{(\Omega - \omega_0)^2 + \lambda^2}} \tag{8.46}$$

と近似できる．したがって，グラフ $c(\Omega)$ の共鳴ピークの半値半幅は $\sqrt{3}\lambda$ であり，ピークの高さは $f/2m\omega_0\lambda$ で与えられる．

【**補足：半値半幅とは**】グラフのピークの幅（左右方向の広がり）を表す量である．例えば $f(x)$ のグラフが $x = x_0$ にピークをもっていて，ピークの高さが $f_0 = f(x_0)$ であるとする．さらに，グラフが $x = x_0$ を中心にして左右対称であるとする．このような場合に，$f(x)$ の値が $f_0/2$（ピークの値の半分，これが「半値」の意味）となる x の値は 2 つあり，それらを x_+, x_- とすると，$(x_+ - x_-)/2$ のことをピークの半値半幅（HWHM = half width at half maximum）とよぶ．また，$x_+ - x_-$ のことを半値全幅（FWHM = full width at half maximum）という．

【**減衰のない極限**】減衰が特に弱い場合の様子を知るために減衰のない極限 $\lambda \to 0$ を考えよう．この場合には，運動方程式 (8.39) の一般解は

$$x = a\cos(\omega_0 t + \alpha) + \frac{f}{m(\omega_0^2 - \Omega^2)} \cos\Omega t \qquad (\Omega \neq \omega_0) \tag{8.47}$$

となる．減衰がない場合には初期条件に依存する右辺第 1 項は時間が経っても減衰することはない．強制力の振動数が振動子の固有振動数に近い場合には第 2 項の振幅は大きくなる．$\Omega = \omega_0$ のときにはこの項は発散するが，この場合には式 (8.47) は運動方程式の解にはなっていないことに注意しよう．

減衰のない極限で $\Omega = \omega_0$ の場合には，運動方程式の一般解は

$$x = a\cos(\omega_0 t + \alpha) + \frac{f}{2m\omega_0} t \sin\omega_0 t \tag{8.48}$$

となる（図 8.7(b)）．右辺第 2 項は方程式の特殊解である（問題 8.3-2 参照）．この右辺第 2 項の振幅は時間に比例して増大する．

減衰の有無にかかわらず，共鳴が起こって振動子の振幅がかなりに大きくなる場合には，この節で得られた結果は適用できない．というのは，振動子の運動が式 (8.38) のような，変位 x に関して線形の運動方程式で表されるのは，変位が小さいときに限られるからだ．例えば，バネの復元力がバネの変位に比例するのは，変位があまり大きくないときに成り立つ近似である．変位が大きくなるとフックの法則からずれるようになり，そのずれの影響は，x に関して非線形の項として運動方程式に現れる．振幅が大きい場合には運動方程式の非線形の項が重要になる．非線形項を含む強制振動の方程式を解くのは一般に難しい．

問題 8.3-1 時間が十分に経過したあとの強制振動における振幅 c (式 (8.41)) を Ω の関数とみなすと，$\lambda < \omega_0/\sqrt{2}$ ならば，$\Omega = \sqrt{\omega_0^2 - 2\lambda^2}$ のときに c は最大になることを示し，最大値 $c_{\max}$ を求めよ．

問題 8.3-2 減衰のない極限で，$\Omega = \omega_0$ の場合には，

$$x = \frac{f}{2m\omega_0} t \sin \omega_0 t$$

は運動方程式 (8.39) の特殊解であることを確かめよ．

問題 8.3-3 (発展) 本文中では，非同次微分方程式 (8.39) の特殊解を求めるために，複素数を導入した．ここでは，複素数を使わずに特殊解を求めることにしよう．

(1) 正弦関数を微分すると余弦関数になり，余弦関数を微分すると正弦関数になるから，$\cos \Omega t$ と $\sin \Omega t$ をうまく組み合わせると式 (8.39) の解になりそうだ，と予想される．そこで c_1 と c_2 を定数として，

$$x = c_1 \cos \Omega t + c_2 \sin \Omega t \tag{8.49}$$

を式 (8.39) に代入してみよう．定数 c_1 と c_2 をうまく選ぶと，式 (8.49) が解になることがわかるであろう．c_1 と c_2 をどのように選べばよいか答えよ．

(2) 小問 (1) で得られた特殊解を $x = c \cos(\Omega t + \delta)$ と書き直すと，定数 c と δ は式 (8.41) で与えられるものに一致することを確かめよ．

問題 8.3-4 (発展) 図 8.9 に示すように，バネの一端につながれた物体を滑らかな水平面上に置き，バネの他端 (支点) P を水平方向に周期的に振動させる．バネの自然長は l，バネ定数は k，物体の質量は m である．支点と物体は，水平方向にとった x 軸に沿って運動し，バネは常に水平に保たれている．A と Ω を正の定数として，支点 P の座標 x_P は $x_P = A\cos\Omega t$ で与えられるものとする．また物体とバネの結合点の x 座標を $l + u$ と表す (u は物体の変位)．以下の問いに答えよ．

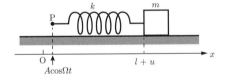

図 8.9 滑らかな水平面上におかれたバネにつながれた物体．バネの支点 P を周期的に振動させる．

(1) 物体の運動方程式を u を用いて表せ．この方程式は強制振動の運動方程式 (8.38) において減衰のない場合 ($\gamma = 0$) と同じ形 (x と u が対応する) をしていることを確かめよ．また，式 (8.38) の f に対応する量は何か．

(2) 運動方程式の一般解を求めよ．ただし $\Omega \neq \sqrt{k/m}$ を仮定せよ．

(3) 支点の振動の角振動数を $\Omega = 2\sqrt{k/m}$ に選び，初期条件を $u(0) = 0$，$\dot{u}(0) = 0$ とした場合の $u(t)$ を求め，そのグラフを図示せよ．

問題 8.3-5 (発展) 長さ l で質量 m の単振り子の支点を水平方向に振動させるときの振り子の運動を考える．図 8.10 のように水平方向に x 軸をとり，鉛直上向きに y 軸をとる．振り子の支点 P は x 軸と平行な方向に振動し，その x 座標は $x_P = A\cos\Omega t$ のように時間変化するものとする．振り子の運動は xy 平面内に起こるものと仮定して，以下の問いに答えよ．

(1) 振り子の振れ角 φ が小さいと仮定して，おもりの x 座標を用いて，振り子の運動方程式を表せ (例題 8.1-2 を参考にするとよい)．ここでは抵抗力は作用しないと仮定せよ．

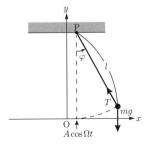

図 8.10 支点 P が水平方向に振動する単振り子．

この運動方程式は減衰がない場合の強制振動の方程式と同じ形をしていることを確かめよ．また，式 (8.39) の ω_0 や f に対応する量を答えよ．

(2) おもりの速さ v に比例する抵抗力が作用する場合を考える．振り子の支点が静止しているときには，振り子が 5 回振動する間に振幅が半分に減衰することが観測されたとしよう．支点を水平方向に角振動数 $\Omega = \omega_0$ で振動させて，十分に時間が経過したあとの振り子の振幅（x の最大値）を c とする．振り子の振幅 c と支点の振幅 A の比 c/A を計算せよ．定常振動の振幅に対する近似式 (8.46) が使えるものと仮定せよ．

エネルギーの散逸と供給

物体に摩擦力や粘性力などの抵抗力が作用すると，その物体の力学的エネルギーが散逸することを 4.3 節で学んだ．また，8.3 節では，摩擦力と周期的外力が作用する振動子では，共鳴が起きると大きな振幅の定常振動が持続することを説明した．このような定常振動において，摩擦力によるエネルギーの散逸があるにもかかわらずに振動が減衰しないのは，外部からエネルギーの供給があるからである．このエネルギーの散逸と供給について考えてみよう．

定常振動において，振動子の変位が式 (8.42) で与えられるとしよう．このとき，摩擦力 $-\gamma \dot{x}$ がする仕事は次式によって計算できる．

$$W_{\text{fric}} = -\gamma \int \dot{x}\, dx = -\gamma \int \dot{x}^2\, dt$$

ここでは，$dx = \dot{x}\, dt$ という関係を使って式変形をした．4.3 節でも述べたように，この仕事は負であり，エネルギーが減少（散逸）することを意味する．振動子が一回振動する間（一周期あたり）に散逸するエネルギー E_{loss} は，この式にマイナスをかけ，x に式 (8.42) を代入して，$t = 0$ から $t = 2\pi/\Omega$ まで積分して得られ，

$$E_{\text{loss}} = \pi \gamma \Omega c^2$$

となる．一方，周期的外力 $f \cos \Omega t$ が一周期当たりにする仕事 W_{ext} は

$$W_{\text{ext}} = \int f \cos \Omega t\, dx = f \int_0^{2\pi/\Omega} \dot{x} \cos \Omega t\, dt = -\pi f c \sin \delta = 2\pi \lambda m \Omega c^2$$

と計算できる．ただし，最後の式変形では式 (8.41) と $\sin \delta < 0$ であることを使った．さらに，λ の定義 $\lambda = \gamma/2m$ を思い出すと，$W_{\text{ext}} = E_{\text{loss}}$ が成り立っていることがわかる．つまり，摩擦によって散逸するエネルギーとちょうど等しい仕事が外力から供給されるのである．

一昔前の柱時計は振り子の等時性を利用して正確に時を刻み，振り子が振動を続けるために必要なエネルギーはゼンマイが供給していた．最近のクォーツ時計では，水晶の小さな結晶（水晶振動子）が伸縮する振動を利用する．水晶振動子の振動数はその大きさと形によって決まる固有の値（固有振動数）をもつので，やはり正確に時を刻むことができる．水晶には電圧をかけると伸びたり縮んだりする性質（圧電性）があるために，水晶振動子に交流電圧を加えることによって振動を維持できる．エネルギーの供給源は電池である．（佐々木一夫）

8.4 連成振動

2 つ以上の振動子が互いに影響を及ぼしあって（結合して）行う運動を**連成振動** (coupled oscillations) とよぶ．ここでは，2 つの振動子が結合した簡単な例を用いて連成振動を調べることにする．振動子が質点であり，体系が複数の質点を含む場合を想定して，第 6 章で学んだことを使って学ぶことができる．いずれ専門科目で学ぶ機会があるであろうから，時間の取り難い場合にはこの

学習は省いてもよい．

基準振動と基準座標

図 8.11 に示すような，3 つのバネと 2 つの質点からなる力学系を考えよう．バネの自然長はいずれも l_0 である．バネ定数は両端のバネが k で，中央のバネは λ である．2 つの質点の質量は等しく m であり，これらの質点は 1 つの直線に沿って運動するものとする．左の質点のつり合いの位置からの変位を x_1，右の質点の変位を x_2 とする．そうすると，3 つのバネののび（バネの長さからバネの自然長を差し引いたもの）は左から順に x_1, $x_2 - x_1$, $-x_2$ となる．したがって，左の質点に作用する力は $-kx_1 + \lambda(x_2 - x_1)$，右の質点に作用する力は $-\lambda(x_2 - x_1) - kx_2$ で与えられる．よってこれらの質点の運動方程式は次のようになる．

$$m\ddot{x}_1 = -kx_1 + \lambda(x_2 - x_1) \tag{8.50}$$

$$m\ddot{x}_2 = -\lambda(x_2 - x_1) - kx_2 \tag{8.51}$$

これらの式の和および差をとり，

$$q_1 = x_1 + x_2, \quad q_2 = x_1 - x_2 \tag{8.52}$$

とおくと，

$$\ddot{q}_1 = -\omega_1{}^2 q_1, \quad \omega_1 = \sqrt{\frac{k}{m}} \tag{8.53}$$

$$\ddot{q}_2 = -\omega_2{}^2 q_2, \quad \omega_2 = \sqrt{\frac{k + 2\lambda}{m}} \tag{8.54}$$

が得られる．式 (8.53) と式 (8.54) はどちらも単振動の運動方程式である．変数 q_1, q_2 が行う単振動のことを**基準振動**（normal mode）とよぶ．これらの変数を**基準座標**（normal coordinate）とよぶ．また，ω_1 と ω_2 はこれらの基準振動の**固有角振動数**である．

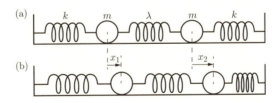

図 8.11 (a) 力のつり合いにおける配置．3 つのバネの長さは自然長．
(b) 各質点の平衡点からの変位をそれぞれ x_1, x_2 とする．

同位相の振動と逆位相の振動

それぞれの基準座標は異なる単振動を行う．その動きはそれぞれに特徴的である．式 (8.52) の定義から，q_1 は 2 つの質点の重心の変位の 2 倍であり，q_2 は 2 つの質点の相対座標の変位である．もし，q_1 だけが動くときには，相対座標が時間変化をしない．つまり，2 つの質点の相対位置が変わらずに重心だけが単振動をする．これは**同位相**の単振動である（図 8.12(a)）．また，もし q_2 だけが動くときには，重心は動かずに 2 つの質点の相対距離が単振動を行う．これは**逆位相**の単振動である（図 8.12(b)）．これを詳しく式で表すと次のようになる．

単振動の運動方程式 (8.53) と (8.54) の一般解はそれぞれ

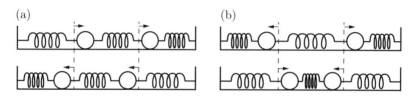

図 8.12 図 8.11 に示した系の基準振動. (a) 角振動数 ω_1 の基準振動では，2 つの質点は同位相で振動し，(b) 角振動数 ω_2 の基準振動では，逆位相で振動する．

$$q_1 = 2a_1 \cos(\omega_1 t + \alpha_1), \quad q_2 = 2a_2 \cos(\omega_2 t + \alpha_2) \tag{8.55}$$

と表すことができる．ここで定数 a_1, α_1, a_2, α_2 は初期条件に依存する．また，式 (8.52) より $x_1 = (q_1 + q_2)/2$, $x_2 = (q_1 - q_2)/2$ が成立するので，各質点の変位は次式のように表される．

$$x_1 = a_1 \cos(\omega_1 t + \alpha_1) + a_2 \cos(\omega_2 t + \alpha_2) \tag{8.56}$$
$$x_2 = a_1 \cos(\omega_1 t + \alpha_1) - a_2 \cos(\omega_2 t + \alpha_2) \tag{8.57}$$

もしも，$a_2 = 0$ となるように初期条件を選ぶと，角振動数 ω_1 の基準振動だけが誘起される．このときは $x_1 = x_2$ となり，図 8.12(a) に示すように，2 つの質点は振幅が等しく位相のそろった（同位相の）振動をする．この場合，中央のバネは伸び縮みしないので，このバネのバネ定数 λ は角振動数 ω_1 に寄与しない．これに対して角振動数 ω_2 の基準振動だけが誘起されるときには，図 8.12(b) に示すように，2 つの質点は振幅は等しいけれども変位の向きが互いに逆の（逆位相の）振動をする（$x_2 = -x_1$）．この場合には中央のバネの影響により，角振動数 ω_2 は ω_1 よりも大きくなる．

うなり振動

ふつうの初期条件では 2 つの基準振動の両方が誘起される．このときには，各質点は複雑な動きをする．具体例として，初期条件

$$x_1(0) = a, \quad \dot{x}_1(0) = 0, \quad x_2(0) = 0, \quad \dot{x}_2(0) = 0 \tag{8.58}$$

を考えよう．ここで a は正の定数である．この初期条件を満たす解は次式で与えられる．

$$x_1 = \frac{a}{2}(\cos\omega_1 t + \cos\omega_2 t), \quad x_2 = \frac{a}{2}(\cos\omega_1 t - \cos\omega_2 t) \tag{8.59}$$

中央のバネと両側のバネのバネ定数が等しい場合（$\lambda = k$），この式で表される質点の運動の様子は図 8.13(a) のようになる．

中央のバネが非常に弱い（$\lambda \ll k$）場合には，興味深い運動が生じる．このときには，2 つの基準振動の振動数がほぼ等しくなる．いま，

$$\omega_0 = \frac{\omega_1 + \omega_2}{2} \approx \omega_1\left(1 + \frac{\lambda}{2k}\right), \quad \omega_{\text{beat}} = \omega_2 - \omega_1 \approx \frac{\lambda}{k}\omega_0 \tag{8.60}$$

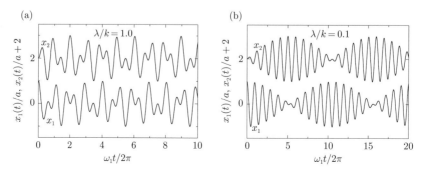

図 8.13 式 (8.59) で表される 2 つの質点の運動．(a) $\lambda = k$ の場合と (b) $\lambda/k = 0.1$ の場合．

とおくと，$\omega_0 \approx \omega_1 \approx \omega_2$，$\omega_{\text{beat}} \ll \omega_0$ という関係が成り立つ．また，式 (8.59) は次のように書き換えられる．

$$x_1 = a \cos \frac{\omega_{\text{beat}} t}{2} \cos \omega_0 t, \quad x_2 = a \sin \frac{\omega_{\text{beat}} t}{2} \sin \omega_0 t \tag{8.61}$$

したがって，x_1 と x_2 が，角振動数 ω_0 の振動を行い，その振幅が周期 $2\pi/\omega_{\text{beat}}$ でゆっくりと増減するという運動をすることがわかる（図 8.13(b)）．このような現象は**うなり** (beat) とよばれる．式 (8.61) や図 8.13(b) からわかるように，一方の質点の振幅が大きいときには他方の振幅は小さくなる．

例題 8.4-1 図 8.14 に示すように，2 つの振り子をバネ定数 k のバネでつなぐ．両方の振り子の長さはともに l，おもりの質量は m である．各振り子の支点の真下の位置から測ったそれぞれのおもりの水平方向の変位を x_1（左側のおもり），x_2（右側）とする．両方のおもりが支点の真下にあるとき，バネは自然長であり，振り子が振動してもバネはたわむことなく真っ直ぐであるものとする．振り子の振れ角が小さい（$|x_1| \ll l$，$|x_2| \ll l$）と仮定して，以下の問いに答えよ．
(1) 2 つのおもりの運動方程式を導け．
(2) この系の基準振動の固有角振動数を求めよ．
(3) 両方のおもりがつり合いの位置にあるときに，左のおもりに撃力を加えて，初速度 v を与えた．この時刻を $t=0$ とすると，$x_1(0) = 0$，$\dot{x}_1(0) = v$，$x_2(0) = \dot{x}_2(x) = 0$ である．$t > 0$ における $x_1(t)$ と $x_2(t)$ を求めよ．

解 (1) 例題 8.1-2 で示したように，振り子の振れ角が小さいとき，バネがないとすると左と右のおもりに作用する力の水平方向の成分はそれぞれ $-mgx_1/l$，$-mgx_2/l$ で与えられる．また，おもりの鉛直方向の変位は 2 次の微小量であり，無視できる．よって，バネの伸びは $x_2 - x_1$ と表すことができる．したがって，それぞれのおもりの運動方程式は以下のようになる．

$$m\ddot{x}_1 = -(mg/l)x_1 + k(x_2 - x_1)$$
$$m\ddot{x}_2 = -(mg/l)x_2 - k(x_2 - x_1)$$

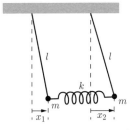

図 8.14 バネで結ばれた 2 つの振り子．両方の振り子の振れ角が 0（$x_1 = x_2 = 0$）のとき，バネの長さは自然長である．

(2) 上の 2 つの運動方程式の和および差をとり，$q_1 = x_1 + x_2$，$q_2 = x_1 - x_2$ とおくと，

$$\ddot{q}_1 = -\omega_1^2 q_1, \quad \omega_1 = \sqrt{\frac{g}{l}}$$
$$\ddot{q}_2 = -\omega_2^2 q_2, \quad \omega_2 = \sqrt{\frac{g}{l} + \frac{2k}{m}}$$

が得られる．これらの式の ω_1 と ω_2 が基準振動の固有角振動数である．

(3) 初期条件を変数 q_1 と q_2 で表すと，$q_1(0) = q_2(0) = 0$，$\dot{q}_1(0) = \dot{q}_2(0) = v$ となる．この条件を満たす解は

$$q_1(t) = \frac{v}{\omega_1} \sin \omega_1 t, \quad q_2(t) = \frac{v}{\omega_2} \sin \omega_2 t$$

である．したがって，次を得る．

$$x_1(t) = \frac{v}{2}\left(\frac{\sin \omega_1 t}{\omega_1} + \frac{\sin \omega_2 t}{\omega_2}\right), \quad x_2(t) = \frac{v}{2}\left(\frac{\sin \omega_1 t}{\omega_1} - \frac{\sin \omega_2 t}{\omega_2}\right)$$

問題 8.4-1 図 8.15 に示す力学系を考える．バネ定数 λ のバネの一端が天井に固定され，他端には軽い棒が取り付けられている．この棒は，向きを水平に保ったまま，鉛直方向に自由に動くことができる．また，この棒にはバネ定数 k と自然長の等しい 2 本のバネが吊り下げられており，その先にはそれぞれ質量 m のおもりが取り付けられている．棒，左側の質点，右側の質点の鉛直下向きの変位をそれぞれ x_0，x_1，x_2 とする．棒の質量は無視できるものとして，以下の問いに答えよ．

(1) 2つのそれぞれの質点に対する運動方程式は次式のように書けることを示せ．
$$m\ddot{x}_1 = -k(x_1 - x_0), \qquad m\ddot{x}_2 = -k(x_2 - x_0)$$

(2) 質量 0 の物体に作用する力はつり合っていなければならない（さもなければ，この物体は無限大の加速度で飛び去ってしまう）．この事実に基づいて次の関係を導け．
$$x_0 = \frac{k}{2k+\lambda}(x_1 + x_2)$$

(3) この系の 2 つの基準振動の角振動数を求めよ．

(4) それぞれの基準振動における，棒と 2 つの質点の動きを図 8.12 にならって図示せよ．

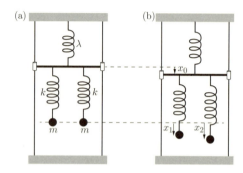

図 8.15 3 つのバネと軽い棒（水平の太い線）と 2 つの質点からなる力学系．(a) 力のつり合いにおける配置．(b) 軽い棒，左側の質点，右側の質点の鉛直下向きの変位を x_0, x_1, x_2 とする．

問題 8.4-2 図 8.16 に示すような力学系を考えよう．軽い棒が長さ a の 2 本のひもで，水平な天井から吊ってある．ひもの間隔は棒の長さに等しく，2 本のひもはいつも平行で，棒は水平を保っている．棒の両端には長さが l で質量が m の単振り子が吊り下げられている．図のように，棒を吊り下げているひもが鉛直線となす角を θ, 2 つの振り子の（鉛直方向から測った）振れ角を φ_1 および φ_2 とする．3 つの振れ角 θ, φ_1, φ_2 は微小であり，棒の質量は無視できるものとして，以下の問いに答えよ．

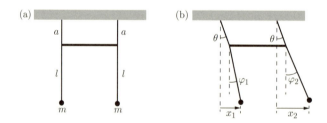

図 8.16 2 本のひもで吊り下げられた棒（水平の太い線）と，棒の両端を支点とする 2 つの単振り子からなる系．(a) 力の釣り合いにおける配置．(b) 棒を支えるひもの振れ角を θ, 左右の振り子の振れ角をそれぞれ φ_1, φ_2 とする．また，左右のおもりの水平方向の変位をそれぞれ x_1, x_2 とする．

(1) 2 つの振り子の運動方程式は次式のように書けることを示せ．
$$m(a\ddot{\theta} + l\ddot{\varphi}_1) = -mg\varphi_1$$
$$m(a\ddot{\theta} + l\ddot{\varphi}_2) = -mg\varphi_2$$

(2) 棒に作用する力のつり合いを考慮して，次の関係を導け．
$$\theta = \frac{1}{2}(\varphi_1 + \varphi_2)$$

(3) この系の 2 つの基準振動の角振動数を求めよ．

(4) それぞれの基準振動における，棒と 2 つの振り子の動きを図 8.12 にならって図示せよ．

工学と物理学（8）：工学部で物理を学ぶことの醍醐味

　物理学の関心は急速に変化する．例えば固体（物性）物理は本来，天然物質の構造解析が研究対象であったが，次第に物質の機能に関心が移り，ナノテクノロジー全盛の今日では所望の機能を示す物質の合成とその機能評価が話題の中心である．これはデバイス作製のナノスケール版にほかならない．こと物性物理に関するかぎり，理学と工学の境目は急速に消失している．

　さらに驚くべき変化は量子力学と情報工学の急接近である．現在，長足の進歩を遂げる機械学習や深層学習といった情報工学では，認識や判断といった「知的」作業は，すべて多次元パラメータ空間におけるエネルギー最下点を求める問題（大域的最適化）として定式化される．いかに素早くこのエネルギー最下点を求められるかというのがアルゴリズム開発者の腕の見せ所なのだが，やっかいなのが，計算途中でちょっとした窪み（局所最適解）にひっかかることである．この偽の解にひっかからずに真の最下点（最適解）を素早く見つけるアルゴリズムとして，量子力学が使えることが最近わかってきたのである．

　いまや基礎と応用といった分け方が意味をなさない時代になってきた．基礎物理の概念がどんな応用に役立つかわからないし，応用の現場からどんな物理が生まれるかもわからない．これが今日，工学部で物理を学ぶことの醍醐味である．（末光眞希）

第9章
加速している座標系

　電車が発進するときや停止するとき，乗客は電車の後方あるいは前方の向きに力を受けるように感じる．それは，吊るされたものが鉛直に下がっていないで，後方あるいは前方に傾くことや，テーブルの上に置かれたものがあれば，後方あるいは前方に加速されてテーブルから飛び出してしまうことでわかる．乗用車がカーブを曲がるとき，運転手は外向きの力を受けるように感じる．ダッシュボードの上の物体はカーブの外側のほうに動いて端にたまってしまう．

　一般に，電車や乗用車とともに運動する人が物体の運動を観測すると，つり合いの様子の変化や物体の加速が見られることがあり，実際には存在しない力が物体に作用するように感じることがある．この章では，このような「見かけの力」について考察する．

9.1 非慣性系における見かけの力

　電車の乗客が物体の動きを観測する場合，電車に固定した座標軸（座標系）を用いて，その物体の位置を記述するとその運動方程式は静止座標系の座標についての方程式とどこが変わってくるか．

非慣性系

　ここでは，1つの質点の運動を，地上に固定した座標系 S から見た場合と，電車に固定した座標系のように地上に対して並進運動する座標系 S′ から見た場合を比較する．S 系の原点を O，直交座標軸を x, y, z とし，S′ 系の原点を O′，座標軸を x', y', z' とする．また，S 系から見た O′ の位置を $\boldsymbol{R}$ とする．S′ 系の移動は並進運動なので対応する座標軸の向きはそれぞれで同じである（図 9.1）．

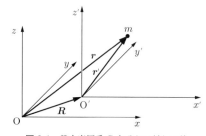

図 9.1　静止座標系 S とそれに対して並進運動をする座標系 S′．

　静止座標系 S から見た質点の運動は，ニュートンの運動方程式

$$m\ddot{\boldsymbol{r}} = \boldsymbol{F} \tag{9.1}$$

で記述できるものと仮定する[1]．ここで m は質点の質量，$\boldsymbol{F}$ は質点に作用する力である．ニュートンの運動方程式が成り立つ座標系を**慣性系**（inertial frame of reference）とよぶ．S 系から見た質点の位置 $\boldsymbol{r}$ と S′ 系から見た質点の位置 $\boldsymbol{r}'$ とは

$$\boldsymbol{r} = \boldsymbol{R} + \boldsymbol{r}' \tag{9.2}$$

という関係にある（図 9.1）．式 (9.1) 左辺の $\boldsymbol{r}$ に式 (9.2) を代入して整理すると

$$m\ddot{\boldsymbol{r}}' = \boldsymbol{F} - m\ddot{\boldsymbol{R}} \tag{9.3}$$

---
[1] この仮定の妥当性については，いまは問わない．

が得られる．この式から，質点に力が作用しない場合（$\boldsymbol{F} = 0$）でも，$\ddot{\boldsymbol{R}} \neq 0$ ならば，**運動座標系** S′ では質点の加速度 $\ddot{\boldsymbol{r}}'$ が 0 でないことがわかる．つまり，座標系 S′ では慣性の法則が成り立たないことになる．このような座標系を**非慣性系**（noninertial frame）とよぶ．したがって，慣性系に対して加速度運動（$\ddot{\boldsymbol{R}} \neq 0$）をしている座標系は非慣性系である，といえる．

一方，$\ddot{\boldsymbol{R}} = 0$ ならば（S′ 系が S 系に対して等速度運動をしているならば），式 (9.3) は $m\ddot{\boldsymbol{r}}' = \boldsymbol{F}$ となり，S′ 系から見た質点の運動はニュートンの運動方程式に従う．つまり，慣性系に対して等速度運動をする座標系もまた慣性系である．このことを**ガリレイの相対性原理**（Galilean principle of relativity）という．

慣性力

運動座標系 S′ が非慣性系であるとしよう．この場合，

$$\boldsymbol{F}' \equiv -m\ddot{\boldsymbol{R}} \tag{9.4}$$

とおくと，式 (9.3) は

$$m\ddot{\boldsymbol{r}}' = \boldsymbol{F} + \boldsymbol{F}' \tag{9.5}$$

と書き換えられる．この式は，実際に質点に作用する力 $\boldsymbol{F}$ のほかに $\boldsymbol{F}'$ という仮想的な力（**見かけの力**，pseudoforce）が質点に作用していると解釈すると，系 S′ から見た質点の運動はニュートンの運動方程式を使って解析できる，ということを示している．この見かけの力を**慣性力**（inertial force）という．しかし，慣性力はあくまでも見かけの力であって，外部から何らかの力が質点に作用しているわけではないことに注意しよう．

例題 9.1-1 図 9.2 のように，質量 M の板の上に質量 m のおもりが載っており，板は滑らかな水平面の上を一定の速さ V で壁に向かって運動している．板とおもりの間の静止摩擦係数は μ であり，おもりは板に対して静止している．バネ定数 k のバネの一端が壁に固定されており，他端に板が接触するとバネは縮み始める．板がバネに跳ね返されて，壁から遠ざかるまでおもりが板の上に静止し続けるためには，V はある値 $V_{\max}$ 以下でなければならない．この $V_{\max}$ を求めよ．また，$V > V_{\max}$ の場合，バネがどれだけ縮んだときにおもりは滑り始めるだろうか．

解 板がバネに接触し始める時刻を $t = 0$ とし，このときの板の変位を $x = 0$ とする（バネと板が接触しているあいだは，バネの縮みは x に等しい）．おもりが板の上を滑らないとすると，$t \geq 0$ における運動方程式は

図 9.2 質量 m のおもりを載せて，滑らかな水平面上を滑る板（質量 M）が，壁に取り付けたバネ（バネ定数 k）に衝突して跳ね返る．

$$(M + m)\ddot{x} = -kx \tag{9.6}$$

となる．したがって，板に固定された座標系において，おもりに作用する慣性力は

$$F' = -m\ddot{x} = \frac{mk}{M + m}x$$

で与えられる．F' がおもりに作用する最大摩擦力 $F_{\mathrm{s}} = mg\mu$ を超えなければ，おもりは滑らない．F' が最大になるのは，バネの縮み x が最大値 $x_{\max}$ に達するときである．このとき板の速度は 0 になるので，エネルギー保存則より

$$\frac{1}{2}(M+m)V^2 = \frac{1}{2}kx_{\max}^2$$

が成り立つ．したがって，慣性力 F' の最大値は

$$F'_{\max} = \frac{mk}{M+m}x_{\max} = \sqrt{\frac{k}{M+m}}\,mV$$

であり，おもりが滑らないための条件は

$$F'_{\max} < mg\mu \quad \Rightarrow \quad V < \sqrt{\frac{M+m}{k}}\,g\mu$$

で与えられる．よって

$$V_{\max} = \sqrt{\frac{M+m}{k}}\,g\mu$$

を得る．また $V > V_{\max}$ の場合には，F' が最大摩擦力 $mg\mu$ に達したとき，すなわちバネの縮みが

$$x = \frac{M+m}{k}g\mu$$

となったときに，おもりが滑り始める[2]．

問題 9.1-1 一定の速さ v_0 で運転していた電車に急ブレーキをかけて，時間 τ 後に停止させる．ブレーキをかけてから停止するまで，電車は等加速度運動をする．停止までの時間 τ がある値 τ_c よりも小さいと，電車の天井から長さ a のひもで吊るされていたおもりが天井に衝突する（図 9.3）．ただし，ブレーキをかける前にはおもりは電車に対して静止しているものとする．τ_c を求めよ．

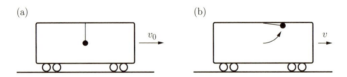

図 9.3 (a) 一定速度で運行している電車が，(b) 急ブレーキをかける．

9.2 遠心力

等速円運動の力

静止系（または慣性系）において等速円運動をしている質点に作用している力について復習しておく．図 9.4(b) のように，原点 O を中心として一定の速さ v_0 で質量 m の質点 A が半径 R の円運動をしているとする．このとき回転の角速度を ω_0 と記すと，$\omega_0 = v_0/R$ である．時刻 $t=0$ に質点が通過した点の方向に図 9.4 のように x 軸をとり，軌道面上に y 軸をとる．このとき，質点の位置ベクトル $\boldsymbol{r}$，運動の加速度 $\ddot{\boldsymbol{r}}$ はそれぞれ以下のように表される．

$$\boldsymbol{r} = (R\cos\omega_0 t,\ R\sin\omega_0 t,\ 0) \tag{9.7}$$

$$\ddot{\boldsymbol{r}} = (-R\omega_0^2\cos\omega_0 t,\ -R\omega_0^2\sin\omega_0 t,\ 0) \tag{9.8}$$

この円運動を起こしている力は，ニュートンの第 2 法則から

$$m\ddot{\boldsymbol{r}} = \boldsymbol{F} \tag{9.9}$$

を満たす力であり，成分で記せば，次のようになる．

---

[2] おもりが滑り出すと，運動方程式 (9.6) は成立しない．

$$\boldsymbol{F} = (-mR\omega_0^2 \cos\omega_0 t,\ -mR\omega_0^2 \sin\omega_0 t,\ 0) \tag{9.10}$$

これは大きさが $F = mR\omega_0^2$ で向きが $-\boldsymbol{r}$ の向きを向いていて，次のように記すことができる．

$$\boldsymbol{F} = -m\omega_0^2 \boldsymbol{r} \tag{9.11}$$

回転する座標系で運動を記述

同じ運動を，図 9.4(a) に示すような，いまの xyz 座標系に対して z 軸のまわりに一定角速度 ω で回転している $x'y'z'$ 座標系で記述してみる．ここで z 軸と z' 軸は共通である．

これに相当する場面として例えば図 9.4(b) のように，半径が R の円を一周するレールの上を滑らかに動く質点が一定の速さ $v_0 = R\omega_0$ で進み続けていて，これを ω で回転する円板に乗った観測者が円盤に固定した $x'y'z'$ 座標系で質点の運動を記述する．

一般の関係式を導くため ω_0 と ω を区別するが，身近に経験する場面としては $\omega = \omega_0$ の場合が想定しやすい．例えば図 9.4(c) のように，乗っている自動車が円周状のカーブを走っているときに，自動車とともに動く質点，例えばダッシュボードに置かれた本や車内に吊るされたマスコットの運動を考える．円の中心を原点とする座標系をとり，$x'y'z'$ 座標系は自動車に固定するとし，例えば車軸の方向に x' 軸をとる．

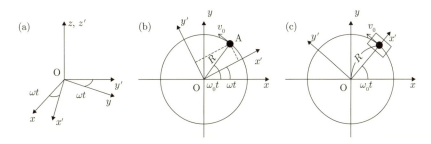

図 9.4 (a) 慣性系 xyz の z 軸のまわりを一定の角速度 ω で回転する座標系 $x'y'z'$，(b) 原点のまわりを半径 R で角速度 ω_0 の等速円運動をする質点 A の，角速度 ω で回転する $x'y'z'$ 系での座標を求める．(c) 原点のまわりを半径 R で角速度 ω_0 の等速円運動をする質点の，その質点と共に回転する $x'y'z'$ 系での座標を求める．

質点 A が原点を中心とする半径 R の円周上を一定角速度 ω_0 の円運動をしているとする．図 9.4(b) からわかるように，質点 A の $x'y'z'$ 座標系での位置座標 $\boldsymbol{r}'$ の表式は

$$\boldsymbol{r}' = (R\cos(\omega_0 t - \omega t),\ R\sin(\omega_0 t - \omega t),\ 0) \tag{9.12}$$

であり，2 階微分の計算から加速度ベクトル $\ddot{\boldsymbol{r}}'$ が求まる．

$$\begin{aligned}\ddot{\boldsymbol{r}}' &= (-R(\omega_0-\omega)^2 \cos(\omega_0 t - \omega t),\ -R(\omega_0-\omega)^2 \sin(\omega_0 t - \omega t),\ 0) \\ &= -(\omega_0-\omega)^2 \boldsymbol{r}'\end{aligned} \tag{9.13}$$

遠心力

図 9.4(b) の状況では，質点に作用している力は座標系に関係なく，大きさが $F = mR\omega_0^2$ で質点から円の中心である O に向かうベクトル

$$\boldsymbol{F} = -m\omega_0^2 \boldsymbol{r}' \tag{9.14}$$

である．この加速度と力の間には，式 (9.13) と式 (9.14) を比較すると，

$$m\ddot{\boldsymbol{r}}' = \boldsymbol{F} + m\omega(2\omega_0 - \omega)\boldsymbol{r}' \tag{9.15}$$

の関係が成りたち，明らかにニュートンの運動方程式 (9.9) を満たしていない．このように，慣性系に対して回転している座標系は非慣性系であるといえる．

いまの場合，力 $\boldsymbol{F}'$ を

$$\boldsymbol{F}' = m\omega(2\omega_0 - \omega)\boldsymbol{r}' \tag{9.16}$$

とおくと，式 (9.9) は

$$m\ddot{\boldsymbol{r}}' = \boldsymbol{F} + \boldsymbol{F}' \tag{9.17}$$

と書き換えられる．これは前節で考察したことと同様に，実際に質点に作用する力 $\boldsymbol{F}$ のほかに $\boldsymbol{F}'$ という見かけの力が質点に作用していると解釈すると，ニュートンの運動方程式を使って運動を解析できることを示している．

もしも，図 9.4(c) のように回転している質点とともに回転する座標系で記述したら，$\omega = \omega_0$ であり，そのとき見かけの力は

$$\boldsymbol{F}' = m\omega_0{}^2 \boldsymbol{r}'$$

であり，等速円運動を起こしている力と同じ大きさで逆向きである．このように回転している質点と共に回転する座標系で運動を記述するときに現れる見かけの力は**遠心力**（centrifugal force）とよばれている．したがって遠心力は慣性力の一種である．

この結果，この座標系で質点 A を観測している人には，A には何も力が作用していない，または，複数の力がつり合って静止している，と見えるであろう．

このような例として，ISS（国際宇宙ステーション）のように地球のまわりを円運動している物体の中にいて[3]，その物体に固定された座標系で近くのものを観察すると，地球の重力もまたその他の力も作用していないかのように見える．

また，ほかの例として，図 9.5 に示すような構造物があって，重力などのほかからの力が作用していない場所に置かれている場合を考える．点 O のまわりに棒で結ばれた 2 つの箱 A と B が，O のまわりを角速度 ω で回転していたとする．

このとき，A の中では物体に見かけの力，遠心力が作用して例えば箱の一か所にひもで結ばれた物体をあたかも天井から吊り下げられて静止しているかのようにすることができる．また B の中に置かれたバケツの

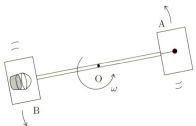

図 9.5 点 O のまわりに等速円運動をする箱 A と B の中では，物体を吊り下げて静止させる，あるいは床に置かれたバケツに液体を溜めて静止させるかのように見せることができる．

中の液体を，あたかも床に置いたバケツに溜まって静止しているかのようにすることができる．これは観測者と物体や液体が回転する座標系の上にいて点 O から遠ざかる向きに見かけの力，遠心力を感じているためである．ここまで，O 点は慣性系の一点であるかのように考えていたが，実は，ISS と並んで地球を周回する軌道の上にあっても，このようなことがいえるのである．

例題 9.2-1 液体を入れた容器を水平なターンテーブルの上に置き，ターンテーブルを（鉛直な回転軸のまわりに）角速度 ω で回転させる（図 9.6(a)）．やがて，液体は容器に対して静止する．このときの液体表面の形状を求めよ．

---

[3] 正確には楕円運動であるが，仮に円運動としよう．楕円運動の場合にもそのことは証明できる．

解 ターンテーブルといっしょに回転する座標系で考える．この座標系では液体は静止しているので，それぞれに円運動をする質点の集まりと考えて，いっしょに回転する座標系では質点それぞれに遠心力が作用しているものと考える．液体表面の液体部分に作用する重力と遠心力の合力は液面に垂直である．液面の形状は，回転軸に関して回転対称であると考えられるので，

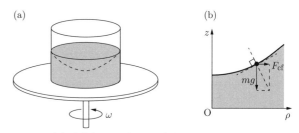

図 9.6 (a) 液体を入れた容器が回転するターンテーブル上に置かれている．(b) 回転軸を z 軸，この軸からの距離を ρ とする．

液面の高さ z は回転軸からの距離 ρ の関数 $z = z(\rho)$ として表すことができる（図 9.6(b)）．距離 ρ にある液体の微小部分（質量 m とする）に作用する遠心力の大きさは $F_{cf} = m\rho\omega^2$ であり，重力の大きさは mg である．これらの合力が液面に垂直であるという条件より

$$\frac{dz}{d\rho} = \frac{F_{cf}}{mg} \quad \Rightarrow \quad \frac{dz}{d\rho} = \frac{\omega^2}{g}\rho$$

という関係を得る．これは関数 $z(\rho)$ に対する微分方程式であり，これを積分すると

$$z = \frac{\omega^2}{2g}\rho^2 + C$$

という結果が得られる．積分定数 C の値は容器の形状と液体の体積によって決まる．この結果から，液面の形状は回転放物面（放物線をその軸のまわりに回転してできる曲面）であることがわかる．

問題 9.2-1 ビーズ B の穴に針金を通し，この針金で半径 a のリングを作る．図 9.7 に示すように，このリングを垂直に立て，リングの中心 O を通る鉛直軸のまわりに角速度 ω でリングを回転させる．ビーズと針金の接触は滑らかである．リングの最下点を A として線分 OA と OB のなす角を θ とする（図 9.7）．ω がある値 ω_c よりも大きいと，ビーズは，$\theta \neq 0$ の位置でリング上に静止することができる．ω_c を求めよ．また，$\omega > \omega_c$ の場合について，ビーズが静止する位置（$\theta \neq 0$）における θ を求めよ．

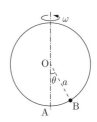

図 9.7 回転するリングに滑らかに拘束されたビーズ．

9.3 【発展】コリオリの力

前節では，等速円運動をする質点に限って，円運動の中心のまわりに回転する座標系で見たときの見かけの力，遠心力を考察した．では，一般の運動をする質点についてはどのような見かけの力が現れるだろうか．本節では，任意の運動について回転系から見た加速度と慣性系から見た加速度の関係を求め，それによって一般には遠心力とともにコリオリの力が現れることを学ぶ．

慣性系 S の z 軸のまわりに一定の角速度 ω で回転する座標系 S' を考える（z 軸の正の側から見て，反時計回りに回転するものとする）．慣性系 S の座標を (x, y, z) とし，回転系 S' の座標を (x', y', z') とする．また，S' 系の原点 O' と z' 軸のそれぞれを S 系の原点 O と z 軸に一致させる（図 9.8(a)）．すると，2 組の座標の間には次の関係が成り立つ．

$$x = x' \cos\omega t - y' \sin\omega t, \quad y = x' \sin\omega t + y' \cos\omega t, \quad z = z' \tag{9.18}$$

また，座標系 S の基本ベクトルを $\bm{e}_x$, $\bm{e}_y$, $\bm{e}_z$，座標系 S' の基本ベクトルを $\bm{e}_{x'}$, $\bm{e}_{y'}$, $\bm{e}_{z'}$ とする（図 9.8(b)）と，

$$\bm{e}_x = \bm{e}_{x'} \cos\omega t - \bm{e}_{y'} \sin\omega t, \quad \bm{e}_y = \bm{e}_{x'} \sin\omega t + \bm{e}_{y'} \cos\omega t, \quad \bm{e}_z = \bm{e}_{z'} \tag{9.19}$$

あるいは
$$e_{x'} = e_x \cos\omega t + e_y \sin\omega t, \quad e_{y'} = -e_x \sin\omega t + e_y \cos\omega t, \quad e_{z'} = e_z \tag{9.20}$$
が成り立つ．質点の位置を S 系から見たときの座標は (x, y, z)，S′ 系における座標は (x', y', z') であるから，質点の位置ベクトルは
$$\boldsymbol{r} = x\boldsymbol{e}_x + y\boldsymbol{e}_y + z\boldsymbol{e}_z = x'\boldsymbol{e}_{x'} + y'\boldsymbol{e}_{y'} + z'\boldsymbol{e}_{z'} \tag{9.21}$$
と表すことができる．

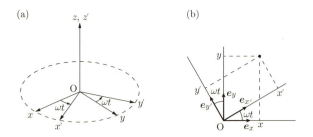

図 9.8 (a) 慣性系 S の z 軸のまわりを一定の角速度 ω で回転する座標系 S′．
(b) S 系の基本ベクトル $\boldsymbol{e}_x$, $\boldsymbol{e}_y$ と S′ 系の基本ベクトル $\boldsymbol{e}_{x'}$, $\boldsymbol{e}_{y'}$．

いま，S′ 系の基本ベクトルのうち $\boldsymbol{e}_{x'}$ と $\boldsymbol{e}_{y'}$ は座標系の回転に伴ってその向きを変えることに注意して，式 (9.20) の各式を時間 t で微分すると
$$\dot{\boldsymbol{e}}_{x'} = \omega(-\boldsymbol{e}_x \sin\omega t + \boldsymbol{e}_y \cos\omega t), \quad \dot{\boldsymbol{e}}_{y'} = -\omega(\boldsymbol{e}_x \cos\omega t + \boldsymbol{e}_y \sin\omega t), \quad \dot{\boldsymbol{e}}_{z'} = 0$$
が得られる．これらのうち，はじめの 2 つの式の右辺を式 (9.20) と比べると，
$$\dot{\boldsymbol{e}}_{x'} = \omega\boldsymbol{e}_{y'}, \quad \dot{\boldsymbol{e}}_{y'} = -\omega\boldsymbol{e}_{x'}, \quad \dot{\boldsymbol{e}}_{z'} = 0 \tag{9.22}$$
が成り立つことがわかる．

S 系から見た質点の速度 $\boldsymbol{v}$ と S′ 系から見た質点の速度 $\boldsymbol{v}'$ の関係を明らかにしよう．慣性系 S における質点の速度の成分は $(\dot{x}, \dot{y}, \dot{z})$ であり，回転系 S′ における質点の速度の成分は $(\dot{x}', \dot{y}', \dot{z}')$ であるから，$\boldsymbol{v}$ と $\boldsymbol{v}'$ を次のように表すことができる．
$$\boldsymbol{v} = \dot{x}\boldsymbol{e}_x + \dot{y}\boldsymbol{e}_y + \dot{z}\boldsymbol{e}_z, \quad \boldsymbol{v}' = \dot{x}'\boldsymbol{e}_{x'} + \dot{y}'\boldsymbol{e}_{y'} + \dot{z}'\boldsymbol{e}_{z'} \tag{9.23}$$
一方，位置ベクトルを表す式 (9.21) の各辺を t で微分して，式 (9.22) の関係を使うと
$$\dot{\boldsymbol{r}} = \dot{x}\boldsymbol{e}_x + \dot{y}\boldsymbol{e}_y + \dot{z}\boldsymbol{e}_z = \dot{x}'\boldsymbol{e}_{x'} + \dot{y}'\boldsymbol{e}_{y'} + \dot{z}'\boldsymbol{e}_{z'} + \omega(x'\boldsymbol{e}_{y'} - y'\boldsymbol{e}_{x'}) \tag{9.24}$$
が得られる．この式と式 (9.23) を比べて，
$$\boldsymbol{v} = \boldsymbol{v}' + \omega(x'\boldsymbol{e}_{y'} - y'\boldsymbol{e}_{x'}) \tag{9.25}$$
という関係を得る．さらに，基本ベクトルのベクトル積に関する性質[4]
$$\boldsymbol{e}_{x'} \times \boldsymbol{e}_{y'} = \boldsymbol{e}_{z'}, \quad \boldsymbol{e}_{y'} \times \boldsymbol{e}_{z'} = \boldsymbol{e}_{x'}, \quad \boldsymbol{e}_{z'} \times \boldsymbol{e}_{x'} = \boldsymbol{e}_{y'}$$
と位置ベクトルの表式 (9.21) に留意すると，
$$x'\boldsymbol{e}_{y'} - y'\boldsymbol{e}_{x'} = \boldsymbol{e}_z \times \boldsymbol{r}$$
という関係が得られる．この式を式 (9.25) に代入すると，S 系における速度 $\boldsymbol{v}$ と S′ 系における速度 $\boldsymbol{v}'$ の関係
$$\boldsymbol{v} = \boldsymbol{v}' + \omega\boldsymbol{e}_z \times \boldsymbol{r} \tag{9.26}$$
が得られる．この式の右辺第 2 項 $\omega\boldsymbol{e}_z \times \boldsymbol{r}$ は S′ 系に対して静止している点を S 系から見たときの速度であり (図 9.9)，式 (7.27) と同じ形をしている．

---

[4] 式 (A.9) 参照．

今度は，S 系から見た質点の加速度
$$\bm{a} = \ddot{x}\bm{e}_x + \ddot{y}\bm{e}_y + \ddot{z}\bm{e}_z \tag{9.27}$$
と S′ 系から見た質点の加速度
$$\bm{a}' = \ddot{x}'\bm{e}_{x'} + \ddot{y}'\bm{e}_{y'} + \ddot{z}'\bm{e}_{z'} \tag{9.28}$$
の関係を求めよう．そのために，まず式 (9.26) を t で微分して
$$\dot{\bm{v}} = \dot{\bm{v}}' + \omega \bm{e}_z \times \dot{\bm{r}} \tag{9.29}$$
を得る．次に式 (9.23) の各式を t で微分すると
$$\dot{\bm{v}} = \bm{a}, \quad \dot{\bm{v}}' = \bm{a}' + \omega \bm{e}_z \times \bm{v}' \tag{9.30}$$
が得られる[5]．また，式 (9.23) と式 (9.24) より，
$$\dot{\bm{r}} = \bm{v}$$
という関係が成り立つ．この式と式 (9.30) を式 (9.29) に代入し，式 (9.26) を用いて整理すると
$$\bm{a} = \bm{a}' + 2\omega \bm{e}_z \times \bm{v}' + \omega^2 \bm{e}_z \times (\bm{e}_z \times \bm{r}) \tag{9.31}$$
が得られる．これが慣性系 S から見る質点の加速度 $\bm{a}$ と回転系 S′ から見る加速度 $\bm{a}'$ の関係を表す式である．

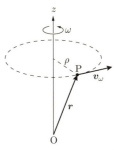

図 9.9 回転座標系 S′ から見て静止している点 P を静止系 S から見ると，速度 $\bm{v}_\omega = \omega \bm{e}_z \times \bm{r}$ で動く．点 P から z 軸までの距離を ρ とすると，$\bm{v}_\omega$ の大きさは $\rho \omega$ である．

質点に作用する力を $\bm{F}$ とすると，慣性系 S では運動方程式 $m\bm{a} = \bm{F}$ が成り立つ．この運動方程式と式 (9.31) から
$$m\bm{a}' = \bm{F} + 2m\omega \bm{v}' \times \bm{e}_z + m\omega^2 \bm{e}_z \times (\bm{r} \times \bm{e}_z) \tag{9.32}$$
が導かれる．この式は，真の力 $\bm{F}$ のほかに次の 2 種類の慣性力
$$\bm{F}_{\mathrm{C}} = 2m\omega \bm{v}' \times \bm{e}_z \tag{9.33}$$
$$\bm{F}_{\mathrm{cf}} = m\omega^2 \bm{e}_z \times (\bm{r} \times \bm{e}_z) \tag{9.34}$$
が質点に作用していると解釈すると，回転系 S′ でも運動方程式を使って質点の運動を解析できることを示している．慣性力 $\bm{F}_{\mathrm{C}}$ を**コリオリの力**（Coriolis force[6]），慣性力 $\bm{F}_{\mathrm{cf}}$ は特別な場合に限って前節で示し，ここでは一般的に求められた**遠心力**（centrifugal force）である．コリオリの力 $\bm{F}_{\mathrm{C}}$ は回転軸 $\bm{e}_z$ と S′ 系での質点の速度 $\bm{v}'$ に垂直であり（図 9.10(a)），その大きさは回転角速度 ω と質点の速さ v' に比例する（質点の位置には依存しない）．そして，遠心力 $\bm{F}_{\mathrm{cf}}$ は質点から回転軸に下ろした垂線に沿って，軸から遠ざかる向き（外向き）に作用する（図 9.10(b)）．この垂線の長さを ρ とすると，遠心力の大きさは
$$F_{\mathrm{cf}} = m\omega^2 \rho \tag{9.35}$$
で与えられる．

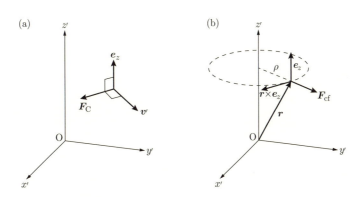

図 9.10 (a) コリオリの力 $\bm{F}_{\mathrm{C}}$ と (b) 遠心力 $\bm{F}_{\mathrm{cf}}$．

---

[5] 式 (9.30) の第 2 式の右辺第 2 項を求めるとき，式 (9.25) から式 (9.26) を導くときと同様の計算をした．
[6] Gaspard-Gustave Coriolis（1792–1843）にちなむ．

問題 9.3-1 式 (9.18) の各式を時間 t で微分すると

$$\dot{x} = (\dot{x}' - \omega y') \cos \omega t - (\dot{y}' + \omega x') \sin \omega t \tag{9.36}$$

$$\dot{y} = (\dot{x}' - \omega y') \sin \omega t + (\dot{y}' + \omega x') \cos \omega t \tag{9.37}$$

$$\dot{z} = \dot{z}' \tag{9.38}$$

となることを示せ．これは，位置ベクトルの成分を用いて，慣性系 S と運動系 S' における質点の速度の関係を表したものである．式 (9.26) を成分で表すと上の式のようになることを示せ．

問題 9.3-2 式 (9.36)–(9.38) を t で微分すると

$$\ddot{x} = (\ddot{x}' - 2\omega \dot{y}' - \omega^2 x') \cos \omega t - (\ddot{y}' + 2\omega \dot{x}' - \omega^2 y') \sin \omega t \tag{9.39}$$

$$\ddot{y} = (\ddot{x}' - 2\omega \dot{y}' - \omega^2 x') \sin \omega t + (\ddot{y}' + 2\omega \dot{x}' - \omega^2 y') \cos \omega t \tag{9.40}$$

$$\ddot{z} = \ddot{z}' \tag{9.41}$$

となることを示せ．これは，ベクトルの成分を用いて，慣性系 S と運動系 S' における質点の加速度の関係を表したものである．式 (9.31) を成分で表すと上の式のようになることを示せ．

9.4 【発展】地球の自転

回転座標系の例として，自転する地球に固定した座標系を考えよう．地球の中心 E は宇宙空間（慣性系）に対して静止していると仮定する．地球上の緯度 α（北半球ならば $\alpha > 0$，南半球ならば $\alpha < 0$）の点 O を原点として，地球に固定した直交座標系 (x, y, x) を図 9.11 のように設定する．座標軸 x と y は点 O において地球に接する平面上で，それぞれ真東と真北を向く．また，z 軸はこの接平面に垂直である．遠心力の影響を無視すると，この接平面は水平面であり，z 軸は鉛直上向きである．遠心力の影響を考えても，z 軸と鉛直軸とのずれは $0.1°$ 以下である（例題 9.4-1 参照）から，実際上 z 軸を鉛直軸，xy 平面を水平面とみなしても問題はない．

座標系 (x, y, z) の基本ベクトルを $\boldsymbol{e}_x, \boldsymbol{e}_y, \boldsymbol{e}_z$ とし，地球の自転軸方向の単位ベクトルを $\boldsymbol{u}$ とする（図 9.11）．すると，$\boldsymbol{u}$ は $\boldsymbol{e}_y$ と $\boldsymbol{e}_z$ を用いて次のように表すことができる．

$$\boldsymbol{u} = \boldsymbol{e}_y \cos \alpha + \boldsymbol{e}_z \sin \alpha \tag{9.42}$$

点 O の近くを運動する質点を座標系 (x, y, z) から観測したときの速度を $\boldsymbol{v}$，その成分を v_x, v_y, v_z とすると，

$$\boldsymbol{v} = v_x \boldsymbol{e}_x + v_y \boldsymbol{e}_y + v_z \boldsymbol{e}_z$$

が成り立つ．したがって，式 (9.33) を使って（$\boldsymbol{v}'$ を $\boldsymbol{v}$ と読み替え，$\boldsymbol{e}_z$ を $\boldsymbol{u}$ と読み替える），この質点に作用するコリオリの力を求めると

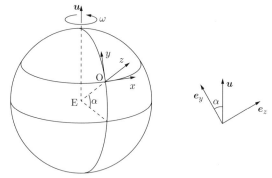

図 9.11 地球上の緯度 α の点 O を原点とし，地球に固定した直交座標系 (x, y, z)．

$$\boldsymbol{F}_{\mathrm{C}} = 2m\omega \boldsymbol{v} \times \boldsymbol{u} = 2m\omega (v_x \boldsymbol{e}_x + v_y \boldsymbol{e}_y + v_z \boldsymbol{e}_z) \times (\boldsymbol{e}_y \cos \alpha + \boldsymbol{e}_z \sin \alpha)$$

となる．ただし，m は質点の質量であり，

$$\omega = \frac{2\pi}{86164\,\mathrm{s}} = 7.292 \times 10^{-5}\,\mathrm{s}^{-1} \tag{9.43}$$

は地球の自転の角速度（自転の周期は 23 時間 56 分 4 秒）である．ここで，基本ベクトルのベクトル積に関する性質

$$\boldsymbol{e}_x \times \boldsymbol{e}_y = \boldsymbol{e}_z, \quad \boldsymbol{e}_y \times \boldsymbol{e}_z = \boldsymbol{e}_x, \quad \boldsymbol{e}_z \times \boldsymbol{e}_x = \boldsymbol{e}_y$$

を使って整理すると

$$\boldsymbol{F}_{\mathrm{C}} = 2m\omega \left[(v_y \sin \alpha - v_z \cos \alpha) \boldsymbol{e}_x - v_x \boldsymbol{e}_y \sin \alpha + v_x \boldsymbol{e}_z \cos \alpha \right] \tag{9.44}$$

が得られる．

特に，質点が水平面上を運動する（$v_z = 0$）ように拘束されている場合，コリオリの力の水平成分は

$$\boldsymbol{F}_\mathrm{C} = 2m\omega \sin\alpha (v_y \boldsymbol{e}_x - v_x \boldsymbol{e}_y) \tag{9.45}$$

となる．この力は水平面内にあり，北半球（$\alpha > 0$）では進行方向に向かって右を向き，南半球（$\alpha < 0$）では左を向く（図9.12）．またその大きさは $F_\mathrm{C} = 2m\omega v \sin\alpha$ である．北緯 $\alpha = 35°$ にある野球場で，ピッチャーが時速 150 km で水平方向に投球すると，ボールに作用するコリオリの力の大きさは重力の

$$\frac{2\omega v \sin\alpha}{g} = \frac{2 \times (7.29 \times 10^{-5}\,\mathrm{s}^{-1}) \times [150 \times 10^3\,\mathrm{m}/(3600\,\mathrm{s})] \times \sin 35°}{9.8\,\mathrm{m/s^2}} = 3.56 \times 10^{-4}$$

倍である．重力による落下を無視すると，ピッチャーマウンドからホームベースまで 18.44 m の距離を進む間に，コリオリの力によりボールは 0.34 mm だけ右にずれる[7]．また，北緯 35° の場所に巨大で滑らかな水平面があったとして，この水平面上を初速度 100 m/s で物体を滑らせる場合，1 km 進むと（最初の進行方向から）42 cm だけ右にずれ，10 km 進むと 42 m ずれる．

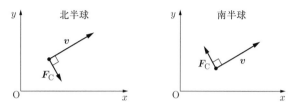

図 9.12 水平面（xy 面）上を速度 $\boldsymbol{v}$ で運動する質点に作用するコリオリの力 $\boldsymbol{F}_\mathrm{C}$．左図は北半球の場合，右図は南半球の場合を表す．

例題 9.4-1 地球の自転による遠心力について考える．緯度 α の地点 O において質量 m の質点に作用する遠心力の大きさと，見かけの重力について議論せよ（図 9.13）．地球は質量が $M = 5.972 \times 10^{24}$ kg で，密度が一様な半径 $R = 6.371 \times 10^6$ m の球であると仮定せよ．また，万有引力定数は $G = 6.674 \times 10^{-11}$ m$^3 \cdot$kg$^{-1} \cdot$s^{-2} である．

解 質点から自転軸までの距離は $\rho = R\cos\alpha$ だから，遠心力の大きさは

$$F_\mathrm{cf} = m\omega^2 R \cos\alpha$$

である．一方，この質点に作用する地球の重力の大きさは

$$F_\mathrm{g} = \frac{GMm}{R^2} = mg_0, \quad g_0 = \frac{GM}{R^2} = 9.820\,\mathrm{m/s^2} \tag{9.46}$$

で与えられる（g_0 は重力加速度）．遠心力と重力との比は

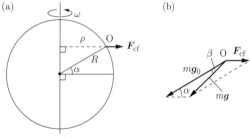

図 9.13 (a) 緯度 α の地点における遠心力 $\boldsymbol{F}_\mathrm{cf}$ と (b) 見かけの重力 $m\boldsymbol{g}$．

$$\frac{F_\mathrm{cf}}{F_\mathrm{g}} = \frac{\omega^2 R}{g_0}\cos\alpha, \quad \frac{\omega^2 R}{g_0} = \frac{\omega^2 R^3}{GM} = 3.45 \times 10^{-3} \tag{9.47}$$

となる．遠心力は赤道上（$\alpha = 0$）で最も大きく，その大きさは重力の約 0.3% にすぎない．
重力と遠心力の合力（見かけの重力）の大きさを mg とすると，余弦定理より

$$mg = \sqrt{(mg_0)^2 - 2mg_0 F_\mathrm{cf} \cos\alpha + (F_\mathrm{cf})^2}$$

が成り立つので次を得る．

$$g = g_0 \sqrt{1 - \frac{2\omega^2 R}{g_0}\cos^2\alpha + \left(\frac{\omega^2 R}{g_0}\cos^2\alpha\right)^2} \approx g_0\left(1 - \frac{\omega^2 R}{g_0}\cos^2\alpha\right) \tag{9.48}$$

例えば，$\alpha = 45°$ のとき，$g = 9.803$ m/s^2 となる．この値は北緯 45° の海面における重力加速度の測定値 9.80619920 m/s^2（1980 年）に近い．また，$\alpha = 35.69°$（東京の緯度）では，$g = 9.798$ m/s^2 となり，この値は東京大学での重力加速度の測定値 9.7978872 m/s^2 に非常に近い[8]．
点 O と地球の中心を結ぶ線分と見かけの重力のなす角を β とする（図 9.13(b)）と，正弦定理より

$$\sin\beta = \frac{F_\mathrm{cf}}{mg}\sin\alpha = \frac{\omega^2 R}{g}\sin\alpha\cos\alpha$$

---

[7] 重力による落下を考慮すると，ボールは 96 cm 落下し，0.36 mm だけ右にずれる（問題 9.4-2）．
[8] これらの重力加速度の測定値は国立天文台編『理科年表（2015 年版）』（丸善出版）による．

を得る. さらに, この式の最右辺において $\omega^2 R/g \approx 3 \times 10^{-3}$ だから, $\sin\beta \ll 1$ である (したがって $\beta \ll 1$ である) ことがわかる. よって, $\sin\beta \approx \beta$ と近似できる. こうして

$$\beta \approx \frac{\omega^2 R}{g}\sin\alpha\cos\alpha = \frac{\omega^2 R}{2g}\sin 2\alpha \tag{9.49}$$

が導かれる. $\alpha = 45°$ のとき β は最大となり, その値はわずか $1.73 \times 10^{-3}\,{\rm rad} = 0.099°$ である.

鉛直軸は, 見かけの重力の方向であるから, 図 9.11 で定義した z 軸は, 鉛直軸から β だけ傾いている. 鉛直上向きに z' 軸をとり, 水平面内の東向きに x' 軸, 北向きに y' 軸をとると, 2 つの座標系 (x,y,z) と (x',y',z') の基本ベクトルは次のように関係づけられる (図 9.14).

$$\bm{e}_x = \bm{e}_{x'},\quad \bm{e}_y = \bm{e}_{y'}\cos\beta + \bm{e}_{z'}\sin\beta,\quad \bm{e}_z = -\bm{e}_{y'}\sin\beta + \bm{e}_{z'}\cos\beta \tag{9.50}$$

そして, 座標系 (x',y',z') から見た物体の速度の成分を $v_{x'},\ v_{y'},\ v_{z'}$ とすると, コリオリの力を与える式 (9.44) は次のように書き換えられる.

$$\bm{F}_{\rm C} = 2m\omega\left[(v_{y'}\sin\alpha' - v_z\cos\alpha')\bm{e}_{x'} - v_{x'}\bm{e}_{y'}\sin\alpha' + v_{x'}\bm{e}_{z'}\cos\alpha'\right] \tag{9.51}$$

ただし, $\alpha' = \alpha + \beta$ である (図 9.14).

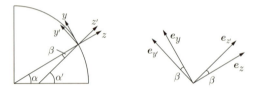

図 9.14 見かけの重力による鉛直方向を z' 軸とする座標系 (x',y',z') と図 9.11 で定義した座標系 (x,y,z) との関係.

例題 9.4-2 緯度 α の地表における投射体の運動に対する運動方程式を, 図 9.11 の座標系 (x,y,z) を使って表せ. また, それを解いて, 速度の各成分を時間の関数として求めよ. 簡単のために z 軸と鉛直軸 (図 9.14 の z' 軸) とのずれは無視してよい. また, 北緯 $30°$ の地点で, 大砲を真北に向けて, 仰角 $\theta = 30°$ で砲弾を初速度 $v_0 = 600\,{\rm m/s}$ で発射する *. 砲弾が着地する点は真北からどの方向にどれだけずれるか計算せよ. ただし, 空気抵抗の影響は無視する.

---
* 平間洋一編『戦艦大和』(講談社, 2003) によると, 戦艦大和の主砲は, 重量 $1460\,{\rm kg}$ の砲弾を初速度 $780\,{\rm m/s}$ で発射し, 仰角 $45°$ で撃つと $41\,{\rm km}$ 先に着弾する能力があった.

解 投射体には式 (9.44) で与えられるコリオリの力と, 重力が作用するので, 速度の成分を使って運動方程式を書くと

$$m\dot{v}_x = 2m\omega(v_y\sin\alpha - v_z\cos\alpha) \tag{9.52}$$

$$m\dot{v}_y = -2m\omega v_x \sin\alpha \tag{9.53}$$

$$m\dot{v}_z = -mg + 2m\omega v_x \cos\alpha \tag{9.54}$$

となる. 式 (9.52) の両辺を時間で微分し, 右辺の $\dot{v}_y$ と $\dot{v}_z$ のそれぞれに, 式 (9.53) と (9.54) を代入して整理すると,

$$\ddot{v}_x + 4\omega^2 v_x = 2g\omega\cos\alpha$$

が得られる. この式は, 単振動の運動方程式と同じ形をしているので, 一般解は

$$v_x = \frac{g}{2\omega}\cos\alpha + A\cos 2\omega t + B\sin 2\omega t \quad (A と B は積分定数) \tag{9.55}$$

で与えられる. この結果を式 (9.53) に代入して, 時間で積分すると次の結果が得られる.

$$v_y = -\sin\alpha\,(gt\cos\alpha + A\sin 2\omega t - B\cos 2\omega t + C) \quad (C は積分定数) \tag{9.56}$$

さらに, 式 (9.55) と式 (9.56) を式 (9.52) に代入して, v_z について解くと

$$v_z = -gt\sin^2\alpha + (A\sin 2\omega t - B\cos 2\omega t)\cos\alpha - C\frac{\sin^2\alpha}{\cos\alpha} \tag{9.57}$$

となる．初期条件を使って積分定数 A, B, C を決定し，式 (9.55)〜(9.57) を積分すると，投射体の位置の時間依存性を知ることができる．

時刻 $t = 0$ に，砲弾を真北に向けて仰角 θ，初速度 v_0 で発射する場合（$t = 0$ のとき，$v_x = 0$, $v_y = v_0 \cos\theta$, $v_z = v_0 \sin\theta$），式 (9.55)〜(9.57) を利用するよりは，次のように簡便な方法で問題を解くことができる．まず，式 (9.52) から，砲弾を発射して間もなくの v_x は $\omega v_0 t$ の程度の大きさであることがわかる．これを式 (9.53) と式 (9.54) に代入すると，$v_y - v_0 \cos\theta$ と $v_z - v_0 \sin\theta + gt$ も $\omega v_0 t$ の程度の大きさであることがわかる．コリオリの力の影響を無視すると，砲弾は約 60 s 後に着地し，地球の回転角速度は (9.43) で与えられるので ωt の値は 5×10^{-3} よりも小さい．したがって，

$$\omega t \ll 1 \tag{9.58}$$

が成り立つ．よって，v_0 に比べて $v_0 \omega t$ は非常に小さいので，

$$v_y \approx v_0 \cos\theta, \quad v_z \approx v_0 \sin\theta - gt \quad \Rightarrow \quad y \approx v_0 t \cos\theta, \quad z \approx v_0 t \sin\theta - \frac{1}{2} g t^2 \tag{9.59}$$

と近似できる[9]．つまり，y 方向と z 方向の運動はコリオリの力が作用しない場合の運動で近似できる．この近似式を式 (9.52) に代入して時間で積分すると，次の結果が得られる．

$$v_x \approx g\omega t^2 \cos\alpha + 2v_0 \omega t \sin(\alpha - \theta)$$
$$\Rightarrow \quad x \approx \frac{1}{3} g\omega t^3 \cos\alpha + v_0 \omega t^2 \sin(\alpha - \theta) \tag{9.60}$$

これらの結果から，$\alpha = \theta = 30°$, $v_0 = 600 \text{ m/s}$ の場合（$g = 9.8 \text{ m/s}^2$ とすると），砲弾を発射してから 61.2 s 後に，$x \approx 47 \text{ m}$, $y \approx 32 \text{ km}$ の地点に着地することがわかる．つまり着弾点は真北から東方に 47 m だけずれる（図 9.15）．

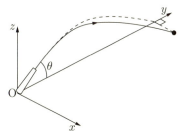

図 9.15 北半球で真北（y 軸方向）に向けて発射した砲弾は東側（x 軸方向）にずれて着地する．

問題 9.4-1 例題 9.4-2 において，大砲の向きを真北から角度 ϕ だけずれた方向（図 9.16 の y' 軸の方向）に発射する場合について考える．1 に比べて ωt 程度の微小量を無視し，式 (9.59) と式 (9.60) に代わる y' と x' の表式を求めよ．

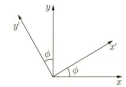

図 9.16 大砲を真北（y 軸方向）から角度 ϕ だけずれた方向（y' 軸方向）に向けて，砲弾を発射する．

問題 9.4-2 北緯 35° にある野球場で，ピッチャーが時速 150 km で真北に向かって水平方向に直球を投げる．ボールは，18.44 m 先にあるホームベースに達するまでに，96 cm 落下し，0.36 mm だけ右にずれることを示せ．

問題 9.4-3 赤道上で高さ h の塔の最上部から質点を自由落下させる．この質点には東向きのコリオリの力が作用し，塔の真下から東に距離

$$d = \frac{2h}{3}\sqrt{\frac{2h\omega^2}{g}} \tag{9.61}$$

だけずれた地点に質点が落下することを示せ．また，$h = 634 \text{ m}$（東京スカイツリーの高さ）の場合，$d \approx 35 \text{ cm}$ となることを示せ（$g = 9.8 \text{ m/s}^2$ として計算せよ）．

問題 9.4-4 緯度 α の地点で鉛直上向きに，質点を初速度 v_0 で投げ上げる．落下点は，出発点から見てどの方向にどれだけの距離ずれるだろうか．また，$\alpha = 0$, $v_0 = 100 \text{ m/s}$ のとき，この距離を計算せよ（$g = 9.8 \text{ m/s}^2$ としてよい）．

9.5 【発展】潮汐力

海の満潮と干潮はそれぞれ 1 日に 2 回ずつある．潮の干満（潮汐）は月や太陽からの重力および地球の加速度運動

---

[9] 式 (9.55)〜(9.57) を用いたより詳細な計算により，この近似では 1 に比べて ωt に関して 2 次の微小量を無視していることがわかる．

によって生じる．いま，地球と月だけが存在すると仮定してこの現象を説明しよう．この二体系の重心が慣性系に対して静止していると仮定すると，6.4 節で説明したように，地球と月は，この重心を中心にして円運動（地球と月の軌道は離心率が 0.055 の楕円軌道なので，円軌道として近似する）をする．慣性系を基準とする地球中心の位置ベクトルを $\bm{R}$ とする．簡単のために，地球の自転運動はないものとすると，地球に固定した座標系では，質量 m の物体に慣性力 $\bm{F}' = -m\ddot{\bm{R}}$ が作用する．いま，地球の中心から月の中心へ向かう単位ベクトルを $\bm{u}$，地球中心と月中心の距離を L，月の質量を M_M とすると，地球の加速度は $\ddot{\bm{R}} = (GM_\mathrm{M}/L^2)\bm{u}$ で与えられる（式 (6.42) と (6.44) を参照のこと）から，質点に作用する慣性力は

$$\bm{F}' = -\frac{GmM_\mathrm{M}}{L^2}\bm{u} \tag{9.62}$$

で与えられる．また，地球の中心では，質点に作用する月からの重力は

$$\bm{F}_0 \equiv \frac{GmM_\mathrm{M}}{L^2}\bm{u} \tag{9.63}$$

である．したがって，地球の中心では物体に作用する慣性力と月からの重力が打ち消し合う．

慣性力は地球上のどの場所でも同じであるが，月からの距離が異なれば月からの重力は異なるので，慣性力と月からの重力は打ち消し合わなくなる．この慣性力と重力の合力が潮汐を生む力（**潮汐力**, tidal force）である．地表の月に近い側では月からの重力のほうが大きくなるため，潮汐力は月の方を向き，海面を持ち上げるので，満潮になる．一方，月から遠い側では慣性力のほうが大きくなるため，潮汐力は月とは逆の方を向き，やはり海面を持ち上げるので，満潮になる．つまり，地球上の月に近い側の地域と遠い側の地域で満潮になる．そして，地球は 1 日で 1 回自転をするので，1 日に 2 回の満潮が観測される．

月の重力による潮汐力を具体的に計算してみよう．そのために図 9.17 に示すように，地球の中心を O，月の中心を Q として，地表の点 P にある質量 m の質点に作用する月の重力 $\bm{F}$ を計算する．点 O を基準にした点 P の位置ベクトルを $\bm{r}$，点 P を基準にした点 Q の位置ベクトルを $\bm{r}'$，O から Q へ向かう単位ベクトルを $\bm{u}$ とすると，$\bm{r}' = L\bm{u} - \bm{r}$ が成り立ち，重力 $\bm{F}$ は次のように表される．

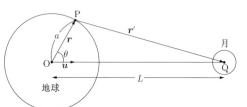

図 9.17 地球の中心を O，月の中心を Q として，点 P の位置にある質点に作用する月の重力を計算するための変数の設定．

$$\bm{F} = GmM_\mathrm{M}\frac{\bm{r}'}{r'^3} = GmM_\mathrm{M}\frac{L\bm{u} - \bm{r}}{(L^2 + a^2 - 2aL\cos\theta)^{3/2}} \tag{9.64}$$

ただし，r' は $\bm{r}'$ の大きさであり，a は地球の半径，θ は $\bm{r}$ と $\bm{u}$ のなす角である．地球から月までの距離 $L = 3.844\times 10^5$ km に比べて地球の半径 $a = 6.371 \times 10^3$ km は小さいので，式 (9.64) を微小量 $a/L = 1.657 \times 10^{-2}$ で展開して 1 次の項まで残すと，

$$\bm{F} \approx F_0\left[\bm{u} + \frac{a}{L}\left(3\bm{u}\cos\theta - \frac{\bm{r}}{a}\right)\right], \quad F_0 \equiv \frac{GmM_\mathrm{M}}{L^2} \tag{9.65}$$

となる．ここで F_0 は地球の中心における月の重力の大きさである．上で述べたように，月の重力 $\bm{F}$ と慣性力 $\bm{F}' = -F_0\bm{u}$ の合力が潮汐力 $\bm{F}_\mathrm{td}$ となるので，

$$\bm{F}_\mathrm{td} \approx F_0\frac{a}{L}\left(3\bm{u}\cos\theta - \frac{\bm{r}}{a}\right) \tag{9.66}$$

を得る．潮汐力が最大となるのは $\theta = 0$（月に最も近い地点）と $\theta = \pi$（月から最も遠い地点）の場所であり，その大きさは $2(a/L)F_0$ であり，その向きは $\theta = 0$ の場合には月の方を向き，$\theta = \pi$ の場合には月とは反対の方を向く．また，潮汐力が最小となるのは $\theta = \pi/2$ の地点であり，その大きさは $(a/L)F_0$ であり，その向きは地球の中心に向かう．地表の各点において，式 (9.66) で与えられる潮汐力の相対的な大きさと向きを矢印で示すと図 9.18 のようになる．

図 9.18 式 (9.66) で与えられる，地表における潮汐力の相対的大きさと向きを，矢印の長さと向きで表した．

潮汐力は地球の重力の比べてどの程度の大きさなのだろうか．式 (9.66) によると潮汐力の大きさ F_td は

$$F_\mathrm{td} \sim F_0\frac{a}{L} = \frac{aGmM_\mathrm{M}}{L^3}$$

の程度である（$A \sim B$ は A と B が同程度の大きさであることを意味する）．一方，地球の質量を M_E とすると，地表における地球の重力は

$$F_{\mathrm{g}} = \frac{GmM_{\mathrm{E}}}{a^2}$$

である.したがって潮汐力と地球の重力との比は

$$\frac{F_{\mathrm{td}}}{F_{\mathrm{g}}} \sim \frac{aF_0/L}{F_{\mathrm{g}}} = \frac{M_{\mathrm{M}}}{M_{\mathrm{E}}}\left(\frac{a}{L}\right)^3 = 0.01230 \times \left(\frac{6.371 \times 10^3 \text{ km}}{3.844 \times 10^5 \text{ km}}\right)^3 = 5.60 \times 10^{-8} \qquad (9.67)$$

となる(数値を代入するとき,月の質量が地球の質量の 0.01230 倍であることを用いた).潮汐力は非常に小さいことがわかる.

例題 9.5-1 月の重力による潮汐力を考慮して,地球を覆う海水面の形状を求めよ.ただし,地球は完全な球形であり,地表全体が海水で覆われているものとする.

解 図 9.19 のように,海面上の一点を P,地球の中心を O,月の中心を Q とする.O から P までの距離を r,線分 OP と線分 OQ のなす角を θ とする.海水面の形状を求めることは,r を θ の関数として求めることに相当する.点 P にある物体に作用する地球の重力 $\boldsymbol{F}_{\mathrm{g}}$ と潮汐力 $\boldsymbol{F}_{\mathrm{td}}$ の合力を $\boldsymbol{F}_{\mathrm{tot}}$ とすると,海水面は $\boldsymbol{F}_{\mathrm{tot}}$ に垂直である.したがって,合力 $\boldsymbol{F}_{\mathrm{tot}}$ と OP のなす角を ϕ とすると,海面の形状を表す関数 $r(\theta)$ は

$$\frac{dr}{d\theta} = -a\tan\phi \qquad (9.68)$$

を満たす(図 9.19).ただし a は地球の半径である.式 (9.66) からわかるように,$\boldsymbol{F}_{\mathrm{td}}$ を OP に平行な成分と OQ に平行な成分に分解すると,前者は地球の中心を向き,その大きさは aF_0/L であり,後者は月の方を向き,その大きさは $(3aF_0/L)\cos\theta$ である.この事実と正弦定理を使うと

$$\sin\phi = \frac{(3aF_0/L)\cos\theta}{F_{\mathrm{g}} + aF_0/L}\sin(\pi - \theta - \phi) \approx \frac{(3aF_0/L)\cos\theta}{F_{\mathrm{g}}}\sin(\pi - \theta - \phi)$$

という関係が得られる(図 9.19).ただし,aF_0/L は F_{g} に比べてはるかに小さいので(式 (9.67) 参照),最後の式変形では分母の aF_0/L を無視した.そして,最右辺の $(3aF_0/L)/F_{\mathrm{g}}$ は 10^{-7} 程度なので,左辺の $\sin\phi$ が非常に小さいことがわかる.したがって,左辺は $\sin\phi \approx \phi$ と近似できて,右辺の $\sin(\pi - \theta - \phi)$ は $\sin\theta$ と近似できる.よって,

$$\phi \approx 3\varepsilon\sin\theta\cos\theta, \quad \varepsilon \equiv \frac{aF_0/L}{F_{\mathrm{g}}} = 5.60 \times 10^{-8}$$

を得る.この結果を式 (9.68) に代入(このとき $\tan\phi \approx \phi$ と近似)して,θ で積分すると,海面の形状を表す関数

$$r = c + \frac{3}{4}\varepsilon a\cos 2\theta$$

が得られる.ここで,積分定数 c は地球の半径 a 程度の大きさである.この結果から,$\theta = 0$ と $\theta = \pi$ の地点で最も海面が高く,$\theta = \pi/2$ の場所で海面が最も低くなることが確認できる.地球の自転軸が線分 OQ に垂直であると仮定すると,赤道における満潮と干潮の潮位の差は $(3/2)\varepsilon a \approx 54$ cm であることがわかる.また,緯度 α における潮位差は $(3/2)\varepsilon a\cos^2\alpha$ となる.

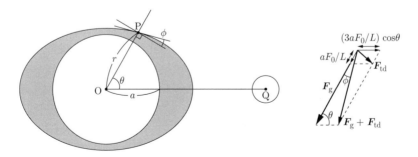

図 9.19 海水面は,地表の物体に作用する地球の重力 $\boldsymbol{F}_{\mathrm{g}}$ と潮汐力 $\boldsymbol{F}_{\mathrm{td}}$ の合力に垂直である.

問題 9.5-1 地球と月が仮に重心のまわりの円運動をせずに静止しているとした上で月による引力だけを考慮したとき導かれる結論から,満潮と干潮は 1 日に 1 回ずつしか起きないことを説明せよ.

168   第 9 章　加速している座標系

問題 9.5-2 地球と太陽だけが存在すると仮定して，太陽の重力による潮汐力を計算すると，その大きさは月の重力による潮汐力の約半分になることを示せ．太陽と月の質量は地球の質量のそれぞれ 3.3×10^5 倍と 0.0123 倍である．地球と月の公転軌道はどちらも円であるとみなしてよく，地球から太陽までの距離はおよそ 1.50×10^8 km，地球から月までの距離はおよそ 3.8×10^5 km である．

第 II 部
連続体の力学と波動

第 II 部のはじめに

　本書のはじめの部分に，工学部初年次科目として物理学を学ぶ意義と学び方について述べた．そのなかで物理学の全体像を図示した．そこでは物理法則・理論の階層性について感じてもらえばよいが，本書にかかわる重要部分は図の中央にある．歴史的には 17 世紀にニュートンの 3 法則が"プリンキピア"で提起された．18 世紀にはそれら 3 法則が微積分を用いた数学で表現された．質点系の力学から固体や流体といった連続体に拡張され，弾性体の力学や流体力学が形成されたのは，その微積分によるところが大きい．**物理学では，この力学の体系をニュートン力学あるいは古典力学とよぶ**．

　「古典力学」とよぶわけは，20 世紀に量子力学や相対論が確立される以前の力学体系であり，時が経ってはいるが誤りではなくむしろ規範として利用できるからである．量子力学も相対論も，その導く結果は，私たちが体験する多くの環境や設定条件の下では古典力学の結果と変わりない．だから，理論的によりシンプルなニュートン力学は現代の多くの工学分野で有用である．

　物理学そのものは，物理法則・理論の階層性の図に見るように大きく広がっているが，物理学の考え方と方法の重要な部分はすでにこのニュートン力学に現れている．この基本概念・法則を知り方法を学び，そしてそこに必要とされる最小限の数理的方法を身につけることは，今後さまざまな専門的な学問を学ぶ上での基礎力として重要である．

　第 I 部ではさまざまな例をあげて運動の記述について学び，質点の運動について加速度と力について成り立つ運動方程式を学んだ．この方程式を複数の質点からなる質点系の運動に拡張して，質点系の特別な場合としての剛体の運動では，重心の並進運動と重心まわりの回転運動に関する運動方程式を解くことによって運動の詳細を知ることができることも学んだ．さらに，質点系の運動方程式を基に，外界から孤立した（外界からどんな力も作用しない）質点系では，系全体の質量・運動量・エネルギー・角運動量の保存の法則が成り立つことを確認した．これらの法則は，運動方程式を解かなくても，運動の特徴を知る上でたいへん役に立つことを学んだ．

　以下に第 I 部で学んだことと関連付けて第 II 部で学ぶことの目的と論理構成について述べる．

　第 II 部でこれから学ぶのは，**連続体の力学**である．連続体として扱う体系の例は，弾性体のように変形する固体や気体・液体といった流動する流体である．質点系では離散的に存在する各質点に質量が集中しているが，ここではある空間的広がりの中に連続的に質量が分布した巨視的物体を対象とする．連続体の定義は本文で述べるが，質量密度を微小領域内の原子や分子の総質量を微小体積で割った値とし，移動速度を微小領域内の原子や分子の重心の運動速度とする．連続体では質量密度等の物性値や移動速度等の運動の物理量が表面や界面を除いて時間的・空間的に連続で微分可能である．現実の体系を連続体として近似できるときは，連続性や微分を考える際に，空間的な微小距離を 0 に近づける極限をとる場合も原子や分子の距離に比べてはるかに長く，微小時間も原子や分子の運動に特徴的な時間間隔に比べてはるかに長くてよい．

　連続体の力学はこれまで学んだ質点系の力学とどのように関連するのか？　まず運動を記述することに注目すると，剛体の運動について行ったように，ある時刻ある微小領域にあった連続体部分の運動をその部分と同質量の質点の運動として扱い，それを積み上げることで物体全体の運動を知ることにする．次に連続体部分の運動は，同質量をもつ質点に作用する重力やその連続体部分に周囲から加えられる力の合力を受けた質点の運動方程式によって記述する．**連続体の力学は質点系の力学を拡張したものであり，その論理の基本の一つは，質点系の運動方程式と質量・運動量・角運動量・エネルギーの保存則である**．もう一つが，次に述べる運動方程式に必要な力に関わる経験則である．

運動方程式に必要な周囲から加えられる力は隣り合うそれぞれの微小部分の変形や移動によるもので，作用する力とその変形量等との関係には実験的に得た経験則を導入することが必要になり，登場する弾性率等は物体固有の物理的性質（物性）である．その経験則は静的現象の記述や予測についても必要である．物体に力が作用して大きさも形も変わるとき，物体全体の形状変化は目に見えるが，その内部は必ずしも目に見えるとは限らない．物体の任意の微小部分に作用する力を想定した上で経験則を適用して，それを積み上げることによって目に見える物体の形の変化を説明できるようになる．第10章では固体の応力と変形と経験則について理解し，微小部分の変形から巨視的変化を導くことを学ぶ．形が自由に変化する流体（気体や液体）の場合は，第11章や第12章で示すように，流体の任意の微小部分に作用する力について学び，流体の性質を表す経験則（粘性流体であればニュートンの粘性法則等）を導入することになる．

では，質点系の運動方程式と質量・運動量・角運動量・エネルギーの保存則に代わり，連続体ではどのような方程式が立てられ保存則が表現されるのか？　質点系の運動解析では質点の座標の時間変化が対象であるのに対して，流体の運動解析では，岸辺に立って川の流れを見るように，空間に固定した各点における連続体（川の水等）の質量密度と速度また圧力などの物理量とその変化が対象になる．これによる大きな違いは，質点系では注目する各質点の質量が不変であることに対し，流体では各点における質量密度が流れのために変動することである．質量・運動量・力学的エネルギーを各点を含む微小体積領域にある流体部分のもつ物理量として捉えて，その変動について，その点の圧力勾配や重力等を考慮し，また同時に流れによる隣接領域との流出入も含めて，質点系の保存則に基づいた関係式を求める．これにより流体の場合の保存則が微分方程式の形で得られるのである．第11章ではその基本的なことを学び，保存則から波動を記述する方程式を導く．これにより波動現象の物理学は連続体の運動と力の物理学の中で理解できる．第12章ではさまざまな状況で，保存則と経験則，またその実際の例への適用を学ぶことにより，連続体の力学の果たす大きな役割を理解できる．

ここまで述べたように，連続体の力学では微小部分で成り立つ基本法則と経験則を基に論理を積み上げ，物体全体の静的あるいは動的な変化を説明する．これを学ぶことにより，**部分についての法則から全体の振る舞いを求める論理的な考え方を理解**し，これに基づいて問題を解決する姿勢が身につく．これが第II部で学ぶことの**第一のポイント**である．

第II部で学ぶことの**第二のポイント**は，物理が提供する**数理モデルの有効性**である．第11章では，異なる物質や媒体の，形や大きさに変化が繰り返し起こる波動現象について学ぶ．それだけではなく，ここではそれを通じて，共通する概念と法則を用いることで全く異なる世界における普遍的な数理モデルが成立する例を学ぶのである．一般に普遍的な数理モデルの存在は，この世界に存在する一見複雑多岐にわたる諸現象を統一的に理解する上で大いに資することとなる．それは自然現象に限らず，人工知能における脳のモデルや経済活動の理解など，幅広い系が対象となり得る．こうした数理モデルの提供も物理学の大きな役割の一つである．

第10章
固体の変形

10.1 固体の変形

これまでは固体を，力をかけても全く変形しない「剛体」として取り扱ってきた．ここでは連続体の1つとして固体を扱う．まずは気体・液体・固体等を含む**連続体**とは何かについて述べる．

マクロな視点で物体を見て，空間内の任意の点Pを含む物体の微小部分を考える場合，物体を構成する原子や分子の体積に比べてずっと大きな体積 δV_c 以上のスケールで考える．δV_c の添え字 c は連続体としての最小限界値を意味する．微小体積 δV に含まれる分子の質量を δm とすればその微小部分の平均密度は $\delta m/\delta V$ であり，その $\delta V \to \delta V_c$ の極限として点Pにおける物体の密度 ρ を定義する．微小体積部分の速度 $\boldsymbol{v}$ は δV 中の分子の全運動量 $\delta \boldsymbol{p}$ を δm で割った量の $\delta V \to \delta V_c$ の極限として定義される．点Pを含む任意の微小面積 δS に作用する力を $\delta \boldsymbol{F}$ とすれば，P点における応力は $\delta \boldsymbol{F}/\delta S$ の $\delta S \to \delta S_c$ の極限として定義される．極限を0にできないため数学的には厳密でないが，近似的に物体の任意の点における速度や密度等の物理量は時間と空間で微分可能な連続関数として扱うことができるため，さまざまな物体の運動を解析することが可能になる．δV_c が0であるような仮想的な物体を**連続体**とよび，連続体として扱って解析することを連続体近似解析とよぶ．

本章においては，現実の固体における変形について，その基本的な取り扱いについて学ぶ．

物質の状態はその温度や圧力で固体，液体，気体に分けられる．液体や気体は形が自由に変わりうるが，固体は液体や気体のようには自由に形を変えることができない．本章では固体にどのような力が加わったときにどのような変形が起こるのか，その力と変形の間の経験的に得られた物理法則（経験則 empirical rule）について調べ，固体にはたらく外力と変形について理解することを目的とする．ここで経験則とは，注目する物理系において特定の条件のもとで実験的に得られた規則性を定式化したものである．本節で学ぶ経験則は力と変形量が比例するフックの法則とよばれるものであり，「変形が十分小さい」というのがここでいう「特定の条件」である．

固体の変形は外力を印加することで起こるが，外力を取り除くと元の形に戻る**弾性変形**（elastic deformation）と，外力を取り除いても元の形に戻らず変形が永久に残る**塑性変形**（plastic deformation）に分類される．図10.1は金属の棒に力を加えて変形させたときの例を示す．棒を折り曲げるように力 F を加えて曲げると，変形の小さいうちは，力を取り除くと破線のように元の形に戻

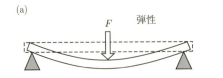
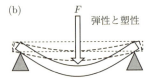

図 10.1 金属の直棒を曲げたときの変形の様子．破線は力を取り除いた後の棒の形．(a) 力 F が小さく変形の小さいとき，(b) 大きな力で変形させ，力を取り除いたとき．

る（図 10.1(a)）．これが弾性変形である．しかしさらに大きな力を加えて大きく曲げると，力を取り除いても図 10.1(b) の破線のように曲がったまま元の形（点線）に戻らなくなる．これを永久変形，あるいは塑性変形という．このように実際の変形では，弾性変形と塑性変形が共存している．

　私達の身の回りの固体の物質，例えば自動車や飛行機の部品や，工場の配管やタンク，建物や橋梁の柱や梁などの構造物は，その自重や風や地震などの外力によって変形する．もしそれらの変形が元に戻らない場合，単に形が変わるということだけではなく，その変形が大きな場合には破壊や倒壊につながる可能性もある．そのため機械や建物といった構造物の多くは，機器や部材にかかる外力をあらかじめ予測し，その範囲内では弾性変形をする（外力が取り除かれれば元の形に戻る）ように部材の形状や大きさ，厚さ，そして素材を選んで設計されている．機械やプラント，建物などの設計に関わる分野においては，部材における弾性変形の挙動と，弾性変形から塑性変形に変わる変形量が重要になる．

　以下の節では，固体の変形を定量的に取り扱うためのパラメータや物理定数，およびそれらの間に存在する固体変形の物理法則（経験則）を中心とする弾性変形の基礎について学ぶ．なお，塑性変形とその後の破壊に至る過程については専門科目に譲り，本書では取り扱わない．

10.2　応力

　固体の弾性変形の挙動について理解するためには，力のかけ方によって異なる弾性変形の基本的な関係式（フックの法則）を学ぶとともに，固体の部分ごとの弾性変形から固体全体の変形を求める数学的方法を学ぶことが必要である．そのためにここでは外部から固体に力を加えたとき，固体内部に作用する力の定量的な表記を学ぶ．ここで固体内部に仮想平面を考えそこに作用する力の向きと大きさを定義する．一般の形の固体でも内部の小さな仮想平面を考えればその面に作用する力は面内で一様とみなせるが，まずはシンプルな形状の固体について内部の面全体に一様に作用する力の場合に限る．

　いま，図 10.2 のように，水平に静止した断面積が S で長さ L の一様な金属の棒の両端の側面に力を加えて引っ張る場合を考える．ここで図 10.2(a) のように棒の中の任意の点 P を通る鉛直面 A を考える．面 A の右側の部分は左側の部分に面 A を介して力を及ぼしている．また左側の部分も面 A を介して右側に力を及ぼしている．このように固体に外力が加わっているときには，一般にその内部の任意の面を介して面の両側の部分は互いに力を及ぼし合っている．このときの面に作用する単位面積当たりの力を，その面に作用する**応力**（stress）とよぶ．面に垂直に作用する応力成分を**法線応力**または**垂直応力**（normal stress）とよび，σ で表す．注目する固体部分の外部に向かう方向の法線応力を**引張応力**（または張力），内部に向かう方向の法線応力を**圧縮応力**（または圧力）ということもある．面の接線方向に作用する成分を**接線応力**（tangential stress），**せん断応力**または**ずれ応力**（shear stress）とよび，τ で表す．応力の単位は圧力と同じ Pa（パスカル，$1\,\mathrm{Pa} = 1\,\mathrm{N/m^2}$）で与えられる．

　図 10.2(a) の面 A において，接線応力 τ は 0 である．法線応力を式で表そう．そのために，棒全

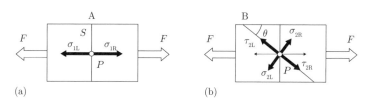

図 10.2　断面積 S，長さ L の一様な金属棒に引張力 F を加えたときの応力．(a) 点 P を通り鉛直な面 A の場合．(b) 点 P を通り水平面との角度 θ の面 B の場合．

174　第 10 章　固体の変形

体，面 A で仮想的に分けた棒の左側部分 L，そして右側部分 R，のそれぞれについて左右の面に作用する力のつり合いについて確認しておく．力の符号は右向きを正とする．

(1) 棒の左右端面に作用する 2 つの外力 F と F がつり合う（力の和 $F - F = 0$）結果，棒は静止している．

(2) L に作用する外力 F と面 A を介して R から作用する力がつり合う．

(3) R に作用する外力 F と面 A を介して L から作用する力がつり合う．

この (2) と (3) の結果，棒を分けた 2 つの部分 L と R は分離することがなく，棒の形がそのまま保たれている．

　図 10.2(a) のように，面 A を介して R が L に，また L が R に及ぼす法線応力をそれぞれ σ_{1R} と σ_{1L} で表す．σ_{1R} と σ_{1L} の符号は図のそれぞれの矢印方向（引張方向）を正にとる．上記 (2) により，L に作用する外力 F と R からの力 $\sigma_{1R}S$ の和は 0 であるので $F = \sigma_{1R}S$ となる．上記 (3) を用いて R に対する力のつり合いを同じように考えると $F = \sigma_{1L}S$ となるので次式を得る．

$$\sigma_{1L} = \sigma_{1R} = F/S \tag{10.1}$$

　次に面 A の代わりに，水平面に対して角度 θ だけ傾いた面 B を考え，面 B で仮想的に分けた棒の左側部分を L，右側部分を R とする（図 10.2(b)）．面 B の面積は $S/\sin\theta$ となる．物体の左右の側面に加わる力の大きさは前と同じく F であるが，面 B に作用する応力は，図のように面 B の法線方向と接線方向に分解される．法線応力と接線応力を，応力を及ぼす側の部分名 R と L で区別し，L に対する水平方向と垂直方向の力のつり合いから次の連立方程式が得られる．

$$0 = -F + (\sigma_{2R}\sin\theta + \tau_{2R}\cos\theta)\,S/\sin\theta$$
$$0 = (\sigma_{2R}\cos\theta - \tau_{2R}\sin\theta)\,S/\sin\theta$$

これを解いて次の結果を得る．R 側と L 側の各応力の関係も併せて示す．

$$\sigma_{2R} = \frac{F\sin\theta}{S/\sin\theta} = \frac{F\sin^2\theta}{S}, \qquad \sigma_{2L} = \sigma_{2R} \tag{10.2}$$

$$\tau_{2R} = \frac{F\cos\theta}{S/\sin\theta} = \frac{F\sin 2\theta}{2S}, \qquad \tau_{2L} = \tau_{2R} \tag{10.3}$$

σ_{2R} と σ_{2L} は面 B においてそれぞれ L と R に作用する法線応力であり，τ_{2R} と τ_{2L} は面 B において，それぞれ，R と L が L と R に作用する接線応力である．

　このように固体を伸長させる力を加えることで，内部の面には法線応力や接線応力がともに作用することがわかった．固体の表面に接線方向の力（せん断力）をかけるときにも内部の面には法線応力と接線応力がともに作用する．特に立方体の表面にせん断力を加えた場合を例題 10.2-1 に示す．

　物体を構成する原子や分子は隣り同士で結合しており，物体内部の法線応力や接線応力によって原子や分子間の結合距離が引き伸ばされ，ときには結合が切断されたりする．面 A も面 B も任意に設定できる面であるから，一様な固体内のすべての原子間結合や分子間結合がそうした力を受けることになる．それらの結合の数は注目する面の面積に比例するから，それぞれの結合が担う力の大きさは法線応力 σ や接線応力 τ から推定できることが理解できよう．

　　【補足：固体の変形を均一な応力と均一なひずみで論じる理由】丸棒の両端に引張力を加えるとき，力の作用点が両端となるが，有限の大きさをもつ端面は実は点ではない．正確には，両端面は丸棒の中心軸に垂直で，両端面に均一な法線引張応力を加える，となる．現実には，丸棒の両端をクランプ締め具等で固定して引っ張るので，締め具と棒表面の多数の接触点が力の作用点となる．それでもこの 10.2 節で解説した内容が工

業的に役立つのは，現実の固体の内部にはこの理想化されたモデルとほぼ同様の状況が実現されているからである．棒の端部に締め具を通してかけた力が，固体内の多数の原子間結合のネットワークによって，締め具からある程度離れると棒の内部応力が均一化される．物体がゴムのように軟らかければ均一になる距離は長めになり，金属のように硬ければ短い距離で応力は均一になる．もしも物体内部に原子間結合の欠陥や亀裂があれば応力はその周辺に集中して均一ではなくなり，場合によっては破壊につながる．それでもミクロな欠陥がマクロな視点で均一に分散している物体であれば，均一な応力とひずみで性質を記述することが可能である．

例題 10.2-1 せん断力による立方体の内部応力

図 10.3 のように立方体の上下面と左右面に外部からせん断力 T が作用しているとき，立方体内の水平面と角度 θ をなす点 P を通る斜面 B における法線応力 σ_L と接線応力 τ_L を $\tau\,(=T/a^2)$ を用いて表せ．立方体の斜面 B の上側ブロックを U，下側を L とする．σ_L と τ_L は，L が U に対して及ぼす応力で，それぞれ上向き，左向きを正にとり，ここでは立方体内の応力は場所によらないものとする．

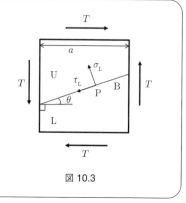

図 10.3

解 斜面 B の面積は $a^2/\cos\theta$ である．水平方向の力のつり合いから，角度 $\theta=0$ のとき $\tau_L=\tau$ である．任意の角度 θ について以下に述べる．L が U に及ぼす σ_L と τ_L による上向き力成分と左向き力成分は次のようになる．

σ_L による上向き力成分 $=\sigma_L\cos\theta\times a^2/\cos\theta=\sigma_L a^2$

τ_L による上向き力成分 $=-\tau_L\sin\theta\times a^2/\cos\theta=-\tau_L a^2\tan\theta$

σ_L による左向き力成分 $=\sigma_L\sin\theta\times a^2/\cos\theta=\sigma_L a^2\tan\theta$

τ_L による左向き力成分 $=\tau_L\cos\theta\times a^2/\cos\theta=\tau_L a^2$

一方，外部からブロック U に上向きにかかる力は左右側面にかかる力の和であるから $-T\tan\theta\,(=-\tau a^2\tan\theta)$ であり，同様にブロック U に左向きにかかる力は T であるから，B 面を上面に投影した面の単位面積当たりで表せば，

上向き力のつり合いから $\sigma_L-\tau_L\tan\theta-\tau\tan\theta=0$

左向き力のつり合いから $\sigma_L\tan\theta+\tau_L-\tau=0$

となる．この連立方程式を解けば次の結果が得られる．

$$\sigma_L=\frac{2\tau\tan\theta}{1+\tan^2\theta}=\tau\sin 2\theta,\quad \tau_L=\frac{\tau(1-\tan^2\theta)}{1+\tan^2\theta}=\tau\cos 2\theta$$

このことから，$\theta=45°$ の対角線のとき，B 面に作用する接線応力は 0 で法線応力が圧縮応力として大きさ τ となる．一方，$\theta=-45°$ の逆対角線のとき，B 面には接線応力は 0 で法線応力が引張応力として作用し大きさが τ であることがわかる．このようにせん断応力を加えられた立方体の内部にはせん断応力だけでなく圧縮応力や引張応力がはたらくことがわかる．

問題 10.2-1 外力が作用していないとき，断面積 S，長さ L，質量 M の一様な弾性金属円柱棒を考える．棒の両端面を A, B とよび，面 A を天井に固定しその中心を原点とし，天井から鉛直下向きに x 軸を考える．重力加速度を g とする．面 B の x 座標は重力がなければ L であるが，重力によって棒自身の重さ（自重）による応力が棒内全域に作用して棒の長さが λ だけ伸びて面 B の x 座標は $L+\lambda$ になる．ここでは伸びる前の棒内座標 $x\,(0\leq x\leq L)$ での断面 P に作用する応力を求めよ．

〔註〕この問題で記載の伸び λ を，後の 10.6 節例題 10.6-2 で求める．

問題 10.2-2 例題 10.2-1 に記載の一辺の長さが a の立方体の図を用いる．立方体の上面には下向き外力 F が作用し，下面には上向きに同じ大きさの外力 F が作用して立方体を上下に圧縮し，左面には左向きの同じ大きさの外力 F が作用し，右面には右向きの同じ大きさの外力 F が作用し左右面を引っ張り立方体を左右方向に伸ばす場合を考える．ここでは $0 \leq \theta \leq \pi/2$ にある平面 B において，その下側ブロック L から上側ブロック U に作用する法線応力 σ_L とせん断応力 τ_L を $\sigma = F/a^2$ と θ を用いて表せ．

問題 10.2-3 内半径 R，厚さ d，高さ h の一様な中空円筒がある（図 10.4）．厚さは半径に比べて十分に小さい．この円筒の上面に，上から見て反時計回りの一様なせん断応力 τ を作用させ，底面には逆向きで同じ大きさのせん断応力を作用させる．この円筒の中心軸を含む平面と円筒が交わる一つの面 P およびそれと同様の面 Q を考える（拡大

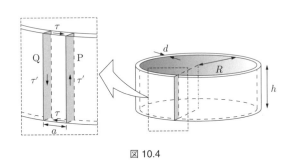

図 10.4

図参照．円筒の外側から見て，Q は P の左側にある）．二つの面 P と Q のなす角が十分小さいと仮定すると，これらの面は互いに平行であり，これらの面にはさまれる領域は直方体であると近似できる．面 P と Q との微小距離を a として，この直方体の外側の領域から，面 P を介して直方体に作用する接線応力 τ' を求めよ．この応力が上向きのとき $\tau' > 0$ とする．また，この面上では法線応力はゼロであると仮定してよい．

〔註〕10.6 節で棒のねじり変形について学ぶ．ねじれた棒の一部には，本問で考察するせん断応力が作用する．

10.3 ひずみ

物体の変形の割合を**ひずみ**（strain）という．ひずみは物体の平衡時の大きさや形状を基準に変形した割合を表す無次元の物理量である．図 10.5 のような長さが L で直径 d の円形断面の均一な棒（破線）を考える．この棒に，棒の軸方向に外力 F がかかると δL だけ長さが伸び，実線のようになったとする．ここで，長さの変化率 $\delta L/L$ に注目する．例えば図の棒と同じものを右端につないだとすると，同じ力で引かれて同じだけ伸びるから全体の伸びと全体の長さの比率は変わらない．この変化率を**伸びひずみ**とよび ε で表す．$\delta L > 0$ ならば伸び，$\delta L < 0$ ならば縮みである．

$$\varepsilon = \delta L/L \tag{10.4}$$

図のように丸棒に力をかけた場合，長さが伸びると直径は縮む．したがって δd を定義するとき，$\delta d < 0$ である．このとき，軸方向のひずみ $\delta L/L$ とそれに直交する直径方向のひずみ $\delta d/d$ の比を**ポアソン比**（Poisson's ratio）とよび ν（ニュー）で表す．

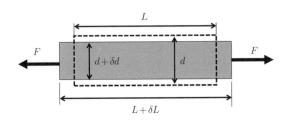

図 10.5 直径 d の円形断面をもつ長さ L の棒の引張力による変形とひずみ．

$$\nu = -\frac{(\delta d/d)}{(\delta L/L)} \qquad (10.5)$$

ほとんどの物質において式 (10.5) の右辺における δd と δL は反対符号となるから $\nu > 0$ である．ν は物質によって固有の値で 0〜0.5 の間の値をとる．金属やガラスでは 0.3（or 0.33），弾性ゴムでは 0.46〜0.49 である．

せん断ひずみ γ：一辺 L の立方体の上面と下面にせん断力 T が作用すると，図 10.6 のように変形し，上面は下面に対して相対的にずれる．この変形の度合いをせん断ひずみとよび γ で表す．

$$\gamma = \mathrm{BB'}/\mathrm{AB} = \delta L/L \qquad (10.6)$$
$$= \tan\theta$$

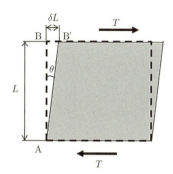

図 10.6　一辺 L の立方体のせん断力による変形．

θ をラジアンで表し，$\theta \ll 1$ であれば，$\gamma \approx \theta$ となる．このせん断力は立方体の中心のまわりに時計回りの力のモーメント（大きさ LT のトルク）として作用するので，立方体を回転させないためには逆向きの同じ大きさのトルクをかける必要がある．一例として，右側面に上向きの T，左側面に下向きの T のせん断力を加えれば回転しない．立方体の内部に各面が表面に平行な微小な立方体部分を考えたときに，その上下面と左右面に等しい大きさのせん断応力がかかっているのである．

体積ひずみ Δ：図 10.7 に示すように，体積 V の立方体のすべての面に一様な法線応力 σ（例えば静水圧など）が加わり，δV だけ体積が変化したときの体積ひずみとよび Δ で表す．

$$\Delta = \delta V/V \qquad (10.7)$$

圧縮応力によって体積が小さくなれば，$\delta V < 0$ により，体積ひずみ Δ は負となる．

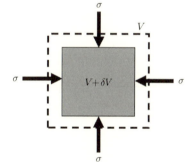

図 10.7　一様な応力による立方体の変形と体積変化（静水圧による圧縮）．

問題 10.3-1　東北地方の日本海沿岸の地点 A と，その真東 200 km の位置にある太平洋沿岸の地点 B を考える．図 10.8 に示すこの 2 点を結ぶ東向きの直線を x 軸（東向きを正，西向きを負）として，以下の問いに答えよ．

図 10.8

(1) 点 A が x 軸負の向きに 1 cm，点 B が x 軸負の向きに 3 cm 動いたとき，AB 間のひずみが一様だと仮定して，そのひずみを求めよ．

(2) 点 A が x 軸正の向きに 1 m，点 B が x 軸正の向きに 5 m 動いたとき，AB 間のひずみが一様だと仮定して，そのひずみを求めよ．

問題 10.3-2　断面の形状が縦 a，横 b の長方形で，長さが L の一様な棒がある（図 10.9(a)）．この棒にある力を加えたところ，図 (b) に示すように円弧状に曲がった．このとき棒の中心を通る円筒面では，棒の長さ方向に伸びも縮みもしなかった．この円筒面を中立層とよぶ．中立層の外側

では棒は伸び，内側の部分は縮む．円筒中心からの動径方向で中立層から外側に向かう座標 r を定義する（図 10.9 参照）．中立層の曲率半径を R として，座標 r ($-a/2 \leq r \leq a/2$) の円筒面 P（中立層と P の距離は $|r|$）の伸びひずみ ε を求めよ（r と ε の符号は同じになる）．

〔註〕10.5 節で棒の曲げ変形について学ぶ．そこで扱う棒は，局所的に円弧上に変形しているとみなせる（位置によって曲率半径は異なる）．

問題 10.3-3 内半径 R, 厚さ d, 高さ h の一様な壁材からなる中空円筒がある（図 10.10）．円筒壁の厚さは半径に比べて十分に小さい．この円筒の上面を，中心軸のまわりに上から見て反時計回りに，下面に対して微小な角度 θ だけ回転する．このときの円筒のせん断ひずみ γ を求めよ．

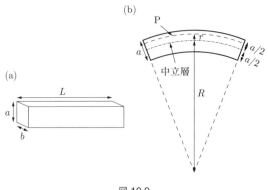

図 10.9

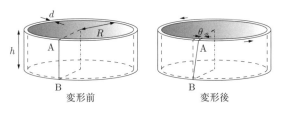

図 10.10

10.4 応力とひずみの関係

固体に加わる外力が増していけば固体内の応力が増し，それにともなって変形，すなわちひずみも次第に大きくなる．この応力とひずみの関係は物質によってさまざまに変化する．以下では応力とひずみの関係について説明する．

ある針金（軟鋼鉄線）に荷重をかけて引っ張ったときに得られる応力とひずみの実験結果の典型例を図 10.11 に示す．横軸は**公称ひずみ**，縦軸は**公称応力**である．本来の応力は加えられた力をそのときの断面積で割って求めるが，伸長につれて変化する断面積を同時測定するのは容易ではないので，工業的には公称応力が多く用いられる．これは加えた力を初期断面積 S_0 で割って求める．公称ひずみは長さ変化を初期長さ L_0 で割って求める．工業的には単に**応力–ひずみ線図**ともよばれる．

応力のかかっていない状態の点 O から，負荷する応力の増大とともに，対応するひずみは O から

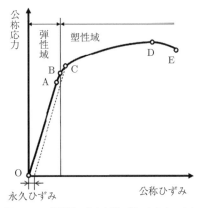

図 10.11 軟鋼製の針金を引っ張ったときの応力–ひずみ線図．

A→B→C→D→E と増大し，点 E において破断する．このとき O から B までは応力を取り除くと完全に元の長さに戻る．このような性質を**弾性** (elasticity) といい，点 B を**弾性限界**という．特に OA の間はひずみと応力は直線関係をもつので，点 A を**比例限界**とよぶ．弾性限界と比例限界はほぼ同程度であるが，どちらが先になるかは物質によって異なる．通常弾性変形とよぶ場合は，比例限界内の変形をいう．点 A を過ぎると傾斜は緩やかになり，点 C 以降では応力がそれほど増えないのにひずみは急に増加する．点 C 以降において応力を取り去ると，点線で示すように弾性ひずみ分が無くなることでひずみが減少するが，完全に元の長さには戻らず，図に示すような**永久ひずみ**が残る．永久ひずみが明らかに残る最小の応力を**降伏応力**とよぶ．またこのように永久ひずみが残る性質を**塑性** (plasticity) といい，永久ひずみを**塑性ひずみ**ともいう．

この弾性から塑性に遷移するAからCに至る部分の変化が材料によっては明確でないこともあるので，工業材料の場合，例えば0.2%の永久ひずみが残る応力を **0.2%耐力** として定義している．さらに荷重を増していくと応力の最高点Dに達し，その後，針金は局所的にくびれ始め，このくびれ部分だけが細くなって点Eで破断に至る．

このような塑性変形を使って，金属の板や針金の製造や，金属パイプや飲料用の金属缶を加工することができる．これらを塑性加工とよぶ．また，ゴムなどでは大きな弾性変形をもつものがあるが，外力を取り除いてもある程度のひずみが一時的に残り，時間をかけて元の長さに戻る現象がある．これを **弾性余効** という．

次に材料の強さを比べるにはどうしたらよいのかを考えてみる．材料の強さとして ① 塑性変形が始まる応力，すなわち降伏応力で強さを比べる場合と，② 破断前の最大応力で強さを比べる場合がある．比較する事象と材料によってどちらを使うかが決まる．塑性変形を起こす材料の場合は降伏応力を使う場合が多く，弾性変形だけで破壊する材料では破壊時の最大応力として破壊応力を使うことが多い．

強さだけを比べるには素材が同じ大きさであれば，かけた力を比較することで簡単に素材の強弱を比較できるが，大きさや形状が同じでない場合には，単位面積あたりにかかる力，すなわち応力に換算することで，塑性変形または破壊に対してどれだけの力に耐えられるかを比較できる．例えば鉄の強さ（降伏応力）は，針金になる軟鋼では約200 MPa，刃物や工具に使われる高炭素鋼で650〜2000 MPaである．一方，これらの鉄より強いといわれる繊維があり，それらの破断時の応力（破断強度）は下記のようになる．

繊維名称：	ケブラー，	炭素繊維，	ガラス繊維，	カーボンナノチューブ
破断強度 [MPa]：	2760	2500	1400〜1500	100000〜150000

ただし，これらの繊維は極めて細く，直径10 μm前後（カーボンナノチューブは0.4〜50 nm程度）であり，鉄も数値上の強さではこれらの繊維にかなわない．しかし，鉄は安価に大きな構造物に使われるようなcm〜mサイズの大型構造物が作れるが，繊維のような素材では，製造法の関係でこれだけの強さをもった大きなものは作れない．ある機器に用いる素材の選択は，強度だけでなく価格や製造性（大きさや均質性）などを考慮して決められる．いずれにせよ強度は素材の選択をする際の重要な指標の一つである．

10.5　弾性体とフックの法則

伸びひずみ ε とヤング率

弾性体に加える力が比例限界内であれば応力とひずみは比例する．この経験則をフックの法則とよび，その比例定数を **弾性定数** （**弾性率**あるいは**弾性係数**，elastic modulus）という．引張応力 σ と式 (10.4) の伸びひずみ ε に対する比例定数 E を **ヤング率** （Young's modulus）または縦弾性係数といい，フックの法則は

$$\sigma = E \cdot \varepsilon, \qquad \varepsilon = \delta L / L \tag{10.8}$$

と表される．この式は高校で学んだバネの伸び x と力 F に係る関係式 $F = kx$ （k：バネ定数）と似ているが，伸びひずみ ε は x と異なり無次元量であって単位をもたないことに注意されたい．したがってヤング率 E の単位は応力と同じPaである．図10.4の場合，式 (10.8) は

$$F/S = E(\delta L / L) \tag{10.9}$$

となる．式 (10.9) より，応力が一定の場合，伸びひずみ $\delta L/L$ も一定値を取ることになり，その割合は始めの長さ L が変わっても変わることはない．

180　第 10 章　固体の変形

せん断ひずみ γ と剛性率

せん断応力 τ によってせん断ひずみ γ（式 (10.6)）が生ずる場合のフックの法則は以下のように表される.

$$\tau = G \cdot \gamma, \qquad \gamma = \tan\theta \tag{10.10}$$

このときの弾性定数 G を**剛性率**（modulus of rigidity）または**ずれ弾性率**（shear modulus）という. せん断変形の特徴は変形による体積変化がないことである.

体積ひずみ Δ と体積弾性率

図 10.6 に示したように，物体に等方的な一様圧縮応力 σ を加えたときに体積ひずみ Δ（式 (10.7)）を生じる場合のフックの法則は，以下のように表される.

$$\sigma = -K \cdot \Delta, \qquad \Delta = \delta V/V \tag{10.11}$$

このときの弾性定数 K を**体積弾性率**（bulk modulus），その逆数 $1/K$ を**圧縮率**（compressibility）という.

また，等方的な物質の場合，3 つの弾性係数 E, G, K とポアソン比 ν の間には以下のような関係がある.

$$K = \frac{E}{3(1-2\nu)}, \quad G = \frac{E}{2(1+\nu)}, \quad E = \frac{9KG}{3K+G}, \quad \nu = \frac{3K-2G}{6K+2G} \tag{10.12}$$

表 10.1 に各種の材料におけるヤング率，剛性率，体積弾性率およびポアソン比の例を示す.

表 10.1　種々の固体の等方弾性率.
物理学辞典編集委員会編『物理学辞典』（培風館，2005）より.

物質名	ヤング率 E [10^{10} Pa]	剛性率 G [10^{10} Pa]	ポアソン比 ν	圧縮率 $1/K$ [10^{-11} Pa^{-1}]
アルミニウム	6.8〜7.1	2.4〜2.6	0.355	1.33
黄銅 (70Cu-30Zn)	10.4	3.8	0.374	0.89
ガラス (クラウン)	7.13	2.92	0.44	2.4
金	7.80	2.70	0.42	0.46
銅	12.98	4.83	0.343	0.72
ステンレス (SUS347)	19.6	7.57	0.30	−
ポリエチレン	0.04〜0.13	0.026	0.46	−
天然ゴム	〜10^{-4}	10^{-4}〜10^{-5}	〜0.5	−

例題 10.5-1　引き延ばした棒の体積変化

ヤング率 E, ポアソン比 ν の材質でできていて，長さ L, 断面の半径 r の直円柱の両端に力 F を加えて引き伸ばしたときの体積変化を求めよ.

解　フックの法則より，荷重負荷による長さの伸びは $\Delta L = \dfrac{\sigma}{E}L = \dfrac{FL}{E\pi r^2}$ と与えられるから，長さ変化に伴う半径の縮みはポアソン比を用いて $\Delta r = -\nu r \dfrac{\Delta L}{L} = -\dfrac{\nu F}{E\pi r}$ となる. これより円柱の体積を求めると，

$$\left(L + \frac{FL}{E\pi r^2}\right)\pi\left(r - \frac{\nu F}{E\pi r}\right)^2 = L\pi r^2\left(1 + \frac{F}{E\pi r^2}\right)\left(1 - \frac{\nu F}{E\pi r^2}\right)^2$$

$$= L\pi r^2\left(1 + \frac{F}{E\pi r^2} - 2\frac{\nu F}{E\pi r^2} + \cdots\right)$$

よって体積変化は $\Delta V \approx L\pi r^2 \left(\dfrac{F}{E\pi r^2} - 2\dfrac{\nu F}{E\pi r^2}\right) = \dfrac{LF}{E}(1-2\nu)$ となる．

例題 10.5-2　弾性定数間の関係

弾性定数間に成り立つ式 (10.12) の 4 つの関係式を図 10.12 を用いて導け．

解　一辺の長さ a の立方体が等方的な圧力 p を受けるとする．まずは体積弾性率 K について考える．いま一辺の長さの変化を考える．各辺は，辺と平行な方向の圧力により $(p/E)a$ だけ縮むが，辺と垂直な 2 つの方向の圧力により式 (10.5) より $2 \times \nu(p/E)a$ だけ伸びる．これらを合わせれば辺の長さは $a - \dfrac{p}{E}a + 2\nu\dfrac{p}{E}a = \left[1 - (1-2\nu)\dfrac{p}{E}\right]a$ となる．ゆえに，一辺の伸びひずみは $(2\nu - 1)(p/E)$ となる．これより体積の変化は

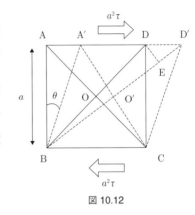

図 10.12

$$\Delta V = \left[1 - (1-2\nu)\dfrac{p}{E}\right]^3 a^3 - a^3 \approx -3(1-2\nu)a^3\dfrac{p}{E}$$

となるので，式 (10.11) より，$K = \dfrac{p}{-\Delta V/V} = \dfrac{p}{3(1-2\nu)p/E} = \dfrac{E}{3(1-2\nu)}$ を得る．

一辺 a の立方体の上下の面にせん断力 $a^2\tau$ がかかって，図 10.12 のように立方体が変形したとする．ここで BD→BD′ の長さの変形量を求める．

力を BD 方向と BD に直交する方向の成分に分けて考える．面 AD に加えられたせん断力により，面 AO には，BD 方向の引張応力が $a^2\tau/\sqrt{2}$ の引張り力が面積 $a^2/\sqrt{2}$ の面にかかるので，AC 面にかかる引張応力は $(a^2\tau/\sqrt{2})/(a^2/\sqrt{2}) = \tau$ となる．そのため BD の長さ $(= \sqrt{2}a)$ の伸びは $(\tau/E)(\sqrt{2}a)$ となる．BD 方向に直交する成分は前と同じように BD に直交する方向に圧縮応力を与える．このため AC 方向に $(\tau/E)(\sqrt{2}a)$ だけ縮み，ポアソン比の定義より BD 方向に $\nu(\tau/E)(\sqrt{2}a)$ だけ伸びる．よって BD 方向の合計の伸び D′E $= \dfrac{\tau}{E}(\sqrt{2}a) + \nu\dfrac{\tau}{E}(\sqrt{2}a) = \sqrt{2}(1+\nu)a\dfrac{\tau}{E}$ を得る．ところで D′E $=$ DD′$/\sqrt{2} = a\tan\theta/\sqrt{2} \approx a\theta/\sqrt{2}$ であるから，式 (10.10) の関係より，$\tau/\theta = E/2(1+\nu)$ となり，$G = E/2(1+\nu)$ を得る．前出の 2 つの関係と式 (10.5) からそれぞれポアソン比 ν を求めると，$\nu = \dfrac{1}{2} - \dfrac{E}{6K}$, $\nu = \dfrac{E}{2G} - 1$．この両式より，$\dfrac{1}{2} - \dfrac{E}{6K} = \dfrac{E}{2G} - 1$ となり，これより E を求めると $E = \dfrac{9KG}{3K+G}$ を得る．この E を上記の ν に代入すると，$\nu = \dfrac{3K-2G}{6K+2G}$ を得る．

【補足：変形の機構の説明】固体材料は原子が結合して規則正しく配列している．そのような構造から弾性変形のメカニズムは図 10.13 のように原子結合の伸びや縮みとして説明できる．それぞれの原子がバネ状に結合することで荷重が加わったときにのみ変形が起こり，荷重が除去されると元に戻る．

では，永久変形となる塑性はどのようなメカニズムで起こるのであろうか．原子の結合，すなわち結合しているバネが切れてしまうのであろうか．以下では塑性変形を起こす典型的な材料である金属を例にとってその塑性変形のメカニズムを簡単に説明する．身の回りにある普通の固体の材料は原子が結合し規則正しく配列した結晶格子からなっている．金属はその典型で，図 10.14(a) のように原子が並んでいる．原子間の強い結合を太い実線で，弱い結合を灰色の細い破線で描いている．図 10.14(b) のように引張力が加わると，この規則的に並んだ原子の配列の中で弱い結合を横断する結晶面 P-P′ でずれが起こることで塑性変形が生じ，全長が伸びる．

ここで，P-P′ に沿って 1 本でも弱い結合が切れればその部分に力の集中度が増して一気に P-P′ に沿っ

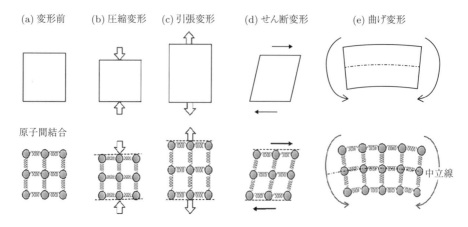

図 10.13 固体がさまざまな変形をしたときの原子間結合の変化.

た切断が予想されるが，必ずしもそうはならない．ここが材料学の面白いところで，金属結合の場合，電子雲が周囲の原子と共有されることで結合の方向性と距離に幅がある．強い結合の長さの半分程度 P-P′ に沿ってある原子がずれて転位（原子配列の規則性が変化する点や線）が発生しても隣の原子との結合が再び強まるため，力の集中が緩和され，全体に加わった力が材料全体に均一化された引張応力として広がり，1 面だけのすべりではなく平行な多数の層間のすべりが起こる．実際に顕微鏡を使って塑性変形を起こした材料の表面を観察すると，P-P′ のような段差が周期的に表面に観察されている．工業的に使用されるさまざまな材料は，弾性限界や破断強度，ヤング率や圧縮率などの物性値に基づいて，機械や構造物等の用途に合う材料が利用される．この詳細は金属材料などの専門科目で学ぶことになる．

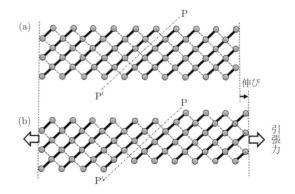

図 10.14 引張力により固体が塑性変形したときの結晶面のずれ.

問題 10.5-1 元の長さ 2 m，断面積 0.1 cm^2 のワイヤで，102 kg の負荷を支えている．このときのワイヤは負荷の無いときに比べて 0.22 cm 伸びている．これから以下の値を求めよ．
(1) ワイヤにかかっている引張応力
(2) ワイヤに生じている引張ひずみ
(3) ワイヤのヤング率

問題 10.5-2 長さが 300 mm の金属の棒が 275 MPa で引っ張られている．変形が完全に弾性変形として，伸びを求めよ．その金属のヤング率を 110 GPa とする．

問題 10.5-3 直径が 10 mm の金属丸棒の長軸方向に引張応力を加える．変形が完全に弾性変形ならば，直径を 2.5×10^{-3} mm だけ変化させるのに必要な荷重を求めよ．ただし，その金属のヤング率を 97 GPa，ポアソン比を 0.34 とする．

問題 10.5-4 一辺の長さが 30 cm のゼリー状の立方体に図 10.6 のように上下の各面に大きさ 0.1 kgf (0.98 N) のせん断力を加えたら立方体の上下の面が平行に 1.0 cm ずれた．
(1) ずれの角 θ はどれだけか．
(2) せん断の応力はどれだけか．

(3) このゼラチンのずれ弾性率を求めよ．

問題 10.5-5 弾性変形による体積変化が0の場合，ポアソン比が0.5となることを示せ．

問題 10.5-6 ポアソン比が0という物質は弾性変形においてどのような特徴を示すか述べよ．

10.6 弾性体の伸び変形

一般の物体は形状がさまざまである．その場合，応力が物体中の位置によって異なることになる．ここでは軸対称な物体に一軸方向の引張応力がかかった場合の弾性変形の量を求めてみよう．まず，ヤング率 E，長さ L，一様な断面積 S の棒を一定の荷重 F で軸方向に引っ張るときの応力 σ と，伸び λ との関係はフックの法則から次のように表される．

$$\sigma = \frac{F}{S} = E\frac{\lambda}{L} \tag{10.13}$$

次に断面形状が図 10.15 のように均一でない場合を考える．応力の値が x の位置により変化すると，それに伴って棒の伸びも場所により異なる．このような場合は全体を微小要素 dx に分割し，長さ dx 部分における伸び $d\lambda$ について考え，それを最後に足し合わせる（物体の全長にわたり積分する）とよい．またこれ以降，特に断らない限りポアソン比による断面積の変化は考えない．

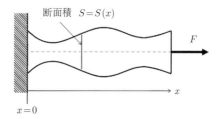

図 10.15 断面形状が一定でない棒の引張応力負荷による伸び．

断面積が図 10.15 のように変化する丸棒の場合，軸方向の力は F で x 座標によらず一定として扱うことができる．固定端から x の位置にある断面積を $S(x)$ とすると各断面にかかる応力 σ も x とともに変化する．

$$\sigma(x) = \frac{F}{S(x)} \tag{10.14}$$

ここで荷重 F による棒の長さの変化を λ とする．棒の位置 x における厚さ dx の微小部分の長さの変化を $d\lambda$ とすれば（$d\lambda \ll dx$），この微小部分における伸びひずみは $d\lambda/dx$ となり，フックの法則から次が成り立つ．

$$\frac{F}{S(x)} = E\frac{d\lambda}{dx} \tag{10.15}$$

棒全体の伸びを求めるためには微小要素の伸び $d\lambda$ を棒全体にわたって積分すればよい．

$$\lambda = \int_0^L \frac{F}{S(x)E} dx \tag{10.16}$$

例題 10.6-1 断面積が変化する場合の弾性変形

図 10.16 のように水平に置いた両端 A および B における直径が d_1, d_2 で長さ L の円錐台の棒の両端に荷重 F が作用するときの棒全体の伸び λ を求めよ．

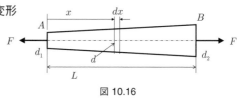

図 10.16

解 断面形状が円錐台状の丸棒の引張荷重 F による伸びを求める．

A から x の位置での直径を d，断面積を $S(x)$ とすると

$$d = d_1 + \frac{d_2 - d_1}{L}x, \quad S(x) = \frac{\pi}{4}\left(d_1 + \frac{d_2 - d_1}{L}x\right)^2$$

各断面部分の伸びは，$d\lambda = \dfrac{F}{S(x)E}dx = \dfrac{4F}{\pi E}\dfrac{dx}{[d_1+(d_2-d_1)x/L]^2}$ となり，これを積分して

$$\lambda = \int_0^L d\lambda = \frac{4F}{\pi E}\int_0^L \frac{dx}{[d_1+(d_2-d_1)x/L]^2} = \frac{4FL}{\pi d_1 d_2 E} \text{ を得る.}$$

例題 10.6-2 軸力が位置により変化する場合の弾性変形（フックの法則の応用）

図 10.17 のように長さ L で一様な断面積 S の棒の上端を天井に固定し，鉛直に吊るして下端に荷重 F を加えたとき，棒の自重 (Mg) を考慮して棒に生ずる最大応力と棒全体の伸びを求めよ．ただし，棒の密度を ρ，重力加速度を g とする．

解 位置 x における応力 σ は $\sigma(x) = \dfrac{F + \rho g S(L-x)}{S} = \dfrac{F}{S} + \rho g(L-x)$ となり，x における微小部分 dx の伸びを $d\lambda$ とすれば伸びひずみは $d\lambda/dx$ であるから

$$d\lambda = \frac{\sigma(x)}{E}dx = \frac{1}{E}\left(\frac{F}{S} + \rho g(L-x)\right)dx$$

となる．よって，棒全体の伸び λ は以下のようになる．

$$\lambda = \int_0^L d\lambda = \frac{1}{E}\int_0^L \left(\frac{F}{S} + \rho g(L-x)\right)dx$$
$$= \frac{FL}{SE} + \frac{\rho g L^2}{2E} = \frac{FL}{SE} + \frac{MgL}{2SE}$$

第 1 項は荷重による伸び，第 2 項は自重による伸びである．

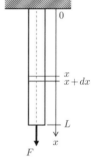

図 10.17

問題 10.6-1 例題 10.6-2 と同じように棒の上端を天井に固定し，鉛直に吊り下げ，その下端におもり（錘）M を吊り下げたとき，その物体内のどの水平断面においても，かかる垂直応力が常に一定となるような物体の形状はどのようなものかを求めよ．ただし，棒の密度を ρ，重力加速度を g とする．

問題 10.6-2 体積弾性率 $K = 1.3 \times 10^{11}\,\mathrm{N/m^2}$ の金属でできた半径 $5\,\mathrm{cm}$ の球体を，水深 $5000\,\mathrm{m}$ に海底に沈めたとき，球の半径はどれだけ縮むか．

問題 10.6-3 密度 ρ，ヤング率 E の物体を考える．次の形状，配置のときの伸びを求めよ．
  (1) 図 10.18 のときの自重による伸び
  (2) 図 10.19 のときの遠心力による伸び

問題 10.6-4 内半径 r の一様な中空の円管の両端を引っ張ったところ，管の長さが ΔL だけ伸び，管の中空部分の容積が ΔV だけ増加したとすれば，管のポアソン比 ν はいくらか．管の全長を L，内半径の増分を Δr とせよ．

問題 10.6-5 密度 $8.9 \times 10^3\,\mathrm{kg/m^3}$，ヤング率 $117\,\mathrm{GPa}$ の銅を使った，直径 $1.2\,\mathrm{mm}$，長さ $100\,\mathrm{m}$ の銅線がある．東京タワーの展望台（メインデッキ）からこの銅線を吊り下げる．重力加速度を $9.8\,\mathrm{m/s^2}$ として，自重によるこの銅線の伸びを求めよ．例題 10.6-2 の結果を使ってよい．
〔註〕数値を代入するだけの問題だが，自重による材料の伸びがどの程度の大きさか確認し，この銅線が自重だけでは破断しないことを確認しておこう．ただし，この材料の引張応力破断強度は $195\,\mathrm{MPa}$ である．

(1) 上端面を固定して円錐を
吊り下げた場合の伸び

(2) 一端を回転中心として一定の角速度ωで
回転する丸棒の伸び

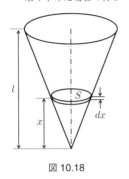

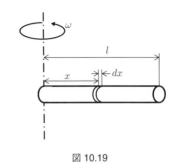

図 10.18

図 10.19

10.7 弾性体の曲げ変形

これまで弾性体の変形の基本は，10.3 節で示した，伸びひずみ，せん断ひずみ，体積ひずみにあることを学んできた．本節で取り扱う「曲げ変形」（たわみとも言う）も伸び縮みの組み合わせで記述できるものである．ヤング率 E の材料からなる長さ l，厚さ a，幅 b のはり（梁）の一端を，図 10.20 のように，水平になるように片方を壁（点 O）に固定した．座標軸を図のようにとり，他端（点 A）に質量 M のおもりを付けたとき，このはりに生じるたわみ y（曲げによる鉛直下向きの変位）を求めてみよう．ここでは，はりの質量，および，はりの軸に垂直な方向（厚さ方向と幅方向）の伸び縮みは無視できるものとする．

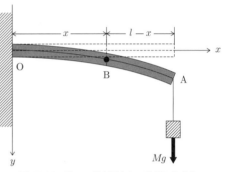

図 10.20 壁に一端を固定し，他端におもり M を吊り下げたはりの変形．

この問題を次の手順で解析する．

(1) 点 O から任意の位置 x にある点 B を含む断面に作用する応力による力のモーメントを，はり内部の断面における厚み方向の各微小面に作用する法線応力から求める．
(2) 同じく点 B を含む断面に作用する応力による力のモーメントを，点 B を左端とするはり片 BA に作用する力のつり合いおよび力のモーメントのつり合いからも求める．
(3) 別々に求めた力のモーメントおよびたわみが小さいときの曲率を用いて，たわみの基礎方程式を求める．
(4) たわみの基礎方程式とはりの支持条件より，たわみ y を x の関数として求める．

解析のために，図 10.21 のように，はりに作用する力および力のモーメントを考える．x 方向の任意の位置（点 B）におけるはり内部の断面を介して，面の両側の部分（図 10.21(b) のはり片 OB とはり片 BA）は力を及ぼし合っている．はり片 OB に作用するせん断力と力のモーメントは，作用反作用の法則より，はり片 BA に作用するせん断力と力のモーメントのそれぞれと，大きさが等しく逆向きである．図 10.21 は，図 10.20 に示したはりにおいて，(a) はり全体，(b) 任意の位置 x（点 B）を端とするはり片，(c) 任意の位置 x（点 B）における微小はり，に作用する力および力のモーメントを示している．

手順 (1) では，はり内部の法線応力を考える．図 10.22 は，図 10.20 の任意の位置（点 B）付近を

186　第 10 章　固体の変形

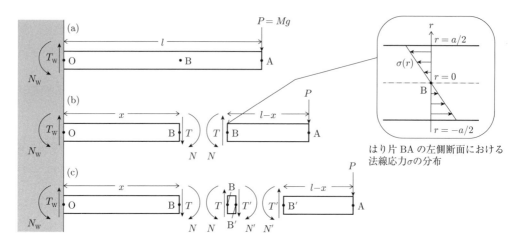

図 10.21　はりに作用する力と力のモーメントのつり合い（図 10.20 に対応）

拡大したもので，曲げたはりの内部における変形を示している．曲げたはりの，軸方向の微小区間の形状は円の一部（円弧）として近似できる．その円の半径（曲率半径）を R とすると，はりの内部の変形や応力は図 10.22 に示すように，はりの断面上で厚さ方向（r 方向）に変化する．このとき厚さ方向の中心位置（$r = 0$）でははりの軸方向に伸び・縮みの変形はないが，それより上側では伸び，下側では縮む．したがって，上側では内部の応力が引張，下側では圧縮となっている．この変形のない微小面は，たわんだはりの上側と下側の中間に層状に広がっている．

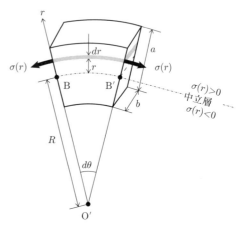

図 10.22　微小はり片の変形．（図 10.21(c) の点 B 付近を拡大）

これを中立層とよぶ．はりの断面は中立層に垂直である．図 10.21 (c) および図 10.22 のように，中立層上の近接した 2 点を B, B' とする．曲線 BB' から上側に向かって距離 r のところ（曲線 BB' より上側の位置 r）に厚さ dr，長さ $(R + r)d\theta$，幅 b の薄層（図 10.22 の灰色の部分）を考える．薄層の断面積は $dS = bdr$ である．この部分薄層のもとの長さは $Rd\theta$ に等しいから，伸びひずみ ε は次のように表される．

$$\varepsilon = \frac{(R+r)d\theta - Rd\theta}{Rd\theta} = \frac{r}{R} \tag{10.17}$$

よって，薄層の左側断面に作用する法線応力 σ（引張応力を正）は r の関数

$$\sigma(r) = E\frac{r}{R} \tag{10.18}$$

となり，この断面にさらに左の部分から作用する法線方向の力は

$$\sigma(r)dS \tag{10.19}$$

と表される．図 10.21 内の拡大図のように，中立層から等距離にある上下層では，大きさが等しく向きが反対の応力が作用するため**偶力**となることが式 (10.18) からわかる．この法線方向の力による点 B に関する反時計回りの力のモーメントの大きさ $r\sigma(r)dS$ をはりの厚さ方向に積分すること

で，点 B の左側部分が点 B を含む断面を介して右側部分に及ぼす点 B に関する反時計回りの力の
モーメントの大きさ $N(x)$ が次のように求まる．

$$N(x) = \int_S (r\sigma(r)dS) = \frac{E}{R}\int_S r^2 dS = \frac{bE}{R}\int_{-a/2}^{a/2} r^2 dr = \frac{Ea^3 b}{12R} \tag{10.20}$$

以上の計算は，位置 x におけるはりのたわみを曲率半径 R の接円に近似して求めたものである．実
際のはりの全体的たわみは円形でないので，ここで用いた曲率半径 R は位置 x の関数ということに
なる．

　手順 (2) では，図 10.21(b) のように，平衡時のはり片 BA について力のつり合いおよび力のモー
メントのつり合いを考える．鉛直方向（y 方向）の力のつり合いより，点 B には上向きで大きさ
$T(x) = P$ のせん断力がはり片 OB から作用していることになる．一方，はり片 BA に作用する点
B に関する力のモーメントについては，点 A にかかる荷重 P による大きさ $P(l - x)$ の時計回り
の力のモーメントとはり片 OB からはり片 BA の B 端面に作用する大きさ $N(x)$ の反時計回りの
力のモーメントがつり合っている．よって，次式を得る．

$$N(x) = P(l - x) = Mg(l - x) \tag{10.21}$$

はり片 OB に作用する力のつり合いおよび力のモーメントのつり合いから考えた場合でも，式 (10.21)
が導出される．なお，はり全体に作用する力のつり合いおよび力のモーメントのつり合いも同様に
考えることができる．はりの右端 A にかかる荷重 P によって，はりの左端 O には壁から，上向きで
大きさ $T_w = P$ のせん断力，および，反時計回りで大きさ $N_w = Pl$ の力のモーメントが作用する．

　図 10.21(c) および図 10.22 に示す点 B を含む断面と点 B′ を含む断面に挟まれた微小はりを考え
る．上で求めた大きさ N の力のモーメントは，微小はりに B より左側のはり片から微小はり左面
の各点に作用する力によるもので，微小はりを点 B を中心に反時計回りに回転させようとする．こ
れに対して点 B′ を含む右の面では N と同様にして，B′ より右側のはり片から微小はり右面の各
点に作用する力による点 B′ に関する力のモーメントの大きさ $N′$ を求めることができる．この力
のモーメントは微小はりを時計回りに回転させようとする．これら 2 つの力のモーメントにより微
小はりは上に凸に曲がることになる．これらはどちらも，はりの固定端と他端 A に加えられた外力
によって，微小はりの両側断面に作用することになった力，つまり内力による力のモーメントであ
る．内力は応力を断面にわたって積分したものであり，内力による力のモーメントは応力による力
のモーメントを断面にわたって積分したものである．工学の材料力学や構造力学などでは，このよ
うに，外力によって生じた内力による力のモーメントを曲げモーメントとよぶ．

　手順 (3) では，式 (10.20), (10.21) より，はりにかかる曲げモーメントを次のように得る．

$$N(x) = \frac{Ea^3 b}{12R} = Mg(l - x) \tag{10.22}$$

これよりたわみの曲率 κ（曲率半径の逆数）は以下のようになる．

$$\kappa = \frac{1}{R} = \frac{12}{a^3 bE}Mg(l - x) = \frac{N(x)}{EI} \tag{10.23}$$

ここで I は，はりの断面形状で決まる係数（材料力学では**断面 2 次モーメント**とよぶ）で，長方形
の場合は $I = a^3 b/12$ である．式 (10.23) を見てわかるように，たわみの曲率は，はりの断面形状
で決まる係数 I，はりにかかる曲げモーメント $N(x)$，はり材料のヤング率 E により表される．

　後述するように，はりのたわみがわずかな場合には，たわみの曲率は $\kappa = d^2 y/dx^2$ で与えられ
るので次の方程式を得る．

$$\frac{d^2y}{dx^2} = \frac{12Mg}{a^3bE}(l-x) \tag{10.24}$$

この式は位置 x におけるたわみ y を支配する微分方程式であり，たわみの基礎方程式という．

手順 (4) では，式 (10.24) を解いてたわみ y を得る．

$$\frac{dy}{dx} = \frac{12Mg}{a^3bE}\left(lx - \frac{x^2}{2} + c_1\right) \quad (10.25) \qquad y = \frac{12Mg}{a^3bE}\left(l\frac{x^2}{2} - \frac{x^3}{6} + c_1 x + c_2\right) \tag{10.26}$$

ここで，はりの左端は固定されているので，境界条件は $x=0$ において $y=0$, $dy/dx=0$ であり，$c_1=c_2=0$ となる．これより曲げによる変位（たわみ）は以下のようになる．

$$y = \frac{6Mg}{a^3bE}\left(l - \frac{x}{3}\right)x^2 \tag{10.27}$$

【補足：断面2次モーメントを求める式】断面2次モーメント I は，はり・棒の断面形状で決まる量であり，棒の曲げにくさを表す．曲げモーメントを求める式 (10.20) 中の $\int_S r^2 dS$ が断面2次モーメントである．上述の長方形断面の場合は，幅 b が2倍になると曲げにくさも2倍になり，厚さ a が2倍になると曲げにくさは8倍にもなる．また，一辺 a の正方形断面の棒と同じ断面積をもつ円形断面の棒では円半径は $a/\sqrt{\pi}$ なので，各々の断面2次モーメントは次のようになる．よって，円形断面の棒の方がわずかに曲げやすい．
正方形断面：$I = \int_{-a/2}^{a/2} r^2 a dr = \frac{a^4}{12}$．円形断面：$I = \int_{-a/\sqrt{\pi}}^{a/\sqrt{\pi}} r^2 \sqrt{(a^2/\pi) - r^2}\, dr = \frac{a^4}{4\pi} = \frac{a^4}{12.566\cdots}$

〈たわみの曲率半径と曲率〉

無荷重の平衡位置からの中立層上の各点の下がりを曲線 $y=f(x)$ と表す．曲線の各点において，ごく近くの曲線を円弧で近似し，**曲率**と**曲率半径**が定義されている．これは曲がりの程度を数値化したものである．図 10.23 に示すように，簡単のため $y=f(x)$ は下に凸の曲線とする．

座標 $x=s$ においてこの曲線と接し，かつ接点で曲がりの強さがこの曲線と一致する円の方程式を考える．接する条件は dy/dx が一致することである．その上で曲がりの強さが一致する条件として d^2y/dx^2 が一致することを用いる．この円の半径を曲率半径とよぶ．簡単のため $y=f(x)$ は下に凸の曲線とする．この円の中心を (x_0, y_0)，半径を R とすると，満たすべき条件は次の3つである．

条件 (1) 座標 $x=s$ で同じ点を通る

$$f(s) = y_0 - \sqrt{R^2 - (s-x_0)^2}$$

条件 (2) 接点で傾きが一致する

$$f'(s) = \frac{s-x_0}{\sqrt{R^2 - (s-x_0)^2}}$$

条件 (3) 接点で2次微分が一致する

$$f''(s) = \frac{R^2}{[R^2 - (s-x_0)^2]^{3/2}}$$

条件 (2) と条件 (3) から

$$f''(s) = \frac{1}{R}[1 + f'(s)^2]^{3/2}$$

を得る．円の半径 R，つまり曲率半径は，次の式で求めることができる．

$$R = \frac{(1+f'(s)^2)^{3/2}}{f''(s)} \simeq \frac{1}{f''(s)} \tag{10.28}$$

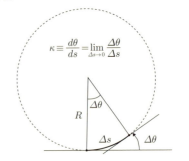

曲率 κ の数学的定義式

曲線の一部（微小線素）Δs において，$\Delta\theta$ を線素の左端での接線を基準として右端での接線のなす角度（弧度，矢印向きを正）とする．Δs が円の一部であれば $\Delta s = R\Delta\theta$ より $\kappa = 1/R$ となる．一般の曲線 $y=f(x)$ の場合は $\kappa = f''/(1+f'^2)^{3/2}$ が示せる．

$$\kappa \equiv \frac{d\theta}{ds} = \lim_{\Delta s \to 0}\frac{\Delta\theta}{\Delta s}$$

図 10.23

ここで最右辺は水平からのたわみが小さく $f'(s)^2 \ll 1$ で $f'(s)^2$ が無視できる場合である．曲率 κ は図 10.23 の定義式で与えられるが，$\kappa = R^{-1}$ は，曲線が円の一部であるときには理解しやすく，また定義により一般の曲線についても示すことができる．κ は曲線を下に凸と設定したときに正となるが，上に凸の曲線に対しては κ は負となる．通常曲率半径は，正の値で用いることが多いので絶対値を採用するが，曲線の上側に接円の中心があるとき $R > 0$，下側に中心があるとき $R < 0$ と考えれば，κ と R は同符号となり，幾何学的配置も表すので絶対値をあえてとらない方が役に立つ．

問題 10.7-1 長さ $1\,\mathrm{m}$，断面が一辺 $10\,\mathrm{cm}$ の正方形で，ヤング率 $100\,\mathrm{GPa}$ の物質からできている棒の一端を水平に固定し，他端に $100\,\mathrm{kg}$ のおもりをかけたとき，おもりをかけた端部はたわみによりどれだけ下がるか．

問題 10.7-2 長さ $4\,\mathrm{m}$，幅 $30\,\mathrm{cm}$，厚さ $3\,\mathrm{cm}$，ヤング率 $100\,\mathrm{GPa}$ の板の両端を支えの台にのせ，板の中央に $30\,\mathrm{kg}$ の荷重をかけたとき，たわみにより中央部分はどれだけ下がるか．

問題 10.7-3 長さ l で長方形の断面をもつ一様な棒（はり）の一端を，水平に固定し，他端に質量 M のおもりを吊り下げる．断面の長方形の隣り合う二辺の長さは a, b であり，$a > b$ とする（図 10.24）．このとき，図 10.24 (a) のように，短いほうの辺を下にして棒を固定した場合と，図 (b) のように長いほうの辺を下にして固定した場合について考える．図 (a) の場合に，おもりを吊り下げた端部がたわみによって下がった変位を d_1，(b) の場合の同様の長さを d_2 とする．式 (10.27) を参考にして，d_1/d_2 を求めよ．

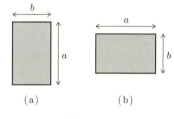

図 10.24

問題 10.7-4〔発展〕 断面が長方形のはりの一端を図 10.20 のように水平に固定して，他端におもりを吊り下げるとき，上下方向（板厚方向）の中点を通る面が中立層（伸び縮みのない面）になることが，図 10.22 に記載されている．その理由は，図 10.21 のはり片 BA に作用する力の水平方向のつり合いを考えることによって説明できる．このことを確かめよう．

図 10.25 (a) は，たわむ前のはり片 BA を示す．左端の面 B からわずかな距離 s の位置にある（B に平行な）断面を C とする．図 (b) は面 B と面 C にはさまれた（たわむ前の）はりの領域を表す．面 B の中心を原点として，鉛直上向きに r 軸をとる．この図において，$r = 0$ の平面を一点鎖線，r の値が一定の任意の平面を破線で示している．図 (c) は荷重によってたわんだ状態での，面 B と面 C にはさまれた領域の形状を表す．この状態では，図 10.22 と同じように，図 (b) で r が一定の平面は，円筒面になっているとする．$r = 0$ に対応する円筒面の曲率半径を R とし，座標 r に対応する円筒面の円弧の長さを $s'(r)$ と表すと，

$$\frac{s'(r)}{s'(0)} = \frac{R+r}{R}$$

という関係が成り立つ（式 (10.17) 参照）．ただし，はりのたわみは十分に小さく，$|r| \ll R$ が成り立つものとする．

(1) 図 (c) において，座標 r に対応する面の伸びひずみを $\varepsilon(r)$ とすると，$|\varepsilon(r)| \ll 1$ を仮定して，$\varepsilon(r) - \varepsilon(0) = r/R$ の関係が成り立つことを示せ．

〔ヒント〕式 (10.17) 中央の辺の分子と分母を ε を使って表し，式 (10.17) の右辺と比べるとよい．

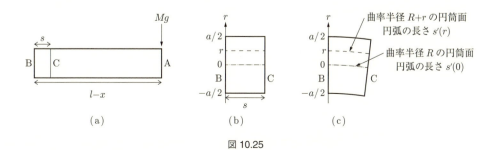

図 10.25

(2) はり片 BA に作用する外力は，A 端に作用するおもりによる荷重だけであり，この力の水平成分は 0 である．したがって，面 B の左側にあるはりの部分から，面 B を介してはり片 BA に作用する応力の水平成分の和は 0 でなければならない．この条件から $\varepsilon(0) = 0$ を導け．

〔註〕この結果は，$r = 0$ に対応する面では伸び縮みがないこと，すなわち，この面が中立層であることを示す．

10.8 【発展】弾性体のねじり変形

本節では弾性体の応力とひずみの関係から特に棒のねじれ変形について説明する．前節と同様に，ねじり変形（ねじれともいう）もせん断によって記述できることを学び，その際の応力のモーメントを導入する．

図 10.26 に示すように，一端を固定した半径 r_0，長さ l の円柱の他端に，円柱の軸を中心に対称な力 P（このように，作用線が平行で，互いに大きさが等しく，方向が逆向きの 2 つの力を**偶力**という）を加えたとき，軸から力の作用点までの距離を $L/2$ とすると，棒をねじる作用をする力のモーメント N を**ねじりモーメント**（あるいは**トルク**）とよび次式で表される．

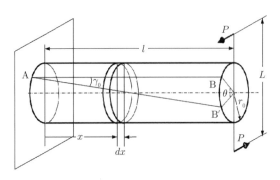

$$N = 2(L/2)P = LP \tag{10.29}$$

円柱の中では，この外力によるトルクと材料内部のせん断応力によるトルクがつり合っていなければならない．このせん断応力によるトルクを求めよう．

図 10.26 一端を固定した丸棒のねじり変形．

ここで長さ l の円柱の一端をねじって θ だけ回転させたときを考える．円柱の軸に沿った単位長さあたりのねじれ角を θ' とする．

$$\theta' = \theta/l \tag{10.30}$$

ここで，図 10.27(a) に示すように，この円柱の内部に軸を中心にして半径 $r(r \le r_0)$ で軸方向の厚さ dx の同軸の円柱スライス片を考える．外周部上の点 E, F, G, H がねじりによって図 10.27(b) の各々 E′, F′, G′, H′ へと移るとする．さらにこのスライス片の外周部に図 10.27(c) のように外接する厚さ dr のわずかに湾曲した直方体を考える．この円柱のねじりによる変形はこの直方体部分のせん断力による変形を円柱全体積に積分したものとみなせる．

トルクを加える前の直方体部分に着目すると，図 10.27(d) のようにトルクを加える前後で左側面を重ねた場合，せん断力により面 FF_dG_dG が面 $F'F'_dG'_dG'$ へと移り，軸からの距離 r では右側面は左側面に対して相対的に FF′ だけ下向きにずれる．対応する外側のずれは $F_dF'_d$ であるが FF′ との差は 2 次微小量なので無視する．よってこの直方体のせん断ひずみ γ は FF′/EF となる．

x から dx 進んだ所のねじれ角の増加は $\theta'dx$，軸からの距離 r のところの変形 FF′ は $r\theta'dx$ と表せるので，軸から

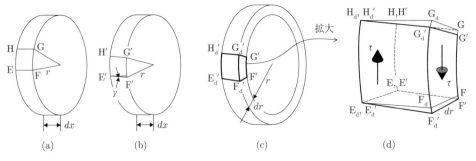

図 10.27 ねじりトルクを受けた丸棒（図 10.26）内部のスライス片のせん断変形．x 軸に垂直で半径 r の微小厚 $[x, x + dx]$ のスライス片を考える．(a) トルクを加える前のスライス片．HG は中心軸と平行にとり表面に長方形 EFGH を設定する．(b) トルクを加えると，EFGH が E′F′G′H′ に変位．辺 E′F′ と辺 EF のなす角を γ とする．(c) スライス片 (b) の r 方向外側に厚さ dr の薄層を考え，E′F′G′H′ に対応する外側面上の四辺形を $E'_dF'_dG'_dH'_d$ とする．(d) (c) の微小直方体の拡大図．トルクを加える前を細い実線，トルクを加えたときを太い実線で記載．左側面 EE_dH_dH と $E'E'_dH'_dH'$ を重ねて描いている．トルクを加えたとき，この微小直方体には，左側面 $E'E'_dH'_dH'$ に上向き，右側面 $F'F'_dG'_dG'$ に下向きのせん断力が加わり，せん断変形が生じる．

の距離 r の位置のせん断ひずみ γ は次式となる.

$$\gamma = \frac{r\theta' dx}{dx} = r\theta' = r\frac{\theta}{l} \tag{10.31}$$

このせん断ひずみによるせん断応力 τ はフックの法則から以下のようになる.

$$\tau = G\gamma = Gr\frac{\theta}{l} = Gr\theta' \tag{10.32}$$

また円柱内のせん断応力 τ は円柱表面で最大 τ_0 になる.

$$\tau_0 = G\gamma_0 = Gr_0\frac{\theta}{l} = Gr_0\theta' \tag{10.33}$$

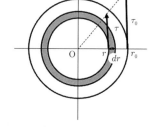

図 10.28 円柱断面上でのせん断応力の積分.

これより次式を得る.

$$\tau = (\tau_0/r_0)\, r \tag{10.34}$$

円柱のねじれにより生じるせん断応力は，円柱の中心軸に垂直な断面に作用する接線方向のせん断応力である．式 (10.34) で示されるように，せん断応力はこの断面内で一様ではなく，中心軸では 0 で軸からの距離 r に比例して大きくなり円柱の側表面で最大となる．ここで，外力によるトルク N と円柱内部に加わっているせん断応力との関係をまとめる．図 10.28 のように，円柱のスライス片において軸からの距離 r と $r + dr$ にはさまれた円環部分を考えると，この円環部に作用する接線応力からトルクを求めることができ，これを断面全体に積分して円柱に作用している全トルクを求めることができる.

式 (10.34) のせん断応力 τ による軸まわりのトルク dN は以下になる.

$$dN = \tau \cdot r \cdot 2\pi r dr = 2\pi \frac{\tau_0}{r_0} r^3 dr \tag{10.35}$$

断面全体で積分すると，

$$N = \int dN = 2\pi \frac{\tau_0}{r_0} \int_0^{r_0} r^3 dr = \frac{\pi r_0^3}{2} \tau_0 \tag{10.36}$$

となり，式 (10.33) より，せん断による軸まわりのトルクを得る.

$$N = \frac{\pi r_0^4 G}{2l}\theta \tag{10.37}$$

【補足：微小直方体部分の回転について】丸棒にトルクを加えたときの図 10.27(c) の微小直方体は，左右側面にせん断応力が作用しても回転せずにつり合っている．その理由は，例題 10.2-1 で示したようにこの切片の左右側面に作用するせん断応力のほかに，上面に左向きと下面に右向きのせん断応力がこの微小直方体の外接部分から作用するからである.

【補足：丸棒にねじりトルクを加えたときの伸びと縮みが起こる方向について】丸棒の右端に反時計回りのねじりトルクを加えることで，図 10.27(d) において HF が HF′ に伸び，EG が EG′ に縮む変形が起こる．このことから丸棒全体の変形は次のようになる.

円柱表面上で伸びが起こる向きは，図 10.29 に示すように丸棒の表面上に軸と平行に引いた直線と 45° で交差するらせん方向（加えたトルクと同じ反時計回り）である．1 つのらせん帯を考えたとき，その帯幅を縮める変形が同時に起こっている．こうした変形は円柱内部でも起こりその変形量は式 (10.34) とフックの法則により軸からの距離に比例する.

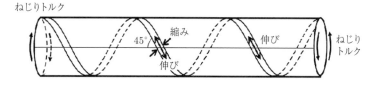

図 10.29 円柱両端にねじりトルクを加えた時の伸びと縮み変形.

問題 10.8-1 長さ 2.0 m，直径 2.0 cm，剛性率 8.0×10^5 kg/cm^2 の鉄鋼の丸棒の一方の端部を固定し，もう一方の端部に 2.0×10^3 kg-cm のねじりモーメントを作用させると，丸棒はどれだけねじられるか．回転角 1 ラジアンを 57.3 度とする．

問題 10.8-2（発展） キャヴェンディッシュが 2 つの鉛の球の間に作用する万有引力の大きさを測定するために用いた装置では，細い金属線のねじり変形による弾性を利用した．この装置により，微弱な力を測定できることを確認しよう．長さ $2R$ の軽い剛体棒のそれぞれの端に質量 m の小球を取り付ける．図 10.30 のように，この棒を，長さ L，直径 d，剛性率 G の金属線で天井から吊り下げる．このとき，棒が水平になるように，金属線の下端を棒の中点（棒を二等分する点）に接合する．以下の問に答えよ．ただし，具体的な数値を計算する必要があるときには，次の値を用いよ．$L = 1.00$ m, $d = 0.37$ mm, $G = 4.3 \times 10^{10}$ Pa, $R = 1.00$ m, $m = 0.73$ kg.

ここに示した L，R，m の値は，キャヴェンディッシュの装置で用いられたものに近い．また，G の値は，リン青銅（リンをわずかに含むスズと銅の合金）のものである．

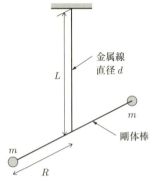

図 10.30

(1) 式 (10.37) によると，この剛体棒を水平面内で角度 θ だけ回転させるために，棒に加えるべきトルクの大きさ N は $N = k\theta$，$k = \pi d^4 G/32L$ で与えられる．この式の比例定数 k の値を求めよ．

(2) それぞれの小球に大きさが F で逆向きの外力を，水平面内で棒に垂直な向きに加えたときに，棒が微小な角度 θ だけ回転したところで力がつり合って静止したとしよう．F と θ の関係を表す式を，F，θ，R，k を用いて表せ．

(3) 小問 (2) の回転角が $\theta = 1.00° = 1.745 \times 10^{-2}$ rad となるために必要な F の値を求めよ．また，この F の値は，質量 m の小球に作用する重力の大きさの何倍だろうか．ただし，重力加速度の大きさを $g = 9.8$ m/s^2 とする．

(4) 外力を加えない状況で，剛体棒を，力のつり合った位置から，水平面内で小さな角度だけ回転させ，静かに手を放すと，棒はつり合いの位置を中心にして水平面内で単振動をする．この振動の周期 T を，k，R，m を用いて表せ．ただし，棒の質量と小球の大きさは無視できるほど小さいと仮定する．（金属線の剛性率を知らなくても，振動の周期を測定することで，比例定数 k の値を知ることができる．）

問題 10.8-3（発展） 質量 m と質量 M の 2 つの球が，中心間距離 r だけ離れて置かれているとき，これらの球は，大きさ $F = G_{\mathrm{m}} \dfrac{mM}{r^2}$ の万有引力で互いに引き合う（ここでは，万有引力定数を，前問 10.8-2 の剛性率 G と混同しないように，G_{m} という記号で表す）．キャヴェンディッシュは，前問 10.8-2 の装置のそれぞれの小球の近くに質量 M の大球をおいて，剛体棒の回転角を計測することで，小球・大球間にはたらく万有引力の大きさを測定した．この測定結果から

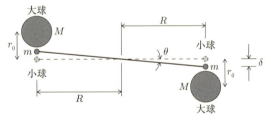

図 10.31

万有引力定数 G_{m} の値を知ることができる．キャヴェンディッシュの装置を真上から見たのが図 10.31 である．大球と小球の中心が同じ水平面内にあり，それぞれの大球の中心は，剛体棒が（大球のない状況で）つり合いにあるときの小球の中心から，棒に垂直で距離 r_0 の位置に固定されている．大球からの万有引力により小球は大球に引きつけられて，しばらく振動を繰り返した後で，新しいつり合いの位置で静止する．このときの，棒の回転角の大きさを θ とする．なお，キャヴェンディッシュが使った装置のパラメータは次の通りである．$m = 0.730$ kg, $M = 158.0$ kg, $R = 0.931$ m, $r_0 = 0.228$ m.

(1) キャヴェンディッシュは，大球がないときの剛体棒の振動の周期 T（前問 10.8-2(4) 参照）と，大球と小球の間の万有引力による剛体棒の回転角 θ を測定した．万有引力定数 G_{m} を，T，M，R，r_0，θ を用いて表せ．

(2) キャヴェンディッシュが測定して得た T と θ の値の一例，$T = 838$ s, $\theta = 3.99 \times 10^{-3}$ rad を使って，万有引力定数 G_{m} の値を求めよ．

(3) キャヴェンディッシュの時代には，地球の半径が $R_{\mathrm{E}} = 6.37 \times 10^6$ m であることが知られていた．重力加速度の大きさを $g = 9.8$ m/s^2（キャヴェンディッシュが実験を行った地点での重力加速度）として，小問 (2) で求めた G_{m} の値を使って，地球の質量 M_{E} を求めよ．

10.9 弾性エネルギー

弾性体を変形させるためには外から仕事を加えなければならない．したがって変形した弾性体にはこの仕事に等しいだけのエネルギーが蓄えられている．これは外力を除去し，弾性体が元に戻るとき開放される．そのエネルギーについて以下に説明する．

ここで図 10.32 のような長さ L，断面積 S，ヤング率 E の棒を考える．この棒を弾性的に ΔL だけ伸ばすのに必要な仕事を求める．いま x だけ伸びているときの外力 F は $F = ES(x/L)$ である．

図 10.32　全長 L，断面積 S の円柱を外力 F により弾性的に ΔL 伸ばした場合．

さらに dx だけ伸ばすのに必要な仕事は $(ES/L)xdx$ となる．したがって棒の長さを ΔL だけ伸ばすには以下のエネルギーが必要となる．

$$W = \int_0^{\Delta L} F dx = \int_0^{\Delta L} \frac{ES}{L} x dx = \frac{ES}{2L}(\Delta L)^2 \tag{10.38}$$

これは棒全体の**弾性エネルギー**であり，引張によって全体積が変わらなければ単位体積あたりの弾性エネルギー w は以下のように求められる．

$$w = \frac{W}{SL} = \frac{ES}{2L}(\Delta L)^2 \frac{1}{SL} = \frac{E(\Delta L)^2}{2L^2} = \frac{E}{2}\varepsilon^2 \tag{10.39}$$

$$= \frac{1}{2}\sigma\varepsilon \tag{10.40}$$

ここで $\varepsilon = \Delta L/L$（伸びひずみ），$\sigma = E\varepsilon$ を用いた．単位体積当たりの弾性エネルギーは，$(1/2) \times$ (弾性率) $\times$ (ひずみ)^2 または $(1/2) \times$ (応力) $\times$ (ひずみ) と表せる．

次にせん断変形による弾性エネルギーを考える．一辺が a の立方体の上下の面に作用する力を，図 10.33 を使って求めると，

$$F = \tau_{xy}\Delta x \Delta z = \tau_{xy}a^2 \tag{10.41}$$

せん断ひずみ γ_{xy} は θ' で表わされるので，$\tau_{xy} = G\gamma_{xy} = G\theta'$ より

$$F = Ga^2\theta' \tag{10.42}$$

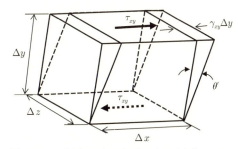

図 10.33　一辺 $\Delta x, \Delta y, \Delta z(= a)$ の立方体にかかるせん断応力とせん断ひずみ．

となる．ひずみが $d\theta'$ だけ増すと上面の変位は $a \cdot d\theta'$ となるので，ひずみを 0 から θ まで増やすのに要する仕事 W は次のようになる．

$$W = \int_0^\theta Fa d\theta' = \int_0^\theta Ga^3\theta' d\theta' = \frac{1}{2}Ga^3\theta^2 \tag{10.43}$$

これより単位体積当たりのせん断の弾性エネルギー w は以下のようになる．

$$w = \frac{W}{a^3} = \frac{Ga^3\theta^2}{2a^3} = \frac{1}{2}G\theta^2 = \frac{1}{2}\tau\gamma \tag{10.44}$$

式 (10.40) と同様に式 (10.44) も単位体積あたりの弾性エネルギーは, $(1/2) \times (弾性率) \times (ひずみ)^2$ または $(1/2) \times (応力) \times (ひずみ)$ と表せることを示している.

次に, 弓のようにたわんだ棒に蓄えられるエネルギーを考えてみる. 図 10.20 のような, 長さ l, 厚さ a, 幅 b, ヤング率 E の長方形断面の棒を曲率半径 R の円弧状に曲げるときに蓄えられるエネルギーを求める.

式 (10.17) より, 中立層上の点 P から外側に向かって r のところの厚さ dr の薄い層の伸びの割合は $\varepsilon = \Delta l/l = r/R$ である. 微小な厚さの dr の断面積 $dS = bdr$ の部分を考えると, 薄層全体の長さ l が $\Delta l = lr/R$ だけ伸びているので, 薄層に蓄えられているエネルギー dW は次のようになる.

$$dW = \frac{1}{2}E\varepsilon^2 dV \tag{10.45}$$

$$= \frac{1}{2}E\left(\frac{\Delta l}{l}\right)^2 ldS = \frac{Elb}{2}\left(\frac{r}{R}\right)^2 dr \tag{10.46}$$

これは棒の中央部よりも外側の伸びた部分についてであるが, 内側の圧縮された部分についても同様である. これより全体のエネルギー W は次のように求められる.

$$W = \int dW = \int_{-\frac{a}{2}}^{\frac{a}{2}} \frac{Elb}{2}\left(\frac{r}{R}\right)^2 dr = \frac{Elba^3}{24R^2} \tag{10.47}$$

例題 10.9-1 ねじり変形のトルクとエネルギー

長さ 20 cm, 半径 0.5 cm, 剛性率 8.1×10^{10} N·m^{-2} の鉄鋼棒の一端を固定し, 他端に偶力を加えて棒を $30'$ だけねじるのに要するトルクはいくらか. またそのときに棒に蓄えられるエネルギーはいくらか. 回転角 $30'$ を 0.00873 ラジアンとする.

解 棒の長さ l, 直径 d, 剛性率 G として, θ だけねじるときのトルク (ねじりモーメント) N は

$$N = \frac{\pi (d/2)^4}{2}G\frac{\theta}{l} = \frac{\pi d^4}{32}\frac{G}{l}\theta$$

なので, $30'$ だけねじるのに必要なトルクは次のように計算される.

$$(3.14 \times (1 \times 10^{-2}\,\text{m})^4 \times (8.1 \times 10^{10}\,\text{N·m}^{-2}) \times 0.00873)/(32 \times 0.2\,\text{m}) = 3.5\,\text{N·m}$$

棒の直径を d とし, ねじるときの**偶力**が直径の両端で反対向きに作用する大きさ F の2つの力であるとすれば, その時のトルク N は $(d/2) \cdot F \cdot 2 = Fd$ となる. ここで角度をさらに $d\varphi$ だけねじると力の作用点の移動は $(d/2)d\varphi$ であるから, 2つの力のする仕事は $2F(d/2)d\varphi$ となる. これより $(Fd)d\varphi = Nd\varphi$ となり, はじめから θ だけねじるときの仕事 W は以下のようになる.

$$W = \int_0^\theta Nd\varphi = \int_0^\theta \frac{\pi d^4 G}{32l}\varphi d\varphi = \frac{\pi d^4 G}{64l}\theta^2$$

よって $30'$ だけねじられた棒に蓄えられるエネルギーは次のように計算される.

$$(3.14 \times (1 \times 10^{-2}\,\text{cm})^4 \times (8.1 \times 10^{10}\,\text{N·m}^{-2}))/(64 \times 0.2\,\text{m}) \times (0.00873)^2 = 0.015\,\text{N·m}$$

つまり 0.015 J となる.

【補足：弾性変形エネルギーの利用—トーションバー型スプリング—】 金属の棒のねじりの戻り作用を応用したものにトーションバータイプの自動車のサスペンション用のスプリングがある．棒の一端を固定し，他端をリンク機構に取り付けておく．構造が簡単なことと，スペースをとらないことが最大の特徴である．軟らかいバネにしたければ，棒を長くすればよい．

問題 10.9-1 片方が壁に垂直に固定された長さ l，厚さ a，幅 b，ヤング率 E の長方形断面の弾性体の棒のもう一方の端部が荷重 F によって h だけ下がっているとき，この棒に蓄えられている弾性エネルギーを求めよ．

問題 10.9-2 剛性率 G，体積 V の角柱に角 θ のせん断ひずみを与えたときに，この柱に蓄えられるエネルギーを求めよ．

問題 10.9-3 半径 5.0 cm のステンレスの球を，水深 5.0×10^3 m の海底に沈めたとき（問題 10.6-3 参照），この球に蓄えられる弾性エネルギーを次の手順で求めよ．ただし，ステンレスの体積弾性率は $K = 1.66 \times 10^{11}$ Pa である．

(1) 海上での球の半径を R_0，海底での半径を R_1 とする．海上での球の体積を V_0，半径が $r = R_0 - x$（$0 \leq x \leq R_0 - R_1$）のときの球の体積を $V_0 - \Delta V$ として，$\Delta V/V_0$ を，R_0 と x を用いて表せ．ただし，$x \ll R_0$ を仮定して，x について 2 次以上の微小量を無視してよい．

(2) 海上での大気圧を p_0，水の密度を ρ，重力加速度を g とすると，水深 h における圧力は $p = p_0 + \rho g h$ である．$\rho = 1.02 \times 10^3$ kg/m^3，$g = 9.8$ m/s^2 として，半径の縮み $R_0 - R_1$ を求めよ．ただし，真空中での球の半径と大気圧中での半径の差は無視してよい．

(3) ステンレス球を海上から海底まで沈める（x が 0 から $R_0 - R_1$ まで増加する）あいだに，球に作用する圧力がする仕事 W を求めよ．この仕事が球の弾性エネルギーとして蓄えられる．

10.10 熱膨張と熱応力

物体が温度変化を受けると膨張あるいは収縮する．この変形が外部から拘束を受けると，物体内部に応力が生ずる．これを**熱応力**（thermal stress）という．温度が T_1 から T_2 へ微小変化（$\Delta T = T_2 - T_1$，$|\Delta T| \ll T_1$）したとき，長さ L の棒の温度変化による伸びを ΔL とすると，**熱ひずみ** $\Delta L/L$ は**線膨張係数**（あるいは線膨張率）α を用いて，

$$\frac{\Delta L}{L} = \alpha \Delta T \tag{10.48}$$

と表される．温度変化しても，図 10.34 のように両端が拘束を受けたときは，圧縮荷重を受けて長さ $L + \Delta L$ の棒が ΔL 縮むことと等価とみなせる．この圧縮荷重によって棒に生ずる伸びひずみ ε は（$L + \Delta L - L$ として）

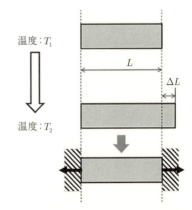

図 10.34 長さ L の棒における加熱と変形 拘束による熱応力の発生．

$$\varepsilon = -\frac{\Delta L}{L} = -\alpha \Delta T \tag{10.49}$$

となる．このとき，この棒のヤング率を E とすると，以下のような応力が発生し，壁を押す力とな

る．これが熱応力である．

$$\sigma_t = E\varepsilon$$
$$= -E\alpha\Delta T \tag{10.50}$$

純金属における線膨張係数の値はおよそ $10^{-5}/\mathrm{K}$ であり，$100\,℃$ の温度差でひずみ $0.1\,\%$ 程度になる．これはおおよそ弾性変形の範囲内のひずみであるが，温度差がさらに大きくなると熱応力が降伏応力を超えてしまって，永久変形を起こすこともある．**熱膨張係数**には線膨張係数のほかに**体膨張係数** β がある．温度変化 ΔT による物体の体積変化率 $\Delta V/V$ は β を用いて次式で関係づけられる．

$$\frac{\Delta V}{V} = \beta\Delta T \tag{10.51}$$

各種の機器・機械装置の部品はいろいろな材質のものからなっている．また使用環境によって部品間に温度差なども生ずることがあり，運転中に温度が変化する部分の設計や異材料からなる部分の製作にあたっては，熱膨張係数の違いによる熱応力あるいは熱ひずみを考慮しなければならない場合もある．

またこの熱応力を使った，「焼きばめ」という接合方法もある．

第11章
波動

11.1 波動で学ぶこと

これから学ぶのは，固体・液体・気体のすべてに起こる波とよばれている動的物理現象のことである．キーワードは振動と波動である．時間的な変動は場所を決めて見れば振動しているように見えるし，時間を決めて見ればその瞬間の空間に広がった波として見える．波動はこれら時間的と空間的な変化を伴っており，時間を追って空間全体を見ると空間や物質中を振動が伝わるのが見える．この現象を**波動**（wave），波を伝える物質を**媒質**（medium）という[1]．

波は，波源となる物体や媒質の一部分が何らかの理由で振動することによって媒質の隣接する部分がつられて振動して周囲に伝わっていく現象である．自然界で波動現象はさまざまなところに見られる（補足1参照）．私たちは物体の動きを制御して波を発生させることにより，エネルギーを送ったり，情報を伝えるなどに利用している．波動現象をさまざまな分野で利用したり，自然の災害として発生する波に対する対策を立てたりするためにも，波の性質を知っておかなくてはならない．波動現象の最前線はいずれ専門科目で学ぶことになるが，そのためにも波動現象を連続体の運動と力の物理学として理解することが重要である．

連続体の運動と力の関係を調べるときは，ニュートンの運動の第2法則のように物体の位置座標の時間変化にかかわる法則から論理を進めたこととは異ったやり方をとる．広い範囲で物体の変形があり広がりのある流体の流れがあるときに，物体の占める空間を連続した多数の微小領域に分けて考える．本章ではそのそれぞれの微小領域にある微小物体の変位量や質量密度や流れの速度のような物理量の空間変化と時間変化にかかわる法則について学ぶことになる（補足2参照）．変位と速度を力に関係づける運動方程式に加え，方程式系として完結させるために，力をそれらの物理量に関係づける方程式が必要である．それらは例えばフックの法則のような現象論的な法則（経験則）である．第10章の固体の変形では，固体の各微小部分が質点系の力学に従うものとして力のつり合いから各部分の変形を議論した．

本章での学びの目的は，まずは，質点系の力学から連続体の微小部分に成り立つ保存則が導かれることを学び，連続体の運動の問題に適用して波動現象を連続体の運動と力の物理学として理解することである．これにより，質点系の力学法則が波動現象についての法則につながっていることを知り，物理学の広がりを感じることにもなるであろう．さらに波動現象を数学的に表現する数理モデルを学んでその有用性について知る．これによって身に付く理解力や得られる知識は，将来出会うさまざまな系で起こる波動現象を理解する基盤となるであろう．

【補足1：身近に起こる波動現象】いくつかの自然現象を例に見てみよう．まず音波である．空気が媒質となる場合には，空気の密度の振動が音源から周囲に伝わり，空気中に吸音性の雨滴などがあれば音波のエネルギーを吸収し音波を減衰させたりする．波が伝わる空間に置かれたマイクの振動片や人の鼓膜は，音波につられて振動することで音波を検出する．開けた場所では遠くに伝わるにつれて弱くなるが，伝声管といわれるパイプの中の空気を伝わる場合には，驚くほど明瞭に声を遠くに届けることができる．音波において振動

---

[1] 光を含む電磁波は，真空中でも伝わる波である．ここでは波動方程式を数理的に用いるが式の導出はしない．詳細は電磁気学で学ぶであろう．

しているのが空気の密度だということは，同時に空気の圧力も振動していることを意味している．波がある
ということは密度および圧力の空間的な変化があり，それが時間的に変動することである．圧力が違う場所
の間には空気の局所的な流れが生じるであろう．このように，波が伝わっているときには局所的に物質の運
動が小さく起こっているのである．波が伝わるにつれて空気が波源から波の吸収体に向かって流れるといっ
た大局的な流れはもちろん起こらない．これは満員のスタジアムで「ウェーブ」が場内を一周するとき，人
が一周しているわけではないことと同じである．このような考察から，音の場合にも波の物理量として空気
の各部分の変位を使えばよいとわかる．変位の時間的変化である局所的な流れは密度の空間的時間的変化と
直接に関係するからである．

　水平に長く張ったロープの一端を手で持って，上下動を与えると，ロープを媒質とする波を発生すること
ができる．中間があまりたるまないように，そこそこの大きさの張力が必要であるが，この状態で一度限り
思い切って急激に上げ下げした場合には，ロープの振れた部分が手から離れてロープの他端に向かって進ん
でいくいわゆるパルスの波を作ってみることができる．

　糸電話という子供の遊びが昔はあった．糸を何メートルかの長さに張って，両端をそれぞれ紙コップの底
にしっかり止めておく．一端のコップを持った人がメガホンに向かうようにして声を当てる．他端を持った
人がコップを耳にあててその声を聴くのである．糸をぴんと張っておくと，驚くほど明瞭に声が伝わるので，
楽しい．目では確認できないが，糸の引っ張っている方向への局所的な伸びが音の振動に従って変動し，そ
れが媒質である糸を伝わっているに違いない．

　昔は，レールのような長い金属棒が置いてある場所は，やはり子供の遊び場であった．一端の断面を石な
どで軽くたたく．他端に耳をあてると，これもびっくりするほど明瞭に，しかも空気中を伝わる音波よりも
速く伝わり，先に聞こえる．

　糸電話にしてもレールを伝わる音波にしても，媒質の運動は密度の変化を起こすようなものである．伸び
縮みできる媒質であるなら波の伝わる方向と同じ向きの伸び縮みが起こっていると考えられるが，物質によっ
て横方向へのふくらみやへこみが無視できない場合もある．その場合も含めて伸びを波動による変化とすれ
ばよい．したがって波を表す媒質の変位としては，固体の変形について学んだときのように，つり合いの状
態にある物体に固定された点が変形したときにどれだけ動いたかという，変位そのものでよい．

【補足2：連続体の運動と力に関する法則は質点系の力学の法則に対応するが方法には大きな違い】第I部で
は，質点とバネの力学について学び，第II部第10章では分布した質量と分布したバネの力の静的なつり合
いについて学んだ．連続体の力学では微小領域に分けたそれぞれの変位量や質量密度や移動の速度の運動を
記述するが，その際に新しい見方と方法が必要になる．

　簡単な例として，ある強さの張力をかけて両端を固定した弦の振動の場合を考える．その弦の一部を弾け
ば波が弦を伝わってゆく．弦の運動を記述するために弦の各微小部分の位置の時間変化がわかればよい．そ
れぞれを質点とみなし，全体を質点系として扱って運動を記述し，連立方程式を立てて解析することは計算
機を使えばできるが，理論解析する場合に現実的ではない．このあと11.6節では，弾く前にx軸に沿って
静止していたときの弦の各部分の座標を基準にしてy座標を従属変数uとし，静止していたときのx座標
と時間を独立変数として，関数$u(x, t)$の時間微分などの方程式を立てるのである．運動を記述する方程式
は$u(x, t)$が満たすべき微分方程式になる．

　速度などの物理量の時間微分では，連続体に関しては2通りの異なったやり方がある．弦の振動の場合に
は変位が小さい運動に限って考察し，各部分の弦の方向（x方向）への変位は無視する近似をするので違い
は生じないが，液体や気体の変形と運動について一般には流体の流れによる移動を考慮しなければならない．
微小部分の物理量の時間変化について式を立てるときに，流体と共に移動する微小領域内流体の物理量の時
間微分を使うか，それとも空間に固定した微小領域を占める流体の物理量の時間微分を使うかにより進め方
に違いがある．前者をラグランジュの考え方，後者をオイラーの考え方という．運動の解析において得られ
る結果は同じである．本書の波動に関して流体における力学の保存法則を表す式を求めるときはオイラーの
方法で扱う．

波の種類と波形

　波の伝わる方向と媒質の変位の向きにより分類する．(a) 波の進行方向と媒質の変位が平行なも
のを**縦波**（longitudinal wave）という．縦波は物質の疎密の状態が伝わっていくので**疎密波**ともい
う．(b) 波の進行方向と媒質の変位が垂直なものを**横波**（transverse wave）という．

ここで縦波の変位を，進行方向に対して同じ方向の変位を90度上向きに，進行方向に対して反対方向の変位を90度下向きに表示すると，図11.1のように縦波も横波も同じように変位 u で表すことができる．水面上を波がやってくると大きく上下するが通り過ぎると元の水面に戻る．このような変位が一回しかない波を**パルス波**という．

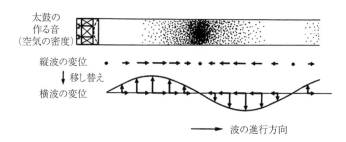

図 11.1　縦波と横波．（須藤彰三 著『波動方程式の解き方』共立出版，1994 年より）

波の形状により図11.2のように方形波，三角波，矩形波，正弦波などがある．

周期性のある波については，次のように波を表すパラメータを定義できる．波の山と山の間隔 λ を**波長**，ある定点で波の1周期に要する時間を周期 T とよぶ．周期の逆数を振動数あるいは周波数とよぶ．振動数 f に 2π ラジアンを乗じた量 ω を**角振動数** (angular frequency) あるいは**角周波数**とよぶ．

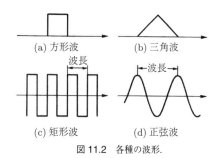

図 11.2　各種の波形．

$$f = \frac{1}{T} \quad [\mathrm{s}^{-1}], \qquad \omega = 2\pi f = \frac{2\pi}{T} \quad [\mathrm{rad \cdot s^{-1}}]$$

波の進行方向の長さ 2π m の間に含まれる波の数，つまり 2π を λ で割った量を**波数** (wave number) あるいは**角波数**といい，文字 k で表す．

$$k = \frac{2\pi}{\lambda} \quad [m^{-1}]$$

物理学全般では波数 k を用いるが，**分光学**（赤外分光など）では慣習的に $1/\lambda$ $[\mathrm{cm}^{-1}]$，つまり波の進行方向1cmに含まれる波の数を波数とよび，ν（ニュー）$[\mathrm{cm}^{-1}]$ で表すので注意が必要である．

次節以降ではまず波動現象において波を数量的に表すやり方について述べる．次いで，それに関する法則とすでに学んだ力学法則の関係について述べる．

11.2　振動の複素数表記

11.2.1　等速円運動とオイラーの公式

振動・波動現象を数学的に解析（特に微積分を含む場合）する上で，複素数を用いる方法は，実数だけで解析する方法に比べてはるかに簡潔で有用である．

まず調和振動を記述するための複素数表記を以下に示す．調和振動は角速度 ω の等速円運動を横から見たものだということができる．図11.3のように u-w 平面上で原点を中心に半径 a の円を描き，円周上の点 $\mathrm{P}(u,w)$ を考える．

図 11.3 の円周上の点 P の座標は

$$u = a\cos\omega t, \qquad w = a\sin\omega t \qquad (11.1)$$

となる．これらは調和振動を表し，振動現象では ω を角振動数あるいは角周波数とよぶ．a は振動の振幅 (amplitude) である．この u-w 平面を複素数平面とみなせば，点 P は複素数 z

$$z = u + iw \qquad (11.2)$$

で表すことができる．ただし $i = \sqrt{-1}$ である．ここで複素数 $i\theta$ の指数関数 $e^{i\theta}$ について次のことが成り立つことを出発点にしよう．

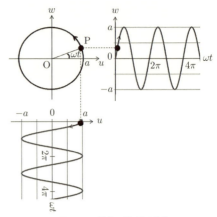

図 11.3 質点の等速円運動．

$$e^{i\theta} = \cos\theta + i\sin\theta \qquad (11.3)$$

この式はオイラーの公式 (Euler's formula) とよばれている．$\theta = \omega t$ とすると

$$e^{i\omega t} = \cos\omega t + i\sin\omega t \qquad (11.4)$$

となるから，複素平面上で原点を中心とする半径 a の円周上にある複素数 z は

$$z = ae^{i\omega t} \qquad (11.5)$$

で表すことができる．ここで式 (11.3) より $|e^{i\theta}| = 1$ であるから，複素数 $z = ae^{i\theta}$ の**絶対値**と**偏角** (argument) は，それぞれ a, θ である．振動現象を扱う場合には，a は振幅であり，θ は**位相** (phase) あるいは位相角 (phase angle) とよばれる．式 (11.5) の場合，絶対値と位相はそれぞれ $a, \omega t$ であり，$e^{i(\omega t + \varphi)}$ の場合 $(\omega t + \varphi)$ が位相である．このとき，$t = 0$ における位相つまり φ を**初期位相**とよぶ．書籍によってはこの初期位相を単に位相角とよぶこともあるが，本書では初期位相を用いる．以上からわかるように，振幅と位相は振動と波動現象を記述する重要なパラメータである．

ここまでで定義した $z = ae^{i\omega t}$ の重要な性質を 2 つ確認しておく．まず，式 (11.5) の t による微分（時間微分）がどうなるのか調べてみる．虚数単位 i は定数だから

$$\begin{aligned}\frac{dz}{dt} &= \frac{d}{dt}(ae^{i\omega t}) = a\frac{d}{dt}(\cos\omega t + i\sin\omega t) \\ &= -\omega a\sin\omega t + i\omega a\cos\omega t = i\omega a(\cos\omega t + i\sin\omega t) \\ &= i\omega ae^{i\omega t} = i\omega z \end{aligned} \qquad (11.6)$$

となる．このように，$e^{i\omega t}$ の時間微分は<u>実数指数 s をもつ指数関数 e^{st} の時間微分と同じようにできる</u>ことがわかる．

次に 2 つの複素数 $e^{i\theta}$ と $e^{i\varphi}$ の積についてである．これは練習問題に証明をゆずり，結果を記すと，

$$e^{i\theta}e^{i\varphi} = e^{i(\theta+\varphi)} \qquad (11.7)$$

となり，この場合も実数指数の指数関数の積と同じようにできることがわかる．

問題 11.2-1 式 (11.7) $e^{i\theta}e^{i\varphi} = e^{i(\theta+\varphi)}$ を証明せよ．

11.2.2 単振動の複素数表記

バネ（バネ定数 k）を滑らかな床の上で x 軸に平行におき，その一端を壁に固定し，もう一端に質量 m の質点を取り付けた系を考える．この質点を，x 方向に自然長から a だけ伸ばして静かに放したときの運動を考えよう．バネの質量も床との摩擦も無視できるものとすれば，質点の平衡位置からの x 方向変位 u の運動方程式はニュートンの第2法則により

$$m\frac{d^2u}{dt^2} = -ku \tag{11.8}$$

となる．これを初期条件 $u(0) = a$, $\left[\dfrac{du}{dt}\right]_{t=0} = 0$ で解くことを考える．式 (11.8) より

$$\ddot{u} + \frac{k}{m}u = 0 \tag{11.9}$$

を得る．ここで $\dot{u}$ の $\cdot$ は $\dfrac{d}{dt}$ を，$\cdot\cdot$ は $\dfrac{d^2}{dt^2}$ を表す．微分方程式 (11.9) の解は解析学で学ぶように，$u(t) = Ae^{\lambda t}$ とおいて式 (11.9) に代入し，特性方程式 $\lambda^2 + (k/m) = 0$ を満たす解として $\lambda = \pm i\omega$，（ただし $\omega = \sqrt{k/m}$），を得る．指数が純虚数の解つまり振動解が2つ得られる．角周波数として正負2つの値が存在するが，正値は図 11.3 で反時計回りの回転を意味し，負値は時計回りの回転を意味する．よって一般解は

$$u(t) = C_1 e^{i\omega t} + C_2 e^{-i\omega t} \tag{11.10}$$

と書ける．この式は一般解が複素数であることを示している．現実の系の $u(t)$ は変位を表す実数であるにもかかわらず，それを複素数で表すことの意味については後に述べる．上記初期条件を満たすように C_1 と C_2 を決定すれば，

$$u(0) = a \ \text{より} \quad C_1 + C_2 = a$$
$$\dot{u}(0) = 0 \ \text{より} \quad i\omega(C_1 - C_2) = 0$$
$$\therefore C_1 = C_2 = a/2$$

となる．ここにオイラーの公式を用いることで

$$u(t) = a\cos\omega t \tag{11.11}$$

を得る．結果は実数関数で得られ，質点の単振動を表す．

以上は解として $e^{\lambda t}$ を仮定して初期条件に適合するようにパラメータ C_1, C_2 を決定して得られたものである．解を $e^{\lambda t}$ と仮定する代わりに，$e^{i\omega t}$ の成分である $\cos\omega t$ と $\sin\omega t$ のどちらも微分方程式 (11.9) を満足することから，これらを用いれば，

$$u(t) = A_1\cos\omega t - A_2\sin\omega t \tag{11.12}$$

として実数関数で一般解を表すことができる．三角関数の性質よりこの一般解を

$$u(t) = R\cos(\omega t + \varphi) \tag{11.13}$$

$$R = \sqrt{A_1^2 + A_2^2}, \qquad \varphi = \tan^{-1}\frac{A_2}{A_1} \tag{11.14}$$

と表すこともできる．$u(t)$ は角振動数 ω と振幅 R と初期位相 φ（$t = 0$ における位相）によって

202　第 11 章　波動

指定できる．このように実数関数で振動運動を表すことができるのであるが，後述するように正弦関数や余弦関数を用いると関数間の積・除や微分・積分などの数学的な手続きが複雑あるいは煩雑になることが多い．物理学の重要なポイントを見逃さないために，本書では数学的手続きの容易な方法としての複素数表記法について次に述べる．

振動の複素数表記法

周期的な振動運動の変位 $u(t)$ を実数で表記する場合には，一般に式 (11.12) のように $\cos\omega t$ と $\sin\omega t$ との任意定数を使った 1 次結合で表す．この代わりに，式 (11.10) のように表わすならば，右辺は複素数で左辺は実数となり，矛盾がないようにするためにはパラメータ C_1, C_2 の間に制約が必要となる．ここでは式 (11.10) の右辺を 1 つの複素数とみなしたとき，左辺を実数とするためには，右辺がその共役複素数に等しければよい．

$$\therefore C_1 e^{i\omega t} + C_2 e^{-i\omega t} = [C_1 e^{i\omega t} + C_2 e^{-i\omega t}]^* \tag{11.15}$$
$$= C_1^* e^{-i\omega t} + C_2^* e^{i\omega t}$$

$$\therefore C_1 = C_2^*, \quad C_2 = C_1^* \tag{11.16}$$

したがって式 (11.10) は

$$u(t) = C_1 e^{i\omega t} + C_1^* e^{-i\omega t} = 2\mathrm{Re}[C_1 e^{i\omega t}] = \mathrm{Re}[U e^{i\omega t}] \tag{11.17}$$

となる．Re は実部を意味する．ここで $2C_1$ を複素定数 $U = A + iB$（A, B は実数）とおいた．

式 (11.10) が単振動の微分方程式の解として得られたことを知らなかったとして，実際に式 (11.17) が式 (11.9) の解であることを確かめてみよう．まず式 (11.9) 左辺の第 1 項の時間微分を実行する．

$$\frac{d[U e^{i\omega t}]}{dt} = i\omega U e^{i\omega t}, \quad \frac{d^2[U e^{i\omega t}]}{dt^2} = -\omega^2 U e^{i\omega t} \tag{11.18}$$

となるから，これらを式 (11.9) の左辺に入れると

$$\frac{d^2[U e^{i\omega t}]}{dt^2} + \omega^2 U e^{i\omega t} = -\omega^2 U e^{i\omega t} + \omega^2 U e^{i\omega t} = 0$$

となり，式 (11.9) を満足する．

次にこの複素数表記が実数表記とどう関係するかを示す．U は複素平面上では次式で表される．

$$U = R e^{i\varphi} \tag{11.19}$$

$$\text{ここで } R = \sqrt{A^2 + B^2}, \qquad \varphi = \tan^{-1}\frac{B}{A} \tag{11.20}$$

この関係を使えば

$$U e^{i\omega t} = R e^{i\varphi} e^{i\omega t} = R e^{i(\omega t + \varphi)}$$
$$\therefore u(t) = \mathrm{Re}[R e^{i(\omega t + \varphi)}] = R\cos(\omega t + \varphi) \tag{11.21}$$

が得られる．このように式 (11.13) と同じ形の式が得られる．

参考まで，$U e^{i\omega t}$ の実部は次のようにも表される．

$$u(t) = \mathrm{Re}[U e^{i\omega t}]$$
$$= \mathrm{Re}[(A + iB)(\cos\omega t + i\sin\omega t)]$$

$$= \mathrm{Re}[A\cos\omega t - B\sin\omega t + i(A\sin\omega t + B\cos\omega t)]$$
$$= A\cos\omega t - B\sin\omega t$$

これより，次の三角関数の合成式が得られる．

$$A\cos\omega t - B\sin\omega t = R\cos(\omega t + \varphi)$$

$Ue^{i\omega t}$ が式 (11.9) の解であることは確かめられたので，問題の初期条件を満たすように U を表している R と φ を求め，解を書き下すと，

$$u(0) = a \quad \text{より} \quad \mathrm{Re}[U] = a \quad \text{よって} \quad A = a$$
$$\dot{u}(0) = 0 \quad \text{より} \quad \mathrm{Re}[i\omega U] = 0 \quad \text{よって} \quad B = 0$$
$$\therefore R = a, \quad \varphi = 0$$
$$\therefore u(t) = \mathrm{Re}[ae^{i\omega t}] = a\cos\omega t$$

と求まり，式 (11.11) と同じ結果となる．

複素数表記の有用性 (1)：微分積分演算

ここで複素数表記の微分演算における有用性を記しておく．実数表記の一般解である式 (11.13) を時間微分することで振幅や位相がどのように変わるかを見てみよう．

$$u(t) = R\cos(\omega t + \varphi)$$
$$\frac{du}{dt} = -\omega R\sin(\omega t + \varphi) = \omega R\cos\left(\omega t + \varphi + \frac{\pi}{2}\right) \tag{11.22}$$
$$\frac{d^2 u}{dt^2} = -\omega^2 R\cos(\omega t + \varphi) = \omega^2 R\cos(\omega t + \varphi + \pi) \tag{11.23}$$

このように $\cos(\omega t + \varphi)$ を時間微分すれば，式 (11.22) のように振幅は ω 倍となる．時間微分するたびに cosine と sine が交互に現れる．微分後にすべて cosine で表せば，時間微分前の $\cos(\omega t + \varphi)$ の位相に比べて位相が $\pi/2$ 増加することがわかる．つまり振動のピークが 1/4 周期分早く現れるので，これを「**振動の位相が $\pi/2$ 進む**」という．さらにもう一度時間微分すれば式 (11.23) のように振動の位相はさらに $\pi/2$ 進む．つまり角振動数 ω の調和波は時間微分するたびに位相が $\pi/2$ 進むことがわかる．

それに対して複素数表記の場合，式 (11.18) のように時間微分しても関数形 $Ue^{i\omega t}$ は変わらず，もとの複素数 $Ue^{i\omega t}$ の $i\omega$ 倍になる．任意の複素数 z に i を乗ずれば，オイラーの公式により，絶対値が変わらず位相角だけが $\pi/2$ 大きくなることから，$Ue^{i\omega t}$ の時間微分の結果，振幅が ω 倍になり，位相が $\pi/2$ 進むことが一目でわかる，という大きな利点がある．

一方，時間積分したときには，

$$\int [Ue^{i\omega t}]dt = \frac{1}{i\omega}Ue^{i\omega t} = -i\frac{1}{\omega}Ue^{i\omega t}$$

となり，やはり関数形 $Ue^{i\omega t}$ は変わらず振幅が $1/\omega$ 倍になり，位相が $\pi/2$ 遅れることがわかる．

複素数表記の有用性 (2)：振動の位相

次に振動の位相について複素数表記の有用性について述べる．

任意の調和振動を実数表記で表せば，$u(t) = A\cos\omega t - B\sin\omega t$ と書ける．この形で振動の位

相が $\cos\omega t$ に比べてどれだけ進んだり遅れたりするか知りたければ，式 (11.13) と式 (11.14) のように三角関数の合成により $u(t) = R\cos(\omega t + \varphi)$ と変形でき，振動の位相は φ だけ進むことがわかる．

これに対して複素数表記では，任意の調和振動を $u(t) = \mathrm{Re}[Ue^{i\omega t}]$（ここで $U = A + iB = Re^{i\varphi}$）と表せる．$u(t) = \mathrm{Re}[Ue^{i\omega t}] = \mathrm{Re}[Re^{i(\omega t + \varphi)}] = R\cos(\omega t + \varphi)$ より $e^{i\omega t}$ に比べて複素数 U の偏角 φ だけ進むことが容易にわかる，という利点がある．

複素数表記の有用性 (3)：位相の異なる振動の干渉

例えば屈折率の異なる 2 つの媒質を通過した 2 本の光線が干渉する現象を考えてみよう．1 つの振動を $e^{i\omega t}$ として，もう 1 つの振動を $e^{i(\omega t + \delta)}$ とするとその和 $u(t)$ は

$$u(t) = e^{i\omega t} + e^{i(\omega t + \delta)} = (1 + e^{i\delta})e^{i\omega t} = (e^{i\frac{\delta}{2}} + e^{-i\frac{\delta}{2}})e^{i\frac{\delta}{2}}e^{i\omega t} = 2\cos\frac{\delta}{2}e^{i(\omega t + \frac{\delta}{2})}$$

と表すことができる．これより干渉によって振幅が $2\cos(\delta/2)$ 倍，位相が $\delta/2$ 進むことがわかる．一方，$\cos\omega t$ と $\cos(\omega t + \delta)$ の和の振幅と位相が $\cos\omega t$ に比べてどのようになるかを実数表記で計算しようとすれば，詳細は省略するが，三角関数の和積公式や三角関数の合成式を用いた複雑な式変形が必要になる．振動や波の解析における複素数表記の有用性がわかる．

11.3 進行する波

波が形を変えないである方向に伝わることを式で表してみよう．まず，x 軸方向に張り渡した長い弦をパルスが一定の速さで x 軸の正の方向に進行する場合を考える．図 11.4 のように弦に垂直に y 軸をとり，時刻 t における弦の変位を y で表す．時刻 $t = 0$ におけるパルスの形状を $y = f(x)$ とする．パルスの速さを c とすると，図 11.4 のように波は時間 t の間に距離 ct だけ右に進行する．

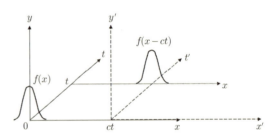

図 11.4　x 軸方向に速度 c で進行する波と，その波と同じ速度で移動して観測する人の座標系（破線）．

ここで波と同じ速度 c で x 軸正方向に移動する新たな座標軸（慣性座標系 x', y', t'）を考える．波の高さと時間の基準は同じとして，座標変換の式は

$$\begin{cases} x' = x - ct \\ y' = y \\ t' = t \end{cases} \quad (11.24)$$

となる．これをガリレイ変換という．波と同じ速度で x 方向に移動するこの座標系で波を観測すれば，波の形は時間 t' とともに変わらないのであるから

$$y' = f(x') \quad (11.25)$$

となる．これに式 (11.24) を代入すれば，

$$y = f(x - ct) \quad (11.26)$$

となる．このように式 (11.26) の表記ができる波を**進行波**（traveling wave）といい，このような

特徴をもつ関数を進行波の波動関数（後述）とよぶ．このときの c を**位相速度**という．位相速度は**波の伝播（でんぱ）速度**ともいう．水面の波についていえば，波の山や谷の移動速度を意味するのであって，水の流れの速度ということではない．水面の波の中に木の葉が浮かんでいたら上下の揺れと前後の揺れを組み合わせた動きが観測され，木の葉が押し流されるようなことはないので，波の位相速度と水の流れの速度を別のものとして記述することが理解できよう．

具体例として，進行波を正弦関数で表してみよう．$t = 0$ におけるその波形 $u(x, 0)$ が，波数 $k \,(= 2\pi/\lambda)$，位相 δ の正弦波形

$$u(x, 0) = a \sin[kx + \delta]$$

であったとすると，任意の時刻 t での波形 $u(x, t)$ は，この正弦波形を ct だけ x 軸の正方向へ平行移動したものであるから次式となる．

$$u(x, t) = a \sin[k(x - ct) + \delta] \qquad (11.27)$$

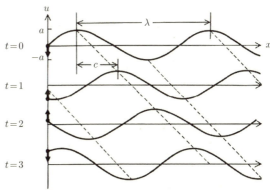

図 **11.5** 波長 λ，速度 c で進む進行波．

なお，図 11.5 では $\delta = 0$ である．ここで角振動数（角周波数，角速度ともいう）$\omega \equiv 2\pi f$ を導入し，

$$\omega = ck \qquad (11.28)$$

とする．f は振動数（あるいは周波数）である．そうすれば，

$$u(x, t) = a \sin[(kx - \omega t) + \delta] \qquad (11.29)$$

となる．このように波動にかかわる量の振動を空間座標と時間の関数として表したものを**波動関数** (wave function) という．式 (11.27) と式 (11.29) で表される $u(x, t)$ から次のことがいえる．

(1) 弦の上の各点は共通の振幅 a と共通の角振動数 ω で単振動する．
(2) 原点から x だけ離れた点では原点からそこまで振動が伝わっていくのに要する時間 x/c に相当する位相のずれ kx がある．
(3) 弦全体としてみると，正弦波が速度 ω/k で x 軸正方向に進む．この ω/k を調和波の位相速度と定義する．

上記のように表される調和振動が一定速度で伝わるものを**調和波**という．

ここで，なぜ，波長ではなく波数を使うのかについて説明しておこう．正弦関数など三角関数の引数は弧度（radian）で計る角度であり，弧度法の定義により弧度＝（円弧の長さ）／半径 であるから弧度（radian）は無次元量である．$x - ct$ は長さの次元をもつため，これを弧度とするために $2\pi/\lambda$ をかけることになるが，波数 k を使えば $k(x - ct)$ が弧度となるので便利である．$kx - \omega t$ は三角関数の引数としてそのまま使えるメリットがある．参考のため，将来学ぶ専門分野で説明されるように，波数 $\boldsymbol{k}$ は波の進行方向をもつベクトル量であり，3 次元空間では空間座標ベクトル $\boldsymbol{r}$ を用いて，内積 $\boldsymbol{k} \cdot \boldsymbol{r}$ を kx の代わりに用いることになる．

ここまでは単位を省略して記述してきたが，改めて**国際単位系** (SI=Le Système international d'unités) で記す場合は，変位は弦の場合 u [m]，振幅は a [m]，時間は t [s]，角振動数は ω [rad/s]，波長は λ [m]，波数は k [rad·m^{-1}] のように表す．

> **例題 11.3-1　進行波の例**
> 下記の関数の特徴を調べ，図示せよ．
> $$y(x,t) = \frac{2}{(x-3t)^2+1}$$

解　この関数は $y = f(x-ct)$ の形であり，x 軸に沿って右に進行するパルス状の進行波である．仮に x および y を m，t を秒 (s) で表すと，波の伝播する速さは $3\,\mathrm{m/s}$，波の最大高さは $2\,\mathrm{m}$ となる（図 11.6）．

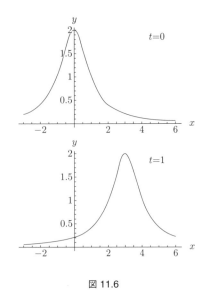

図 11.6

問題 11.3-1　静止座標系 (x,t) において，x 軸方向に進む正弦波（調和波）の波動関数が

$$u = a\sin(kx - \omega t)$$

で与えられるとする．ここで a, k, ω は正の定数である．この座標系に対して，時刻 $t=0$ では原点が一致して x 軸方向に一定の速度 v で移動する座標系 (x',t) を考える．$x' = x - vt$ となる．この波動関数を

$$u = a\sin(k'x' - \omega' t)$$

と書き換えるとして，k' と ω' を求めよ．この k' と ω' は速度 v で運動する観測者から見た波の波数と角振動数を表す．

[註] 高校で学んだドップラー効果のうち，波源が静止して観測者が運動する場合の現象は，この問題のように波動関数を使って解析することもできる．

11.4　波の力学

この節では，媒質の微小部分ごとに成り立つ力学の法則と，媒質中で広がって伝わる波について普遍的に成り立つ法則を系統的に学ぶ．前者は，質点系の力学で示された質量・運動量・エネルギー・角運動量の各保存則を連続体に拡張した各保存則であり，ニュートン力学の基本法則としてさまざまな問題を解く際の論理基盤となる．後者はニュートン力学の基本法則に物質の性質を導入して導かれる波動関数と波動方程式である．ここで波動関数とは，それぞれの媒質で注目する量の振動が場所にどう依存するかを表す時間と場所の関数であり，波動方程式は波動関数が満たすべき微分方程式である．波動方程式は媒質によらずに成立する普遍的な方程式であり，本節で学ぶ範囲では媒質に依存するのはたった一つのパラメータ，すなわち波の伝わる位相速度である．最後に波のエネルギーについて学ぶ．

11.4.1　連続体の質量保存則，運動量保存則

波動を表す方程式は，連続体の物理学の基本法則から導かれる．この項では，**質量保存則**（conservation of mass）と**運動量保存則**（conservation of momentum）を，連続体に関する法則として表す．これら保存則を表す式（本項の式 (11.33) と式 (11.37)）は波動に限らずさまざまな連続体

の運動を解析する基本式として使われる．連続体の運動の記述は，物体を構成する非常に多くの質点の位置と運動によってではなく，場所に依存する量（場の量）とその時間変化によってなされる．用いる場の量は，その位置近辺に存在する構成粒子の質量の密度と，構成粒子の重心の運動量であり，ある微小な空間にわたって，またある微小な時間にわたって，平均化されたものである（10.1 節の冒頭と 11.1 節の補足を参照）．本節でこれらの保存則を表す方程式を導く際には，簡単な場合として，気体中を 1 次元的に伝わる音波を想定した運動を考える．

気体中の音波は空気などの気体の中で圧力（この後，正式に導入する）の振動が伝わる波である．圧力変化に伴い気体の密度も変化する．以後は簡単のため理想気体の振動を考えよう．円筒状の容器の中の気体で軸方向に音波が伝わるものとし，この気体のいくつかの物理量を考察する．気体は円柱状の領域（図 11.7(a) の灰色部分）を占めている．その断面積を S とし，その中心軸に沿って x 軸をとる．

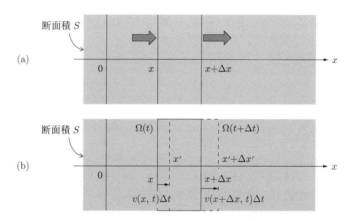

図 11.7 連続体を伝わる波を調べる 1 次元固定座標系
(a) 静止微小領域 $[x, x+\Delta x]$ (b) 閉界面 Ω 内微小領域

気体はそれを構成する分子や原子からなるが，この気体を 10.1 節の冒頭で述べた連続体として扱い，点 (x, y, z) を含む微小領域で連続体の密度と速度を定義する．いまは 1 次元波動に限っているから y, z 方向には密度は一様であり，速度の y, z 方向成分は 0 とする．密度も速度も波動にしたがって時間変化するであろう．時刻 t，座標 x における気体の密度，速度の x 成分をそれぞれ $\rho(x, t)$，$v(x, t)$ と表す．

気体中においても固体中と同様に，仮想的に設定した面を挟んで両側の連続体は応力を作用しあう．図 11.7(a) の微小領域 $[x, x+\Delta x]$ の理想気体にその外域の気体が作用する応力はその左右界面に垂直である．ここで改めてこれを圧力とよぶ．この 1 次元系の圧力は連続的に空間と時間で変化するから $P(x, t)$ と表す．これらの物理量，$\rho(x, t)$，$v(x, t)$，$P(x, t)$ は空間的時間的に連続で微分可能である．

ここまでの連続体の説明を補って，以下の 2 点については注意すべきである．
〈連続体の力学で用いる微小領域と微小時間のスケール〉

第 II 部連続体の力学で扱う巨視的な物体の現象では，例えば固体の変形や波動現象また流体の流れを調べる際に，質量密度などの物理量に注目してその空間の微小領域のスケールでの変化率を評価し，領域のサイズを 0 に近づける極限で物理量の微分を定義している．このとき，0 に近づけるということはその大きさを非常に小さくすることで，それにより変化率が極限値（空間微分）に収束すると考える．その大きさは連続体の定義に関わる微小領域より小さくはできない．実際は，10.1 節で説明した δV_c（つまり連続体の物理量を定義するための空間の微小領域の体積）は，液体の水 H_2O 等ならば分子体積の数千倍以上あればよいので，それでも人間の大きさが基準となる普通の巨視的物

体のサイズより非常に小さいのである.

これが連続体として近似できることの意味である. 現象によっては常によい近似であるとは限らないが, 広く有用な近似である. 時間については, 注目する微小領域の物質では温度や圧力等の環境条件の下で物性値が安定化するまでの平衡化の時間を要するが, 時間微分が定義できるための微小時間はそれよりもずっと長くてよい.

〈連続体を構成する粒子間の相互作用〉

物体を構成する実際の原子・分子ではなく, それらを多数含みながら大きさ的には点とみなせるような微小領域の物理量としての質量密度と重心の速度で運動を記述することになる. 微小領域内の構成粒子の間の相対的な運動は, 弾性体の運動や流体の層流等の並進的運動では考慮しない. しかし, 流体の対流や乱流などの場合は微小域内の構成粒子間の相対運動を含めることになるが, ここではそこまで対象としない.

質点間に作用する力について説明する. 連続体の力学では, 微小領域内の質点間に作用する力の解析はしないが, 他の科学分野で実験的に得られた経験則と連携してその影響を解析に入れるのである. 例えば微小領域内の連続体の質量密度は, 実際に存在する原子や分子間のファンデルワールス力で平衡距離が温度や外圧によって変化する. この特性について実験で調べて得られた経験則を連続体の力学に連携して用いるのである. 理想流体等の完全流体 (12.4 節参照) では粘性をもたないから本項では粘性を含めないが, 分子間運動の際に不可逆化学反応があれば, 粘性が発生して摩擦応力を起こし熱発生するので 12.5 節で示すストークス粘性等の経験則を連携することになる.

本節で質量と運動量の保存法則を導く際に, 大きな物体を連続した多くの微小領域に分割して考えるときも同様である. それぞれの微小領域の構成粒子が互いに及ぼしあう力は, 運動を解析する際の応力 (ここでは圧力) に組み込まれる.

また, 例えば 11.4.3 項の図 11.8 のような波動の解析では, それぞれの微小領域の構成粒子間に作用する力は, 密度の周期変化が微小領域間に作用する圧力を通して組み込まれている. 本章では密度変化が構成粒子間の相互作用に影響して生じた圧力の変化を, 経験則として知られた等温過程あるいは断熱過程を仮定して, 物質の性質として用いている.

はじめに, 連続体の力学の基本法則の 1 つ目として, **連続体の質量保存則**を式で表してみよう. ここで円柱の微小領域 $[x, x + \Delta x]$ の体積は $S\Delta x$ であり, この微小領域の中に時刻 t に存在する物体の質量は連続体の密度の定義から $\int_x^{x+\Delta x} \rho(x,t)Sdx$ である. 積分の理由は, 連続体近似がよい限り密度は連続関数であり積分可能であるからである. ただし, Δx は後で限りなく 0 に近づける極限をとることにしているから, これは $\rho(x,t)S\Delta x$ と表してよい. また連続体近似のもとではこの質量は時間の連続な関数であり, 微小時間 Δt が経過した後には $\rho(x, t + \Delta t)S\Delta x$ になる.

第 I 部では, 着目する物体の質量は物体が移動しても保存する. したがって, 流れのある連続体においては, 着目する静止微小領域において質量の変化があるならばそれは質量が移動した結果でなければならない. いま着目する微小領域の左側面では速度 $v(x,t)$ の流れがあり時間間隔 Δt の連続体の移動距離は $v(x,t)\Delta t$ である (t で積分しない理由は上記と同じである). これに断面積を乗じた体積に含まれる質量がこの領域に流入する. これは $\rho(x,t)Sv(x,t)\Delta t$ で表される. 同様に右側面では $\rho(x + \Delta x, t)Sv(x + \Delta x, t)\Delta t$ で表される質量が流れ出る. これを式にまとめると次の式が成り立つ.

$$\rho(x, t + \Delta t)S\Delta x - \rho(x,t)S\Delta x = -\rho(x + \Delta x, t)Sv(x + \Delta x)\Delta t + \rho(x,t)Sv(x)\Delta t \quad (11.30)$$

この式の両辺を $S\Delta x \Delta t$ で割り, $\Delta x \to 0$, $\Delta t \to 0$ の極限をとった結果は,

$$\text{左辺} \to \frac{\partial \rho}{\partial t} \quad (11.31) \qquad\qquad \text{右辺} \to -\frac{\partial(\rho v)}{\partial x} \qquad (11.32)$$

これによって微分形表式の**質量保存則**の式として次式を得る. これは**連続の式** (equation of continuity) ともよばれる.

$$\frac{\partial \rho}{\partial t} + \frac{\partial(\rho v)}{\partial x} = 0 \qquad (11.33)$$

左辺第1項を密度のオイラー微分（静止座標系の座標 r における物理量を時間で偏微分すること）とよぶ．微分形の表式は，対象とする連続体のすべての微小領域で成り立つ．ただし不連続な界面（境界面）を含まない．不連続な界面には対象ごとに別途境界条件が与えられることになる．

これはオイラー（Euler）の見方で，静止微小領域内流体の質量密度の時間変化を調べて得た質量保存則の式である．ここでは，全流体の質量が保存することを論理基盤として，注目する静止微小領域内を移動する流体の質量密度の時間変化を調べた．ここで用いた条件は第6章の質点系の力学で用いた重心質量一定条件と異なる．質点系の力学で使用する条件に合わせて連続体の微小領域を調べるのがラグランジュ（Lagrange）の見方である．図11.7(b) に示す閉じた微小領域界面 Ω 内の流体に注目するため，この領域内流体の質量は変化しない．以下で，このラグランジュの見方で質量保存則の式を導出すると，式 (11.33) と一致し，この式が確認される．

〈ラグランジュの方法で質量保存則の式を導出〉【発展】

本文で質量保存の法則を式で表すためにとった方法は，固定座標系で注目する静止微小領域に含まれる連続体の質量の時間変化を追いかけるオイラーの見方の式である．他方で第6章の質点系の力学では，そのすべての質点（一定質量）を常に保持し，運動の始めから終わりまで系の重心質量を一定（式 (6.7)）にした．本補足では，ラグランジュの方法とよばれるもので，流れている連続体中に流れと共に移動する微小領域を設定することで，その領域への質量の出入りのないことを保証して，質点系の従う質量保存則に合致した連続体に対する質量保存則の式を導く．ただし，連続体の定義からわかるように，質量の出入りがないこととして，連続体の流れに乗った微小領域であっても原子分子のレベルで見ると粒子の出入りは激しく起こっているものの，空間的には平均をとる微小体積の大きさによらず質量密度が一定とし，時間的には平均した質量が不変であるとしていることに注意する．

図11.7(b) に示す円筒状容器の中で時刻 t で x 座標が $[x, x + \Delta x]$ にある領域を $\Omega(t)$ と記す．この中に含まれる気体の質量は $\rho(x, t)S\Delta x$ である．流れに乗ってこの領域を移動させると，時刻 t におけるこの領域の左界面の位置 x は時刻 $t + \Delta t$ までには流れに乗って $x + v(x, t)\Delta t$ に移るであろう．この位置を x' と記す．位置の変化を速度の時間積分にしない理由は，のちに Δt を 0 にする極限をとるからである．同様に右界面は $x + \Delta x + v(x + \Delta x, t)\Delta t$ に移る．この時の左右の界面の間隔を求めておくと，$\Delta x + v(x + \Delta x, t)\Delta t - v(x, t)\Delta t$ である．これを $\Delta x'$ と記す．これによって時刻 t に Ω を占めていた気体は時刻 $t + \Delta t$ には図の Ω' に移動してその質量は保存する．移動後の質量の表式は Ω' の体積と移動後の位置と時刻における質量密度を用いると，$\rho(x', t + \Delta t)S\Delta x'$ である．ここで $x' = x + v(x, t)\Delta t$ と $\Delta x' = \Delta x + v(x + \Delta x, t)\Delta t - v(x, t)\Delta t$ とを用いると，質量が変化しないことを表す式は，

$$\rho(x + v\Delta t, t + \Delta t)S\left[\Delta x + v(x + \Delta x, t)\Delta t - v(x, t)\Delta t\right] - \rho(x, t)S\Delta x = 0$$

となる．それぞれの因子を Δt および Δx でテイラー展開してそれらの高次の項を無視する．例えば，$\rho(x + v\Delta t, t + \Delta t)$ を $\rho(x, t) + \partial\rho/\partial t \cdot \Delta t + \partial\rho/\partial x \cdot \Delta x$ で置き換え，$v(x + \Delta x, t)$ を $v(x, t) + \partial v/\partial x \cdot \Delta x$ で置き換え，Δt の 2 次の項を無視する．また，$\partial\rho/\partial x \cdot v + \rho \cdot \partial v/\partial x = \partial(\rho v)/\partial x$ となる．その結果得られる関係式は，$\Delta x \to 0$, $\Delta t \to 0$ の極限で

$$\frac{\partial\rho}{\partial t} + \frac{\partial(\rho v)}{\partial x} = 0$$

である．このように，ラグランジュの見方に沿って連続体近似の範囲で質点の出入りがない流体中の微小部分の質量保存則を用いて導くことができた連続体の質量保存則を表す式は，オイラーの方法で示した式 (11.33) と一致する．

【3 次元系における質量保存の式】式 (11.33) について，y, z 方向にも同様に考慮すると，$\frac{\partial\rho}{\partial t} + \mathrm{div}(\rho\boldsymbol{v}) = 0$ となる．ここで，ベクトル解析で学ぶ以下の関係式を用いた．

$$\boldsymbol{v} = v_x\boldsymbol{i} + v_y\boldsymbol{j} + v_z\boldsymbol{k} \quad (\boldsymbol{i}, \boldsymbol{j}, \boldsymbol{k} \text{ はそれぞれ } x, y, z \text{ 方向の単位ベクトル})$$

$$v = |\boldsymbol{v}| = (v_x^2 + v_y^2 + v_z^2)^{1/2}, \qquad \mathrm{div}\boldsymbol{A} = \partial A_x/\partial x + \partial A_y/\partial y + \partial A_z/\partial z$$

【偏微分方程式 (11.33) を見て物理的意味を読み取ろう】まずは，静止した座標系で考える．空間を気体などの連続体（流体を含む）が満たしていると考え，その中で座標 $\boldsymbol{r}(x, y, z)$ にある小さな領域を想定しよう．それは，座標 $\boldsymbol{r}(x, y, z)$ を原点にもっとも近い頂点とする，x, y, z 各方向の辺の長さがそれぞれ $\delta x, \delta y, \delta z$ の微小な直方体領域である．次に，短い時間間隔 δt を想定する．微小領域で成り立つ式 (11.33) のような質量密度の微分方程式を見ると，y 方向，z 方向の偏微分は含まれていない．その場合，関数 f（ここでは質量密度）

210　第 11 章　波動

は y 方向, z 方向に変化がなく一定 ($\partial f/\partial y = 0, \partial f/\partial z = 0$) という意味である. そうすると式 (11.33) は次のように読み取れる. 第 1 項は座標 $\boldsymbol{r}(x,y,z)$ における単位体積当たりの連続体の質量が単位時間内に増える量（密度の時間変化率という）であり, 第 2 項はその同じ領域から単位時間内に正味で流出する連続体の質量であり, 式 (11.33) はこれらの和が 0, つまり連続体の総質量が保存されることを表している.

　次に, 連続体の力学の基本法則の 2 つ目として, **連続体の運動量保存則**を書き表してみよう. 流体の円柱状微小領域 $[x, x + \Delta x]$ の運動量 $\rho(x,t)S\Delta x \cdot v(x,t)$ に注目する. 流体系全体に外力が作用しなくなれば全運動量が保存される. この微小領域流体の運動量について, 微小時間 Δt 後の増加分は, 系全体の運動量が保存されるとすれば, ① ニュートンの第 2 法則により微小領域に外部から作用した力積による増分と, ② この微小領域に流れ込んだ流体（流体の出入りを考えた正味の流入流体）が保有する運動量の和で表せると考える.

　① は時刻 t における微小領域の左側圧力が $P(x,t)$, 右側圧力が $P(x + \Delta x, t)$ であるから, 微小円柱領域 $[x, x + \Delta x]$ に作用する x 軸正向きの力は $[P(x,t) - P(x + \Delta x, t)]S$ となり, 力積はこれに Δt を乗じたものになる. 次に ② として, 時間 t から $t + \Delta t$ の間に, 右側面から流体が流出するに伴い, 流体が保有する運動量 $[\rho(x + \Delta x, t)v(x + \Delta x, t)\Delta t] \cdot Sv(x + \Delta x, t)$（［運動量密度］・体積）が流出し, 左側面から流入する流体が携帯する運動量 $[\rho(x,t)v(x,t)\Delta t] \cdot Sv(x,t)$ がその微小領域に流入する. したがって, ① の圧力差により微小領域が受けた力積による運動量の増分と, ② の流体の出入りによる運動量変化を考慮すれば, 円柱状微小領域の運動量の微小時間 Δt 後の増加分は

$$\rho(x, t + \Delta t)S\Delta x \cdot v(x, t + \Delta t) - \rho(x,t)S\Delta x \cdot v(x,t)$$
$$= -[P(x + \Delta x, t) - P(x,t)]S\Delta t - [\rho(x + \Delta x, t)Sv(x + \Delta x, t)^2 - \rho(x,t)Sv(x,t)^2]\Delta t \tag{11.34}$$

を満たす. 以下, 各量の (x,t) 表記を省略する. 左辺では ρ と v の積 ρv をまとめて 1 つの t の関数として Δt でテイラー展開し, 右辺では ρv^2 をまとめて 1 つの x の関数として Δx でテイラー展開し, 2 次以上の微小量を無視すれば次のようになる.

$$左辺 \approx \frac{\partial(\rho v)}{\partial t}\Delta t S\Delta x \tag{11.35}$$

$$右辺 \approx -\left[\left\{\left(P + \frac{\partial P}{\partial x}\Delta x\right) - P\right\} + \left\{\left(\rho v^2 + \frac{\partial(\rho v^2)}{\partial x}\Delta x\right) - \rho v^2\right\}\right]S\Delta t$$

$$\approx -\left[\frac{\partial P}{\partial x} + \frac{\partial}{\partial x}\left(\rho v^2\right)\right]S\Delta x \Delta t \tag{11.36}$$

式 (11.35) と式 (11.36) から, $\Delta x \to 0$, $\Delta t \to 0$ の極限で, 次の微分形表式の**連続体の運動量保存則**の式を得る.

$$\frac{\partial(\rho v)}{\partial t} + \frac{\partial}{\partial x}\left(\rho v^2\right) = -\frac{\partial P}{\partial x} \tag{11.37}$$

　【式 (11.37) の意味の読み取り】 左辺の第 1 項は, 注目する座標における単位体積当たりの連続体の運動量の単位時間後の増加分であり, 第 2 項はその領域から単位時間内に流出する連続体の運動量である. 右辺は注目する領域にある連続体の左面と右面に作用する圧力差による x 方向正向きの力である. ただし, 式はそれらを領域の体積で割った量で書かれている.

　【ベクトル解析との関係】 式 (11.37) の式は, 3 次元的な空間変化を扱う場合には,

$$\frac{\partial(\rho v_i)}{\partial t} + \mathrm{div}(\rho v_i \boldsymbol{v}) = -(\mathrm{grad}\, P)_i \qquad (i = x, y, z)$$

となる．3次元ベクトル $\boldsymbol{A}$ の発散は $\operatorname{div} \boldsymbol{A} = \dfrac{\partial A_x}{\partial x} + \dfrac{\partial A_y}{\partial y} + \dfrac{\partial A_z}{\partial z}$ である．$\rho v_x \boldsymbol{v}$ が $\boldsymbol{A}$ に対応し，$\operatorname{div}(\rho v_x \boldsymbol{v}) = \dfrac{\partial(\rho v_x^2)}{\partial x} + \dfrac{\partial(\rho v_x v_y)}{\partial y} + \dfrac{\partial(\rho v_x v_z)}{\partial z}$ である．スカラー量の圧力 P の勾配は $\operatorname{grad} P = (\partial P/\partial x, \partial P/\partial y, \partial P/\partial z)$ である．式 (11.33)，式 (11.37) では，流れも空間変化も1次元だから，$\boldsymbol{v}$ のうちの v_x だけ，div と grad のうちの $\partial/\partial x$ だけが必要だった．

岸辺から見た川の流れの変化

　連続体に用いるニュートン力学の基本方程式として，質量保存則の式 (11.33) と運動量保存則の式 (11.37) が導かれた．第I部で学んだニュートンの運動の第2法則は「質点の運動量の変化は質点に作用した力積に等しい」である．それに対して連続体を対象とするときは，例えば川のある微小領域（川岸に固定した座標系で見た川の中の微小領域）の質量や運動量の時間変化を記述することとなる．その微小領域には時々刻々水分子が出入りするので，運動する物体に注目して運動を記述するのではなく，川の特定位置の密度と運動量密度の時間変化を記述することになる．このような形式を採用することになった理由は，水という液体を構成する膨大な数の水分子に対して個別に運動方程式を立ててそれらを連立で解くという膨大な作業が現実的でないからである．最近では，コンピュータの進歩により個別分子の運動をすべてニュートンの第2法則に従って運動方程式を解く分子動力学（molecular dynamics, MD）計算が可能になってきたとはいえ，計算可能な分子や原子の数に限りがあり，計算できる時間長にも限りがあるため，現実の川の流れなどの力学現象を完全に追いかけるような計算は現在でもできない．その解決策として，連続体の運動の基本法則をオイラー微分で表した式 (11.37) として記述することにより，条件によっては解析的に解くことも可能であり，広汎な連続体の力学的振る舞いを数値的に（計算機シミュレーションで）解くことが可能となった．したがって工学的に重要な基本法則の式として利用されている．

(鈴木 誠)

11.4.2　波動方程式

　波動方程式（wave equation）を導く上で質量保存の式 (11.33) と運動量保存の式 (11.37) がベースとなる．音波の性質を調べるため，ここに理想気体の性質を用いる．理想気体の状態方程式は

$$PV = nRT = \frac{w}{M}RT \tag{11.38}$$

で与えられる．ここに n はモル数，w は気体の質量，M は気体のモル質量である．さらに $\rho = w/V$ であるから，P と ρ の関係として次式を得る．

$$P = \frac{RT}{M}\rho \tag{11.39}$$

ここで

$$P = P_0 + \Delta P, \qquad \rho = \rho_0 + \Delta\rho \tag{11.40}$$

とおく．P_0 と ρ_0 はそれぞれ圧力も密度も一様な平衡時の気体の圧力と密度である．音の波動を等温過程（$T = T_0$）と考えれば式 (11.39) 右辺の密度 ρ の係数 RT/M は定数となる．実際の音は短時間で気体の膨張収縮を繰り返すため断熱過程に近いが，ここでは，簡潔に波動方程式を導出できることを示すために等温過程で話を進める．さらに，式 (11.37) において $\left|\dfrac{\partial}{\partial x}(\rho v^2)\right|$ は $\left|\dfrac{\partial P}{\partial x}\right|$ に比べてきわめて小さく無視できる場合を考える．この条件は，健常なヒトの最小可聴音圧 $\Delta P_{\min}$（20×10^{-6} Pa）の 10^5 倍の音圧レベル（$20\log_{10}(\Delta P/\Delta P_{\min}) = 100$ dB，聴覚に障害を起こす可

212 第 11 章 波動

能性がある音圧）でも十分満たされる．そのとき運動量保存の式 (11.37) は

$$\frac{\partial(\rho v)}{\partial t} = -\frac{\partial P}{\partial x} \tag{11.41}$$

となる．ここで

$$c_0 = \sqrt{\frac{RT_0}{M}} \tag{11.42}$$

とおけば，式 (11.39) と式 (11.41) から

$$\frac{\partial(\rho v)}{\partial t} = -c_0{}^2 \frac{\partial \rho}{\partial x}$$

となる．両辺を x で偏微分すれば

$$\frac{\partial^2(\rho v)}{\partial x \partial t} = -c_0{}^2 \frac{\partial^2 \rho}{\partial x^2}$$

となり，左辺の x と t による偏微分の順番を交換して，さらに**質量保存**の式 (11.33) を用いて $\rho(x,t)$ が満たすべき次の波動方程式を得る．

$$\frac{\partial^2 \rho}{\partial t^2} = c_0{}^2 \frac{\partial^2 \rho}{\partial x^2} \tag{11.43}$$

また式 (11.39) を用いれば $P(x,t)$ が満たすべき次の波動方程式を得る．

$$\frac{\partial^2 P}{\partial t^2} = c_0{}^2 \frac{\partial^2 P}{\partial x^2} \tag{11.44}$$

式 (11.43) は**密度の波動方程式**，式 (11.44) は**圧力の波動方程式**である．波動方程式において，時間 2 階微分の項の係数に対する空間 2 階微分の項の係数（いまの場合の $c_0{}^2$）の平方根を波の**位相速度**とよぶ．それは，$\rho(x,t)$ あるいは $P(x,t)$ がもし 11.3 節で学んだような**進行波**（式 (11.26)）の時間空間依存性をもつならば上の方程式を満たすことから，理解できよう．ここで式 (11.39) で温度 T が一定値 T_0 である状況に限ることによって式 (11.42) のように気体の運動の基本法則から導かれた c_0 は，等温条件下での気体中の音速である．

例題 11.4-1　断熱条件下での理想気体の音速

断熱条件における理想気体の音の波動方程式を導け．そして空気 1 気圧における音速の温度（$\theta\,^\circ\mathrm{C}$）依存性を表す式をもとめよ．比熱比 γ は 1.4 とする．

解　理想気体の準静的な断熱過程の性質であるポアソンの関係式

$$PV^\gamma = const. \tag{11.45}$$

を用いる．γ は定圧比熱と定積比熱の比（比熱比）である．$\rho = w/V$ を用いれば，

$$P = A\rho^\gamma \tag{11.46}$$

と書ける．ここで A は比例定数である．一方で理想気体の状態式から

$$PV = \frac{w}{M}RT \qquad \therefore P = \frac{RT}{M}\rho \tag{11.47}$$

式 (11.46) と式 (11.47) から

$$A\rho^{\gamma-1} = \frac{RT}{M} \tag{11.48}$$

平衡時に $P = P_0$, $\rho = \rho_0$, $T = T_0$ とおけば,

$$A\rho_0{}^{\gamma-1} = \frac{RT_0}{M} \tag{11.49}$$

となる. 平衡からのずれを

$$P = P_0 + \Delta P \tag{11.50}$$
$$\rho = \rho_0 + \Delta\rho \tag{11.51}$$

とおき, $\rho_0 \gg |\Delta\rho|$ として 1 次近似で表せば式 (11.46) は次のようになる.

$$P_0 + \Delta P = A(\rho_0 + \Delta\rho)^\gamma = A\rho_0{}^\gamma(1 + \Delta\rho/\rho_0)^\gamma = A\rho_0{}^\gamma(1 + \gamma\Delta\rho/\rho_0)$$
$$\therefore \Delta P = \gamma A\rho_0{}^{\gamma-1}\Delta\rho \tag{11.52}$$

ここで式 (11.49) を代入すれば

$$\Delta P = \frac{\gamma RT_0}{M}\Delta\rho \tag{11.53}$$

の関係が得られる. さらに

$$c_1 = \sqrt{\frac{\gamma RT_0}{M}} \tag{11.54}$$

とおけば, $\left|\dfrac{\partial}{\partial x}(\rho v^2)\right| \ll \left|\dfrac{\partial P}{\partial x}\right|$ における運動量保存則の式 (11.41) は

$$\frac{\partial(\rho v)}{\partial t} = -c_1{}^2\frac{\partial\rho}{\partial x} \tag{11.55}$$

となる. 両辺を x で偏微分すれば

$$\frac{\partial^2(\rho v)}{\partial x\partial t} = -c_1{}^2\frac{\partial^2\rho}{\partial x^2}$$

となり, 左辺の x と t による偏微分の順番を交換して質量保存の式 (11.33) を用いて次の式を得る.

$$\frac{\partial^2\rho}{\partial t^2} = c_1{}^2\frac{\partial^2\rho}{\partial x^2} \tag{11.56}$$

式 (11.50) と式 (11.53) を用いれば,

$$\frac{\partial^2 P}{\partial t^2} = c_1{}^2\frac{\partial^2 P}{\partial x^2} \tag{11.57}$$

が成り立ち, 式 (11.44) における c_0 を c_1 に置きかえた波動方程式が得られる. つまり等温条件に比べて断熱条件の音速が $\sqrt{\gamma}$ 倍の波動となることがわかる.
　次に空気の場合の音速を計算してみよう. γ は 1.4 として計算する.

1 モルの気体の状態方程式 $PV = RT = R(273 + \theta)$ 　（R：気体定数, θ：摂氏温度）,

$\rho = M/V$ 　（M：気体 1 モルの質量 [kg/mol], V：気体 1 モルの体積 [m^3/mol]）

を使うと, 以下を得る [2].

---

[2] 参考：実際の乾燥空気中の音速 $331.45 + 0.607\theta$ m/s（国立天文台編『理科年表 平成 30 年』（丸善出版, 2017））

$$c_1 = \sqrt{\frac{\gamma RT}{M}} = 331\sqrt{1 + \frac{\theta}{273}} \approx 331\left(1 + \frac{\theta}{2\times 273}\right) = 331 + 0.61\theta \text{ m/s}$$

11.4.3 波動方程式の調和波解：複素数表記

前項では理想気体の状態方程式に質量保存則と運動量保存則を用いて波動方程式 (11.44) を導いた．すでに 11.3 節で取り上げた調和波は，速度 c_0 であるときこの方程式の解である．ここでは，3 次元空間の中での平面調和波を波動方程式の解として考察する．そのため，複素数表記を用いると便利である．

x 軸正方向に速度 v で進行する調和波（例えば空気の圧力の波つまり音の波）を考えよう．座標 (x,t) における空気の圧力を P，平衡時の圧力を P_0（一定）として，圧力変動の振幅 $\Delta P (= P - P_0)$ は式 (11.29) のように $kx - \omega t$ の関数と考える．y 方向，z 方向には変化のない 1 次元波動とする．同時刻に位相が等しい媒質の連続した点を結んだ面を**波面**（wave-front）とよぶ．図 11.8 のように 3 次元空間において波面が平面（この場合，y-z 平面に平行）である波動を**平面波**（plane wave）とよぶ．

この平面波の圧力変動 ΔP を次のように複素数表記をする．

$$\Delta P = Ue^{i(kx-\omega t)} \quad (11.58)$$
$$\text{ここで } U = A + iB \quad (11.59)$$

なぜ振幅 U も複素数とするかについては後述する．
ΔP を時間 (t) と空間 (x) で 2 階の偏微分をとる．

$$\frac{\partial \Delta P}{\partial t} = -i\omega U e^{i(kx-\omega t)}$$
$$\frac{\partial^2 \Delta P}{\partial t^2} = -\omega^2 U e^{i(kx-\omega t)} \quad (11.60)$$
$$\frac{\partial \Delta P}{\partial x} = ikU e^{i(kx-\omega t)}$$
$$\frac{\partial^2 \Delta P}{\partial x^2} = -k^2 U e^{i(kx-\omega t)} \quad (11.61)$$

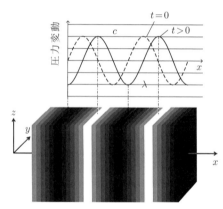

図 11.8 x 方向に進行する平面波．

したがって式 (11.60) と式 (11.61) から次の式が成り立つ．

$$\frac{\partial^2 \Delta P}{\partial t^2} = \left(\frac{\omega}{k}\right)^2 \frac{\partial^2 \Delta P}{\partial x^2}$$

$P = P_0 + \Delta P$ であり，P_0 は定数であるから次の方程式も成り立つ．

$$\frac{\partial^2 P}{\partial t^2} = \left(\frac{\omega}{k}\right)^2 \frac{\partial^2 P}{\partial x^2} \quad (11.62)$$

ΔP の実部をとれば

$$\text{Re}[\Delta P] = \text{Re}[Ue^{i(kx-\omega t)}] = R\cos(kx - \omega t + \varphi) \quad (11.63)$$

ここで，式 (11.20) と同様に振幅 $R = \sqrt{A^2 + B^2}$，原点での初期位相 $\varphi = \tan^{-1}(B/A)$ である．このことから，振幅として複素数 U を用いた理由が任意の位相の調和波を表すためであったことがわかるであろう．このように複素数 $e^{i(kx-\omega t)}$ を用いて x 方向に進行する平面波を表すことができ

る．数式処理は複素数で行うが，最終段階で実部をとることになる．

位相速度 c と角振動数 ω の関係を見るために，オイラーの公式の角度 θ の表式にあえて角速度 ω を使わずに $\theta = k(x - ct)$ を用いて

$$\Delta P = Ue^{ik(x-ct)} \tag{11.64}$$

とおけば，式 (11.60) と式 (11.61) と同じく 2 階微分をとれば式 (11.44) や (11.62) と同様に

$$\frac{\partial^2 P}{\partial t^2} = c^2 \frac{\partial^2 P}{\partial x^2} \tag{11.65}$$

が成り立つ．

式 (11.58) を式 (11.65) に代入して微分を実行すれば，

$$-\omega^2 Ue^{i(kx-\omega t)} = -k^2 c^2 Ue^{i(kx-\omega t)}$$

$U \neq 0$ を満たす解として次の式を得る．

$$\omega^2 = k^2 c^2 \qquad \therefore c = \pm \frac{\omega}{k} \tag{11.66}$$

位相速度は，波の山や谷などある位相角の波面が移動する速度である．符号が正負存在するのは，波動方程式 (11.65) の解として，正の位相速度の波（進行波）と負の位相速度の波（後退波）がともにこの波動方程式の解であることを意味する．

【補足：2 次元，3 次元の波動方程式】1 次元よりも高い次元における波動方程式を以下にあげておく．

2 次元の波動方程式
$$\frac{\partial^2 u}{\partial t^2} = c^2 \left(\frac{\partial^2 u}{\partial x^2} + \frac{\partial^2 u}{\partial y^2} \right) \tag{11.67}$$

軸対称な円筒波の場合
$$\frac{\partial^2 u}{\partial t^2} = c^2 \left(\frac{\partial^2 u}{\partial r^2} + \frac{1}{r} \frac{\partial u}{\partial r} \right) \tag{11.68}$$

3 次元の波動方程式
$$\frac{\partial^2 u}{\partial t^2} = c^2 \left(\frac{\partial^2 u}{\partial x^2} + \frac{\partial^2 u}{\partial y^2} + \frac{\partial^2 u}{\partial z^2} \right) \tag{11.69}$$

球対称な球面波の場合
$$\frac{\partial^2 u}{\partial t^2} = c^2 \left(\frac{\partial^2 u}{\partial r^2} + \frac{2}{r} \frac{\partial u}{\partial r} \right) \tag{11.70}$$

問題 11.4-1 NASA の火星探査機 Perseverance が火星表面上で測定した音速の値が，2022 年 3 月に公表された．その値は 240 m/s である．火星の大気成分はほとんど二酸化炭素（分子量 44.01）である．火星の大気が二酸化炭素の理想気体であると仮定し，式 (11.66) を利用して，火星探査機が音速を測定したときの火星表面付近の大気の絶対温度を推定せよ．ただし，二酸化炭素の比熱比として $\gamma = 9/7$ を用いよ．気体定数は $R = 8.31\,\mathrm{J \cdot mol^{-1} \cdot K^{-1}}$ である．
（参考：https://www.hou.usra.edu/meetings/lpsc2022/pdf/1357.pdf）

問題 11.4-2 ニュートンは『プリンキピア』の中で，気体中の音速として式 (11.42) に相当する結果を導いた．25 ℃ の空気中の音速を式 (11.42) および式 (11.66) を使って計算し，その結果を比較せよ．ここで，空気は平均分子量 29.0，比熱比 $\gamma = 7/5$ の理想気体とみなしてよい．
〔註〕ニュートンが理論的に計算した音速は 979 ft/s = 298 m/s であり，その当時の実験で得られていた音速は 1124 ft/s = 348 m/s であった．彼はこの食い違いの原因を正しく説明できなかった．後にその原因を明らかにしたのはラプラス（Pierro-Simon Laplace. ラプラス変換等を開発）である．（参考：『ファインマン物理学 II』（富山

小太郎訳，岩波書店），I. Newton, The Principia: Mathematical Principles of Natural History (University of California Press, 1999)）translated by I. B. Cohen and A. Whitman)

11.5　弾性体を伝わる波：弾性波，縦波

前節では，気体を媒質として伝わる音の波を取り上げた．気体の振動現象には圧縮や膨張時における媒質の復元力を表す理想気体の状態方程式を経験則として用いて，質量保存の法則と運動量保存の法則と連立することで波動方程式を導出した．進行波も後退波も波動方程式の解となることを学んだ．また一度波動方程式が得られたら複素波動関数を用いてこれを解くと便利なことも学んだ．本節では，弾性体中を伝わる波が従う波動方程式をニュートンの運動の第2法則から導くことができることと，弾性体中を伝わる波が質量・運動量の保存則という基本法則からも導くことができることを学ぼう．

弾性体の中を伝わる波を**弾性波**とよぶ．ここでは，弾性体の棒中を伝わる1次元の波，伝播方向に変位する波（**縦波**，図11.1参照）の性質を調べるために，棒の一部分を拡大した図11.9について考える．弾性体の棒は，自然状態（波が来る前の静止した状態）の断面積をS，密度をρ_0，ヤング率をEとし，自然長が伝わる波の波長λよりずっと長いものとする．以下では，重力の影響は無視し，断面積Sは常に一定で，空間に固定した直交座標系を用いて棒の長さ方向にx軸をとる．x軸正方向に応力の波が伝わってくると図11.9(a)のように棒の各点に変位が発生して部分ごとにx軸方向のひずみが生まれる．

伝わってくる応力変動の振幅σ_aが十分に小さい場合，伸びひずみεの大きさは$|\varepsilon| \ll 1$とする．弾性棒の各点のx座標は応力変動に応じて変化する．図11.9(a)のように自然状態の棒の座標xと$x+\Delta x$ではさまれた微小部分Aを考える．この棒を伝わる変動応力σは図11.9(a)のようにAがA'となり場所依存があり，応力の勾配$(\partial \sigma/\partial x)$がある．こうして各場所にある棒の小片には異なる加速度を生じる．A'の左側面の変位uはxとtの関数$u(x,t)$であり，$|u| \ll \lambda$とする．AからA'への幅の伸びはΔuである．ここでフックの法則より，$\varepsilon = \Delta u/\Delta x = \sigma/E$であるから，$|\varepsilon| \ll 1$とした設定は$|\sigma|/E \ll 1$であることに相当する．

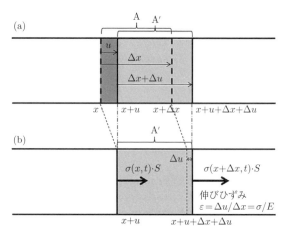

図 11.9　弾性体の棒中を伝わる縦波．

運動中のA'には両側面に垂直な応力σ（x軸正の向きに定義する）が作用する．図11.9(b)のA'の左側面に作用する応力σはxとtの関数$\sigma(x,t)$である．これは$u(x,t)$と同様に自然の位置がAであった運動中の部分A'に時刻tで作用する応力を意味する．したがってA'の両側面に作用する力の和は

$$\sigma(x+\Delta x, t) \cdot S - \sigma(x,t) \cdot S$$

であり，この部分に正の方向に作用する力になる．応力の波が伝わってきたときの棒のA'の左側面の密度ρもxとtの関数であり$\rho(x,t)$ ($= \rho_0 + \Delta\rho(x,t)$, $|\Delta\rho| \ll \rho_0$) と書ける．またA'の速度と加速度は，A'が小さいので左右側面の各値の小さな差を無視し，左側面の速度と加速度で代表させれば，それぞれ次式となる．

$$\text{速度：} \quad \frac{\partial u}{\partial t}, \qquad \text{加速度：} \quad \frac{\partial^2 u}{\partial t^2}$$

次に微小領域 A$'$ の運動方程式を考えよう．A$'$ の質量は，密度を左側面の値で代表させれば $\rho S(\Delta x + \Delta u)$ であるが，質量保存則により $\rho S(\Delta x + \Delta u) = \rho_0 S \Delta x$ である．A$'$ の運動量は $\rho S(\Delta x + \Delta u)\dfrac{\partial u}{\partial t} = \rho_0 S \Delta x \dfrac{\partial u}{\partial t}$ となる．

　ニュートンの第 2 法則により，A$'$ の運動量の時間変化率（x を指定した上での時間微分，つまり時間による偏微分）が A$'$ に作用した力に等しいので次式となる．

$$\rho_0 S \Delta x \frac{\partial^2 u}{\partial t^2} = [\sigma(x + \Delta x, t) - \sigma(x, t)]S$$

ここで $\rho_0 S \Delta x =$ 定数 を用いた．両辺を $S \Delta x$ で割って $\Delta x \to 0$ の極限をとれば

$$\rho_0 \frac{\partial^2 u}{\partial t^2} = \lim_{\Delta x \to 0} \frac{\sigma(x + \Delta x, t) - \sigma(x, t)}{\Delta x} = \frac{\partial \sigma}{\partial x} \tag{11.71}$$

となる．一方，$\Delta x \to 0$ の極限では，時刻 t における A から A$'$ への伸びひずみ ε は

$$\varepsilon = \lim_{\Delta x \to 0} \frac{\Delta u}{\Delta x} = \frac{\partial u}{\partial x} \tag{11.72}$$

となるから，固体の微小変形に対して成り立つフックの法則（経験則である）は

$$\sigma = E\varepsilon = E\frac{\partial u}{\partial x} \tag{11.73}$$

と表される．これを式 (11.71) に代入すると

$$\rho_0 \frac{\partial^2 u}{\partial t^2} = E\frac{\partial^2 u}{\partial x^2} \tag{11.74}$$

が得られる．この式をさらに変形すると，次の波動方程式が得られる．

$$\frac{\partial^2 u}{\partial t^2} = c_l{}^2 \frac{\partial^2 u}{\partial x^2}, \qquad \text{ここで } c_l = \sqrt{\frac{E}{\rho_0}} \tag{11.75}$$

式 (11.44) のように c_l は縦波の伝播速度（位相速度）を表すが，単位を確認しておこう．E の単位は $\mathrm{Pa} = \mathrm{N \cdot m^{-2}} = \mathrm{kg \cdot m^{-1} \cdot s^{-2}}$，$\rho_0$ の単位は $\mathrm{kg \cdot m^{-3}}$ であるから c_l の単位は確かに $\mathrm{m \cdot s^{-1}}$ である．波の速さ c_l の式は，ヤング率が大，すなわち弾性体としての復元力が強いほど，また密度すなわち慣性力が小さいほど，波が速く伝わることを示している．変位 u に連動して起こる弾性棒の密度変化 $\Delta\rho \, (= \rho - \rho_0)$ は質量保存則 $\rho S(\Delta x + \Delta u) = \rho_0 S \Delta x$ により 1 次近似では $\Delta\rho = -(\partial u/\partial x)\rho_0 = -\varepsilon\rho_0$ の関係が成り立つ．

　このように，弾性体の縦波の波動方程式は，<u>ニュートンの運動の第 2 法則と質量保存則および経験則であるフックの法則により導かれる</u>ことがわかる．

　図 11.10 は表 10.1 のさまざまな固体物質におけるヤング率と密度（以下 ρ_0 を ρ と表記する．）の関係に縦波の伝播速度の関係をプロットしたものである．鉄とアルミニウムを比較すると，ヤング率は $205 \times 10^9 \, \mathrm{N/m^2}$（鉄），$69 \times 10^9 \, \mathrm{N/m^2}$（アルミ）と鉄はアルミの約 3 倍，密度は $7860 \, \mathrm{kg/m^3}$（鉄），$2700 \, \mathrm{kg/m^3}$（アルミ）と鉄はアルミの 2.9 倍であり，弾性波の伝播速度はほぼ同じとなる．弾性波の伝播速度の関係式 (11.74) からヤング率と密度を対数プロット（$\log E = \log \rho + 2\log c_l$）すれば直線関係（図の破線）となり，1 つの破線上の物質はその種類に関係なく同一の縦波速度をもつことを示している．ちょっと考えるとずいぶん性質が異なると思われるようないくつかの物質でも同じような音速をもつことが読み取れる．

【補足：弾性波の速度】 3次元的な広がりをもった弾性体の中では一般に縦波と横波が生じ，波動方程式に従う．このときの縦波の速さ（c_l）と横波の速さ（c_t）は以下のようになる．

$$c_l = \sqrt{\frac{(1-\nu)}{(1+\nu)(1-2\nu)}\frac{E}{\rho}} \quad (11.76)$$

$$c_t = \sqrt{\frac{G}{\rho}} = \sqrt{\frac{1}{2(1+\nu)}\frac{E}{\rho}}$$

$$= c_l\sqrt{\frac{1-2\nu}{2(1-\nu)}} < c_l \quad (11.77)$$

ここで，ν はポアソン比，G は弾性体の剛性率（ずれ弾性率）である．ポアソン比が約 1/3 という値を使うと，縦波の速さは横波の速さの約 2 倍となることがわかる．

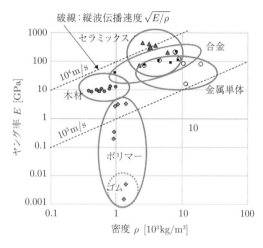

図 11.10 種々の物質のヤング率と密度の関係に縦波の伝播速度を重ねたもの．

例題 11.5-1 縦波の波動方程式を保存則の式から導出

図 11.9 に示す弾性棒における波動方程式 (11.74) を，運動量保存則の式 (11.37) と弾性体のフックの法則の式 (11.73) から 1 次近似により導け．ただし，式 (11.37) において，v を $\partial u/\partial t$, 圧力 P を引張応力 $-\sigma$ と置き換え，応力の変動振幅を σ_a として，$\sigma_a/E \ll 1$, $|v| \ll \sqrt{\sigma_a/\rho_0}$ とする．この場合，σ_a/E と $v/\sqrt{\sigma_a/\rho_0}$ が 1 次微小量である．調和波動現象においては，1 次の微小量の空間微分や時間微分も同じく 1 次の微小量である．

解 式 (11.37) の両辺を E で割ると，$\dfrac{\partial}{\partial t}\left(\dfrac{\rho v}{E}\right) + \dfrac{\partial}{\partial x}\left(\dfrac{\rho v^2}{E}\right) = \dfrac{\partial}{\partial x}\left(\dfrac{\sigma}{E}\right)$. この右辺は 1 次微小量であるから左辺も 1 次微小量となる．左辺第 2 項は，$\sigma_a/E \ll 1$ と $|v| \ll \sqrt{\sigma_a/\rho_0}$ より 2 次以上の微小量であるから無視できる．したがって式 (11.37) は $\partial(\rho v)/\partial t = \partial\sigma/\partial x$ となる．この左辺に $\rho = \rho_0 + \Delta\rho$ と $|\Delta\rho/\rho_0| \ll 1$ を用い，$v = \partial u/\partial t$ より，右辺に式 (11.73) を代入すると $\dfrac{\partial(\rho v)}{\partial t} = \dfrac{\partial\sigma}{\partial x}$. $\therefore \rho_0\dfrac{\partial^2 u}{\partial \tau^2} \approx E\dfrac{\partial^2 u}{\partial x^2}$.

問題 11.5-1 密度 $\rho = 7.9 \times 10^3\,\text{kg/m}^3$, ヤング率 $E = 206\,\text{GPa}$ の鉄の棒を伝わる縦波弾性波の速さ（音速）を求めよ．〔註〕公式 (11.74) に数値を代入するだけの問題だが，身近な物質中を伝わる音速のおおよその値を把握しておくとよい．

11.6 弦の横振動：横波

横波として直感的にもわかりやすい例として水平に張力 T で張られた弦を伝わる振動を考える．

図 11.11 は振動する弦の一部である．ここで弦の張力を T, 弦の単位長さあたりの質量（線密度）は ρ_w, 運動前の弦の位置を x 軸にとる．また，時刻 t における原点から x の距離にある弦上の点の変位を $u(x,t)$ とする．この変位 $u(x,t)$ は小さく，かつ x 軸に垂直とする．

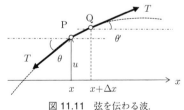

図 11.11 弦を伝わる波．

波動現象において変位 $u(x,t)$ は各時刻 t における波の形を表す．媒質全体に広がった波の特徴を媒質の部分部分について成り立つ法則から導くことは物理学の方法である．すでに固体のひずみ

について部分部分の変位を知って全体の変形を求める方法を示したが，波動については以下に示す．

両端の x 座標が x と $x + \Delta x$ である微小部分 PQ の運動方程式をニュートンの第2法則に基づいて求める．振動時の弦の PQ 間の密度と長さは自然長時とは異なるが，PQ 間の質量は質量保存則により $\rho_w \Delta x$（一定）としてよい．

一方，PQ 間の弦の加速度は $\partial^2 u(x,t)/\partial t^2$ である．また Δx は十分小さいので PQ の変位を P の変位で代表する．ここでは x は変わらないので，t についての微分として偏微分を用いた．

次に PQ 間の弦の変位に対する復元力を求める．PQ の左右に加わる張力と x 軸とのなす角を θ，θ' とすると，これらの張力の x 軸に垂直な成分は，$-T \sin \theta$ および $T \sin \theta'$ である．ここでは，図 11.11 に描いたような u が正，$\partial u/\partial x$ も正である場合に T を正としたとき上向きの力が正となる式を記した．PQ に対して両側の弦から受ける張力が等しく T であるとしているが，これは弦の運動が常に弦に垂直であって弦の接線方向には力が作用しないとしているからであり，波動の振幅が小さい限り近似的に成り立つ．

ここで変位が小さいので $|\theta|$, $|\theta'| \ll 1$ であることを使えば，

$$\sin \theta \approx \tan \theta = \left(\frac{\partial u}{\partial x}\right)_x, \qquad \sin \theta' \approx \tan \theta' = \left(\frac{\partial u}{\partial x}\right)_{x+\Delta x} \tag{11.78}$$

ここで $\left(\dfrac{\partial u}{\partial x}\right)_x$ は，座標 x における u の x に関する偏微分（勾配）である．

これより PQ 間の弦の運動方程式として以下が得られる．

$$(\rho_w \Delta x)\frac{\partial^2 u}{\partial t^2} = T \left(\frac{\partial u}{\partial x}\right)_{x+\Delta x} - T \left(\frac{\partial u}{\partial x}\right)_x \tag{11.79}$$

ここで上式の両辺を Δx で割り，$\Delta x \to 0$ の極限をとると右辺は次のようになる．

$$\lim_{\Delta x \to 0} \frac{\left(\frac{\partial u}{\partial x}\right)_{x+\Delta x} - \left(\frac{\partial u}{\partial x}\right)_x}{\Delta x} = \frac{\partial^2 u}{\partial x^2} \tag{11.80}$$

これより運動方程式として

$$\rho_w \frac{\partial^2 u}{\partial t^2} = T\frac{\partial^2 u}{\partial x^2} \tag{11.81}$$

が得られる．これが弦の横振動の波動方程式である．この方程式の解 $u(x,t)$ によって変位が小さいときの弦の運動はすべて表される．つまり，弦上の任意の点 $(x = x_0)$ の変位は $u(x_0, t)$ で与えられ，任意の時刻 t_0 での弦の形（波形）は，$u(x, t_0)$ で与えられる．

$$c_s = \sqrt{\frac{T}{\rho_w}} \tag{11.82}$$

とおくと

$$\frac{\partial^2 u}{\partial t^2} = c_s{}^2 \frac{\partial^2 u}{\partial x^2} \tag{11.83}$$

となり，式 (11.43) や式 (11.75) のように c_s は弦を伝わる波の位相速度である．張力 T の単位は $N = kg \cdot m \cdot s^{-2}$，弦の線密度 ρ_w の単位は $kg \cdot m^{-1}$ であるから，c_s の単位は確かに $m \cdot s^{-1}$ である．式 (11.82) から，位相速度 c_s は，張力が大きいほど，線密度が小さいほど大きくなることがわかる．

これまで求めた波の位相速度を以下にまとめておく（T_{emp}：絶対温度，T：張力）．

220　第 11 章　波動

音速（等温）：$c_0 = \sqrt{\dfrac{RT_{\text{emp}}}{M}}$ (11.42)　　音速（断熱）：$c_1 = \sqrt{\dfrac{\gamma RT_{\text{emp}}}{M}}$ (11.54)

弾性体縦波：$c_l = \sqrt{\dfrac{E}{\rho_0}}$ (11.75)　　弦を伝わる波の速度：$c_s = \sqrt{\dfrac{T}{\rho_w}}$ (11.82)

問題 11.6-1 密度 $\rho = 1.17 \times 10^3 \,\text{kg/m}^3$，直径 $1.00\,\text{mm}$ のナイロン製の弦（ギターの第 3 弦）を $59\,\text{N}$ の張力で張ったとき，この弦を伝わる横波の速さを求めよ．

（ここで用いた数値の出典は，http://blog.media.teu.ac.jp/2015/10/post-cd32.html）

問題 11.6-2 ひもの両端を繋げて，図 11.12 のような丸い輪を作り，無重力状態の宇宙船の中で，図のように時計回りに回転させる（回転軸は，輪の中心を通り輪に垂直な直線）．回転によるひもの接線方向の速さは v_0 である．この輪が静止して見える回転座標系で考えると，ひもの各部分に遠心力が作用し，それとつり合うように張力が作用する．この輪を伝わる横波の（回転座標から見た）速さを求めよ．

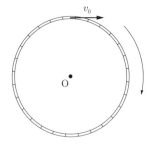

図 11.12

〔註〕波の速さは輪の半径や，ひもの線密度に依存しないことがわかるであろう．この問題は，(R. Resnick, D. Halliday, and K. S. Krane, Physics (Fourth Edition) Volume 1 (John Wiley & Sons, Inc., New York, 1992) による．

11.7　波のエネルギー

波が存在すると媒質の力学的エネルギーがつり合いの状態に比べて増加する．これを弦の振動を例にとって，振動している微小部分のもつ力学的エネルギーとして求める．

弦の振動におけるエネルギー

再び微小振動する弦（図 11.13）を考え，短い部分 PQ に着目する．弦の Δx 部分の**運動エネルギー**は線密度を ρ_w として，弦の横方向速度 $\partial u / \partial t$ を用いれば，

$$\frac{(\rho_w \Delta x)}{2} \left(\frac{\partial u}{\partial t} \right)^2 \quad (11.84)$$

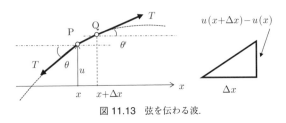

図 11.13　弦を伝わる波．

となる．一方で，弦の Δx 部分の**ポテンシャルエネルギー**は張力 T が弦を伸ばすことによってした仕事が弦の x から $x + \Delta x$ の区間に弾性伸びひずみとして蓄えられたものである．弦の伸び Δl は $\Delta l = \sqrt{(\Delta x)^2 + \{u(x + \Delta x, t) - u(x, t)\}^2}$ であるから，その仕事を計算する．ここでは弦の横方向変位が微小で $\dfrac{u(x + \Delta x, t) - u(x, t)}{\Delta x} \ll 1$ とすると，

$$T \left[\sqrt{(\Delta x)^2 + \{u(x + \Delta x, t) - u(x, t)\}^2} - \Delta x \right]$$
$$\approx T \left[\sqrt{(\Delta x)^2 + \left(\frac{\partial u(x, t)}{\partial x} \Delta x \right)^2} - \Delta x \right] \approx \frac{T}{2} \left(\frac{\partial u(x, t)}{\partial x} \right)^2 \Delta x \quad (11.85)$$

である．ここで，$|x| \ll 1$ の場合，$\sqrt{1+x} \approx 1 + \dfrac{1}{2}x$ を用いた．

　この弦の**エネルギー密度**（単位長さ当たりのエネルギーで x, t の関数）を $w(x,t)$ とすると

$$w(x,t)\Delta x = \frac{\rho_w}{2}\left(\frac{\partial u}{\partial t}\right)^2 \Delta x + \frac{T}{2}\left(\frac{\partial u}{\partial x}\right)^2 \Delta x$$

$$\therefore w(x,t) = \frac{\rho_w}{2}\left(\frac{\partial u}{\partial t}\right)^2 + \frac{T}{2}\left(\frac{\partial u}{\partial x}\right)^2 \tag{11.86}$$

エネルギー密度がわかったので，弦全体の力学的エネルギーは弦全長にわたる積分により次のようになる．

$$K + U \equiv \int w(x,t)dx \tag{11.87}$$

$$= \int \left[\frac{\rho_w}{2}\left(\frac{\partial u}{\partial t}\right)^2 + \frac{T}{2}\left(\frac{\partial u}{\partial x}\right)^2\right]dx \tag{11.88}$$

上式の積分範囲は弦の全長にわたる．これは空間積分であるから時刻ごとに変化する．以下で調べるのは全エネルギーでなく，定常的に伝わる波の強さとして，単位時間に輸送する平均エネルギーを対象とする．

　弦の全長を定常的に波動が伝わる状況で，弦を伝わる波のエネルギーの時間平均計算を以下で行う．式 (11.86) は式 (11.82) より，次のように書ける．

$$w(x,t) = \frac{\rho_w}{2}\left[\left(\frac{\partial u}{\partial t}\right)^2 + c_s^2\left(\frac{\partial u}{\partial x}\right)^2\right] \tag{11.89}$$

いま，下記のように表される進行波を考えると

$$u(x,t) = a\sin\left[k(x - c_s t) + \delta\right] \tag{11.90}$$

式 (11.89) に代入して，

$$w(x,t) = \frac{\rho_w}{2}\left[(kc_s)^2 a^2 \cos^2\{k(x - c_s\,t) + \delta\} + c_s^2 k^2 a^2 \cos^2\{k(x - c_s\,t) + \delta\}\right] \tag{11.91}$$

$$= \rho_w \omega^2 a^2 \cos^2\left[k(x - c_s t) + \delta\right] \tag{11.92}$$

ここで $\omega = c_s k$ を用いた．式 (11.91) は，運動エネルギー項（第 1 項）とポテンシャルエネルギー項（第 2 項）の関数形と係数が等しいため式 (11.92) となることがわかる．このことは調和波動現象で成り立つ重要な帰結である．これより弦の横振動のエネルギーは空間的時間的に一定ではなく弦の変位 0 近傍に集中していて，波とともに進行することがわかる．音波のような縦波ではエネルギーはどこに集中するか，調べてみるとよい．

　エネルギーは空間を移動して流れていることが重要である．エネルギーは保存するので，波を起こしている力学的な振動体（＝ 波源）からエネルギーが波動に供給される．

　一周期 $2\pi/\omega$ にわたる時間平均のエネルギー密度 $\bar{w}(x)$ は以下となる．

$$\bar{w}(x) = \frac{\omega}{2\pi}\int_0^{2\pi/\omega} \rho_w \omega^2 a^2 \cos^2(kx - \omega t + \delta)\,dt = \frac{1}{2}\rho_w \omega^2 a^2 \tag{11.93}$$

弦を伝わる横の進行波のエネルギーは式 (11.82) で表される速さ c_s で伝わるので，点 x を単位時間あたり通過するエネルギーの流れ（**波の強さ**，波の時間平均仕事率）は $c_s \bar{w}(x)$ に等しい．これ

は波の進行方向に垂直な面を単位時間に通過する波動のエネルギーであり，調和波ではこの波の強さ I は次のようになる．

$$I = \frac{1}{2}\rho_w c_s \omega^2 a^2 = \frac{1}{2}\rho_w c_s{}^3 \left(\frac{2\pi a}{\lambda}\right)^2 = 2\pi^2 \rho_w{}^{-1/2}\, T^{3/2}\left(\frac{a}{\lambda}\right)^2 \tag{11.94}$$

この波の強さ I の単位が $\mathrm{kg\cdot m^2\cdot s^{-3}} = \mathrm{J\cdot s^{-1}} = \mathrm{W}$（ワット）であることが波の仕事率とよばれる理由である．

〈弾性棒を伝わる縦波の運動エネルギーとポテンシャルエネルギー〉【発展】

　　ここでは，11.5 節の図 11.9 で示す，断面積 S，平衡時の棒の密度 ρ_0，ヤング率 E の一様な弾性棒を伝わる縦波のエネルギーについて調べる．棒に沿って x 軸をとり，図 11.9(a) に示された，棒に波が存在しない自然平衡状態で座標 x の左断面と座標 $x+\Delta x$ の右断面にはさまれる微小領域 A を考える．この領域 A を占める物質を物体 X とよぶ．ここで x 方向に進む縦波があれば物体 X は時刻 t で微小領域 A$'$ に移る．このとき座標 x における時刻 t の変位 u は振動振幅 a，角振動数 ω，波数 k の調和波動とする．例として $u(x,t)=a\cos(kx-\omega t)$ を用いる．本文に示した条件 $|u|\ll\lambda$ から $a\ll\lambda$ である．棒の x 方向長さはほぼ無限にあり，変形前の平衡状態での静止微小領域の幅 Δx は縦波の波長 $\lambda\,(=2\pi/k)$ に比べて $\Delta x\ll\lambda$ とすることで，波の空間変化を滑らかに表せる．縦波の周期を $T_0\,(=2\pi/\omega)$ として，ここで用いる微小時間差 Δt は，$\Delta t\ll T_0$ とすれば波の時間変化を滑らかに解析できる．これらの条件は，対象とする物理量の微分方程式を 1 次近似で求めるために重要である．縦波が棒を伝わると時刻 t で物体 X の幅は，$\Delta x+\Delta u\,(=\Delta x'(x,t))$ になる．ここで $\Delta u=u(x+\Delta x,t)-u(x,t)$ から，$|\Delta u|\ll\Delta x$ とする．$u(x+\Delta x,t)$ をテイラー展開して 1 次近似すると，$\Delta u\simeq\frac{\partial u}{\partial x}\Delta x$ となる．伸びひずみの式 (10.4) より，物体 X の伸びひずみ $\varepsilon(x,t)$ は，$\varepsilon(x,t)=\frac{\partial u}{\partial x}$，$|\varepsilon(x,t)|\ll1$ である．時刻 t の物体 X 左断面の速度は $\frac{\partial u}{\partial t}$ である．$|u|\ll\lambda$ より，$\left|\frac{\partial u}{\partial x}\Delta x\right|\ll a$ であり，$\Delta t\ll T_0$ より，$\left|\frac{\partial u}{\partial t}\Delta t\right|\ll a$ である．また微小領域物体 X の時刻 t での密度 $\rho(x,t)$ は，平衡密度 ρ_0 との差 $\Delta\rho(x,t)$ を用いれば，$\rho=\rho_0+\Delta\rho$ である．ここで物体 X の質量は保存され $\rho(x,t)S\Delta x'(x,t)=\rho_0 S\Delta x$ が成り立つから，$\Delta\rho(x,t)/\rho_0\simeq-\varepsilon(x,t)$ となり，これも 1 次微小量である．

　　次に，この物体 X の時刻 t での力学的エネルギーを求める．式 (6.21) と 6.4.2 項で示された質点系の力学的エネルギーを適用する．6.2 節と 6.4.2 項では 2 質点系で示したが，n 個の質点を含む質点系として物体 X の力学的エネルギー W は次の式となる．

$$W = \sum_{i=1}^{n}\frac{1}{2}m_i v_i^2 + \sum_{i=1}^{n}U(\boldsymbol{r}_i) + \sum_{i=1}^{n-1}\sum_{j=i+1}^{n}U_{ij} \tag{11.95}$$

ここで右辺第 2 項の $U(\boldsymbol{r}_i)$ は座標 $\boldsymbol{r}_i$ にある質点 i に重力等の外力が作用する場合の質点 i のポテンシャルエネルギーを示し，第 2 項はすべての質点に対する和であり，第 3 項の U_{ij} は質点 i と質点 $j\,(j\neq i)$ 間に作用する内力の相互作用ポテンシャルエネルギーで，第 3 項はすべての質点間の組み合わせの和である．第 1 項については，質点系の力学の物理量を連続体の物理量に対応させた 11.4.1 項の補足で説明したように，環境の温度・圧力の下で座標 x において時刻 t にある微小領域内粒子数が平衡化する時間内で平均した質量密度 ρ と重心の速度で記述する．式 (11.95) の右辺第 1 項では，座標 x における時刻 t の物体 X の質量は $\rho(x,t)S\Delta x'$ であり，微小領域重心速度として $\partial u(x,t)/\partial t$ を用いれば，連続体微小領域の物体 X の運動エネルギー ΔK_{X} は，

$$\Delta K_{\mathrm{X}} = \frac{1}{2}\rho(x,t)\left(\frac{\partial u}{\partial t}\right)^2 S\Delta x' = \frac{1}{2}\rho_0\left(\frac{\partial u}{\partial t}\right)^2 S\Delta x$$

となる．ここで，質量保存則より $\rho(x,t)S\Delta x'(x,t)=\rho_0 S\Delta x$ を用いた．

　　ポテンシャルエネルギーについて，ここでは重力等の外力は作用しないから式 (11.95) の右辺第 2 項は含めずに，第 3 項を用いて物体 X のポテンシャルエネルギー ΔU_{X} を求める．弾性物体 X では実験的に得られた経験則であるフックの法則による弾性ポテンシャルエネルギーが，弾性体を構成する粒子（原子や分子）間の相互作用の総和の平衡化時間平均に対応する．したがって，フックの法則による弾性エネルギー密度の式 (10.39) を用いる．ここでは伸びひずみが座標 x においては時刻 t で $\varepsilon(x,t)=\partial u(x,t)/\partial x$ であるから物体 X の弾性ポテンシャルエネルギーが

$$\Delta U_{\mathrm{X}} = \frac{1}{2}E\varepsilon(x,t)^2 S\Delta x' \simeq \frac{1}{2}E\left(\frac{\partial u}{\partial x}\right)^2 S\left(\Delta x + \frac{\partial u}{\partial x}\Delta x\right) \simeq \frac{1}{2}E\left(\frac{\partial u}{\partial x}\right)^2 S\Delta x$$

となる．ここで右から 2 番目の辺は 1 次微小量の伸びひずみの 2 乗と 3 乗の和で，3 乗の項はごく微小であるから無視でき最右辺となる．以上より，弾性棒の座標 x における時刻 t の力学的エネルギー密度 $w(x,t)$ が

$$w(x,t) = \frac{1}{2}\rho_0 \left(\frac{\partial u}{\partial t}\right)^2 + \frac{1}{2}E\left(\frac{\partial u}{\partial x}\right)^2 \tag{11.96}$$

である．これより式 (11.93) と同様に時間で 1 周期分積分して周期 T_0 で割れば縦波エネルギー密度の時間平均となるから，弾性棒の時間平均力学的エネルギー密度 $\overline{w}$ を求めて，ここでも $u(x,t) = a\sin[k(x-c_l t)+\delta]$ を用いれば，波の強さ I は，時間平均力学的エネルギー密度 $\overline{w}$ に式 (11.75) の伝搬速度を乗じて求めることができる．$\omega = c_l k$ より $Ek^2 = \rho_0 \omega^2$ であるから，弦の横振動の波の強さの式 (11.94) と同様な結果になり，式 (11.97) を得る．

$$\overline{w} = \frac{1}{T_0}\int_0^{T_0}\left[\frac{1}{2}\rho_0\left(\frac{\partial u}{\partial t}\right)^2 + \frac{1}{2}E\left(\frac{\partial u}{\partial x}\right)^2\right]dt = \frac{1}{2}\rho_0\omega^2 a^2$$
$$I = \frac{1}{2}\rho_0 c_l \omega^2 a^2 \tag{11.97}$$

問題 11.7-1 一定の張力を受けているロープの一端で横波を発生させている．ロープの反対側の端で反射が起こらない条件が満たされているとする．次の場合，波の仕事率は何倍に増大または減少するか．

(1) ロープの長さを 2 倍にし，角振動数を一定に保つとき

(2) 振幅を 2 倍にし，角振動数を半分にするとき

(3) 波長および振幅をともに 2 倍にするとき

(4) ロープの長さおよび波長を半分にするとき

問題 11.7-2 ある弦の調和波が方程式 $y = 0.25\sin(0.4x - 25t)$ で記述される．ここで x および y の単位は m であり，t の単位は s である．この弦の線密度が $0.020\,\mathrm{kg/m}$ であるとして，(1) 波の速さ，(2) 波長，(3) 振動数，(4) 波に伝達される仕事率を求めよ．

問題 11.7-3（発展） 断面積 S，静止平衡時の密度 ρ_0，ヤング率 E の弾性棒が図 11.9 のように x 軸方向に存在し，縦波が伝わるとき，上記補足の式 (11.97) に波動関数 $u(x,t) = a\cos(kx - \omega t)$ を用いた場合，弾性棒の単位長あたりの時間平均の運動エネルギー K とポテンシャルエネルギー U と力学的エネルギー W を求めよ．縦波の進行方向に垂直な断面の単位面積を単位時間に通過する縦波のエネルギー I も求めよ．

11.8　波動のさまざまな現象

前節までは，媒質の微小部分ごとに成り立つ力学法則から波動方程式を導出してきた．本節以降は，波動を局所的な物理量の変化のパターンが時間的に伝播していく現象としてとらえ，そうした波動の数理モデル（波動方程式や波動関数，およびこれらの諸性質）を用いて波動の物理学を学ぶ．

11.8.1　重ね合わせの原理

一般に $u(x,t) = f_1, f_2, f_3, \cdots, f_n$ が波動方程式の解であるとき，それぞれに定数 $a_1, a_2, \cdots, a_n$ を掛けて加えた次式も解である．

$$u(x,t) = a_1 f_1 + a_2 f_2 + a_3 f_3 \cdots + a_n f_n$$

これを**重ね合わせの原理**とよぶ．これは，方程式が線形である場合に一般に成り立つことである．重ね合わせの原理は振動や波動の問題を取り扱う際にたいへん役立つ．

これまで説明してきたように，弦を適切に振動させれば正弦形以外の多くの波形の波を速さ v で x 軸の正の方向に進ませることができる．ここで，$t=0$ での波の形を $f(x)$ とし，波の速さを v とすると，t 秒後の波は $f(x)$ を x 軸の正の方向へ vt だけ平行移動させた進行波の波動関数

$$u(x,t) = f(x-vt) \tag{11.98}$$

となる．ここで，$\dfrac{\partial^2 u}{\partial t^2} = (-v)^2 f''(x-vt)$, $\dfrac{\partial^2 u}{\partial x^2} = f''(x-vt)$ より，この波は式 (11.44)，(11.62), (11.65) などの波動方程式を満たす解である．同じように x 軸を負の方向へ進む後退波関数 $u = g(x+vt)$ も波動方程式を満たす解である．したがって，これら 2 つの波を同時に送ったときの波である次の関数も波動方程式の解であることは重ね合わせの原理から明らかである．

$$u(x,t) = f(x-vt) + g(x+vt) \tag{11.99}$$

> **例題 11.8-1**　式 (11.98)のような進行波の形をもつ $u(x,t)$ について $\dfrac{\partial^2 u}{\partial t^2} = (-v)^2 f''(x-vt)$, $\dfrac{\partial^2 u}{\partial x^2} = f''(x-vt)$ を示せ．

解　$\xi = x - vt$ と置くと，$\dfrac{\partial \xi}{\partial x} = 1$, $\dfrac{\partial \xi}{\partial t} = -v$. 一方，$u$ は ξ のみによる 1 変数関数だから，合成関数の微分公式により

$$\frac{\partial^2 u}{\partial t^2} = \frac{\partial}{\partial t}\left(\frac{\partial u}{\partial t}\right) = \frac{\partial}{\partial t}\left(\frac{du}{d\xi}\frac{\partial \xi}{\partial t}\right) = \frac{\partial}{\partial t}\left(-vf'(\xi)\right) = -v\frac{\partial \xi}{\partial t}f''(\xi) = v^2 f''(\xi) = v^2 f''(x-vt)$$

$$\frac{\partial^2 u}{\partial x^2} = \frac{\partial}{\partial x}\left(\frac{\partial u}{\partial x}\right) = \frac{\partial}{\partial x}\left(\frac{du}{d\xi}\frac{\partial \xi}{\partial x}\right) = \frac{\partial}{\partial x}\left(f'(\xi)\right) = \frac{\partial \xi}{\partial x}f''(\xi) = f''(x-vt)$$

が示される．

　例題 11.8-1 の 2 式を組み合わせると，

$$\frac{\partial^2 u}{\partial t^2} = v^2 \frac{\partial^2 u}{\partial x^2}$$

を得るが，これは 11.4.2 項や 11.5 節あるいは 11.6 節で示した**波動方程式**にほかならない．これらの節では個々の系の従う物理法則から波動方程式が導出されたが，本項では任意の波形が時間とともに一定速度で平行移動するという現象論だけを用いて同じ波動方程式に到達したことになる．ここで行ったように，物理学では異なる系に共通する普遍的事象に着目し，これを個々の系の特徴を超えた統一的な数理モデルで説明することを常に志す．いったん数理モデルが確立されると，まったく新しい系に遭遇したとしても，そこに同様の現象（例えば波動）が生ずることが予想でき，その解析ツールとしてこの数理モデルを使うことができる．これが物理学の魅力と有用性である．

問題 11.8-1　式 (11.98) の進行波関数 $u(x,t) = f(x-vt)$ が，空間と時間による 2 階微分から波動方程式 (11.62) を満たすことを確認した．ここでは空間と時間による 1 階微分はそれぞれ，$\partial u/\partial t = -v\,f'(x-vt)$, $\partial u/\partial x = f'(x-vt)$ となるから，$\partial u/\partial t = -v\,\partial u/\partial x$ が成り立つ．この式を波動方程式とよばず，2 階微分を含む式 (11.62) を波動方程式とよぶ理由を述べよ．式 (11.98) が進行波関数であり，式 (11.99) は進行波と後退波の和である．後退波の場合どうなるか調べよ．

線形系と非線形系

　重ね合わせの原理の説明のところで**線形**という言葉が出てきた．少し説明しておこう．ある入力（原因）に対して 1 つの決まった出力（結果）を呈する系を考える．数学的には関数 f が一価関数の場合に対応する．線形，

非線形とは，もし原因が同時に 2 つ重なったとき，系の応答はどうなるかということに関わる.

もし系の応答が，原因がそれぞれ単独の時の結果が 2 つ重なるだけであれば，その系は線形系であるという.
もし単独原因のときの結果の和以外に複合（相乗）効果が生じるのであれば，その系は非線形系であるという.
関数 f でいえば

$$f(x_1 + x_2) = f(x_1) + f(x_2) \quad ：線形 \tag{A1}$$

$$f(x_1 + x_2) \neq f(x_1) + f(x_2) \quad ：非線形 \tag{A2}$$

である．例えば $f(x) = Ax$ は線形であり，$f(x) = Ax^2$ は非線形である．グラフで考えると，関数 $y = f(x) = Ax$
は直線（線形）となり，関数 $y = f(x) = Ax^2$ は非直線（非線形）なグラフになることから，線形／非線形の名
前の由来は容易に理解されるであろう．方程式の場合も同じことであり，演算子が上記のような性質をもつかど
うかによって線形方程式，非線形方程式が分かれてくる.

線形系では，式 (A1) を見ればわかるように，個々の原因に対する結果があらかじめわかっていれば，それらの
原因が同時に起こった場合にも結果の足し合わせとして予測可能である．これを**重ね合わせの原理**という．諸君
が全学教育で学ぶ数学や物理の多くが，系や方程式のこうした線形性を前提としている．その便利さから，今日
の科学技術は現実の系を線形系と仮定し，複雑な問題を単純な問題の集まりに分解し，それぞれの解の和として
あらゆる場合に対応できると信じてここまで進歩してきた．このような考え方を要素還元主義という．しかし系
の線形性を過信することは危険である．私たちは地震が起きても安全装置が機能するから原子力発電所は安全だ
と考え，まさか津波によって安全装置の動力源が失われるとは「想定していなかった」のである．私たちは現実
のシステムが非線形系であることを努忘れてはいけない．（末光眞希）

11.8.2 波の干渉

2 つ以上の波が別々の波源から 1 つの場所に到達す
るとき，その場所の媒質の変位はそれぞれの波によっ
て引き起こされる変位の和となる．これを波の重ね合
わせという．例えば，2 か所に置かれたスピーカーか
ら発生した音波がある場所にそれぞれ到達したとき，2
つの波の重ね合わせによりその場所の変位が与えられ
る．変位の和は同じ符号であれば強め合い，逆符号で
あれば弱め合う．複数の波がこのように強め合いま
たは弱め合うことを波の干渉という.

波の干渉を調和波の波動関数を例にとり，以下に示
す．媒質中を進む同じ角振動数・波数をもつ別々の調
和波が，ある場所で同一方向に進むように重ね合わさ
れたとする.

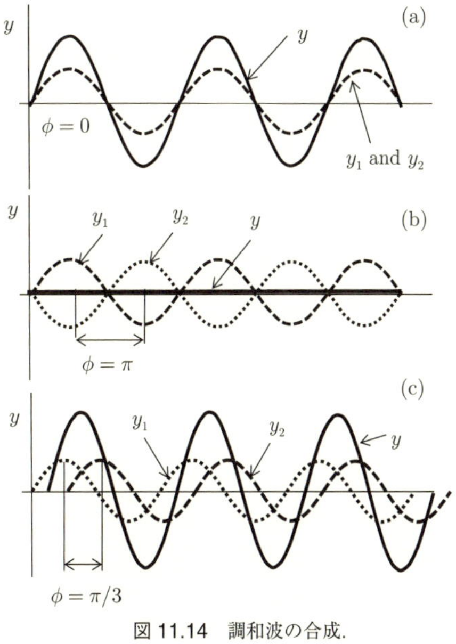

図 11.14 調和波の合成.

$$y_1 = A_0 \sin(kx - \omega t), \quad y_2 = A_0 \sin(kx - \omega t - \varphi)$$

これらの和は以下のようになる.

$$y = y_1 + y_2 = 2A_0 \cos\left(\frac{\varphi}{2}\right) \sin\left(kx - \omega t - \frac{\varphi}{2}\right) \tag{11.100}$$

これからわかるように，合成波もまた調和波であり，個々の波と同じ振動数，波数をもつ．位相定
数の φ によって振幅は干渉を起こす.

図 11.14 は合成の条件による合成波の例を示す．(a) 2 つの波が同位相（$\varphi = 0$）ならば強め合う干渉が生じる．(b) 2 つの波が逆位相（$\varphi = \pi$）ならば，弱め合う干渉が生じる．(c) 2 つの波の位相差が $0 < \varphi < \pi$（180 度）の場合，合成波は (a) と (b) の中間となる．

11.8.3 うなりと波束

現実の媒質の中では調和波の位相速度が波数 k に依存することがありふれている．その程度は媒質によりさまざまである．以下しばらくはその依存性は大きくないとし，そうではない場合については少し後で触れる．角振動数と波数がわずかに異なる 2 つの調和波が同一方向に同時に進むとき，その合成波は以下のようになる．

$$u(x,t) = a\sin(kx - \omega t + \delta_0) + a\sin(k'x - \omega' t + \delta_0') \tag{11.101}$$
$$= A(x,t)\sin\left(\frac{k+k'}{2}x - \frac{\omega+\omega'}{2}t + \frac{\delta_0+\delta_0'}{2}\right)$$

$$A(x,t) = 2a\cos\left(\frac{k-k'}{2}x - \frac{\omega-\omega'}{2}t + \frac{\delta_0-\delta_0'}{2}\right) \tag{11.102}$$

図 11.15 はこのような条件での合成の例である．この合成波を音として点 x で聞くと $(\omega+\omega')/2 \approx \omega$ の角振動数をもつ波として聞こえるが，波の強さを表す振幅の 2 乗 A^2 は 0 から $4a^2$ まで角振動数 $\omega - \omega'$ で緩やかに変化する**うなり現象**が起こる．

図 11.15(b) のように振幅も変化する波を**振幅変調**された（amplitude modulated:AM）波という．ラジオの AM 波はこのように**振幅変調**された波である．上記の議論を逆にたどれば，AM 波は搬送波（carrier）とよばれる中心周波数とそこからわずかにずれた複数の波の合成波であることがわかる．このような場合，図 11.15(b) のような時間域ではなく図 11.15(c) のような周波数域で議論するのが便利である．このように時間の関数として表される進行波を一群の周波数分布（スペクトル）をもつ調和波の和に分解する手法をフーリエ変換という．式 (11.101)，式 (11.102) をある時刻 t を固定して x に対して描くと，図 11.15(b) の横軸を x に変えたものになる．このことは，この合成波が串刺し団子のような，空間的に局在した塊の列となって進行することを意味している．このような波の塊一つ

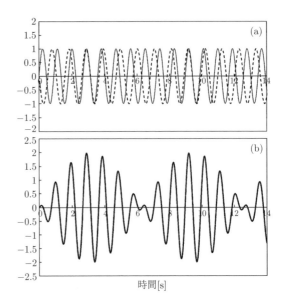

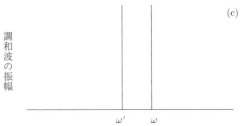

図 11.15 わずかに波長の異なる 2 つの波 (a) とその合成波 (b)，およびその周波数スペクトル (c)．

一つを**波群**（wave group）または**波束**（wave packet）とよぶ．式 (11.101) を見ると，波束の形を決めるのは変調された振幅 $A(x,t)$ であるから，波束の進む速さ v_g は式 (11.102) より角振動数と波数の差分の比を用いて

$$v_g = \frac{\omega' - \omega}{k' - k} \tag{11.103}$$

と与えられ，$\omega' \cong \omega$ および $k' \cong k$ のときには $\omega' \to \omega$, $k' \to k$ の極限をとって得られる微分

$$v_g = \frac{d\omega}{dk} \tag{11.104}$$

として与えられる．式 (11.104) で与えられる波束の速度を**群速度**（group velocity）という．これに対し，波束の中に含まれる細かな波（搬送波），すなわち式 (11.101) の正弦波の速度 v_p は角振動数と波数の平均の比を用いて

$$v_p = \frac{\omega' + \omega}{k' + k} \tag{11.105}$$

と与えられる．$\omega' \cong \omega$ および $k' \cong k$ のときには

$$v_p = \frac{\omega}{k} \tag{11.106}$$

となる．すでに 11.3 節で定義したように調和の角振動数と波数の比は**位相速度**（phase velocity）とよばれる．

ここまでは 2 つの調和波の重ね合わせを考えたが，一般に，角振動数 ω と波数 k の近傍で ω と k がわずかに異なる多くの調和波が同一方向に同時に進むときに波束が生じる．一般の波束の速度（群速度）も式 (11.104) で与えられ，波束を構成する個々の調和波の速度（位相速度）の平均も式 (11.106) で与えられる．厳密には波束を構成する個々の調和波の速度は互いに異なるが，それは式 (11.106) と大きく異なるものではない．しかし波束の速度（群速度）と波束を構成する個々の波の速度（位相速度）は大きく異なることがある．それは $\omega = \omega(k)$ が直線関係になるとは限らないからである．例えば位相速度 ω/k が正で群速度 $d\omega/dk$ が負となることはよくあることであって，この場合，個々の波は前に進んでも波束は後ろに進むことになる．帰省時期の高速道路において個々の車は前に進んでいるのに渋滞が後ろに伝播していくのと似ている．このように ω と k の関係 $\omega = \omega(k)$ はこの波を伝える媒質の重要な性質を情報として含んでいる．プリズムに白色光を入射させると，プリズムを構成するガラスが光の波に対してもつ非直線的な $\omega = \omega(k)$ 関係を反映して透過光は虹のように多くの色に分散する．このため $\omega = \omega(k)$ を一般に**分散関係**（dispersion relation）とよぶ．将来，専門課程で固体物性を学ぶ諸君は，多原子からなる結晶格子系を伝わる波動では，ω が k の非線形関数で表されることを学ぶであろう．

問題 11.8-2 分散関係が $\omega = Ak^{1/2}$ で与えられる波動をもつ系がある．この波動の位相速度 v_p と群速度 v_g を求めよ．

量子力学を生んだ特殊相対論の分散関係

物事（モノゴト）とよくいう．モノは存在でありコトは事象である．物理でいえば粒子はモノであり波動はコトである．このまったく相容れないように見える 2 つの概念が素粒子の世界では同じ実体の 2 つの側面を表すとするのが量子力学である．プランクやアインシュタインは黒体輻射のスペクトルや光電効果を説明するなかで，それまで波と思われていた光が粒子の性質をもつことを明らかにした．

一方，ド・ブロイはそれまで粒と思われていた電子が波の性質をもつのでは，と考えた．ところがこのアイディアには大きな問題があった．粒子の運動が従う変分原理は最小作用の原理，波動の伝搬が従う変分原理は最短時間の原理（フェルマーの法則）と互いに異なっており，変分原理に用いる経路積分において，最小作用の原理では被積分関数の分子に，最短時間の原理では分母に，それぞれ速度が現れるからである．

この矛盾を救ったのは特殊相対論の分散関係であった. 前期量子論によれば粒子としての光のエネルギー E と運動量 p は, 波動としての光の角周波数 ω と波数 k に, 比例し, それぞれ $E = \hbar\omega$ および $p = \hbar k$ ($\hbar$:還元プランク定数) と与えられる. この考えを電子にも適用すれば, E/p が位相速度, dE/dp が群速度を与えることになる. ド・ブロイは粒子の速度が群速度, 波動の速度が位相速度と, それぞれ別の速度で与えられること, そして特殊相対論の分散関係によれば群速度と位相速度は互いに反比例することを用いて 2 つの変分原理の間に矛盾がないことを示し, 物質波の存在を提案したのであった. 興味のある諸君は, 特殊相対論の分散関係 $E = \sqrt{m^2 c^4 + c^2 p^2}$ (m:粒子の質量, c:光速) を用いて, 位相速度と群速度が互いに反比例することを確かめてみるとよい.

(末光眞希)

11.8.4 定在波 (1):弦の振動

ここで $\omega' = \omega$, $k' = -k$ の場合を考えよう. 式 (11.101) と式 (11.102) はそれぞれ

$$u = A(x,t)\sin\left(-\omega t + \frac{\delta_0 + \delta_0'}{2}\right) \tag{11.107}$$

$$A(x,t) = 2a\cos\left(kx + \frac{\delta_0 - \delta_0'}{2}\right) \tag{11.108}$$

と与えられる. 式 (11.103) より群速度 v_g は 0 となり, 波束は進行しない. このように進行しない波束のことを**定在波** (standing wave, stationary wave) とよぶ.

定在波の例として, 図 11.16 (a) で示すように, 長さ l, 線密度 σ の弦の両端を固定して張力 T で引っ張る場合を考えよう. 弦の左端を $x = 0$, 弦の右端を $x = l$ とする. 弦の運動を表す波動関数は波動方程式 (11.81) の ρ_w を σ に置き換えたものに従うが, ここでは弦の両端が**固定端** (fixed end) であるため, $u(0,t) = 0$, $u(l,t) = 0$ という境界条件を満足しなければならない.

$u(x,t)$ の形として, 式 (11.107) と式 (11.108) を併せたものと同等であって, かつ $x = 0$ で 0 であるという条件を満たすものとして

$$u(x,t) = a\sin(kx)\cos(\omega t + \delta) \tag{11.109}$$

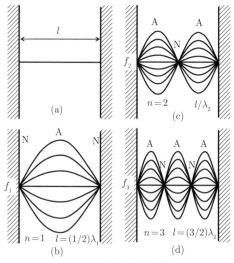

図 11.16 両端固定の弦の定在波.

を考える. ただし $2a$ をあらためて a と置いた. 式 (11.109) では, 境界条件 $u(0,t) = 0$ はすでに満たされている. また $u(l,t) = 0$ より

$$a\sin(kl)\cos(\omega t + \delta) = 0 \tag{11.110}$$

を得るが, これが t によらず常に成り立つためには波数 k が

$$k_n l = n\pi \quad (n:\text{正の整数}) \tag{11.111}$$

で決まる k_n のいずれかに等しくなければならない. 波数 k が式 (11.111) を満たすとすると, 角振

動数 ω も下記を満たさねばならない.

$$\omega_n = vk_n = \frac{n\pi v}{l} \tag{11.112}$$

ただし v は $\sqrt{T/\sigma}$ で与えられる波の伝播速度である．こうして両端固定の弦の波動関数として次式を得る.

$$u_n(x,t) = a_n \sin\left(\frac{n\pi}{l}x\right)\cos\left(\frac{n\pi v}{l}t + \delta_n\right) \tag{11.113}$$

ここで，n は正の整数，a_n と δ_n は初期条件で決まる定数である.

11.8.5 定在波 (2)：管の中の空気振動

次に管の中の空気振動の様相（気柱の振動）を調べてみる．弦は両端を固定しなくては形を保てないが，柱状容器に入った空気の場合には容器の口を開いても外の空気が押さえになって形を保ち，空気柱としての振動が存在しうる．この開口部では**自由端** (free end) なる境界条件が可能となる．開口部における境界条件を式で表しておこう．空気振動で振動する量は空気の微小部分の位置の平衡位置からの変位 u であるが，変位 u が隣の微小部分のそれと異なれば空気柱に伸び縮みが起こって圧力が変化するので，空気振動には圧力 p の平衡状態の値（大気圧）p_0 からのずれの振動も伴う．空気柱を体積弾性率 K の弾性体とみなせば，式 (10.11) より，変位による体積変化と圧力の間には $p - p_0 = -K(\partial u/\partial x)$ の関係が成立する．この $p - p_0$ は音圧とよばれる．もし管の端が閉じていれば，管の端で空気は動くことができないので，端における変位 u は常に 0 である．もし管の端が開いていれば，開いた端で空気は動くことはできるが，空気の圧力 p は大気圧 p_0 に等しくなければいけない（音圧は 0 でなければならない）ので $\partial u/\partial x = 0$ となる．これらを境界条件として一端が閉じられた閉管や，両端が開いている開管内の定常波として固有振動が求まる.

いま，管の長さを l，気体の密度を ρ，気圧を p，定圧定積比熱の比を γ とするとき，空気中を伝播する音速 V は式 (11.47) と式 (11.54) より $\sqrt{\gamma p/\rho}$ と与えられる．このとき，定在波の波長を λ，振動数を f とすると，両端開きと一端開き，それぞれの管における振動は下記のようになる.

(1) 開管（両端開き）

$$k_n l = n\pi, \qquad f = \frac{V}{\lambda_n} = \frac{k_n}{2\pi}\sqrt{\frac{\gamma p}{\rho}} = \frac{n}{2l}\sqrt{\frac{\gamma p}{\rho}}$$

(2) 閉管（一端開き）

$$k_n l = \frac{(2n-1)\pi}{2}, \qquad f = \frac{V}{\lambda_n} = \frac{k_n}{2\pi}\sqrt{\frac{\gamma p}{\rho}} = \frac{2n-1}{4l}\sqrt{\frac{\gamma p}{\rho}}$$

図 11.17 はそれぞれの管中における基準振動（基本振動と倍振動）の例を示したものである．図 11.1 と同様，縦方向の変位を横方向に移し替えていることに注意されたい．図 11.17 にあるような開口端の振動の腹は実際には開口端より外側にあり，その位置は，半径 r の円管の場合，$0.6r$ 外側になる．これを**開口端補正** (open end correction) という.

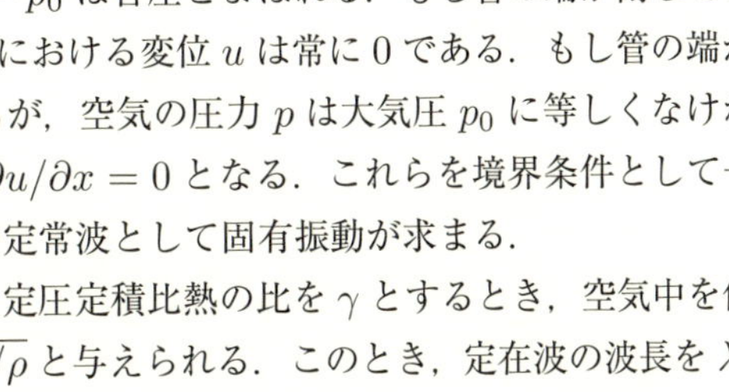

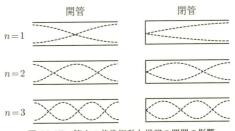

図 11.17 管中の基準振動と端部の開閉の影響.

11.8.6 固有振動と共鳴

図 11.16 や図 11.17 ではそれぞれ弦および管中の気体における $n = 1, 2, 3$ の振動を示した．それぞれの振動において振動していない部分を**節** (node：N)，振幅が最大となる部分を**腹** (antinode：

230　第 11 章　波動

A) とよぶ. n によって指定される振動を**固有振動**, その角振動数 ω_n を**固有角振動数**という. 特に $n = 1$ を**基本振動**とよび, $n \geq 2$ を**倍振動**とよぶ. n 倍振動の固有角振動数 ω_n は, 次に弦の場合について示すように**基本角振動数**の n 倍である.

$$\omega_n = vk_n = \frac{n\pi v}{l} = \frac{\pi n}{l}\sqrt{\frac{T}{\rho}} \tag{11.114}$$

これを振動数で表すと次式となる.

$$f_n = \frac{n}{2l}\sqrt{\frac{T}{\rho}} \tag{11.115}$$

　固有振動数はその系が特異的に振動しやすい振動数である. 8.3 節の強制振動で学んだように, 固有振動数に近い振動数の外力が作用すると, 系はそのエネルギーを吸収し, 大きな振幅で振動する. これが**共鳴**である. 例えばタンパク質の分子は一群の固有振動数で赤外線を強く共鳴吸収するから, 赤外吸収スペクトルから分子を同定することができる. 共鳴現象は電波を発生させる発振回路にも用いられる. 一方, 建物, 橋, 機械といった構造物にあって共鳴現象は共振とよばれ, 異常振動につながってたいへん危険である. このように系の固有振動数を知ることは, さまざまな意味でたいへん重要である.

音楽と物理：純正律／平均律のうなり

　音の振動数は人間の耳に聞こえる音の高さに対応する. じつは (11.115) 式の n を変化させることで, 音楽で用いる音階を作ることができる. 例えば, $n = 1$ の音をドとすると $n = 2$ はオクターブ上のド, $n = 3$ はその上のソ, $n = 4, 5, 6$ は 2 オクターブ上のドミソの音となる. このようにして作られる音階を純正律という. 純正調はドミソの和音の周波数比が 4:5:6 となり, うなりのない美しい和音を奏でることができる.

　しかし純正律の大きな欠点は転調（例えば八長調からト長調）させたときにこの 4:5:6 の整数比が崩れてしまうことである. ト長調でドミソ（八長調で言うとソシレ）を奏でようとすると, 八長調できれいに響いたドミソの和音がト長調では濁ってしまうのである. この問題を解決するために考え出されたのがピアノなどで今日用いられる平均律である. 平均律では 1 オクターブ（周波数 2 倍）の中に存在する 12 個の半音の音程（周波数比）がすべて同一になるように調律する. したがって半音の周波数比は 2 の 12 乗根である. 平均律はドミソの和音の周波数比が 4:5:6 にならないという犠牲を払うことにより, どんな調でも同じ和音の響きが得られるようにしたものである.

　純正律と平均律の違いは耳で確かめることができる. 例えば両者のドの音の振動数をそろえたとき, その上のミの音は, 純正律では $5/4 = 1.25$ 倍, 平均律では $2^{1/3}$ 倍の振動数をもつから, 2 つのミの音を同時に慣らすとうなりが生じる. 例えばドの振動数を 261 Hz にそろえたとすると, 2 つのミの音の間に生じるうなりの周波数は $\Delta f = (2^{1/3} - 1.25) \times 261\,\mathrm{Hz} = 2.6\,\mathrm{Hz}$ となるから, これは人間の耳ではっきりと識別することができる.

（末光眞希）

11.8.7　フーリエ分解

　両端固定の長さ l の弦の運動の一般解は, 重ね合わせの原理から式 (11.113) で表される調和波の解を加え合わせた関数

$$u(x, t) = \sum_{n=1}^{\infty} a_n \sin\left(\frac{\pi n}{l}x\right)\cos\left(\frac{\pi v n}{l}t + \delta_n\right) \tag{11.116}$$

で与えられる. a_n と δ_n の値の組は初期条件から求められる. 式 (11.116) において, ある時刻 t_0

における弦の波形が $u(x, t_0) \equiv f(x)$ で与えられるとすると,

$$f(x) = \sum_{n=1}^{\infty} A_n \sin\left(\frac{\pi n}{l} x\right) \tag{11.117}$$

$$A_n = a_n \cos\left(\frac{\pi v n}{l} t_0 + \delta_n\right) \tag{11.118}$$

を得る．一方，フーリエの定理より，周期 $2l$ の周期関数 $f(x)$ は一般に

$$f(x) = \frac{A_0}{2} + \sum_{n=1}^{\infty} \left[A_n \sin\left(\frac{\pi n}{l} x\right) + B_n \cos\left(\frac{\pi n}{l} x\right)\right] \tag{11.119}$$

のように表すことができるが，式 (11.117) は，まさにその一例となっている．式 (11.119) の右辺の無限級数を**フーリエ級数**といい，$f(x)$ が与えられたときにこのような級数に展開することを**フーリエ展開**あるいは**フーリエ分解**という．フーリエ分解の効用は，初期の波形 $u(x,t_0)$ を与えるとすべての A_n が定まることにより，式 (11.116) によって任意の時刻 t の波形が表されることである．図 11.18 は周期 T の矩形波をフーリエ分解した例である．図のような矩形波であっても，基本波の奇数高調波の和（数学的には無限級数）を用いて表すことが出来る．図 11.15 で述べたフーリエ変換は弦の長さ l を無限大にし，周波数 $\pi v/l$ の間隔で離散していた級数の代わりに連続関数としたものに対応する．

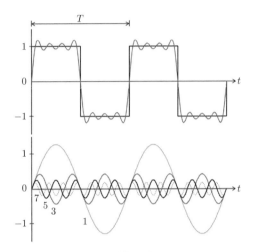

図 11.18 定在波のフーリエ分解の例.
上段の近似曲線は下段の $n = 1, 3, 5, 7$ の正弦波の和.

例題 11.8-2　2 つの波の干渉

反対方向に同時に進行する 2 つの波の波動関数が以下のように与えられている．

$$y_1 = 4\sin(3x - 2t), \qquad y_2 = 4\sin(3x + 2t)$$

ここで x と y の単位は cm，t の単位は秒である．以下の問に答えよ．
(1) $x = 2.3\,\mathrm{cm}$ における波の最大変位を求めよ．
(2) 節および腹の位置を求めよ．

解 (1) 2 つの波を

$$y_1 = A\sin(kx - \omega t), \quad y_2 = A\sin(kx + \omega t)$$

とすると，$A = 4\,\mathrm{cm}$，$k = 3\,\mathrm{cm}^{-1}$，$\omega = 2\,\mathrm{rad\cdot s^{-1}}$ である．このとき合成波は

$$y = y_1 + y_2 = 2A\sin kx \cos \omega t$$

これより $x = 2.3\,\mathrm{cm}$ における最大変位は $y_{\max} = 8\sin(3 \times 2.3)\,\mathrm{cm} = 4.6\,\mathrm{cm}$ と求められる．

(2) 波数 $k = 2\pi/\lambda = 3\,\mathrm{cm}^{-1}$ より波長は $\lambda = 2\pi/3\,\mathrm{cm} = 2.1\,\mathrm{cm}$ である．

腹は $x = n\lambda/4$ $(n = 1, 3, 5, \cdots)$，節は $x = n\lambda/2$ $(n = 1, 2, 3 \cdots)$ の位置に生じ，これに λ を代入すれば求まる．$n = 1$ の場合，腹と節は原点からそれぞれ $0.52\,\mathrm{cm}$，$1.05\,\mathrm{cm}$ の位置 となる．

問題 11.8-3 次のような場合の弦の横振動によって起こる基本振動の振動数を求めよ．

(1) 長さ $1\,\mathrm{m}$，線密度 $60\,\mathrm{g/cm}$ の銅線を $40\,\mathrm{kg}$ のおもりを下げて張るとき．

(2) 長さ $50\,\mathrm{cm}$，線密度 $50\,\mathrm{g/cm}$ の鋼鉄線を $1000\,\mathrm{N}$ の力で引っ張るとき．

問題 11.8-4 長さ $25\,\mathrm{cm}$（片開き，開口端の補正無視）のパイプを使って，$20\,℃$ で出す基本音の振動数を求めよ．ただし，$20\,℃$ での音速を $343\,\mathrm{m/s}$ とする．

問題 11.8-5 自然長 l_0，バネ定数 k，質量 M，断面積 S の均質なバネを考える．

(1) 自然長 l_0 のこのバネに等価な弾性体の棒のヤング率を求めよ．

(2) 長さ l に引き伸ばしたバネの両端を固定したときのバネの波動方程式を導け．

(3) バネの固有角振動数は引き伸ばしたことにより変わるか．

11.9 波の反射と透過

一様な媒質を伝播している波が別の媒質に入射したときに境界で波が示す振る舞い，すなわち反射と透過は，毎朝覗き込む鏡からインターネットの光通信に至るまで，幅広い分野で我々の生活と関わりの深い物理現象である．

11.9.1 端のある媒質

一端が固定された弦の場合

$x = 0$ で一端を固定され，$x < 0$ の半無限領域に x 軸に沿って張力 T で張られた弦を考える．弦の変位 $u(x, t)$ は x 軸に垂直で小さいものとする．**固定端** $x = 0$ での変位は任意の時刻で 0 なので $u(0, t) = 0$ でなければならない．いま，この弦を固定端 $x = 0$ に向かって右向きに進行する孤立波 $f(x - vt)$ が伝わってきたとする．$t = 0$ では波は $x < 0$ の領域にあるとすると，固定端での境界条件は満たされている．その後，波が固定端に到達して固定端に力を及ぼす．弦は固定端から反作用の力を受けて新しい弦の振動が生まれる．この振動は波となって弦を左向きに伝わっていく．これが波の反射である．入射する波と反射する波を重ね合わせたものが実際の波である．以下でその波動関数の形を求めよう．波動関数の満たすべき条件は t によらずに $u(0, t) = 0$ が成り立つことである．弦の上で波の速さは v であるので，左向きに進む反射波の波動関数は，g を未知の関数として $g(x + vt)$ の形でなければならない．ここまでの考察を式に表すと，$u(x, t) = f(x - vt) + g(x + vt)$ であり，条件 $u(0, t) = 0$ から

$$f(-vt) + g(vt) = 0 \tag{11.120}$$

でなければならない．この条件を満たすことのできる関数 g は f によって

$$g(X) = -f(-X) \tag{11.121}$$

と表されるものである．つまり $Y = g(X)$ は $Y = f(X)$ と原点対称の関係にある．このようにして，求める波動関数は

$$u(x, t) = f(x - vt) - f(-(x + vt)) \tag{11.122}$$

であることがわかった．右辺の第 1 項は入射波で右に進む波，第 2 項は反射波で左に進む波である．

図 11.19 は $t = 0$ で入射した波がその後どのようになるかを $t = 0, t_0, t_1 \cdots$ と順を追って示した

ものである．実線が現実の弦の変位であり，点線は仮想的に考えたそれぞれの波を表している．$t = t_0$ で固定端近傍で式 (11.122) に従って重ね合わせが起こり，実線のような変位となり，その後 2 つの波はそれぞれ右と左に進行していく．しかし時刻 t によらず $u(0, t) = 0$ という境界条件は常に満足される．

図 11.19 では波の伝播をわかりやすくするために，1 回しか振動しない孤立波を用いて説明を行ったが，入射波および反射波が調和波のような連続波の場合でも議論は同じである．いま，入射波を

$$u_1(x, t) = a \sin \left[k(x - vt) + \delta \right]$$

とすると，反射波は

$$u_2(x, t) = -a \sin \left[k(-x - vt) + \delta \right]$$

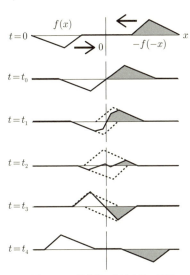

図 11.19 固定端における波の反射．

と与えられ，これら 2 つの波を重ね合わせた合成波は

$$u(x, t) = u_1(x, t) + u_2(x, t) = 2a \sin (kx) \cos (\omega t - \delta) \tag{11.123}$$

となる．この波は弦上のすべての点で角振動数 $\omega (= kv)$ で単振動するが，その振幅 $2a \sin(kx)$ は位置座標 x だけの関数となるため，進行波ではなく定在波となる．先に述べた定在波はこのように，右向きと左向きの進行波を重ね合わせたものと考えることができる．

自由端での反射

端部が自由に動ける自由端での反射も，固定端の場合と同様，境界条件を満たすような左向き進行波を考えることによって理解される．自由端では媒質に何ら力が作用しないので自由に動ける．例えば弦の端部にリングをつけ，そのリングが弦に垂直に立てたポールに沿って自由にすべることができるようになっている場合である．水面と壁の関係も自由端とみなすことができる．自由端における境界条件は変位 u が $\partial u / \partial x = 0$ を満たすことである．これは自由端においては，弦を x 軸と垂直方向に加速する力が作用しないことを意味する．

図 11.19 と同様に，$x = 0$ を自由端とし，左からの入射波 $f(x - vt)$ と右からの反射波 $g(x + vt)$ を考える（図 11.20）．入射波と反射波の合成波を考えると，その満たすべき境界条件は

$$\begin{aligned}
\left[\frac{\partial u(x, t)}{\partial x} \right]_{x=0} &= \left[\frac{\partial}{\partial x} f(x - vt) + \frac{\partial}{\partial x} g(x + vt) \right]_{x=0} \\
&= \left[\frac{df(x - vt)}{d(x - vt)} \frac{\partial (x - vt)}{\partial x} + \frac{dg(x + vt)}{d(x + vt)} \frac{\partial (x + vt)}{\partial x} \right]_{x=0} \\
&= \left[\frac{df(x - vt)}{d(x - vt)} + \frac{dg(x + vt)}{d(x + vt)} \right]_{x=0}
\end{aligned} \tag{11.124}$$

ここで $vt = s$ とすると，求めるべき境界条件として

$$\left[\frac{\partial u(x, t)}{\partial x} \right]_{x=0} = \frac{-df(-s)}{ds} + \frac{dg(s)}{ds} = 0 \tag{11.125}$$

を得る．この式を s で積分すると $-f(-s) + g(s) + c = 0$ となるが，さらに積分定数 $c = 0$ が $t = 0$

における波の形から要請されるから，境界条件が成立するためには結局 $g(s) = f(-s)$ でなければならない．よって

$$u(x,t) = f(x-vt) + f(-x-vt) \quad (11.126)$$

を得る．反射波は $x > 0$ の領域から入射波と同じ符号の変位をもちながら $x < 0$ の方向へ進んでくる．

自由端では入射波と反射波が同じ符号で強め合うので，図 11.20 で示すように，$x = 0$ で変位の振幅が 2 倍になる．海や湖の波が防波堤などの堤防にぶつかるとき，防波堤での波の挙動はこの自由端と同じである．したがって防波堤の波は遠くにあるときの波の高さの 2 倍の高さになるので，非常に大きな波が堤防上に押し寄せ，人が波にさらわれることがよく起きる．

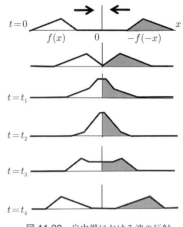

図 11.20　自由端における波の反射．

11.9.2　異なる媒質の境界

波が固定端や自由端に入射した場合は反射だけが生じたが，波が，波の伝播速度の異なる材質に入射した場合は，反射に加えて透過が生じる．今，線密度 ρ_{w1}, ρ_{w2} の 2 種類の半無限の弦が，$x = 0$ でつながれ，張力 T で張られているとき，左側から入射した波がつなぎ目 $x = 0$ でどのように反射，透過するかを調べてみよう（図 11.21）．

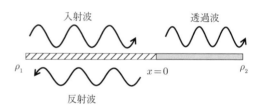

図 11.21　異なる材質の弦の接合点における波の伝播．

$x < 0$ の領域では入射波と反射波からなる変位 u_1 が，$x > 0$ の領域では透過波の変位 u_2 が生じる．それぞれの領域に波数 k_1 および k_2 の波が付随するとすると，u_1 および u_2 は

$$\begin{aligned}u_1(x,t) &= a_1 \sin(k_1 x - \omega t) + b_1 \sin(-k_1 x - \omega t + \delta_1) \\ u_2(x,t) &= a_2 \sin(k_2 x - \omega t + \delta_2)\end{aligned} \quad (11.127)$$

と与えられる．第 1 式右辺の第 1 項は入射波を，第 2 項は反射波を，第 2 式右辺は透過波を表す．δ_1, δ_2 はそれぞれ反射，透過に伴う位相変化である．ここで角振動数 ω は入射波，反射波，透過波すべてに共通することに注意されたい．さらに $v_i = \sqrt{T/\rho_{wi}}$ ($i = 1, 2$) を用いると波数 k_1 および k_2 は

$$k_1 = \frac{\omega}{v_1} = \omega\sqrt{\frac{\rho_{w1}}{T}}, \qquad k_2 = \frac{\omega}{v_2} = \omega\sqrt{\frac{\rho_{w2}}{T}} \quad (11.128)$$

で与えられる．

反射波と透過波に関する未定定数 b_1, δ_1 と a_2, δ_2 は $x = 0$ での境界条件によって決まる．つながれた弦においては $x = 0$ での変位が連続であることから，

$$u_1(0, t) = u_2(0, t) \quad (11.129)$$

である．また x 軸に垂直な張力の成分も連続であるので

$$T\left(\frac{\partial u_1}{\partial x}\right)_{x=0} = T\left(\frac{\partial u_2}{\partial x}\right)_{x=0} \quad (11.130)$$

となり，以下を得る．

$$a_1 \sin(-\omega t) + b_1 \sin(-\omega t + \delta_1) = a_2 \sin(-\omega t + \delta_2)$$
$$k_1 a_1 \cos(-\omega t) - k_1 b_1 \cos(-\omega t + \delta_1) = k_2 a_2 \cos(-\omega t + \delta_2)$$
(11.131)

ここで，任意の t でこの式が常に成立するためには $\delta_1 = \delta_2 = 0$，かつ

$$a_1 + b_1 = a_2$$
$$k_1 a_1 - k_1 b_1 = k_2 a_2$$
(11.132)

でなければならない．これより式 (11.128) を考慮すると

$$b_1 = \left(\frac{k_1 - k_2}{k_1 + k_2}\right) a_1 = \frac{\sqrt{\rho_{w1}} - \sqrt{\rho_{w2}}}{\sqrt{\rho_{w1}} + \sqrt{\rho_{w2}}} a_1$$
$$a_2 = \left(\frac{2k_1}{k_1 + k_2}\right) a_1 = \frac{2\sqrt{\rho_{w1}}}{\sqrt{\rho_{w1}} + \sqrt{\rho_{w2}}} a_1$$
(11.133)

を得る．以上のことから次のようなことがわかる．

(1) $\rho_{w1} > \rho_{w2}$ ならば b_1 と a_1 は同符号であり，反射のとき位相は変わらない．特に $\rho_{w1}/\rho_{w2} \to \infty$ ($\rho_{w2} \to 0$) の極限は $x = 0$ での自由端に相当する．（$x = 0$ では何の力も作用せず，自由に変位できる．）

(2) $\rho_{w1} < \rho_{w2}$ ならば b_1 と a_1 は異符号であり，反射のとき位相が π だけ変化する．特に $\rho_{w1}/\rho_{w2} \to 0$ ($\rho_{w2} \to \infty$) の極限は $x = 0$ での固定端に相当する．

(3) $\rho_{w1} = \rho_{w2}$ ならば $b_1 = 0$ となって反射は起こらず，波はそのまま通過する．ただし以上の考察からわかるように，反射が起こらないのは $\rho_{w1} = \rho_{w2}$（左右の媒質が同じ物質）の弦に限ることではなく，左右の媒質において波の速度が同じであればよい．これらはマイクロ波導波管の接続などで重要な性質である．

弦の単位長さあたりのエネルギーの時間平均は $\rho_w a^2 \omega^2/2$ で与えられるから，この波が速度 v で伝播するとき，弦上の一点を振動の周期 T に比べて十分に長い時間 Δt の間に通過する波のエネルギーは，長さ $v\Delta t$ の弦がもつエネルギーとして $\rho_w \omega^2 a^2 v \Delta t/2$ で与えられる．したがって反射率 R は反射波と入射波が運ぶエネルギーの流れの比として式 (11.133) を用いて，

$$R = \frac{\rho_{w1} v_1 \omega^2 b_1^2/2}{\rho_{w1} v_1 \omega^2 a_1^2/2} = \frac{b_1^2}{a_1^2} = \left(\frac{k_1 - k_2}{k_1 + k_2}\right)^2$$
(11.134)

と与えられる．一方，透過率 D は

$$D = \frac{\rho_{w2} v_2 \omega^2 a_2^2/2}{\rho_{w1} v_1 \omega^2 a_1^2/2} = \frac{\rho_{w2} v_2 a_2^2}{\rho_{w1} v_1 a_1^2} = \frac{k_2}{k_1}\left(\frac{2k_1}{k_1 + k_2}\right)^2 = \frac{4k_1 k_2}{(k_1 + k_2)^2}$$
(11.135)

と求められる．式 (11.134)，式 (11.135) を用いると反射率と透過率の和は

$$R + D = 1$$

となるが，これはエネルギー保存則にほかならない．

問題 11.9-1 振幅が A, B で振動数と波長の等しい 2 つの正弦波が反対方向に進んで，出会うときに生ずる波は振幅 $A + B$, $A \sim B$ の 2 つの定常波の重なったものとみなせることを示せ．

236   第 11 章 波動

問題 11.9-2 密度，およびヤング率がそれぞれ ρ_1, E_1, および ρ_2, E_2 であるような 2 本の真っ直ぐな棒 1 と 2 がある，両者は同じ太さで真っ直ぐにつなぎ合わされている．1 から正弦波の縦波が伝わっていくとき，その一部はつなぎ目で反射され，残りが通過していく．反射波と入射波および透過波と入射波の振幅の比を求めよ．それぞれの棒での変位を u_1, u_2 とし，棒の長さ方向に x をとれ．ここで，つなぎ目で連続である（$u_1 = u_2$），および，つなぎ目での応力が等しい（$E_1 \partial u_1/\partial x = E_2 \partial u_2/\partial x$）という境界条件を用いよ．

11.10 空間に広がった波

ここではこれまで導いていないが，光波の波動方程式と波動関数を用いて考える．光波は電磁波であり電磁気学で波動方程式の導出を学ぶため，ここでは詳細な式の導出は示さないが，干渉や回折の現象を数理モデルで**ホイヘンスの原理**（Huygens' principle）により調べる．11.10.1 項では，波の発生源が 1 点であるとき空間に広がる球面波を数式で示す．11.10.2 項以降では，光の平面波がスリットを通過した後にスクリーン上で起こる干渉縞と波の回折について説明する．スリットは平面波の波面に平行においた障壁に極微小な幅で有限な奥行きの長方形の孔として考える．スリット内の波の通過点からそれぞれ球面波が広がるため，ホイヘンスの原理ではスクリーン上の観測部分で到達した球面波の和を調べることによって干渉縞や回折強度を解析できる．

11.10.1 球面波

11.4.3 項の式 (11.55) でも示したように，3 次元空間での波動方程式は

$$\frac{\partial^2 u(\boldsymbol{r},t)}{\partial t^2} = v^2 \left(\frac{\partial^2}{\partial x^2} + \frac{\partial^2}{\partial y^2} + \frac{\partial^2}{\partial z^2} \right) u(\boldsymbol{r},t) \tag{11.136}$$

と与えられる．$u(\boldsymbol{r},t)$ の位相が等しい地点を選び出すと，それは 3 次元空間の中の 1 つの曲面を構成する．図 11.8 でも述べたように，これを波面という．

波の発生源が一点であるとき（点源），波面は球面となり，波の変位は点源からの距離 r（$= |\boldsymbol{r}|$）だけの関数として

$$u(\boldsymbol{r},t) = \frac{1}{r} f(r,t) \tag{11.137}$$

という形で表される．このように球対称な**球面波**（spherical wave）の場合，波動方程式は式 (11.56) にあるように

$$\frac{\partial^2 u}{\partial t^2} = v^2 \left(\frac{\partial^2 u}{\partial r^2} + \frac{2}{r} \frac{\partial u}{\partial r} \right) \tag{11.138}$$

となるので，これに式 (11.137) を代入して

$$\frac{\partial^2 f}{\partial t^2} = v^2 \frac{\partial^2 f}{\partial r^2} \tag{11.139}$$

を得る．この解は容易に

$$f(r,t) = A \cos(kr - \omega t - \alpha) \tag{11.140}$$

と求められるから，結局

$$u(\boldsymbol{r},t) = \frac{A}{r} \cos(kr - \omega t - \alpha) \tag{11.141}$$

を得る．これが球面波である．

問題 11.10-1 $x = r\sin\theta\cos\varphi$, $y = r\sin\theta\sin\varphi$, $z = r\cos\theta$ を用いて式 (11.138) を導出せよ．

11.10.2 平面波とダブルスリットによる干渉縞

ここでも光の波を考える．光の**平面波**（plane wave）の波動関数も $u(r,t) = A\cos(kr - \omega t - \alpha)$ で表せる．光波は電磁波であるため A は電場か磁場のベクトルであるが，ここでは具体例として，平面光波の電場が図 11.22 の y 軸方向，磁場は x, y 軸に垂直で紙面手前向きの z 軸方向とすると，平面光波は x 軸方向に進む．電場強度と磁場強度の大きさの比は媒質と環境条件に依存する定数である．ここでは u を光の波動関数とよぶ．

スリットが点光源からずっと離れた位置にあるならば，波面はほぼ平面とみなしてよい．このような波を平面波とよぶ．いま図 11.22 に示したように，平面波が $x < 0$ の領域を x 軸正方向に伝播しているとする．$x = 0$ の y-z 平面には，$y = -h/2$ および $y = h/2$ の位置にスリット S_1，S_2

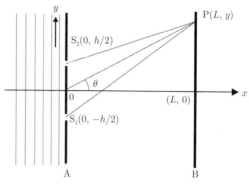

図 **11.22** ダブルスリットによる干渉縞．

が開いた薄い障壁 A があるものとする．障壁 A に到達した平面波は，S_1，S_2 を新たな波源として $x > 0$ の領域に波をつくる（ホイヘンスの原理）．いま $x = L$ にスクリーン B があるとして，この上に到達する波の振る舞いを考察しよう．スクリーン上の点 P (L, y) における波の波動関数 u は，波源 S_1，S_2 から点 P に伝わった波動関数 u_1，u_2 の和として，適当な定数 A を用いて

$$u = A\sin(kr_1 - \omega t - \varphi) + A\sin(kr_2 - \omega t - \varphi) \tag{11.142}$$

と表される．ここに r_1，r_2 はそれぞれスリット S_1，S_2 と点 P の距離である．式 (11.142) は

$$u = 2A\sin\left(\frac{k}{2}(r_1 + r_2) - \omega t - \varphi\right)\cos\left(\frac{k}{2}(r_1 - r_2)\right) \tag{11.143}$$

と変形され，スクリーン B とスリット S_1，S_2 の距離が十分大きいときは $\frac{r_1 + r_2}{2} \cong r$ および $r_1 - r_2 \cong h\sin\theta$ と近似できるから

$$u(r, \theta) = 2A\sin(kr - \omega t - \varphi)\cos\left(\frac{kh}{2}\sin\theta\right) \tag{11.144}$$

を得る．この式から，スクリーン上の波の振幅は θ 依存性をもち，

$$\frac{kh}{2}\sin\theta = n\pi, \quad (n = 0, 1, 2, 3, \ldots) \tag{11.145}$$

のときに最大となり

$$\frac{kh}{2}\sin\theta = \left(n + \frac{1}{2}\right)\pi, \quad (n = 0, 1, 2, 3, \ldots) \tag{11.146}$$

のときに消滅することがわかる．スクリーンの上に生じるこのような波の強弱による縞模様を干渉縞という．式 (11.145) より，$\theta = 0$ は $n = 0$ に対応する解である．$\theta = 0$ から数えて n 番目の最大振幅点（縞）の θ を θ_n とすると，θ_n が十分小さいときのスクリーン上の隣り合う縞と縞の間隔 δ は次式となる．

$$\delta = L\theta_{n+1} - L\theta_n \cong \lambda L/h \tag{11.147}$$

問題 11.10-2 式 (11.147) を導出せよ．

11.10.3 回折

2個のスリットの代わりに幅 d のスリットが1個だけ障壁 A に開いている場合を考える（図11.23）．この場合も，スリット内の任意の点が新たな波源となって，点 P に波を伝搬させるとするホイヘンスの原理を用いる．いまスリット内の微小部分 $y \sim y+dy$ が点 P につくる波の振幅成分を du とすると，適当な定数 A を用いて，du は

$$du = A\sin\{k(r - y\sin\theta) - \omega t - \varphi\}\,dy \tag{11.148}$$

と与えられる．点 P における波動関数 u は du を y について $[-d/2, d/2]$ で積分して

$$u = \int du = Ad\frac{\sin\alpha}{\alpha}\sin(kr - \omega t - \varphi), \quad \alpha = \frac{kd\sin\theta}{2} \tag{11.149}$$

と求められる．u の振幅 $Ad\dfrac{\sin\alpha}{\alpha}$ は $\alpha = 0$ すなわち $\theta = 0$ のときに最大値 Ad をもつ．u の振幅は θ が増大するに伴って減少し，最初に 0 になるのは $\alpha = \pi$ のときである．このときの角度 θ を θ_m とすると，$(kd/2)\sin\theta_m = \pi$ より $\sin\theta_m = \lambda/d$ を得る．したがって幅 d のスリットを通り抜けた平面波は，距離 L だけ進んだスクリーン上で $y = 0$ を中心に，幅 $2 \times L\tan\theta_m \approx 2L\sin\theta_m = 2L\lambda/d$ の拡がりをもつ．これを **波の回折** という．

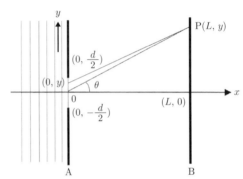

図 11.23　幅 d の単一スリットによる回折．

問題 11.10-3 式 (11.148) を導出せよ．

問題 11.10-4 式 (11.149) を導出せよ．

問題 11.10-5（発展） 11.10.2 項では，2つのスリットによる波の干渉を扱った．このとき，スリット幅は限りなく小さいと仮定した．一方，この 11.10.3 項では，有限の幅 d をもつ1つのスリットによる波の回折を学んだ．有限幅のスリットが2つ並んでいる場合の干渉はどうなるだろうか．図 11.24 のように，$x = 0$ の位置にある障壁に向かって，左側（$x < 0$ の領域）から平面波が伝搬してくる．障壁には $y = -h/2$ および $y = h/2$ の位置に幅 d のスリット S_1, S_2 がある．ただし，$h > d$ である．$x = L$ の位置にあるスクリーン上の点 $P(L, r\sin\theta)$ における波動関数 u を求めよう．

$L \gg h$ とすると，スリット内で y 軸に沿った微小区間 $[y, y+dy]$ にある点を波源とする波による，点 P における波動関数への寄与 du は，式 (11.148) である．

$$du = A\sin\{k(r - y\sin\theta) - \omega t - \varphi\}\,dy$$

点 P における波動関数 u は，スリット S_1 と S_2 を通過した波による波動関数 u_1 と u_2 を求め，点 $P(L, r\sin\theta)$ における波動関数が次式のように表れることを示せ．

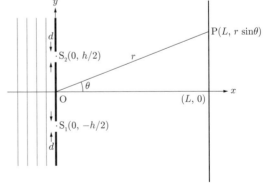

図 11.24

$$u = 2Ad\frac{\sin\alpha}{\alpha}\cos\left(\frac{kh}{2}\sin\theta\right)\sin(kr - \omega t - \varphi), \quad \alpha = \frac{kd}{2}\sin\theta$$

【補足 1】スリット幅 d が非常に小さい場合（$kd \ll 1$），$\sin\alpha/\alpha \simeq 1$ と近似できる．したがって，この場合，式 (11.149) で Ad を A で置き換え $h = d$ であれば式 (11.144) に一致し，波の振幅はスリット幅に比例することがわかる．

【補足 2】スリットからスクリーン上に到達する光波の波動関数 u は電場や磁場の波動関数である．光波エネルギーの流れの時間平均（波の強さ）I は，θ が小さい場合，u^2 の時間平均

$$\overline{u^2} = \frac{1}{2}(2Ad)^2 \left(\frac{\sin\alpha}{\alpha}\right)^2 \cos^2\left(\frac{h}{d}\alpha\right)$$

に比例する．したがって，θ が小さい場合には，次式となる．

$$I(\theta) = I(0)\left(\frac{\sin\alpha}{\alpha}\right)^2 \cos^2\left(\frac{h}{d}\alpha\right), \qquad \alpha \approx \frac{kd}{2}\theta \approx \frac{kd}{2L}y \tag{11.150}$$

ただし，y はスクリーン上の点 P の y 座標である．この式で与えられる $I(\alpha)$ を α の関数として描くと図 11.25 の実線のようになる．$h/d = 2$ と $h/d = 5$ の場合を示す．スリットの間隔 h に比べて幅 d が小さいほど多くの干渉縞が現れるが，測定装置の分解能が十分高ければ多い干渉縞を観測できる．図 11.25 中の破線は $(\sin\alpha/\alpha)^2$ を表し，それは $\cos^2(h\alpha/d)$ で表される．干渉縞の強度が場所によって変化する様子を示す．隣り合う干渉縞ピークの間隔は $\cos^2(h\alpha/d)$ が 1 となる α の差 $\Delta\alpha$ を用いると $h\Delta\alpha/d = \pi$ で，それを y 座標に変換すると，$\Delta y = 2\pi L/hk = \lambda L/h$（$\lambda$ は波長）となる．

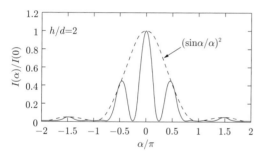 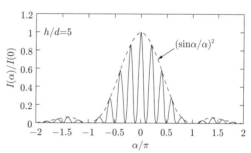

図 11.25 ダブルスリット間隔 h とスリット幅 d の比に依存する干渉縞の変化

波の回折と不確定性原理

図 11.23 のように x 方向に進む平面波が幅 d のスリットを通過した後に光の波が y 方向に拡がるということは，波数 $\boldsymbol{k}$ が波の進行方向と波数の大きさを表すベクトル量であることから，$x < 0$ では 0 であった波数 $\boldsymbol{k}$ の y 成分が $x > 0$ においては有限の値をもつことを意味している．そこで上に述べた波の拡がり角 θ_m が k_y の値の拡がり幅 $k_x \tan\theta_m$ に対応すると考える．ここで $k_x = 2\pi/\lambda$，$\tan\theta_m \sim d/\lambda$ を用いると，k_y の拡がり幅は $2\pi/d$ である．Δk_y をスクリーン上の強度分布のもつ統計的な波数分布の拡がりで定義すると，そのオーダーは $\Delta k_y \sim 1/d$ である．光の波がスリットを出た直後の y 方向の拡がり d を Δy と記すと，このように，波の位置の拡がりと波数の拡がりの程度に関して

$$\Delta y \cdot \Delta k_y \sim 1$$

を得る．

量子力学では粒子の位置は，粒子の波動関数とよばれる複素数の波の絶対値の自乗によって，その存在確率が与えられる．波動関数の波数 $\boldsymbol{k}$ はその波動関数が記述する粒子の運動量 $\boldsymbol{p}$ と，プランク定数 h（$= 6.626 \times 10^{-34}$ J·s）とよばれる自然定数を用いて $\boldsymbol{p} = (h/2\pi)\boldsymbol{k}$ なる関係で結びつけられる．波数の指定された波は調和波であって空間全体に拡がっているから，運動量の確定した粒子の波では粒子の位置が全く定まらない．空間的に限られた

範囲に局在する波は波数の異なる調和波の重ね合わせであるから，粒子の波の存在範囲が限られていると運動量は正確に定まらず，拡がりが生じる．このように粒子の位置と運動量を同時に確定することはできず一般にそれぞれに不確定さがある．ハイゼンベルク（Heisenberg）が量子力学の基本的な原理として提唱した不確定性原理は，量子力学の揺籃期に物質波の波動関数を存在確率に結びつける過程で生まれたものである．

運動量と波数の関係と上の式より

$$\Delta y \cdot \Delta p_y \sim h/2\pi$$

を得る．ハイゼンベルクの不確定性原理の式は $\Delta y \cdot \Delta p_y \geq h/4\pi$ であり，上の式とは右辺が少し異なるが，この原理が物質波の波動現象に由来するものであることは理解できるであろう．　（海老澤丕道）

第12章
流体の基本特性

12.1 流体を学ぶ意義とは

　気体や液体のように流動性をもつ物質を，固体に対して流体という．一般的には物質系を構成している要素（原子・分子あるいは粒子など）が互いの位置を変える，すなわちマクロな視点から見てその形状を容易に変える物質を流体と考えてもよい．

　身の回りにある物質の性質を知ることで，人類は産業上有用な技術を手に入れてきた．これまで学んだ固体の力学的性質から建物設計や土木工事，自動車や航空機や工作機械などさまざまな構造物や機械の設計が可能となった．一方，流体の力学的性質を知って流体の運動を予測する流体力学は，航空機の翼やプロペラや船舶の形状，自動車のエンジンや発電用のタービンなどの流体機械，化学プラントの設計等，そして最近ではバイオテクノロジーや医用工学分野に至るまでの広汎なテクノロジーの基礎となっている．本章では流体力学のベースとなる連続体に適用できるニュートン力学の基礎と実験的に得られた流体の性質を表す経験則を学び，実際の例に適用してみよう．

　第10章で説明したように，固体には外力によって変形し，外力を除去すると元の形状に戻る弾性体としての性質があるが，そのような固体も非常に大きな力（降伏応力以上の力）を加えると，永久的な変形が起こり元の形状に戻らなくなる．また，降伏応力よりも小さな力であっても長時間にわたって加えたまま放置すると形状が変わっていることがある．その変形の時間スケールは日常生活の秒分といったオーダから氷河や地殻などの変形をもたらすはるかに長い時間スパンまで何桁もの違いがある．このような場合，固体も一種の流体として取り扱うことがあるので，ただ触って固いとか，さらさらしているといった感触で流体を定義するものではない．しかし本章では流体についての理解を容易にするために，流体の例として空気（気体）や水（液体）を主な対象として取り扱うことにする．

　固体は構成する原子・分子が密に結合し，その相対位置を容易には変えないのに対し，液体や気体を構成する原子・分子は容易にその相対位置を変え，変形する．しかし，単位体積当たりの質量（密度）は水（H_2O）でみると，固体の氷と液体の水でほとんど変わらない．これは，液体は流動性があるといっても分子相互の距離が固体の場合とほぼ同じで，それぞれ特有の結合力（ファンデルワールス力，水素結合力，イオン結合力，金属結合力等）がはたらいて，原子・分子同士が互いに引きあって密に接しているためである．気体の体積は，同じ質量当たりの体積を液体と比べると，例えば標準状態の水と水蒸気で比較すると，約1700倍大きくなる．したがって気体では分子同士が相対的にすべって動くというよりは，ある距離をおいて飛び回っているという表現がふさわしい．表12.1に各種の物質の密度や原子密度の例を示す．小さな液滴を作ると，そのまわりの気体分子との分子間引力より液体中の分子間引力が強く，同一体積で表面積が最小となる球体を作るが，気体は容器に入れるか，強い重力で引っ張っておかないと拡散してしまう．

　上述のように気体中では原子・分子が衝突しながら飛び回っており，液体では密接している原子・分子が容易にすべって位置交換するために，固体のように引張りやせん断の外力による変形に抗することなく，気体には縦弾性係数（ヤング率）や剛性率といった変形を起こす応力の係数は定義さ

表 12.1 各種物質における密度および原子密度

物質名	状態	密度 (kg·m^{-3})	原子（分子）密度 (m^{-3})
銅	固体	8.92×10^3	8.45×10^{28}
金	固体	19.34×10^3	5.91×10^{28}
氷	固体	0.917×10^3	3.07×10^{28}
水	液体	1.00×10^3	3.34×10^{28}
水銀	液体	13.60×10^3	4.08×10^{28}
酸素	気体*	1.43	2.69×10^{25}
水素	気体*	8.99×10^{-2}	2.70×10^{25}

* 密度は標準状態（0℃，1気圧）のもの

れない．しかし液体では凝集力は固体に比べれば弱くても原子間隔はほぼ同じで，体積変化に必要な応力の係数，すなわち体積弾性率は有限である．また気体では原子間距離が液体や固体よりも大きいためボイル・シャルルの法則（$PV = nRT$）により，温度一定ならば圧力と体積は反比例するので体積変化への応力の係数は存在する．

12.2 流体中の力

静止している流体を**静止流体**（static fluid）というが，静止流体内にはたらく応力は図 12.1 のように応力が作用する面に垂直な法線応力で，かつ圧縮応力（圧力）のみである．引張応力が作用する場合，そこで流体は剥離して

図 12.1 流体内に作用する力．

しまうし，せん断応力が作用する場合，そこで流体の運動，すなわち流れが発生してしまう．このような運動する流体におけるせん断応力については，後の節で記述する．

12.2.1 静止している流体内に作用する力

静止流体内のある座標における圧力について考えよう．圧力は想定する面に垂直に作用する応力である．静止流体内のどの点においても，圧力は考える面の向きによらず同じ値になることを以下に示そう．図 12.2 に示すように，xy 平面，yz 平面，zx 平面に接した微小な三角柱を考える．その x, y, z 方向の辺長をそれぞれ $\varepsilon a, \varepsilon b, \varepsilon c$ とする．ε は三角柱の向きを変えずに相似形で大きさを調節するパラメータである．重力は z 軸負の方向にか

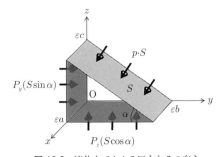

図 12.2 流体中でかかる圧力とその向き．

かっているものとする．三角柱の斜面と xy 平面のなす角を α とし，斜面の面積を $S(= \varepsilon^2 ab/\cos\alpha)$ とする．下面，左面，斜面に作用する圧力を p_z, p_y, p とし，この流体の密度を ρ，三角柱の体積を $V(= \varepsilon^3 abc/2)$ とする．x 方向の手前面と奥の面は x 軸に垂直であるから，両面に作用する圧力による力は y 方向，z 方向の力には影響しない．三角柱に作用する力のつり合いは，y 方向，z 方向それぞれ以下のようになる．

$$p_y(S\sin\alpha) - (pS)\sin\alpha = 0$$
$$p_z(S\cos\alpha) - (pS)\cos\alpha - \rho Vg = 0 \tag{12.1}$$

$$\therefore \quad p_y = p, \ p_z - p = \frac{\rho g}{\cos\alpha}\frac{V}{S} = \frac{\rho g c}{2}\varepsilon \tag{12.2}$$

この三角柱を無限小にした場合，つまり $\varepsilon \to 0$ の極限では，$p_y = p_z = p$ となる．これは点 O にお

次に図 12.3(a) のように xy 面を水平面として, 静止流体の一部分を, 横幅 a, 奥行き $\varepsilon (\ll a)$, 高さ $\Delta h (\ll a)$ の直方体として考える. 各辺は x, y, z 軸に平行とする. 側面 A と側面 B にかかる x 方向の力はそれぞれ $-p_A \varepsilon \Delta h$ と $p_B \varepsilon \Delta h$ である. 一方, 直方体の上下面にかかる圧力の合力は z 方向なので x, y 方向の力には影響しない. x 方向の力のつり合い条件から $p_A = p_B$ となる. z 座標を変えずにこの直方体の長軸を y 軸に平行においた場合も手前面と奥面で圧力は等しいことがいえるので, 1 つの水平面内では距離が離れていても圧力は一定となる.

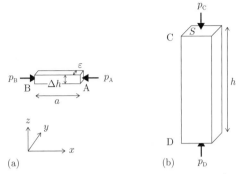

図 12.3 静止流体中で有限体積の物体の面にかかる圧力.

次に, 静止流体の一部を図 12.3(b) のように高さ h の長方形断面 (面積 S) の角柱を考える. この角柱は同じ断面積で微小な高さをもつ薄い流体直方体を z 方向に積層したものとみなせる. 各々の薄い直方体の 4 側面にかかる圧力は同じ水平面内で作用するので合力は 0 となる. よって, 角柱の 4 側面にかかる圧力による水平方向の合力は 0 である. 上面 C, 下面 D にかかる圧力は (a) で述べたようにそれぞれ一定であり p_C, p_D とする. 流体密度を ρ (一定) とすれば鉛直成分の力のつり合いから次式が成り立つ.

$$p_D S = p_C S + \rho h S g \tag{12.3}$$

$$\therefore p_D = p_C + \rho g h \tag{12.4}$$

流体が液体の場合, 仮に面 C が大気圧力 p_0 の液面に接していれば $p_C = p_0$ であり, 静止液体の圧力は深さだけに依存することがわかる.

【補足：パスカルの原理】図 12.4 のように上部が開いた容器に液体が入っているとき, 深さ h における圧力 P は式 (12.4) から次のように求められる.

$$P = P_a + \rho g h$$

ここで ρ は液体の密度であり, g は重力加速度, P_a は大気圧である. したがって液面から深さ h における圧力 P は大気圧よりも $\rho g h$ だけ大きい. もしも低気圧がやってくれば大気圧 P_a が低下するので, それに応じて深さ h における圧力も上式に従って変化する. このように<u>液体中ではある一点における圧力の変化が容器内のすべての場所にそのまま伝わる</u>ことを意味する. この法則は, 提唱したパスカル (Blaise Pascal, 17 世紀フランスの科学者) の名をとり慣習的に**パスカルの原理** (Pascal's principle) とよばれる経験則である.

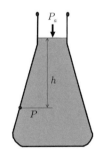

図 12.4

富士五湖のうちの西湖, 精進湖, 本栖湖の水面の標高は山梨県の調査で約 899 m (2019 年 3 月時点) で数十 cm の差はあるがほぼ一致する. 図 12.5(a) はその様子を描いたものである. パスカルの法則を元に三湖が自然の細い地下水路でつながっているためと考えられている.

パスカルの法則の応用例として油圧ジャッキがある. 図 12.5(b) のような直径の異なる 2 つのシリンダーを考える. 左側のシリンダー (断面積 S_1) に取り付けたピストンに人が乗ることで力 F_1 を加えたとき, 左側シリンダー内の圧力が $p_1 (= F_1/S_1)$ であればピストンに作用する力とつり合う. パスカルの法則によりシリンダー内の圧力は同じ深さでは等しい. 一方, 右側の直径の大きなシリンダー (断面積 S_2) に取り付けたピストンの上にマンモスが乗ることで力 F_2 を加えたとき, 圧力が $p_2 (= F_2/S_2)$ であればピストンに作

用する力はつり合う．ここで剛体の管を用いて2つのシリンダーの底を接続したとき，静止流体のパスカルの法則により管内の圧力も両側のシリンダー内の圧力も同じ深さでは等しい．すなわち両方のピストンに作用する力のつり合いは $p_1 = p_2$ で起こる．そのため力の比 F_2/F_1 は面積の比 S_2/S_1 に等しくなる．この比を大きくとれば，人力でマンモスや自動車などを持ち上げる油圧ジャッキを作ることができる．

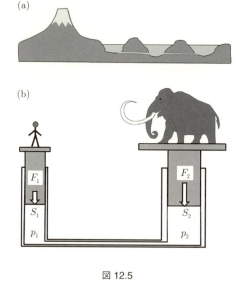

図 12.5

12.2.2 静止流体中の物体が受ける力（浮力）

　静止した流体中にある物体は周囲の流体から受ける圧力の合力として鉛直方向上向きの力を受ける．これを浮力という．物体が受ける浮力の大きさは，その物体を周囲と同じ流体で置き換えたときにそれに作用する重力に等しい．これを**アルキメデスの原理**（Archimedes' principle）という．

　図 12.3(b) のような高さ h の角柱物体が静止流体の中にある場合を考える．この角柱の側面に作用する流体の圧力による合力の水平成分はつり合いの条件によって 0 である．鉛直成分は上向きに $p_D S - p_C S$ なので，式 (12.3) より

$$\text{浮力} = \text{圧力の合力の鉛直成分} = p_D S - p_C S = \rho h S g \tag{12.5}$$

となる．右辺は物体を周囲と同じ流体で置き換えたときにその流体に作用する重力から来ている．すなわち角柱状物体が押しのけた物体と同体積の流体に作用する重力と同じ大きさである．

　上記のことを，流体が液体である場合の位置エネルギーで考えてみよう．上記の角柱物体を同じ断面形状と断面積をもつ h より深い容器に満たした液体中の角柱の底が位置 z（$z < L - h$，容器の底を $z = 0$，液面の高さ $z = L$）にある状態を考える．液体の密度を ρ_0，物体の密度を ρ，物体の体積を $V = Sh$ として，角柱物体と容器内液体の全位置エネルギーを U とすると，

$$\begin{aligned} U &= \int_0^z \rho_0 Sgz\,dz + \rho Shg\left(z + \frac{h}{2}\right) + \int_{z+h}^L \rho_0 Sgz\,dz \\ &= \frac{1}{2}\rho_0 Sgz^2 + \rho Shg\left(z + \frac{h}{2}\right) + \frac{1}{2}\rho_0 Sg\{L^2 - (z+h)^2\} \\ &= (\rho - \rho_0)Vgz + \frac{1}{2}\rho_0 Sg(L^2 - h^2) + \frac{1}{2}\rho Sgh^2 \end{aligned}$$

となる．右辺第 1 項は物体と液体の密度差と物体の高さに依存し，第 2 項は容器内全液体の位置エネルギーであり，物体の高さによらず一定である．したがって $\rho > \rho_0$ であればこの系の全位置エネルギーは，物体と液体の密度差 $\rho - \rho_0$ と物体の体積および液体中の物体の高さとともに大きくなる．物体に作用する力 F（z 軸正の向き）は位置エネルギーを高さ z で微分すれば求められ，

$$F = -\frac{dU}{dz} = -(\rho - \rho_0)Vg$$

を得る．したがって，$\rho > \rho_0$ であれば力は下向きだが液体の重量分だけ見かけの重さは軽くなる．$\rho < \rho_0$ であれば力は上向きになり浮力が生じる．つまり浮力とは，重いものが軽いものの上にあると不安定であり，これを解消するために両者を入れ替えることで位置エネルギーを下げようとする

力ということになる.

図 12.3(b) では角柱状物体を考えたが，角柱ではない形状の物体でも浮力 F は体積で決まり，$F = -(\rho - \rho_0)Vg$ が成り立つ.

12.2.3 大気の圧力

地球をとりまく大気は地球の引力によって引きつけられている．海面からの高さが増すにつれて空気密度 ρ は薄くなる．地球の半径約 6400 km に比べて大気層の厚さは 500 km 程度と薄いので大気層内の地球の重力加速度 g はここでは一定とする．気圧 p を高さ z の関数 $p = p(z)$ として，高さ $z = h$ における気圧 $p(h)$ を求めよう．ここで図 12.6 のように大気中に高さが dz，断面積が単位面積の円柱を考える．上面と下面の圧力差 dp は

$$dp = -\rho g dz \tag{12.6}$$

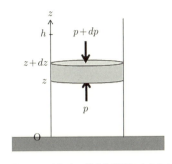

図 12.6 空気中の微小体積柱にかかる力.

となる．空気を理想気体とみなすと，その状態式 $pV = RT$ と $\rho = M/V$ から

$$\rho = \frac{M}{RT} p \tag{12.7}$$

を得る．V と M は 1 モルの気体の体積と質量，R は気体定数（8.31 J/mol·K）である．気温は高さにより変化するが，ここでは一定として考える．式 (12.6) に代入して

$$-\frac{RT}{Mg} \frac{1}{p} dp = dz \tag{12.8}$$

を得る．p_0 を地表の大気圧とし，式 (12.8) の高さ 0 から h までの積分を考えると，

$$-\frac{RT}{Mg} \int_{p_0}^{p(h)} \frac{dp}{p} = \int_0^h dz \tag{12.9}$$

$$\therefore \ln p(h) - \ln p_0 = -\frac{Mg}{RT} h \tag{12.10}$$

これより高さ h における気圧として，次の表式を得る．

$$p(h) = p_0 e^{-(Mg/RT)h} \tag{12.11}$$

例題 12.2-1 ダム壁にかかる力

図 12.7 に示す幅 w のダムの水位（底面からの高さ）が H のとき，ダムの上流側の垂直壁にかかる水圧による x 方向の力の式を導き，$w = 50$ m，$H = 20$ m の時の力を求めよ．

解 垂直壁には大気圧および水圧がかかり，下流側の壁には大気圧がかかっている．大気圧による x 方向の力は相殺されるので，水圧のみを考える．底面から z の高さ（水面から $h = H - z$ の深さ）にある壁にかかる水圧を P とおくと，静止流体の式 (12.4) により，

$$P = \rho g h = \rho g (H - z).$$

垂直壁にかかる水圧による x 方向の力の合計を F とおくと，底面から $[z, z + dz]$ の壁面部分にか

かる力 dF は，その部分壁の面積 $dA = wdz$ より，

$$dF = PdA = \rho g(H - z)wdz$$

となる．よって，力の合計 F は次のようになる．

$$F = \int PdA = \int_0^H \rho g(H - z)wdz = \frac{1}{2}\rho gwH^2$$

$H = 20\,\mathrm{m}$, $w = 50\,\mathrm{m}$ で $F = 9.8 \times 10^7\,\mathrm{N}$ となる．
これは $10000\,\mathrm{ton}$ の重量に匹敵する．

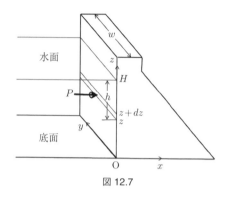

図 12.7

問題 12.2-1 一辺が $1\,\mathrm{m}$ の立方体をバネ秤で水中に吊り下げたところ，水面下で上面が水平のまま静止した．バネ秤の表示は $1000\,\mathrm{kg}$ であった．上面と下面に作用する圧力の差とこの立方体の質量を求めよ．水の密度 $\rho = 1000\,\mathrm{kg/m^3}$ とする．吊り下げに使った器具の水中の体積は無視する．

問題 12.2-2 球形の気球で重量 $100\,\mathrm{kg}$ の荷物を地表から持ち上げるためには，気球に入れるヘリウムは何 $\mathrm{m^3}$ 必要か．地表における空気とヘリウムの密度はそれぞれ $1.2, 0.2\,\mathrm{kg/m^3}$ とする．気球の気体以外の重量は無視する．

問題 12.2-3 水に円錐体を頂点を下向きに入れ，頂点に質量 m のおもりをつけたとする．次の問いに答えよ．水の密度が ρ_w，円錐体は高さが h，体積が V_0，密度が ρ である．おもりの体積は無視してよい．

(1) 水に浮かべる（一部が水面上に出て静止する）ためには m の上限 m_max はいくらか．
(2) $m < m_\mathrm{max}$ のとき，水中に沈む高さ h' を求めよ．

問題 12.2-4 空気の温度が高さによらず $0\,°\mathrm{C}$ で一定であるとして，地上の気圧が $1013\,\mathrm{hPa}$ ($1\,\mathrm{hPa} = 10^2\,\mathrm{Pa}$) のとき，高さ $10, 100, 1500, 3000\,\mathrm{m}$ での気圧は各々いくらか．

【補足：気圧の測定方法】

開口マノメータ：密封容器内のガス圧 P の測定方法の一つ．図 12.8(a) のように液体（水銀等，密度 ρ）を入れた U 字管の一端を密封容器に接続し他端を大気に開放している．ガスは液体に溶け込まないものとする．左側液面の圧力は，容器と管内のガス重量を無視すれば P に等しく，$P = P_0 + \rho g h$ となる．
$P - P_0$ をゲージ圧という．医療における血圧測定ではゲージ圧を mm 単位で計る水銀柱高さ h で表し，単位 mmHg ($=$ Torr) が使われる．$1\,\mathrm{Torr} = 133.322\,\mathrm{Pa}$ である．

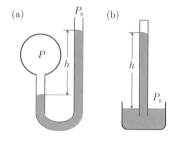

図 12.8

水銀気圧計（トリチェリの発明）：図 12.8(b) のように，一端を閉じた管に水銀を満たして水銀容器に逆さまに立てると，上端部にほとんど真空の領域が生ずる．これを用いて気圧を式 $P_0 = \rho g h$ を用いて測定できる．$P_0 = 1.0112.5 \times 10^5\,\mathrm{Pa}$ のとき，$g = 9.806\,\mathrm{m/s^2}$, $\rho = 112.595 \times 10^3\,\mathrm{kg/m^3}$ より $h = 0.760\,\mathrm{m}$ ($76.0\,\mathrm{cm}$) となる．液体が $20\,°\mathrm{C}$ の水の場合は，水の密度（ρ）が $\rho = 0.9982 \times 10^3\,\mathrm{kg/m^3}$ より，管の上部に真空領域を生ずる高さは $h = 10.349\,\mathrm{m}$ となる．（ただし環境省の水銀規制により 2020 年末でこの製品の製造は停止となった．）

問題 12.2-5 体積 V の固体を密度 ρ_w の液体に入れたところ，その体積の $a\,\%$ を液面上に出して静止した．固体の密度 ρ を求めよ．また，海水（密度 $1.03\,\mathrm{g/cm^3}$）中に浮かぶ氷山（密度 $0.917\,\mathrm{g/cm^3}$）はその体積の何 % が海面上に出るか．

問題 12.2-6（発展） 12.2.2 項では，静止流体中にある角柱状の物体に対して，アルキメデスの原理を導いた．ここでは，任意の形状の物体に対して，アルキメデスの原理を導く．

流体が液体である場合で考える．ある物体が密度 ρ_0 の液体の液面下にあるとして，液体からこの物体に作用する力 $\boldsymbol{F}$（浮力）を求めることを考える．この物体の表面上のある点における外向き法線ベクトルを（単位ベクトル）を $\boldsymbol{n}$，この点における液体の圧力を p とすると，この点近傍の微小面積 dS の表面領域において液体から物体に作用する力は $-p\boldsymbol{n}dS$ である．したがって，物体に作用する浮力 $\boldsymbol{F}$ は，物体表面 S 上での面積分

$$\boldsymbol{F} = -\int_S p\boldsymbol{n}\,dS \tag{1}$$

として表すことができる．なお，鉛直上向きに z 軸をとり，液体表面を座標原点にすると，圧力 p は $p = p_0 - \rho_0 g z$（p_0 は液体表面における圧力，g は重力加速度）で与えられる．アルキメデスの原理によると，この物体の体積を V として，浮力 $\boldsymbol{F}$ の各成分が

$$F_x = 0, \quad F_y = 0, \quad F_z = \rho_0 V g \tag{2}$$

と表される．以下では，式 (1) から式 (2) を導く．

(1) 外向き単位法線ベクトル $\boldsymbol{n}$ が z 軸となす角を θ とすると，$n_z = \cos\theta$ なので，式 (1) の z 成分は

$$F_z = -\int_S p\cos\theta\,dS \tag{3}$$

と書ける．この積分を実行するために，図 12.9 のように，微小な底面積をもつ鉛直な四角柱で物体表面 S を切り取る．切り取られた二つの面のうち，上面を A，下面を B とし，A と B それぞれの面積を dS_A，dS_B とする．また，四角柱の xy 平面に平行な長方形断面の二辺は x 軸に平行でその長さは dx，残り

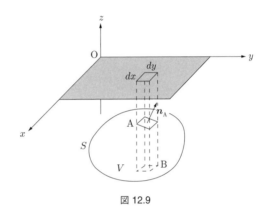

図 12.9

の二辺は y 軸に平行でその長さは dy である．面 A の外向き法線ベクトル $\boldsymbol{n}_A$ が z 軸となす角を θ_A とすると $dS_A\cos\theta_A = dxdy$ という関係が成り立つ．

面 A と面 B のそれぞれにおける圧力を p_A，p_B とすると，これらの面からの積分 (3) への寄与 dF_z が次のようになることを示せ．

$$dF_z = (p_B - p_A)\,dxdy$$

(2) 小問 (1) の結果を利用して，積分の式 (3) を実行し，$F_z = \rho_0 V g$ を導け．

(3) $F_x = 0$ と $F_y = 0$ を示せ．

12.3 表面張力

12.3.1 表面（界面）張力の分子機構

表面（surface）（あるいは界面（interface））とは，原子あるいは分子が凝集し液体や固体のように形状をもった物質が，気体や液体あるいは他の固体と接する部分である．そこでは表面（界面）特有の現象が起こる．

気体と液体がある温度圧力で平衡状態にあるとき，液体側を液体相（液相），気体側を気体相（気相）とよぶ．気体相では平均分子間距離が遠く，近距離（1 nm 程度以内）で作用する力である分子間引力がほとんど影響しないため熱運動により各分子がほぼ自由に飛び回っている．液体相では分子（あるいは原子）が密集し近接分子間には図 12.10 のように各分子間に凝集力である引力が作用している．気液界面では，気体分子は複数の液体分子からの引力を受けて液面に取り込まれやすく，逆に液面の液体分子はその運動エネルギーが周囲の分子群からの引力のポテンシャルエネルギーを超えたときに気相に飛び出すことになる．平衡時には，単位時間内の液面に取り込まれる（凝集の）

頻度と液面から飛び出す（蒸発の）頻度が等しい．液体内部の各分子には，熱運動する隣接分子との衝突が頻繁に起こり，衝突時には，強い分子間斥力（ファンデルワールス力の斥力成分は分子間隙が 0.1 nm 以内で作用する）が作用して跳ね返し合うため，液体中では各分子はそれぞれ固有の体積を占有する．そのため液体は一定の温度圧力条件下では固有の質量密度をもつ．液体が見た目に静止していてもミクロにはそのような分子運動が起こっている．なお，図

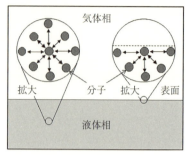

図 12.10　液中と液体表面で液体の分子が受ける凝集力の違い．

12.10 では重力を想定したことで液面が水平となっている．

　一定体積の容器の中で，気相と平衡した球形の液滴があるとしよう．液滴内の分子間距離は近いので引力で引き合い，分子間接触が増すほどポテンシャルエネルギーは下がる．高いところの物体が重力で低いところに落ちてくることと同様である．液滴の体積が一定のときの液滴の形状は，液相内の分子間接触を増やして表面積を最小とするため球形となる．液体内部の分子を表面に露出させるとそれだけポテンシャルエネルギーは高くなり，その増大は表面積に比例する．したがって表面積を減らす方向に表面に作用する張力を**表面張力**とよぶ．これは表面積を単位面積増やしたときのエネルギーの増分である．ではなぜ気相が消滅しないのか疑問になるであろうがそれは下の補足に記載する．

> 【補足】温度と体積が一定の容器内で，気相の中に液相を生み出すには，気相中の分子がもつ分子の熱的な運動エネルギーの大きさに比べて分子間引力のポテンシャルエネルギーが，より大きな負の値である必要がある．分子間引力は近距離力であるから，液相形成には気相中の分子はある濃度以上必要である．気相中の水分子同士が凝集することで液体相が生み出され，一方液体相が増えれば気相中の分子濃度が減少するので，液体相に取り込まれる分子の割合はある比率で留まる．分子間のポテンシャルエネルギーだけであればすべて液体となったほうがエネルギーは下がるとしても，その温度において大小さまざまな運動エネルギーをもつ分子が存在するために，ポテンシャルエネルギー（負値）の大きさを超える運動エネルギーをもつ分子がある割合で存在する．そのために気相は必ず存在するのである．
> 　水が 1 気圧で 100℃ という高い沸点をもつ液体である理由は，ファンデルワールス力よりも強い水素結合の引力が水分子間に作用するためである．沸点以下で温度を高めれば，各分子の熱運動が激しくなり液体分子間の平均距離が大きくなり液体の質量密度は小さくなる．その結果気相中に飛び出す頻度も増し液相の水分子数は減少し気相の分子濃度が上昇するので新たな液面で平衡となる．乾燥（水蒸気濃度が低い）空気中においた水滴はすぐに蒸発して消滅する．平衡状態にある表面では，気相から液相への分子の取込と液相から気相への分子の放出が同じ頻度で起こっている．
> 　水蒸気相と平衡した球状水滴を考え，平衡した球面の上で微小な凹凸が発生したとする．その凸部表面の水分子に作用する液体中の隣接水分子からの引力の合力は球面のときより弱くなる．その結果，その部分の水分子は気相中に熱運動で飛び出す頻度が増えて凸部が減少する．逆に球面上で凹んだ部分では，凹部近傍の気相中の水分子は，より多くの液面水分子からの引力を受けるため，凹部近傍の気体分子濃度が上がり液相に取り込まれる頻度が増す．結果として凹部が減少し球面に近づく．このように表面が変形したときには表面での分子の出入りに偏りが発生するので，表面張力への影響がないわけではないが，複雑になるのでここではそこまで踏み込まない．

12.3.2　表面（界面）張力の定義

　ある温度と圧力等の条件の下で平衡状態となった表面（界面）の表面積を単位面積当たり増やすのに必要な仕事が**表面（界面）張力**（surface tension, interface tension）である．SI 単位は $J·m^{-2}$ である．表面積が拡張した分だけエネルギーを蓄積することになり，このエネルギーはポテンシャルエネルギーの一つと考えることができる．他方で表面張力という名は，表面積を減少させようと

する単位長あたりの力という意味をもっている．この2つの定義が気液界面で等価であることを図12.11のように，U字型の針金に自由に動ける長さ l の針金 AB を渡した枠に水の膜を張った場合を用いて説明しよう．

いま，膜表面が針金を引っ張る単位長さ当たりの力（＝膜表面の単位長さ当たりに作用する張力の強さ）を γ とおく．一方，水膜の表面積の変化に要した仕事を ΔW とおく．水膜は表面積を小さくしようとして AB を左向きに引っ張る．つり合いの状態に保つためには AB を右方へ引っ張る力 F を加えなければならない．膜には表と裏に表面があるので，力のつり合いより

$$F = 2l\gamma \tag{12.12}$$

である．したがって AB を右へ Δx だけ移動させるのに要する仕事 ΔW は，

$$\Delta W = F\Delta x = 2l\gamma\Delta x \tag{12.13}$$

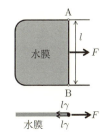

図 12.11 U字型枠に張った水膜と表面張力．

となる．この右辺は膜の表面積を $2l\Delta x$ だけ増大させる仕事の式であるから，γ は単位面積当たりの表面自由エネルギー（下の補足参照）の意味をもつ．

また，表面張力は第 10 章で説明した固体の弾性力に似ているが，その違いとして，弾性率による力は変位に比例する（フックの法則）が，表面張力の大きさは変位によらず常に一定である点があげられる．例えば，図 12.11 の枠に水の代わりにゴムを張った場合，AB の位置が右にずれればずれるほど，さらなる右側への移動には大きな力が必要となるが，液体の場合は膜を広げる力は常に一定である．

12.3.3 各種液体の表面張力

本節のはじめにも記載した通り，指定の温度と圧力の下で平衡状態になった表面において表面張力は定義される．表 12.2 は各種の液体の気体中における表面張力の例を示している．平衡になる前では，図 12.11 の方法による測定値はこの値とは少し異なることを知っておくとよい．ベンゼンやエタノールの表面張力に比べて，水の表面張力が数倍大きいことがわかる．その違いは液体を構成する分子（原子）間の力の大きさと結合の密度に依存している．水分子の場合，液体中では 1 分子当たり 3〜4 本の水素結合ができるがエタノールの場合は 1 分子当たりの体積が大きいにもかかわらず水素結合が 1〜2 本しかできないためである．水銀の場合は，金属結合が原子間力として作用するため，水素結合に比べて約 1 桁大きな表面張力となっている．ただ，表面張力（表面自由エネルギー）を表面原子（分子）密度で割った値は，原子（分子）間結合エネルギーに比べると大きさが 1 桁以上小さく熱エネルギー程度であることがわかる．また水の表面張力の温度依存性がみられるが，これは温度上昇とともに液体中の分子の熱運動が激しくなり分子間力の効果が弱まるためである．

【補足：表面（界面）張力と表面（界面）自由エネルギー】物理化学では表面（界面）張力を表面積増加に伴う単位面積当たりの表面自由エネルギーの増分と定義する．ここで"自由エネルギー"の意味を説明しておこう．与えられた条件下（温度を一定に保ち，熱の出入りを許すなど）で平衡状態にある系（ピストンで塞いだシリンダー内の気体）において，温度一定のまま外界がピストンに外力を加え徐々に強めていったとしよう．外界はその系に対し圧縮の仕事をする．シリンダー内の気圧は常に外力とつり合いながら高まる．この系（シリンダー内の気体）の自由エネルギーは，外界がした仕事量だけ増加する．次に外界が外力を徐々に弱め 0 まで減らす過程で，摩擦などのエネルギー損失がなければ，系は外界に対して同じ量の仕事をする．
断熱壁の密閉容器内に気体と液体が共存した平衡系では，この系の自由エネルギーは，先述の自由エネルギーとは条件が異なるので定義も異なり，気相の自由エネルギーと液相の自由エネルギーと表面（界面）自由エネルギーの和である．"表面（界面）張力"は，特に断らなければ，表面（界面）の形状や面積が変化しても，気液各相の体積も性質も変わらないものと想定している．そして面といえば数学的には厚さが 0 であ

るが，実際の界面は境界面を含む両相の分子複数層からなる境界層を意味し，各境界層は接触する前の 2 つの純相とは異なる構造と物性をもったものとなる．

表 12.2 各種液体の気体中の表面張力.

液体	温度℃	表面張力 ($\times 10^{-3}$) N/m	液体	温度℃	表面張力 ($\times 10^{-3}$) N/m
ベンゼン	20	28.9 (空気中)	水	0	75.6 (空気中)
エチルアルコール	20	22.3 (窒素中)	水	20	72.7 (空気中)
グリセリン	20	63.4 (空気中)	水	60	66.2 (空気中)
水銀	20	482.1 (窒素中)	水	100	58.9 (空気中)
オリーブオイル	20	32.0 (空気中)	酸素	−184	13.6 (蒸気中)
			ヘリウム	−269	0.098 (蒸気中)

12.3.4 曲率をもつ面における表裏の圧力差

水滴が落ちる様子を見ると，図 12.12(a) のように水滴の形は時間とともに変化する．液滴表面をなす曲面における表面張力が液体の外側と内側にどのような圧力差をもたらすかを考えよう．多くの液滴形状は楕円体で近似できる．図 12.12(b) に示すように長軸を z 軸にとり，この軸まわりに軸対称な楕円体形の液滴を考える．xy 面における断面は原点 O を中心とする半径 R_1 の円 c_1 であり，yz 面における断面は楕円 c_2 である．c_1 と c_2 の y 軸上正側の交点 Q において c_2 の曲率と同じ曲率をもち，c_2 に接する円は，中心は y 軸上 O′ であり，半径を R_2 とする．この楕円体の面上で y 軸上の点 Q を中心として x 軸と z 軸に平行な辺をもつ長方形状の微小曲面を考える．各辺の中心を A, B, C, D とする．この微小曲面を側方から見たのが図 12.12(c), (d) である．

この微小曲面における∠AOB を θ_1，∠CO′D を θ_2 とする．弧長 AB と CD をそれぞれ l_1, l_2 とし，この面の表面張力を γ とする．図 12.12(b) 拡大図で長方形状微小曲面の点 A を中点とする一辺をここでは辺 A とよぶ．図 12.12(c) で辺 A に作用する力は γl_2 であるから，辺 A と B に作用する表面張力の y 軸負方向の成分と，図 12.12(d) で辺 C と D に作用する表面張力の y 軸負方向の成分はそれぞれ，

$$2\gamma l_2 \sin\frac{\theta_1}{2} \approx 2\gamma l_2 \frac{\theta_1}{2} = \gamma l_2 \theta_1$$
$$2\gamma l_1 \sin\frac{\theta_2}{2} \approx 2\gamma l_1 \frac{\theta_2}{2} = \gamma l_1 \theta_2$$
(12.14)

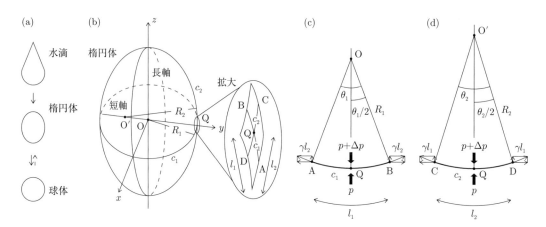

図 12.12 曲面にかかる表面張力と表裏の圧力差

となる．$\theta_1 = l_1/R_1$，$\theta_2 = l_2/R_2$ により面 ACBD に垂直内向きに y 軸方向にはたらく表面張力の合力は

$$\gamma l_2 \theta_1 + \gamma l_1 \theta_2 = \gamma l_1 l_2 \left(\frac{1}{R_1} + \frac{1}{R_2} \right) \tag{12.15}$$

となる．この表面張力による内向きの力と，圧力差による面 ACBD を外向きに押す力 $\Delta p l_1 l_2$ がつり合うことから，Δp は，

$$\Delta p = \gamma \left(\frac{1}{R_1} + \frac{1}{R_2} \right) \tag{12.16}$$

となる．特に $R_1 = R_2 = R$（球面の一部）の場合 $\Delta p = 2\gamma/R$ である．

【補足】図 12.12(a) のように液滴がちぎれた直後は上端が尖っているが，すぐに丸くなるのはなぜだろうか．それは尖端部の水分子に作用する液相からの引力が弱いため熱的な運動エネルギーで気相に蒸発して尖った部分が消滅することが 1 つの理由で，もう 1 つの理由は尖端部が消滅して丸くなった上端の曲率半径はほかの曲面の曲率半径より小さいため，式 (12.16) により内圧がほかの部分の圧力より高くなるからである．1 つの液滴の中で一時的に圧力差が発生すると全体の圧力が均一になる方向に液体の流動が起こる．粘性が小さければ流動する水の運動量はすぐには減衰しないため，液滴は球形を通り越して扁平な形状になり，再び圧力の不均一が発生して再度球形に戻ることを繰り返すという振動運動をする．液体の粘性によって最終的には球形で落ち着く．

例題 12.3-1　シャボン玉の内圧

　　温度一定の下で平衡時の半径 r のシャボン玉の内圧 p と外圧 p_0 の圧力差を表す式を導出せよ．表面張力を γ とする．$p_0 = 1 \times 10^5 \, \mathrm{Pa}$，$\gamma = 21 \, \mathrm{mN/m}$ として $r = 1 \, \mathrm{cm}$ と $1 \, \mathrm{\mu m}$ の 2 種類のサイズについて圧力差を求めよ．

解　圧力差の値のみ求める場合は，式 (12.16) をシャボン玉膜（$R_1 = R_2 = r$）に対して表裏 2 面の表面張力を考慮して使えばよいが，ここでは圧力差の式を導出するために表面張力の定義に従って解く．図 12.13 のように原点 O を中心とする球形シャボン玉の表面上の点 A を頂点とする球面上の帽子状部分を考える．この帽子のへりが円形でその中心が線分 OA 上原点から h の距離にあり，円の半径を b とし，線分 OA から帽子のへりまでの原点から見た角を θ とする．表面張力の定義により，図中に示した f は帽子のへりの単位長に球面の接線方向に作用する表面張力である．シャボン玉では表と裏があるので $f = 2\gamma$ である．帽子状へりの長さは $2\pi b$ である．軸 OA のまわりに対称な帽子状部分を考えているから，帽子部分を A から O の向きに作用する力の成分を F とすると

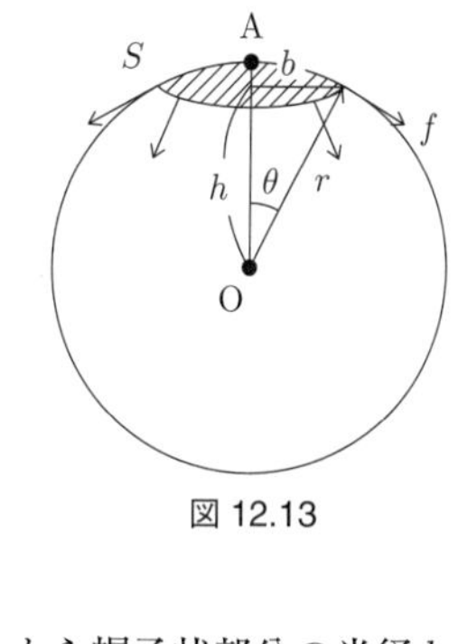

$$F = 2\pi b (2\gamma) \sin\theta = 4\pi\gamma b^2/r$$

図 12.13

となる．この力を帽子の表面積 S で割ればシャボン玉内圧と外圧の圧力差を得ることができる．ここで圧力は球面上どこでも同じであるから帽子状部分の半径 $b \ll r$ としてもよいので帽子の表面積 S は

$$S = \int_0^\theta 2\pi r \sin\varphi \cdot r d\varphi = 2\pi r^2 (1 - \cos\theta) = 2\pi r^2 \left[1 - \left(1 - \frac{b^2}{r^2} \right)^{1/2} \right] \approx \pi b^2$$

となる．ここで，外圧 p_0 と表面張力による圧力がシャボン玉の膜に対して内向きに作用し，内圧 p が外向きに作用してつり合うのであるから次の式が成り立つ．

$$p = p_0 + \frac{F}{S} = p_0 + \frac{4\gamma}{r}$$

したがって内圧と外圧の圧力差 $\Delta p = p - p_0$ は

$$\Delta p = \frac{4\gamma}{r} \tag{12.17}$$

となり，圧力差は半径に逆比例する．$\gamma = 21\,\mathrm{mN/m}$ であるから，半径 $1\,\mathrm{cm}$ のとき $\Delta p = 8.4\,\mathrm{Pa}$，半径 $1\,\mathrm{\mu m}$ のとき $\Delta p = 8.4 \times 10^4\,\mathrm{Pa}$ となる．

[別解] ここではポテンシャル論（第 3 章の式 (3.11) から始まる例を参照）により導出しよう．

シャボン玉膜では，膜の表面張力が体積を減少させる力となり，内部気体は圧縮力を受け，それに伴って平衡内圧 p が外圧 p_0 より高くなってつり合う（図 12.14）．シャボン玉の平衡時の半径が r のとき，表面積は A とする．膜は表面積に比例した大きさのエネルギーを蓄えていると考えてよいので，この表面に蓄えられたエネルギーを ΔW_s とすれば，

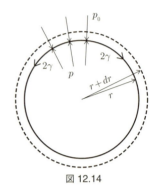

図 12.14

$$\Delta W_\mathrm{s} = 2\gamma A = 8\pi r^2 \gamma$$

と表すことができる．膜には表裏 2 面あることから 2 倍した．このエネルギー ΔW_s は，膜が外部に対して力を作用して仕事をするときの，力のポテンシャル[1]と考えてよい．力はベクトルであるが，ここでは力の大きさの面全体の総計，つまり膜面の各点における応力の大きさを $f(r)$ として膜の全表面積 $A(r)$ を乗じたものであり，$F = f(r)A(r)$ と書ける．この力 F は，ポテンシャル ΔW_s を，膜上の各点で応力が作用して面が動く方向の変数 r で微分することで得られる．

$$F = -\frac{d\Delta W_\mathrm{s}}{dr} = -16\pi r \gamma$$

F が負であるからこれは圧縮力である．この力は表面積 $4\pi r^2$ 全面にかかるので内部気体を圧縮する圧力は表面積で割れば求められる．

$$\frac{-F}{4\pi r^2} = \frac{4\gamma}{r}$$

平衡時のシャボン玉では，この表面張力による圧縮の圧力が内外の圧力差とつり合うことになる．したがって圧力差 Δp は (12.17) 式となる．

$$\Delta p = p - p_0 = \frac{4\gamma}{r}$$

12.3.5 接触角と表面（界面）張力

図 12.15 に示すように，気体 (g)，液体 (l)，固体 (s) それぞれの境界である点 A における各界面張力を考える．それぞれの界面における界面張力を，γ_gl（気体-液体），γ_ls（液体-固体），γ_gs（気体-固体）とする．（補足参照）これらは，12.3.1 項で述べたように固体相や液体相内で分子が，隣接分子との引力で引き合いポテンシャルエネルギーの低い状態にあったものが，界面に露出して別の相の分子と接触したときのエネルギー増分を界面の単位面積当たりで表した値である．つまり，界面で異なる相にある分子間にも引力がはたらいてはいるが，相互の親和性が低ければ低いほど，界面張力は大きな値となる．すなわち全エネルギーが下がるようにどの界面にも面積を小さくする方向に界面張力がはたらいている．そのため図 12.15 の点 A において，γ_gl，γ_ls，γ_gs は図の矢印の向

---

[1] バネの力のポテンシャルがバネを伸ばすときになされた仕事量であることと同様である．バネの場合，$U = kx^2/2$，$F = -dU/dx$ である．

きに各界面の面積を減らすように紙面に奥行き方向の単位長当たりにはたらく張力として作用する.

固体壁面から液体を通して気液界面に測る角度 α を**接触角**（contact angle）とよぶ. 点 A で紙面に垂直奥行方向の単位長当たり気液界面にある液体に作用する固体壁面に垂直方向の付着力 F は水平方向の力のつり合いから次のようになる.

$$F = \gamma_{gl} \sin\alpha \quad (12.18)$$

壁面に平行な方向では, つり合いは次式のようになる.

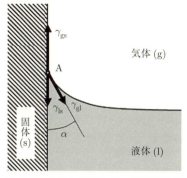

図 12.15 気体と液体と固体の接触状態と界面張力.

$$\gamma_{gs} = \gamma_{ls} + \gamma_{gl}\cos\alpha \quad (12.19)$$

これを**ヤング（Young）の式**とよぶ. これより $\cos\alpha = \dfrac{\gamma_{gs} - \gamma_{ls}}{\gamma_{gl}}$ を得る.

ここで, $\gamma_{gs} - \gamma_{ls} > 0$ の場合は, $90° > \alpha > 0$ となり液体が固体壁を濡らす. 乾いた表面が濡れた表面に置き換わるほうが系のエネルギーが小さくなるためである. 一方, $\gamma_{gs} - \gamma_{ls} < 0$ の場合は, 液体は固体壁と接触角が大きく, 濡れにくい. 先程とは逆に, 固体壁は液体と接触するより気相と接触したほうが系のエネルギーが小さくなるためである. なお, "壁が水をはじく" という言い方では相互に斥力が作用しているように感じるが, 固体壁と液体の間には斥力ではなく引力がはたらいており, 気相との接触に比べ相対的な親和性の差で "水をはじく" ように見えるのである.

次にガラス管を, 重力により水平な液面に差し込んだときの具体的な例をとると, 図 12.16 のようになる. $\gamma_{gs} > \gamma_{ls}$ ならば $\cos\alpha > 0$ で α は鋭角となり, 液面が上がり, 液体が固体壁を濡らす（図 12.16 (a) ⇒ 例：水とガラスでは $\alpha = 8°\sim 9°$）.

一方, $\gamma_{gs} < \gamma_{ls}$ ならば $\cos\alpha < 0$ で α は鈍角となり, 液体は固体壁と濡れにくくなり液面が下がる（図 12.16 (b) ⇒ 例：水銀とガラスでは $\alpha = 140°$）. このように, 液体が固体壁を濡らしにくい組合せは, 撥水性の布地が雨の中でも水が浸み込みにくいので屋外作業着やアウトドア用品などに広く応用されている.

$\gamma_{gs} > \gamma_{gl} + \gamma_{ls}$ ならば上向きの力が常に大きいので, 液面は上昇し, 固体表面全体を濡らす.

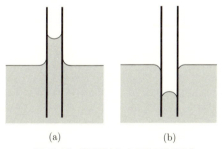

図 12.16 表面張力による面の形状変化.

なお, 接近した 2 枚のガラスの間の水の液面は外に向かって凹なので, 水の圧力が外（大気圧）より小さいため 2 枚のガラスは離れにくい.

【補足】界面張力を決定するときは平衡状態にあることが条件であり, ガラスと空気の界面ではガラス面上に空気の分子（窒素や酸素や水蒸気等）がある程度吸着し, 気液界面では水が蒸発して気相中に水蒸気が入り液相中に空気の分子が少し溶け込み, 固液界面ではガラス壁面の各原子と水分子の相互作用によりバルク中の平均的な水分子間相対配置とは異なった構造で平衡となる. その平衡条件の下で接触角が決まりヤングの式が成り立つ.

例題 12.3-2　半球液滴の表面張力

水銀を入れた容器の底に半径 r の小孔があるとき, 水銀が小孔から漏れない範囲で, どれだけの深さまで水銀を入れることができるか. 大気圧を p_0, 水銀の密度を ρ, 表面張力を γ とする.

解 小孔からはみ出した水銀の部分の曲率半径が r のとき，その内側は大気圧より $2\gamma/r$ だけ圧力が高くなる．つまり水銀滴の半径が小さいほど高い圧力に耐えることができる．この系では小孔の半径が水銀滴の最小半径となる．したがって，図 12.17 のように漏れる直前の液面の高さを h，大気圧を p_0，水銀の密度を ρ とすると，$p_0 + \rho g h = p_0 + \dfrac{2\gamma}{r}$ となり，$h = \dfrac{2\gamma}{\rho g r}$ を得る．

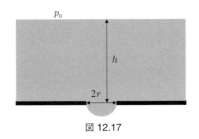

図 12.17

問題 12.3-1 12.3.5 項には，液体が固体表面を濡らす場合，鉛直な固体表面を液体が上昇することが述べられている．液体と固体の接触角を α ($\cos\alpha > 0$)，液体と空気との界面張力（表面張力）を γ，液体の密度を ρ として，液体が壁を上昇する距離 h を求めよう．図 12.18 のように，鉛直上向きに z 軸をとる．壁から離れた領域での液面と同じ水平面上で，壁から遠ざかる向きに x 軸をとる．壁面と x 軸の交点を座標原点 O とする．x 軸，y 軸，z 軸が右手直交系となるように y 軸をとる．この図の破線は，底面が xy 平面上にあり，高さが h の直方体を表す．直方体の奥行きは l であり，左側面は壁面上にあり，右側面は壁から遠くて液面が水平になっている領域にある．

上図の直方体の内部にある液体と空気で構成される系に作用する外力のうち x 成分をもつものは，左側面に作用する壁面からの圧力の合力（大きさ F_1），右側面に作用する大気圧の合力（大きさ F_2），左上の辺に作用する表面張力の合力（大きさ F_3），右下の辺に作用する表面張力の合力（大きさ F_4）である．大気圧を p_0，重力加速度を g とすると，液体内の圧力は $p = p_0 - \rho g z$ と表される．

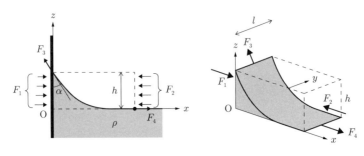

図 12.18

(1) この直方体系に作用する力の x 成分のつり合いを考えることにより，壁を上昇する液面の高さ h が次式のようになることを示せ．

$$h = \sqrt{\dfrac{2\gamma}{\rho g}(1 - \sin\alpha)}$$

この解法は，P. Gnädig, G. Honyek, and K. F. Riley, 200 Puzzling Physics Problems: With Hints and Solutions (Cambridge University Press, 2001) による．

(2) 『理化学辞典』(1998, 岩波書店) によると，水とガラスの接触角は 8° から 9° の範囲にある．また，20 ℃ における水と空気の界面張力は $\gamma = 7.3 \times 10^{-2}\,\mathrm{N/m}$ である．$\alpha = 8.0°$，$\rho = 1.00 \times 10^3\,\mathrm{kg/m^3}$，$g = 9.8\,\mathrm{m/s^2}$ を仮定して，ガラス面を上昇する水の高さ h を求めよ．

12.3.6 毛細管現象

2枚のガラス板に挟まれた隙間や，細いガラス管の中への水の浸入は表面張力による**毛細管現象**（capillarity）である．このときに，管を立てても管内のある高さに水位を保っている理由は表面張力が液柱に作用する重力とつり合っているからである．このときの水柱の高さを求めてみよう．図 12.19 のように半径 a の管が水に鉛直に立っており，高さ h まで液面が上昇した状態が保たれているとする．水とガラスの接触する角度が α のとき，水の密度を ρ として，水柱に作用する大気圧と表面張力と重力のつり合いの式を考える．管内の水の上面に作用する鉛直方向下向きの力は，大気圧による下向きの力から表面張力による上向きの力を

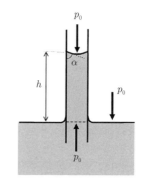

図 12.19　半径 a のガラス管を水に鉛直に立てたときの液面．

引いた値となる．一方で管内の水平面の高さの水柱下面に上向きに作用する力は，大気圧による力に等しい．これらの合力が高さ h の水柱に作用する重力とつり合っている．したがって，つり合いの式は

$$\pi a^2 p_0 - 2\pi a \gamma \cos\alpha = \pi a^2 (p_0 - \rho g h)$$
$$\therefore \pi a^2 \rho g h = 2\pi a \gamma \cos\alpha \tag{12.20}$$

となる．これより細管中の液柱の高さとして

$$h = \frac{2\gamma \cos\alpha}{a\rho g} \tag{12.21}$$

を得る．前述のように液体と固体の表面張力によって，液面が上昇する場合と，下降する場合がある．

問題 12.3-2　水の代わりに水銀の中に同じ大きさのガラス管を立てた場合の液面の様子を述べよ．

問題 12.3-3　図 12.20 のように 2 枚の長方形のガラス板を y 軸上で 1 辺を接触させ，小さな角度 2α で右側を開いて $y=0$ の水面に鉛直に立てたとする．このとき 2 枚の板の間の水面の高さ y と x 座標の関係は双曲線となることを示せ．ただし，式 (12.21) の導出を参考に，高さ y，幅 dx，奥行き d の直方体水柱について y の表式を求める．

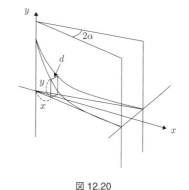

図 12.20

例題 12.3-3　内径が連続的に変化する管

管の内径が連続的に細くなる図 12.21 のような細い円錐形のガラス管を考える．このガラス管に水滴を入れると，水は径の細いほうに移り，水銀を入れると径の太いほ

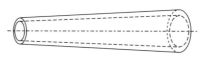

図 12.21

うに移動する．この理由を，表面張力を用いて述べよ．ただし，重力は無視でき，中心軸と円錐母線のなす角は接触角に比べて十分に小さいとする．

解　管内に液体を入れたとき，右と左の界面における管の内側の半径をそれぞれ r_1，r_2（$r_1 > r_2$）とする．

(1) 水の場合，水とガラスの接触角 θ は鋭角である（図 12.22(a)）．式 (12.20) を導く論理に沿え

ば，右界面側では管内液柱に対して，大気圧による左向きに力 $\pi r_1^2 p_0$ が作用し，管内壁の気液界面の界面張力により $2\pi r_1 \gamma \cos\theta$ の力が軸方向右向きに作用する．左側界面でも同様の力が逆向きに作用する．一方，油圧ジャッキの場合，液体が静止するのは左右のシリンダー内の圧力が等しいときであり，一方が他方より圧力が少しでも高ければ液体は圧力の低いほうに向かって移動する．ここでの細管内の右側と左側の界面部の液体内の圧力 p_1 と p_2 が，それぞれ油圧ジャッキの右と左のシリンダー内圧力に対応する．p_1 と p_2 は，それぞれ各界面部の液体に作用する力を断面積で割った値であるから，

$$p_1 = (\pi r_1^2 p_0 - 2\pi r_1 \gamma \cos\theta)/\pi r_1^2 = p_0 - \frac{2\gamma}{r_1}\cos\theta$$

$$p_2 = (\pi r_2^2 p_0 - 2\pi r_2 \gamma \cos\theta)/\pi r_2^2 = p_0 - \frac{2\gamma}{r_2}\cos\theta$$

となる．$r_1 > r_2$ であるから $p_1 > p_2$ となり，水は左向きに移動する．

(2) 水銀の場合の接触角 θ は鈍角となるので $\cos\theta < 0$ となる（図 12.22(b)）．上記 p_1 と p_2 の式より $r_1 > r_2$ では $p_1 < p_2$ となり，水銀は右向きに移動する．

[別解]

(1) 水の場合：ここで両界面とも球面の一部と仮定する．図 12.22(a) のように，中心軸と円錐母線のなす角は接触角に比べて十分に小さいので，右と左の液面の曲率半径 r_1'，r_2' は $r_1' = r_1/\cos\theta$，$r_2' = r_2/\cos\theta$，$(\cos\theta > 0)$ となる．$r_1 > r_2$ であるから $r_1' > r_2'$ となる．表面張力を γ とし，外気圧を p_0 とすると，右左の界面の液体内部の圧力は，$p_1 = p_0 - 2\gamma/r_1'$，$p_2 = p_0 - 2\gamma/r_2'$ となる．$r_1' > r_2'$ であるから，$p_1 > p_2$ となることがわかる．したがって水は圧力の低いほうへ，すなわち細いほうへ移動する．この式は前述の解で導いた式と一致するので両界面を球面とした仮定は妥当である．

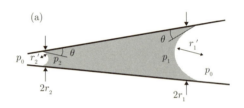

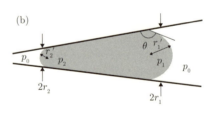

図 12.22

(2) 水銀の場合：接触角 θ が鈍角となるので，液滴の形は図 12.22(b) の灰色部分のように (1) とは逆に外に凸になる．この図より，

$$r_1' = r_1/\cos(\pi - \theta) = -r_1/\cos\theta$$

$$r_2' = r_2/\cos(\pi - \theta) = -r_2/\cos\theta$$

となる．界面付近の液側の圧力は，$p_1 = p_0 + 2\gamma/r_1'$，$p_2 = p_0 + 2\gamma/r_2'$ となり，$\cos\theta < 0$ であるから，$r_1 > r_2$ より，$p_1 < p_2$ となる．よって，水銀は細い側から太い側へ移動する．

結晶成長と表面

　表面張力というと液体だけに関係するイメージがあるが，表面張力が取り扱う「表面」や「界面」という概念は諸君の多くが今後取り扱うであろう固体において，その（気相や液相における）成長機構，あるいはさまざまな物性（磁性，超伝導など）の理解において重要な役割を果たす．ここでは気相分子から固体結晶が生じる気相成長を例にとり，結晶成長に与える表面張力の効果について考えてみよう．

　気相分子が凝集して結晶ができた場合の自由エネルギー変化は，結晶体積の増大に付随する変化 ΔG_b と結晶表面の増大に付随する変化 ΔG_s とに分けて考えることができる．このうち ΔG_b は気相分子が結晶内部に取り込まれるとき，分子同士の結合ができること等[1]から生じる．気相圧力が相転移圧力より高い場合，1分子あたりの自由エネルギー（化学ポテンシャル）変化を $\Delta\mu$ （<0）としよう．半径 r の球状結晶[2]ができたとし，結晶の分子数密度を ρ とすると，結晶内部の分子が関与する自由エネルギー変化 ΔG_b は

$$\Delta G_b = \Delta\mu \left(\frac{4}{3}\pi r^3 \rho\right) < 0$$

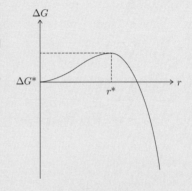

図 12.23

と与えられる．一方，結晶表面の分子は結晶内部より1分子当たりの分子結合の数が少ないため，結晶内部の分子に対して相対的に高い自由エネルギーをもつことになる．表面がもつこのような自由エネルギーへの寄与（表面自由エネルギー = 表面張力）を単位面積当たり γ とすると，ΔG_s は，分子が結晶に取り込まれることによる定数項を無視すると

$$\Delta G_s = \gamma \left(4\pi r^2\right) > 0$$

と得られる．こうして気相中を漂っていた分子が半径 r の球状結晶となって凝集することによる系全体（気相＋固相）の自由エネルギー変化 ΔG は

$$\Delta G = \Delta G_b + \Delta G_s = -|\Delta\mu| \left(\frac{4}{3}\pi r^3 \rho\right) + \gamma \left(4\pi r^2\right)$$

というサイズ依存性をもち，その概要は図 12.23 のようになる．この図からわかるように，もしその半径 r がある値 r^* 以下であるような結晶核が発生したときは，その結晶核はエネルギーをより低くしようと分解する．つまり十分に結晶サイズが小さいときは，表面積を小さくしようとする表面張力の効果（右辺第2項）が，結晶体積を大きくしようとする効果（右辺第1項）にまさり，結晶成長が起こらないのである．

　しかし何かのきっかけでいったん r^* より大きな結晶ができると，系の自由エネルギーは r が大きくなればなるほど下がり，結晶成長がどんどん進行する．このような r^* のことを臨界半径といい，半径 r^* の大きさの結晶の粒のことを臨界核という．ここで言う「何かのきっかけ」とは偶然のこともあれば，気相中に存在する半径 r^* 以上の大きさの物質に気相分子が吸着することによる必然的なきっかけもある．例えば空に浮かぶ雲は半径 1–10 μm の水滴の集まりであるが，これらの水滴は大気中に存在するエアロゾルとよばれる直径 0.1–数 μm の粒子に水蒸気が吸着してできることが多い．逆にそのような外因性の「きっかけ」が存在しない場合，たとえ液滴や氷晶といった凝集体ができたほうがエネルギー的に得な条件下であってもそのような凝集化が起きないことがある．大気圧下で高純度の水を静かに冷やすと，0° 以下になっても凍結せず液体のままでいる過冷却という現象が起こるが，過冷却はその一例である．（末光眞希）

---

[1] 分子が結晶内部に取り込まれることによる自由エネルギー変化は，分子間結合の発生以外に，気相分子がもつエントロピーによっても生じる．どちらの効果が大きいかは原料気体が気相で示す分圧による．

[2] 実際の「結晶」では原子・分子特有の規則的配列によって決まる形をとる．例えば雪の結晶は球状にならない．

12.4 運動する流体

12.4.1 静圧と動圧

気体および液体では原子・分子があらゆる方向に熱運動しているので，その空間に壁を考えると，気体や液体中の原子・分子の壁への衝突によりその壁に垂直に圧力が作用する．これまで述べてきた動いていない流体を**静止流体**（static fluid, 水の場合は静水）とよび，静止流体が接する壁に及ぼす圧力を**静圧**（static pressure, 水の場合は静水圧）とよぶ．

一方，運動している流体では静止流体と異なる応力が作用する．応力には壁に垂直な成分（圧力）と平行な成分（せん断応力）がある．流体の進行方向に障害物体を置くと，流体の分子群のもっている平均的な運動量が，分子運動の壁に垂直な速度成分に加わり，物体表面に圧力を及ぼす．結果として流体のもつ運動エネルギーの分だけ圧力は高くなる．これを**動圧**（dynamic pressure）という．運動する流体に接する面が受ける動圧と静圧の和を**全圧**（あるいは**総圧**, total pressure）といい，次のように示される（後述，式 (12.30) に対応）．

$$静圧 + 動圧 = 全圧$$

12.4.2 非圧縮性の完全流体

前項で述べたように多くの運動する流体ではせん断応力が作用する．運動する流体中では，任意の面を介して流体を構成している流体粒子（分子や原子）が熱運動と分子間相互作用により運動量を交換，つまり高い運動量の部分から低い運動量の部分に運動量がわたされ，その面にせん断応力が発生して流体の減速と加速が起こる．同時に運動エネルギーの一部が熱として散逸される．これを粘性という．たいていの実在の流体は粘性をもつ**粘性流体**（viscous fluid）である．この粘性のない理想的な流体を**完全流体**（perfect fluid）という．水や空気は近似的に完全流体とみなせる場合が多い．

また密度が一定の流体を**非圧縮性流体**（incompressible fluid）という．通常の液体はこの非圧縮性流体であるが，気体は容易に体積が変わり密度が変わるため**圧縮性流体**（compressible fluid）である．ただし，ゆったりした流れでは，気体でも縮まない流体として扱うことができる．それは，気体密度に局所的な変動が起きたとき，圧力の変動として周囲に音速で広がり，密度はすぐに（容器の幅を音速でわった時間の数倍程度で）均一化するためで，音速よりずっと遅い流れの流体では密度はほぼ一定とみなせるからである．以下では，まず非圧縮性の完全流体を考え，その運動の性質を述べる．

12.4.3 流れの特性

流体の流れを表すために，各時刻の流体内の各点の速度ベクトルの向きと一致する連続した曲線群を用いる．図 12.24 のように，各時刻に流体内に 1 つの曲線を引いたとき，その曲線上の各点での接線方向が，その点におけるその時刻での流体の速度ベクトルの向きと一致すれば，その曲線を**流線**（streamline）という．

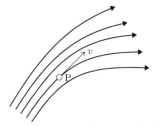

図 12.24 流れの速度ベクトルと流線.

【補足】流線の特徴として，通常は互いに交わったり，始点も終点もないが，泉の湧き出しや流しの吸い込み口では流線の交点が存在する．ウィスキーの蒸留装置において，蒸気が液化して流れ始める所は流線の始点となる．天体のブラックホールは星雲ガスの流線の終点となる.

流線が時間とともに変化しないときを**定常流**（steady flow）とよぶ．このとき流線は流体の実際の軌跡を表す．流体を構成する各粒子は時間によって変わらない滑らかな経路（流線）をたどる．ま

た定常流中の粒子の経路が互いに交差することはない．このような流れを**層流**（laminar flow）という．また，非定常流でも流線が層状を保ち緩やかにしか変化しない流れも層流である．

一方，流体中の任意の点で，流体の速度が時間的に一定でなく，時間とともに変化する流れを**非定常流**とよぶ．実際には非定常流は定常流の流速がある臨界的な速さを超えた場合に発生し，しばしば振動的な振る舞いをする．さらに速い流速では**乱流**（turbulent flow）とよばれる不規則な流れとなる．非定常流では小さな渦巻き状の領域ができるのが特徴的である．

以下で流体のさまざまな特性を説明するが，現実の流体の運動は複雑で完全に理解されていないので，問題を単純化するためにいくつかの仮定を設け，まず下記に定義する理想的な流体についてその特性を説明する．これによって，運動している実際の流体のいろいろな特徴が理解できる．

以下で考える理想的な流体とは，次のような特性をもつと仮定する．

(1) 完全流体（非粘性流体）：内部摩擦がない．粘性力がない．
(2) 定常流：流体の速度が時間的に一定．
(3) 非圧縮性流体：流体の密度が時間的・空間的に一定．
(4) 非回転流：流体内の任意の点で流れの速度 v の回転 $(\nabla \times v)$ が 0 となる流れである．

12.4.4 流管と質量保存則

流体の流れを記述する方法として，**流管**（stream tube）がある．まず定常流の流体の内部に流線に直交する1つの閉曲線（図 12.25 の左側円状）をとる．この閉曲線上の各点を通る流線全体をとると1つの管になる．これを流管という．定常流では流線は交差，分岐はしないので，流管も交差や分岐はない．以下では定常流として運動する圧縮性の流体について説明する．

図 12.25 流体内の閉曲線と流管．

ここで図 12.26 のような細い流管を考える．この流管上の上流側と下流側の2点 A, B における流管の断面積をそれぞれ S_A, S_B とする．そこでの流体の密度と速さをそれぞれ ρ_A, v_A と ρ_B, v_B とする．定常流ではAとBの2つの断面ではさまれた流管部分 AB 内の流体の質量は一定である．流管側壁付近の流体の速度ベクトルは側壁に平行であるから側壁を通して流体が出入りすることはない．したがって定常流では短い時間 dt の間に断面 A から流管に

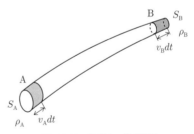

図 12.26 流管内の物質収支．

流入した質量 $\rho_A S_A v_A dt$ は，断面 B から流出した質量 $\rho_B S_B v_B dt$ に等しい．

$$\rho_A S_A v_A = \rho_B S_B v_B \tag{12.22}$$

A, B は流管の任意の断面であるので，一般に以下が成り立つ．

$$\rho S v = const. \tag{12.23}$$

これを**連続の式**という．この式は**流体の質量の保存則**（式 (11.33) に対応）を表す．さらに流体の密度が一定であれば $S_A v_A = S_B v_B$ が得られ，流れのどこでもこの関係が成り立つことから次の関係が得られる．

$$S v = const. \tag{12.24}$$

この ρSv または Sv を**流量**（それぞれ質量流量，体積流量という）とよび，Q で表す．この関係から，流れの速さは流管の太さに逆比例することがわかる．例えば川の流れは，深さがそれほど違わなければ，川幅の狭いところでは速く，広いところでは遅くなることが流量一定というこの関係から説明することができる．

これまで流線は各時刻の流体の速度ベクトルの向きのみを示すことを述べてきたが，次のようにすれば，さらに流速（速度ベクトルの大きさ）を表すこともできる．密度一定の流体の流れの場合，流れを流量の等しい多数の流管の束とみなして，各流管に 1 本ずつ流線を引くことにする．そうすれば単位断面積当たりの流線の本数は単位断面積当たりの流量に比例することになる．図 12.27 は密度一定の

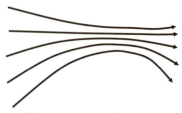

図 12.27 流れを流線で表した例．

流体の流れを流量の等しい多数の流管に分け，各流管に 1 本ずつ流線を引いた例である．この流線では，各点における流線の方向が流れの速度の方向を示し，流線密度の大小が流れの速さの大小を表すことになる．

問題 12.4-1 直径 2.00 cm のホースを使って 20.0 リットルのバケツに水を満たすとする．このバケツを水で満たすのに 60.0 s かかるとすると，ホースから出る水の速さはどれほどか．ホースの直径を 1.00 cm にしたときの速さはどれほどか．流量は同じとする．

12.4.5 ベルヌーイの定理

流体における**エネルギーの保存則**を質量保存則とともに密度一定の完全流体の定常流に適用したものが**ベルヌーイの定理**（Bernoulli theorem）である．図 12.28 のように，定常流の中に 1 つの細い流管を考える．ある時刻 t に AB 間にあった流体部分を L とする．この L が，短い時間 Δt 秒後に A′B′ に移ったとする．ここで，A および B における，流管の断面積，流体の速度，圧力，基準水平面からの高さを，それぞれ v_A, S_A, p_A, z_A および v_B, S_B, p_B, z_B とする．

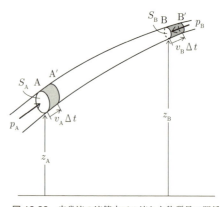

図 12.28 定常流の流管内での流れと物質量の関係．

ここで，Δt の間に L になされた仕事について考えよう．左面では $p_A S_A$ の力が作用し，$AA' = v_A \Delta t$ だけ変位するので $p_A S_A v_A \Delta t$ の仕事がなされたことになる．一方，右面では力がその逆向きに作用する．さらに流管の側壁が流体部分 L に対してなす仕事について考えると，完全流体であれば流管側壁に垂直方向の圧力のみが流体に加わるが，定常流における流管の側壁はその垂直方向には変位しないため，定常流では側壁が流体部分 L になす仕事は 0 である．したがって L になされた仕事は次式となる．

$$\text{Work} = p_A S_A v_A \Delta t - p_B S_B v_B \Delta t \tag{12.25}$$

ここで時刻 t から $t + \Delta t$ の間で，流体部分の A′B は移動する L の共通部分である．したがって部分 L の力学的エネルギーの増分は，BB′ 部分の運動エネルギーと位置エネルギーの和から AA′ 部分の運動エネルギーと位置エネルギーの和を差し引いたものになり，次のように表される．

$$(\rho S_B v_B \Delta t)\left(\frac{1}{2}v_B^2 + g z_B\right) - (\rho S_A v_A \Delta t)\left(\frac{1}{2}v_A^2 + g z_A\right) \tag{12.26}$$

このエネルギーの増加分と仕事が等しいとすると

$$p_A S_A v_A \Delta t - p_B S_B v_B \Delta t$$
$$= (\rho S_B v_B \Delta t)\left(\frac{1}{2}v_B{}^2 + gz_B\right) - (\rho S_A v_A \Delta t)\left(\frac{1}{2}v_A{}^2 + gz_A\right) \tag{12.27}$$

質量保存則より $\rho S_A v_A = \rho S_B v_B$ であるから

$$p_A - p_B = \rho\left(\frac{1}{2}v_B{}^2 + gz_B\right) - \rho\left(\frac{1}{2}v_A{}^2 + gz_A\right) \tag{12.28}$$

となる.これより

$$p_A + \rho\left(\frac{1}{2}v_A{}^2 + gz_A\right) = p_B + \rho\left(\frac{1}{2}v_B{}^2 + gz_B\right) \tag{12.29}$$

が得られ,したがって次のような関係が得られる.

$$p + \frac{1}{2}\rho v^2 + \rho g z = const. = p_0 \tag{12.30}$$

この関係式は,定常流の流管内では,1本の流線のすべての点上で成立する.ここで $\rho v^2/2$ は動圧であり,p は静圧,p_0 は全圧(総圧)である.これをベルヌーイの定理とよぶ.この式は,「一つの流線上の任意の点における圧力 p は,位置 z が高いほど低く,流速 v が大きいほど小さい」ことを示す.

この定理は非圧縮性の完全流体の定常流を条件に導かれたものであるが,実際の流体に応用する場合には,注目する流れの流線が観測時間内にほとんど変わらなければ定常流と近似できる.適用条件の詳細は後の 12.5.8 項に述べる.

ベルヌーイの定理の応用:ベンチュリー管

次に図 12.29 のように水平におかれた中央部の径が細くなった管を考える.これを**ベンチュリー管**(Venturi nozzle)という.この管を密度 ρ の完全流体が左から右へ流れるとき,管の各部における流体の流速や圧力をベルヌーイの定理を用いて求めてみる.

位置 ①,② における管の断面積,流速および圧力をそれぞれ S_1, S_2, v_1, v_2 および p_1, p_2 とする.図に記載の細い 2 本の鉛直管はまずは閉じているものと考える.

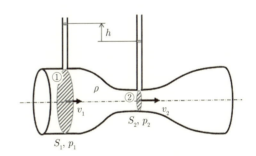

図 12.29 ベンチュリー管.

ベンチュリー管の中心軸を流れる流線に沿ってベルヌーイの定理を適用すると,位置 ① と ② における全圧は等しいので次式のようになる.

$$p_1 + \frac{1}{2}\rho v_1{}^2 + \rho g z_1 = p_2 + \frac{1}{2}\rho v_2{}^2 + \rho g z_2 \tag{12.31}$$

ここではそれぞれの位置の高さは等しく $z_1 = z_2$ である.さらに連続の式から

$$\rho S_1 v_1 = \rho S_2 v_2 \tag{12.32}$$

が成り立つから式 (12.31) は次のようになる.

$$p_1 + \frac{1}{2}\rho v_1^2 = p_2 + \frac{1}{2}\rho v_2^2 \tag{12.33}$$

$$p_1 + \frac{1}{2}\rho \left(\frac{S_2}{S_1}\right)^2 v_2^2 = p_2 + \frac{1}{2}\rho v_2^2 \tag{12.34}$$

図 12.29 では $S_1 > S_2$ であるから v_1 は v_2 より小さい．よって ① と ② における圧力差 $p_1 - p_2$ は以下のようになる．

$$p_1 - p_2 = \frac{1}{2}\rho v_2^2 \left(1 - \left(\frac{S_2}{S_1}\right)^2\right) \tag{12.35}$$

これより，位置 ② における流速は管の ① と ② の断面積と圧力差 $p_1 - p_2$ がわかれば求められる．ここで $S_1 > S_2$ なので，$p_1 > p_2$ である．式 (12.35) より v_2 が求まる．

$$\therefore v_2 = S_1 \sqrt{\frac{2(p_1 - p_2)}{\rho(S_1^2 - S_2^2)}} \tag{12.36}$$

v_1 は式 (12.32) から容易に導かれる．これより流量は

$$Q = \rho S_1 v_1 = \rho S_2 v_2 = \rho S_1 S_2 \sqrt{\frac{2(p_1 - p_2)}{\rho(S_1^2 - S_2^2)}} \tag{12.37}$$

となる．流体が水であれば，図に記載の細い 2 本の鉛直管を開いて水柱の高さの差 h を計れば，$p_1 - p_2 = \rho g h$ と求めることができる．圧力差が大きい場合や，揮発性や危険性のある液体であれば，2 つの鉛直管に圧力計を接続して圧力差を計ることになる．この式 (12.37) を用いて管を流れる流体の流量を容易に求めることができる．この方法は簡単な装置でできることから，化学プラントや発電所をはじめとして多くの工場などで広く使われている．

ベルヌーイの定理では説明できない例：水流ポンプ

水流ポンプ とは化学実験の濾過などの減圧吸引に使用する器具である．図 12.30 の B が吸引口である．ノズル先端 A の下部は大気圧でノズルから水を高速で噴き出す．管内気体が完全流体であれば，ノズルから水を噴出直後のみ流線上にあった気体は動圧で流線方向下向きに押し出されるが，水流の流線外側の気体の流れは生じない．気体が後述の粘性流体であれば水流に引きずられて流れ，高速水流との界面近くに低圧力の境界層が生じる．これがコアンダ効果である．ノズル先端 A 近くで器を絞り内壁を境界層に近づけることで吸引口 B を減圧できる．

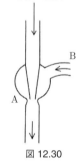

図 12.30

> **例題 12.4-1** 密度 ρ の液体が図 12.31 のような断面積 S_0 の大きな容器に入っている．容器上部に隙間があり，ここの気圧は P_0 である．また容器外部の大気圧は P_a とする．この液体が容器下部の側面に開いた断面積 S_1（$S_1 \ll S_0$）の小孔から流出するとして，小孔を基準にした液面の高さが h であるときの流出する液体の小孔での速度 v_1 をベルヌーイの定理を用いて求めよ．また，重力加速度を g とする．

解 図 12.31 のように密封されたタンクの水平断面積が小孔の断面積に比べて十分大きい（$S_0 \gg S_1$）．図 12.31 に示す液面から小孔に向かう流線に沿って図 12.28 のような流管を考え，ベルヌーイの定理を適用する．小孔から離れれば流管の断面積は小孔の断面積に比べて非常に大きいから流速は極めて小さく無視できる．小孔ではその圧力 P_1 が大気圧 P_a と等しいとすると以下のようになる．

$$P_a + \frac{1}{2}\rho v_1^2 = P_0 + \rho g h \quad \therefore v_1 = \sqrt{\frac{2(P_0 - P_a)}{\rho} + 2gh} \tag{12.38}$$

これからタンク内の水の吹き出す速度は穴の直径には依存しないことがわかる．ただし，上部が閉

じた容器であるから h の減少に伴い P_0 は減少することに注意する．

さらにタンク上部が大気に開放されていると $P_0 = P_a$ となるので次式を得る．

$$v_1 = \sqrt{2gh} \quad (12.39)$$

このような上部が開いたタンクから流出する流体の速さと水深の関係を**トリチェリーの定理**（Torricelli's theorem）ともいう．この式は自由落下する物体が鉛直距離 h を落下したときに得る速さに等しい．また小孔から流れ出る水の速度は孔の径が大きいときと小さいときとで同じなので，水平方向に飛ぶ距離も同じである．

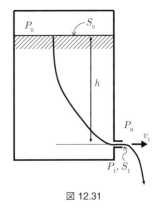

図 12.31

問題 12.4-2 断面積が $20\,\mathrm{cm}^2$ から断面積 $10\,\mathrm{cm}^2$ に絞られた水平に置かれた管路がある．管内をある流体（密度 $1.6\,\mathrm{g/cm}^3$）が 30 リットル/min で流れているとき，大径と小径部分の静圧の差圧はいくらになるか．SI 単位 Pa で答えよ．

問題 12.4-3 一様な断面積 A の容器に水が入っている．この容器の底に断面積 a の小孔を開けて水を流出させる．最初の水位を h_0 とし，重力加速度を g とする（図 12.32）．
(1) 水位が h' になるまでの時間
(2) 水位が半分になるまでの時間
(3) 水が全部流出するまでの時間
をそれぞれ求めよ．

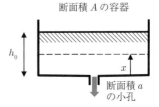

図 12.32

問題 12.4-4 問題 12.4-3 のように，容器底の小孔から水を流出させるとき，この容器中の水面が一定速度で低下するようにするためには，容器の断面積 A が容器底からの高さ x の関数としてどのような形になっていることが必要か．

問題 12.4-5 図 12.33 は噴霧器の断面図である．A から空気を吹き込んで容器内の液体を吸い上げ，霧状に噴霧する．この現象がベルヌーイの定理の適用条件（12.5.8 項）を満たすかどうか述べよ．

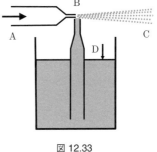

図 12.33

ベルヌーイの定理の応用：流速測定（ピトー管）

ベルヌーイの定理を使って流速を測る器具として**ピトー管**（Pitot tube）が長く使われてきた．図 12.34(a) のように，一様な流れの中に物体を固定したとき，点 A を通る流線は点 B を経て，点 C に至る．流れが物体に当たる B 点では流速 $v_B = 0$ になる．これを**よどみ点**という．物体としてピトー管（図 12.34(b)）を考え，A，B，C 点での圧力と速度をそれぞれ p_A，p_B，p_C，v_A，v_B，v_C とする．圧力 p_B と p_C を測定する．これらの圧力を測定する管は閉じており管内流速は 0 である．点 A 近傍を出発し点 B 近傍を経由して点 C 近傍に至る流線に沿ってベルヌーイの定理を適用する．B 点では全圧 p_B が測定され，C 点では動圧が分離され静圧 p_C のみが測定される．実際は，ピトー管側面に薄い境界層が生じるが近似的にベルヌーイの定理が有効である．

$$p_A + \frac{1}{2}\rho v_A^2 = p_B = p_C + \frac{1}{2}\rho v_C^2 \quad (12.40)$$

さらに $v_A \approx v_C$ と仮定すれば，この p_C と p_B の圧力差測定により，A 点での流速 v_A は以下のように近似的に求められる．

$$v_A \approx v_C = \sqrt{\frac{2(p_B - p_C)}{\rho}} \qquad (12.41)$$

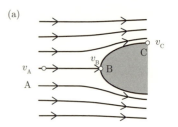

この原理で周囲の空気の流速を測定するものがピトー管で，現在でも航空機の機首等に装備され，大気に対する相対速度を計るのに用いられる．

なお，大気の密度 ρ が高度や気温変動によって変化することや，先述の $v_A = v_C$ と仮定したことの確かさや，機体の向きによって p_B が全圧値からずれることもあり，これらが計測値の誤差の要因となることが知られている．

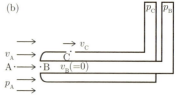

図 12.34 ピトー管を使った流速測定．

問題 12.4-6（発展） 以下の諸現象は完全流体の場合に起こるかどうか述べよ．
(1) 空気中のピンポン玉の上部に斜め下方から細い管を通して空気を強く吹き付けると球は落ちないで空中に浮いている．
(2) 2 つの球が少し間隔をおいて並べて吊るしてある．その間に強い気流を吹き込むと 2 つの球は互いに引き付けられる．

12.4.6 【発展】完全流体に対するオイラーの運動方程式

ここでは完全流体の運動を記述するオイラーの運動方程式を導く．はじめに，流体の流れと一緒に動く領域に，ニュートンの運動法則を適用して，運動方程式を導く．次に，この運動方程式を速度場を用いて書き換える．オイラーの方法とラグランジュの方法による導出を示す（11.4.1 項参照）．

流体と一緒に移動する領域にある完全流体の運動

慣性系の直交座標 (x, y, z) を用いて粘性のない流体（完全流体）の x 軸方向 1 次元の運動を記述する．物理量の y, z 方向の変化はなく，時刻 t における，位置 x での流体の密度を $\rho(x, t)$，速度を $v(x, t)$，圧力を $P(x, t)$ とする．また，流体には単位体積あたり $f(x, t)$ の外力が作用しているものとする．外力が重力の場合，x 軸方向に重力加速度 $-g$ とすれば $f(x, t) = -\rho(x, t) g$ である．

流体の一部分と一緒に動く閉じた直方体領域 Ω を考える（図 12.35）．Ω の左境界面を S_{x_1}，右境界面を S_{x_2} とする．Ω の y, z 軸に垂直な境界面の y, z 方向移動はない．S_{x_1} と S_{x_2} の面積を S として x 方向に通過する流れを考える．この領域にある流体の運動を慣性座標系で観察した場合に成り立つ運動方程式を導く．領域 Ω が流体と一緒に動くとは，Ω の全境界面 S_Ω を横切って流体が移動することがない，という意味であるから，Ω 内の流体の質量

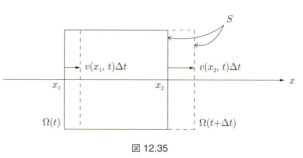

図 12.35

$$M = \int_\Omega \rho(x, t) S dx \qquad (12.42)$$

は時間が経っても変化しない．時刻 t における領域 Ω 内の流体の重心の位置 $R(t)$ は，6.1 節の式 (6.8) から，

$$R(t) = \int_\Omega \rho(x, t) x S dx \bigg/ \int_\Omega \rho(x, t) S dx \qquad (12.43)$$

と表すことができる．ここで右辺の分母は式 (12.42) の M である．質点系の重心の速度 V は

$$V(t) = \frac{d}{dt} R(t) = \frac{1}{M} \frac{d}{dt} \int_\Omega \rho(x, t) x S dx \qquad (12.44)$$

であり，領域 Ω 内の流体重心の運動量 p は，重心の質量と重心速度の積であるから連続体近似では

$$（命題 1）\qquad p = MV = \frac{d}{dt}\int_\Omega \rho(x,t)xSdx \tag{12.45}$$

と表せる．一方，6.3.1 項の式 (6.25) より，質点系の重心の運動量の定義式は次式である．

$$M\dot{\boldsymbol{R}} = \sum_{i=1}^N m_i \dot{\boldsymbol{r}}_i \tag{12.46}$$

この右辺を連続体近似すれば，着目する領域 Ω 内流体の運動量 p は，領域 Ω 内流体の微小域流体の運動量の積分

$$（命題 2）\qquad p = \int_\Omega \rho(x,t)v(x,t)Sdx \tag{12.47}$$

で表せる．式 (12.45) の右辺の時間微分では，閉界面 Ω の時間変化と Ω 内流体密度の時間変化があるため，式 (12.47) の右辺と一致するのか明確ではない．連続体内で注目する部分の運動量を表す式の（命題 1）と（命題 2）が連続体の質量保存則によって一致することは，後述の〈式 (12.45) 右辺と式 (12.47) 右辺が等しいことの証明〉で示す．これらは連続体近似の下でどちらも成り立つ.

次に式 (12.45) を用いて，6.3.1 項の質点系の力学の式 (6.26) から，領域 Ω 内流体の運動量の時間変化を表す運動方程式を示す．領域 Ω 内の流体に Ω の外にある流体からの圧力による x 方向の内力 F_{int} と外力 F_{ext} が作用する場合，領域 Ω 内流体に作用する外力は，単位体積当たり作用する外力密度 $f(x,t)$ を用いれば

$$F_{\mathrm{ext}}(t) = \int_\Omega f(x,t)Sdx \tag{12.48}$$

であり，内力 F_{int} は圧力 P と左右の境界面 S_1，S_2 の外向き成分の差となるから，次のように表すことができる．

$$F_{\mathrm{int}} = [P(x_1,t) - P(x_2,t)]S \tag{12.49}$$

ここで [ ] 内は圧力勾配 $\partial P/\partial x$ を x 方向に x_1 から x_2 まで積分した値であるから次式となる．

$$F_{\mathrm{int}} = -\int_\Omega \frac{\partial P}{\partial x}Sdx \tag{12.50}$$

以上の結果を用いて，領域 Ω 内流体の運動方程式が得られる．

$$\frac{d}{dt}p(t) = \int_\Omega \left[-\frac{\partial P(x,t)}{\partial t} + f(x,t)\right]Sdx \tag{12.51}$$

〈式 (12.45) 右辺と式 (12.47) 右辺が等しいことの証明〉

まず，11.4 節で述べた 1 次元流れにおいて，任意のスカラー量 $\phi(x,t)$ に対して，等式

$$\frac{d}{dt}\int_\Omega \phi(x,t)Sdx = \int_\Omega \left[\frac{\partial \phi}{\partial t} + \frac{\partial}{\partial x}(\phi v)\right]Sdx \tag{12.52}$$

が成り立つことを示す．領域 Ω が時間とともに変化することに留意して，式 (12.52) 左辺の時間微分を以下のように計算する．

$$\begin{aligned}
\frac{d}{dt}\int_\Omega \phi(x,t)Sdx &= \lim_{\Delta t \to 0}\frac{1}{\Delta t}\left\{\int_{\Omega(t+\Delta t)}\phi(x,t+\Delta t)Sdx - \int_{\Omega(t)}\phi(x,t)Sdx\right\} \\
&= \int_{\Omega(t)}\frac{\partial}{\partial t}\phi(x,t)Sdx + \lim_{\Delta t \to 0}\frac{1}{\Delta t}\left\{\int_{\Omega(t+\Delta t)}\phi(x,t)Sdx - \int_{\Omega(t)}\phi(x,t)Sdx\right\}
\end{aligned} \tag{12.53}$$

この式の 2 行目の中括弧の中の積分の差は，$\phi(x,t)$ を図12.35 の実線と破線領域の積分値の差に等しい．したがって，積分範囲は時間に依存する図 12.35 の微小領域 Ω であるから，Δt の 1 次の項まで残す近似で，

$$\frac{1}{\Delta t}\left\{\int_{\Omega(t+\Delta t)}\phi(x,t)Sdx-\int_{\Omega(t)}\phi(x,t)Sdx\right\}\simeq\frac{1}{\Delta t}S\left[\left(\phi+\frac{\partial\phi}{\partial x}v\Delta t\right)\left(\Delta x+\frac{\partial v}{\partial x}\Delta x\Delta t\right)-\phi\Delta x\right]$$
$$\simeq\left[S\frac{\partial(\phi v)}{\partial x}\Delta x\right]=\int_{\Omega}\frac{\partial(\phi v)}{\partial x}Sdx$$

となる．式 (12.53) に代入すると式 (12.52) が得られる．

次に，ベクトル場 $\rho\boldsymbol{r}$ の第 i 成分 ρx_i を式 (12.52) の ϕ とみなすと

$$\frac{d}{dt}\int_{\Omega}\rho x_i dxdydz = \int_{\Omega}\left[x_i\frac{\partial\rho}{\partial t}+\frac{\partial}{\partial x_j}(\rho x_i v_j)\right]dxdydz$$
$$= \int_{\Omega}\left\{x_i\left[\frac{\partial\rho}{\partial t}+\frac{\partial}{\partial x_j}(\rho v_j)\right]+\rho v_j\delta_{ij}\right\}dxdydz$$

が得られる．ただし，繰り返す添え字（いまの例では j）について和をとる，という規則を用いて，式を簡略化した．ここで，2 行目の角括弧の中は，連続の式

$$\frac{\partial\rho}{\partial t}+\nabla\cdot(\rho\boldsymbol{v})=0 \tag{12.54}$$

によりゼロとなるので，次の結果を得る．

$$\frac{d}{dt}\int_{\Omega}\rho x_i dxdydz = \int_{\Omega}\rho v_i dxdydz$$

この式をベクトルで表すと次の式となる．

$$\frac{d}{dt}\int_{\Omega}\rho\boldsymbol{r}dxdydz = \int_{\Omega}\rho\boldsymbol{v}dxdydz \tag{12.55}$$

この 3 次元空間で示した式 (12.55) は，y,z 方向に一様な 1 次元系では，この左辺が式 (12.45) の右辺，この右辺は式 (12.47) の右辺である．よって，式 (12.45) の右辺と式 (12.47) の右辺が同一の量であることが示された．

12.4.7 【発展】水面を伝わる波

水の表面に変位を与えると，重力と表面張力などのために変位を元に戻そうとする復元力が作用して水の運動が起こり，この運動が順次周囲に伝わって波動を生ずる．以下に水面を伝わる波について調べてみる．ここでは一定密度 ρ の非圧縮性完全流体の渦のない流体の運動を考える．

重力と表面張力による水面波

図 12.36 に示すように x 軸は平衡時の水面上で波が進む方向として，x 方向に非常に長い領域を考える．y 軸は鉛直上向きで平衡時の水面座標を 0 として，水底の深さが $y=-h$ である．波がある場合の水面の y 座標を $\zeta(x,t)$ とする．波の振幅 a を $a\ll\lambda$ とする．2 次元空間座標で渦のない非圧縮性完全流体の運動を考える．

運動方程式は 11.4.1 項補足の 3 次元運動量保存則の式で，左辺第 2 項の $\mathrm{div}(v_i\boldsymbol{v})$ を，ここで対象とする波動関数では $a\ll\lambda$ より無視する．重力（重力加速度 g）を外力として右辺に入れる．表面張力は水面上で作用し水面の曲率によって直下の水の静圧に影響するが水面から離れた流体に直接作用する力ではなく，静圧を介して影響する．

平衡時に表面近傍の微小領域の流体について，波が伝わっている時刻 t におけるその微小領域の流体の位置を $\boldsymbol{u}(X,Y)$，速度ベクトルを $\boldsymbol{v}=(v_x,v_y)$ として運動を調べる．ここで $v_x=dX/dt$，$v_y=dY/dt$ である．流体

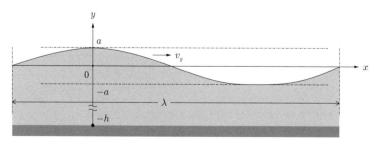

図 12.36 水深 h の水槽で伝わる水面波

の運動方程式は,
$$\rho\frac{\partial v_x}{\partial t} = -\frac{\partial p}{\partial x}, \quad \rho\frac{\partial v_y}{\partial t} = -\frac{\partial p}{\partial y} - \rho g \qquad (12.56)$$

となる.さらに渦がない流れでは $\mathrm{rot}(\boldsymbol{v}) = 0$ より,この 2 次元系では $\frac{\partial v_x}{\partial y} = \frac{\partial v_y}{\partial x}$ である.流体全域で $\mathrm{rot}(\boldsymbol{v}) = 0$ を満たす速度ポテンシャル φ を用いることで,ポテンシャル流の速度 $\boldsymbol{v}$ と,次のラプラスの方程式が成り立つ.

$$\boldsymbol{v} = \mathrm{grad}\varphi \qquad \left(v_x = \frac{\partial \varphi}{\partial x}, \ v_y = \frac{\partial \varphi}{\partial y}\right) \qquad (12.57)$$

$$\frac{\partial^2 \varphi}{\partial x^2} + \frac{\partial^2 \varphi}{\partial y^2} = 0 \qquad \text{(ラプラスの方程式)} \qquad (12.58)$$

式 (12.58) の解としてポテンシャル φ を次の式で仮定する.

$$\varphi = f(y)\cos(kx - \omega t) \qquad (12.59)$$

これをラプラスの式に代入すれば

$$\frac{\partial^2 \varphi}{\partial x^2} + \frac{\partial^2 \varphi}{\partial y^2} = -k^2 f \cos(kx - \omega t) + \frac{d^2 f}{dy^2}\cos(kx - \omega t) = 0$$

$$\therefore \frac{d^2 f}{dy^2} - k^2 f = 0 \qquad (12.60)$$

となる.$f(y) = Ae^{ky} + Be^{-ky}$ が一般解(A, B:定数)であり,水底 $y = -h$ で $v_y = 0$ となるため,式 (12.59) を y で微分すれば 0 となるから,

$$\left(\frac{df}{dy}\right)_{y=-h} = Ake^{-kh} - Bke^{kh} = 0, \quad \therefore B = Ae^{-2kh}$$

$$\therefore f(y) = A\left(e^{ky} + e^{-k(y+2h)}\right)$$

$$\therefore \varphi = A\left(e^{ky} + e^{-2kh}e^{-ky}\right)\cos(kx - \omega t) \qquad (12.61)$$

を得る.

次に流体表面に作用する表面張力による水面波を考える.表面直下での流体圧力 p は,大気圧 p_0 に表面張力 γ による圧力 γ/r (r:曲率半径)が加わる.12.3.4 項の式 (12.16) を図 12.37(2 次元系)で用い($R_1 = r, R_2 = \infty$),曲率半径 r に 10.7 節補足の曲率 κ の式 ($\kappa = \partial^2\zeta/\partial x^2, \kappa = 1/r$) を用いる.

$$p = \rho g(\zeta - y) - \gamma\frac{\partial^2 \zeta}{\partial x^2} + p_0 \qquad (12.62)$$

次に式 (12.61) を用いて,式 (12.62) と式 (12.56) から

$$\frac{\partial^2 \varphi}{\partial t \partial x} = -\frac{1}{\rho}\frac{\partial p}{\partial x} = -g\frac{\partial \zeta}{\partial x} + \frac{\gamma}{\rho}\frac{\partial^3 \zeta}{\partial x^3} \qquad (12.63)$$

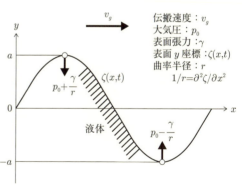

図 12.37 波長が小さいときの表面張力による表面波

座標 x で時刻 t の水面では $y = \zeta$ である.表面上の流体粒子の v_y は $\partial\varphi/\partial y$ で水面近傍では $v_y \simeq \partial\zeta/\partial t$ と近似できるから,式 (12.63) を t で微分する.

x 方向運動方程式: $\dfrac{\partial^3 \varphi}{\partial t^2 \partial x} = \dfrac{\partial}{\partial t}\left(-g\dfrac{\partial \zeta}{\partial x} + \dfrac{\gamma}{\rho}\dfrac{\partial^3 \zeta}{\partial x^3}\right) = -g\dfrac{\partial^2 \varphi}{\partial y \partial x} + \dfrac{\gamma}{\rho}\dfrac{\partial^4 \varphi}{\partial y \partial x^3}$ (12.64)

y 方向運動方程式: $\dfrac{\partial^2 \varphi}{\partial t \partial y} = -\dfrac{\partial}{\partial y}\left(g(\zeta - y) - \dfrac{\gamma}{\rho}\dfrac{\partial^2 \zeta}{\partial x^2} + \dfrac{p_0}{\rho}\right) - g = -g\dfrac{\partial \zeta}{\partial y} + \dfrac{\gamma}{\rho}\dfrac{\partial^3 \zeta}{\partial y \partial x^2}$

これを t で微分すると $\dfrac{\partial^3 \varphi}{\partial t^2 \partial y} = -g\dfrac{\partial^2 \varphi}{\partial y^2} + \dfrac{\gamma}{\rho}\dfrac{\partial^4 \varphi}{\partial y^2 \partial x^2}$ (12.65)

y で積分すれば $\dfrac{\partial^2 \varphi}{\partial t^2} = -g\dfrac{\partial \varphi}{\partial y} + \dfrac{\gamma}{\rho}\dfrac{\partial^3 \varphi}{\partial y \partial x^2} + C$ (積分定数 C)

調和波の波動関数の時間平均 0 より C を 0 として式 (12.59) を代入する.

$$左辺 = -\omega^2 f(y) \cos(kx - \omega t)$$
$$右辺 = -g f'(y) \cos(kx - \omega t) - \frac{\gamma}{\rho} k^2 f'(y) \cos(kx - \omega t)$$

よって分散関係（11.8.3 項参照）が次式となる.

$$\omega^2 = \left(g + \frac{\gamma}{\rho}k^2\right) \frac{f'(y)}{f(y)} = k\left(g + \frac{\gamma}{\rho}k^2\right) \tanh(k(y+h)) \tag{12.66}$$

平衡時に水面の流体部分では $y = 0$ とすればよい.

$$\omega = \sqrt{k\left(g + \frac{\gamma}{\rho}k^2\right) \tanh kh} \tag{12.67}$$

これは，平衡時の y 座標 $y = Y_0$ で起こる流体波動の分散関係である．平衡時の水面上では，波束の伝搬速度は群速度 v_g で次式となる.

$$v_g = \frac{\partial \omega}{\partial k} = \frac{\partial}{\partial k} \sqrt{k\left(g + k^2\frac{\gamma}{\rho}\right) \tanh kh} \tag{12.68}$$

ここで $h \gg \lambda$ ($k \gg 2\pi/h$) の場合を**深水波**とよび，$\lim_{h \to \infty}[\tanh kh] = 1$ より

$$深水波：\omega = \sqrt{kg + k^3\frac{\gamma}{\rho}}, \quad v_g = \frac{\partial \omega}{\partial k} = \frac{g + 3k^2\gamma/\rho}{2\sqrt{kg + k^3\gamma/\rho}} \tag{12.69}$$

$g \gg k^2\gamma/\rho$ の場合が重力による波の伝搬速度：$v_g = \frac{1}{2}\sqrt{\frac{g}{k}}$ \hfill (12.70)

$g \ll k^2\gamma/\rho$ の場合が表面張力による波の伝搬速度：$v_g = \frac{3}{2}\sqrt{\frac{k\gamma}{\rho}}$ \hfill (12.71)

一方で，$h \ll \lambda$ ($k \ll 2\pi/h$) の場合を**浅水波**とよび，$\tanh kh \approx kh$ より次の分散関係式となる.

$$浅水波：\omega = k\sqrt{gh + \frac{\gamma h}{\rho}k^2}, \quad v_g = \frac{\partial \omega}{\partial k} = \frac{gh + 2\gamma h k^2/\rho}{\sqrt{gh + \gamma h k^2/\rho}} \tag{12.72}$$

$g \gg k^2\gamma/\rho$ の場合が重力による波の伝搬速度：$v_g = \sqrt{gh}$ \hfill (12.73)

$g \ll k^2\gamma/\rho$ の場合が表面張力による波の伝搬速度：$v_g = 2\sqrt{\frac{\gamma h k^2}{\rho}}$ \hfill (12.74)

20℃ 1 気圧における水の場合，$g = k^2\gamma/\rho$ となる波長 λ が 0.017 m, 波数 k が 367 rad/m である.

以上より，図 12.38 で，表面張力による波と重力による波を明確に見るために，図 12.38 に，$h = 0.1$ m とした浅水波の ω–k 分散関係 (a) と v_g–λ 関係 (b) を示す.

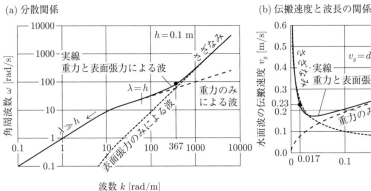
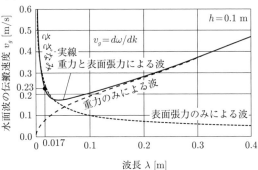

図 **12.38** 水面を伝わる波の伝搬速度

図 12.39 のように小石が水面に落下すれば，表面張力による短波長の遅い波（さざなみ）と重力による長波長の速い波が生じる．異なる波長の波束がさまざまに生じて，波長によって異なる伝搬速度で伝わるのである．$h \gg \lambda$（深水波）では，波の波長によって伝搬速度が式 (12.69)〜式 (12.71) で示したように変化する．一方，$h \ll \lambda$（浅水波）でも表面張力による短波長の波は生じるが，重力による長波長の波の伝搬速度よりずっと遅い．重力による波の伝搬速度は波長によらず，式 (12.73) に示すように水深 h にだけ依存する遅い伝搬速度である．

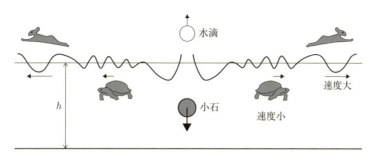

図 12.39　小石による水面波のイメージ

〈津波の伝搬速度と高さ〉

　海浜での通常の波は風や潮流や船の移動等で発生し，波長が数 m から数百 m の範囲で観測される．深層沖の地震で起こる津波は，波長が数 km から数百 km と長く，ほとんど重力による浅水波である．津波が沖から陸地に近づけば水深が徐々に浅くなり，津波の高さはどう変化するだろう．津波の伝搬速度は式 (12.73) より水深が浅いほど遅くなるから，進行する初めの波から波長が徐々に短くなる．各波面で移動する一定断面積の鉛直方向部分水柱の水量が保たれると，津波が高まることになる．津波の伝播速度に比べて各波面の水の水平速度はずっと小さく，前後にゆっくりと振動し水位の上下速度より遅いか同程度で，これが流体の各時刻の水平輸送の速度である．リアス海岸のように押し寄せる波が絶壁の間に水量が集中して津波が高くなることも観測される．陸壁に当たれば波は反射されて，逆向きの波が後ろからくる進行波と重なることでセイシュとよばれる地域（港湾や湖等）特定の周期の固有振動波が発生する．

　これらの地震による津波の解析は質量保存則と運動量保存則の方程式に基づいて行われ，流れに対する抵抗力としては，津波の流体の代表的速度（上記の水平速度）と代表的長さ（水位変化量）からレイノルズ数は $10^3 \sim 10^6$ 程度である．これは 12.5.6 項の図 12.48 に示されるレイノルズ数が $10^2 \sim 10^6$ の範囲でほぼ一定となる抵抗係数 C_D を用いて，流体力学の計算機シミュレーションがされる．粘性のない完全流体の場合は，水深減少地域での津波の高さの増加が過剰になるから，この抵抗係数が必要となる．（参考：(1) J.M. Wilson et al., Progress in Disaster Science 5 (2020) 100063. (2) 工代健太，吉田佳祐ら，土木学会論文集 B1（水工学）Vol.73, No.4, 1_1027-1_1032 (2017)）

12.4.8 【発展】完全流体のエネルギー保存則の式

　ここでは連続体の中で特に完全流体（粘性のない流体）のエネルギー保存則を式で表そう．第 11 章の 11.4.1 項で示した連続体の質量保存則と運動量保存則の式とともに連続体のニュートン力学の基本式として重要な位置づけである．式の導出に少し時間を要するため発展としているが，各自ぜひ導出をトライすることを勧める．

　完全流体の例として理想気体を用いて議論を進めよう．11.4.1 項で説明したように，流体を構成する各分子（粒子）は，x,y,z 各方向に熱運動するが，ある座標の微小領域にある分子集団の平均的性質を流体の性質とするため，微小領域の流体の速度 v はその分子集団の平均速度である．

　流体の x 方向 1 次元の運動について図 11.7(a) を用いて考える．ここで流れは水平方向のみの流れとし，また，重力等の外場の影響は考えない．円柱状微小領域 $[x, x+\Delta x]$ の完全流体のエネルギーに注目し，エネルギー保存則を式で書き表すことにする．円柱状微小領域の流体のエネルギーは，運動エネルギー ΔK と内部エネルギー（本項末の補足参照）ΔU の和である．時刻 t，座標 x における単位体積当たりの流体の運動エネルギー $\varepsilon_K(x,t)$ とすれば $\Delta K = \varepsilon_K S \Delta x$ であり，流体の質量密度 ρ を用いて $\varepsilon_K(x,t)$ は次式で表される．

$$\varepsilon_K(x,t) = \frac{1}{2}\rho(x,t)v(x,t)^2 \tag{12.75}$$

【補足】後に，ρ や v や ε_K の連続的な変化を求める微分方程式を導くため，x と $x+\Delta x$ におけるこれらの量の差を 1 次近似の精度で用いる．ΔK を求める時は ε_K を $S \Delta x$ 倍するためこの時点で ΔK は 1 次微小量

270 第 12 章 流体の基本特性

であり，微小領域の左面と右面における上記量の違いを考慮した値との差は 2 次微小量となるので 1 次近似の精度の解析ではその差は無視できる．

一方，微小領域の流体の内部エネルギーについて述べよう．流体の単位体積当たりの内部エネルギー（内部エネルギー密度）u は，流体の単位質量当たりの定積熱容量を c_{v}，絶対温度を T として，$u = u(x, t) = \rho c_{\mathrm{v}} T$ と表せる．なお，$c_{\mathrm{v}} = n C_V / \rho$（$n$ は単位体積当たりのモル数，C_V は定積モル熱容量）である．この内部エネルギーは，流体が断熱的圧縮・膨張時に温度が増減したときにエネルギーを蓄積する効果を含めて考えるために導入したものである．

次に，円柱状微小領域内の流体のエネルギーに変化をもたらす 2 つの要因について述べる．ここで，流体内部での反応によって熱などのエネルギー発生が起こることは考えない．① 微小領域内の流体には，その左右両側面で各面が変位した分だけ外界から仕事がなされる．この効果を式で表そう．微小時間 Δt 内に，微小円柱領域 $[x, x + \Delta x]$ の左面で右向きの圧力が流体にかかり同じ向きに $v(x, t) \Delta t$ だけ移動するならば流体には正の仕事がなされ，右面で左向きの圧力がかかって逆向きに $v(x + \Delta x, t) \Delta t$ だけ右向きに移動するならば負の仕事がなされる．これらの和として微小領域の流体が受ける仕事は

$$-[P(x + \Delta x, t) S \cdot v(x + \Delta x, t) \Delta t - P(x, t) S \cdot v(x, t) \Delta t]$$

となりこれが微小領域の流体のエネルギーを高める．

② この円柱状微小領域内には，11.4.1 項で述べたように左右の面で運動エネルギーと内部エネルギーをもつ流体の出入りがあるため，時間 t から $t + \Delta t$ の間に，微小領域内に正味入った流体がもつ運動エネルギーと内部エネルギー分だけ微小領域の流体のエネルギー増加をもたらすことになる．この増加分を式で表せば，

$$-\left[\left\{\frac{1}{2}\rho(x + \Delta x, t)v(x + \Delta x, t)^3 + u(x + \Delta x, t)v(x + \Delta x, t)\right\} - \left\{\frac{1}{2}\rho(x, t)v(x, t)^3 + u(x, t)v(x, t)\right\}\right] S \Delta t$$

である．このように注目する微小領域の流体とその外界の間でエネルギーの授受が起こる．時間 t から $t + \Delta t$ の間に，① 外界からの圧力により微小領域の流体に仕事がなされ，そして ② 正味入った流体が携帯したエネルギーが微小領域に注入されエネルギーの増加となる．① と ② の和が微小領域に入ってくるエネルギーであり，それは円柱状微小領域の流体の運動エネルギーと内部エネルギーの増加分となる．以上を式で表すと，円柱状微小領域の流体のエネルギー増分（左辺）と外界が微小領域の流体に与えたエネルギー（右辺）がバランスする条件として次の方程式が得られる．

$$\begin{aligned}
[\varepsilon_K(x, t + \Delta t) &- \varepsilon_K(x, t)] S \Delta x + [u(x, t + \Delta t) - u(x, t)] S \Delta x = \\
&- [P(x + \Delta x, t)v(x + \Delta x, t) \Delta t - P(x, t)v(x, t) \Delta t] S \\
&- [\tfrac{1}{2}\rho(x + \Delta x, t)v(x + \Delta x, t)^3 - \tfrac{1}{2}\rho(x, t)v(x, t)^3] S \Delta t \\
&- [u(x + \Delta x, t)v(x + \Delta x, t) - u(x, t)v(x, t)] S \Delta t
\end{aligned} \tag{12.76}$$

以下，各量の (x, t) 表記を省略する．この右辺の第 1 項では Pv を 1 つの関数と見て，第 2 項では $\frac{1}{2}\rho v^3$ を 1 つの関数と見てテイラー展開し，2 次以上の微小量を無視すれば，式 (12.76) は次のようになる．

$$\text{左辺} \approx \left[\frac{\partial \varepsilon_K}{\partial t} + \frac{\partial u}{\partial t}\right] S \Delta x \Delta t \tag{12.77}$$

$$\begin{aligned}
\text{右辺} &\approx -\frac{\partial}{\partial x}(Pv) S \Delta x \Delta t - \frac{\partial}{\partial x}\left(\frac{1}{2}\rho v^3 + uv\right) S \Delta x \Delta t \\
&= -\frac{\partial}{\partial x}\left[\left(P + \frac{1}{2}\rho v^2 + u\right)v\right] S \Delta x \Delta t
\end{aligned} \tag{12.78}$$

両辺を $S \Delta x \Delta t$ で割り，次式を得る．

$$\frac{\partial}{\partial t}\left(\frac{1}{2}\rho v^2 + u\right) + \frac{\partial}{\partial x}\left[\left(\frac{1}{2}\rho v^2 + P + u\right)v\right] = 0 \tag{12.79}$$

これが水平方向 1 次元流れの完全流体の微分形表式のエネルギー保存則である．

さらに，ここでは粘性によるエネルギー散逸やずれ弾性のエネルギーのない系を扱ってきたが，それらは専門課程の流体力学や連続体の力学で学ぶことになる．

12.4 運動する流体 271

【完全流体の 3 次元エネルギー保存則の式】 流れが 3 次元的に起こることを考慮すれば，y 方向，z 方向にも同様の関係式が導かれる．参考まで，内部エネルギー密度 u には，本文で説明した流体の熱容量の項（ここでは本文で使用した $\rho c_v T$ を u_c とする）のほかに重力場（z 軸負の向きにとり，微小領域の z 座標を h とする）の項も含まれるので，式 (12.79) の u の代わりに $u_c + \rho gh$ とおいて 3 次元完全流体系におけるエネルギー保存則の式を記す．

$$\frac{\partial}{\partial t}\left(\frac{1}{2}\rho v^2 + u_c + \rho gh\right) + \mathrm{div}\left[(\frac{1}{2}\rho v^2 + P + u_c + \rho gh)\boldsymbol{v}\right] = 0 \tag{12.80}$$

ここではベクトル解析で学ぶ以下の関係式を用いている．

$$\boldsymbol{v} = v_x\boldsymbol{i} + v_y\boldsymbol{j} + v_z\boldsymbol{k} \qquad (\boldsymbol{i}, \boldsymbol{j}, \boldsymbol{k} \text{ はそれぞれ } x, y, z \text{ 方向の単位ベクトル})$$

$$v = |\boldsymbol{v}| = (v_x^2 + v_y^2 + v_z^2)^{1/2}, \qquad \mathrm{div}\, A = \partial A_x/\partial x + \partial A_y/\partial y + \partial A_z/\partial z$$

もし時間変化のない一定の流れを考えれば，式 (12.80) の左辺第 1 項は 0 となり，それに伴って左辺第 2 項が 0 となる．3 次元完全流体系の定常流でさらに非圧縮性の条件が加われば，式 (12.80) の発散項のカッコ内は，流線に沿って次のベルヌーイの式が得られる．

$$\frac{1}{2}\rho v^2 + P + \rho gz = \text{一定}$$

ここで $\Phi = \frac{1}{2}\rho v^2 + P + \rho gz$ とおけば，式 (12.80) の左辺第 2 項はベクトル公式により $\mathrm{div}(\Phi\boldsymbol{v}) = \Phi\mathrm{div}\boldsymbol{v} + \boldsymbol{v}\cdot\mathrm{grad}\Phi$ となる．ここで $\mathrm{grad}\Phi$ は Φ の勾配 $\mathrm{grad}\Phi = \boldsymbol{i}\partial\Phi/\partial x + \boldsymbol{j}\partial\Phi/\partial y + \boldsymbol{k}\partial\Phi/\partial z$ である．質量の保存則の式 (11.33) により，定常状態では座標によらず $\mathrm{div}(\rho\boldsymbol{v}) = 0$ となる．さらに非圧縮性流体では，$\rho = \text{一定}$ であり，座標によらず $\mathrm{div}\boldsymbol{v} = 0$ となるため $\mathrm{div}(\Phi\boldsymbol{v}) = \boldsymbol{v}\cdot\mathrm{grad}\Phi$ となる．式 (12.80) を定常流で考えれば，左辺第 1 項が 0 であるから $\boldsymbol{v}\cdot\mathrm{grad}\Phi = 0$ となる．つまり，流れの速度ベクトル方向の Φ の勾配が 0 となる．よって流線に沿って Φ が一定，すなわちベルヌーイの式が得られる．この導出に用いた条件が 12.5.8 項 ベルヌーイの定理の適用条件の根拠となる．

【内部エネルギー】 熱力学における系の内部エネルギーには，(i) 系を構成する分子群それ自身の存在による自己エネルギー（全分子を形成するエネルギー），(ii) 分子間相互作用エネルギー，(iii) 外場（重力場，電場，磁場）によるポテンシャルエネルギー，(iv) 熱運動による並進・回転・振動の運動エネルギーが含まれる．理想気体の内部エネルギーには (iii) と (iv) が成分として含まれる．外場が作用しない場合，1 モル当たりの内部エネルギーを U_1 とすると，$U_1 = C_v T$（C_v は定積モル比熱で N_2 や O_2 分子気体であれば $C_v = 5R/2$，気体定数 $R = 8.31\,\mathrm{J/K}$）である．

【ベルヌーイの定理の圧縮性流体への拡張】 圧縮性流体にも適用できるようにベルヌーイの定理を拡張してみよう．単位体積当たりの内部エネルギー（内部エネルギー密度）は，単位体積中に n モルが含まれるとすれば $nC_v T$ である．単位質量当たりの定積熱容量 c_v を用いると，1 モルの状態方程式 $PV = RT$ と $\rho = M_w/V$（M_w はモル質量）により，$T = M_w P/(\rho R), nV = 1$ なので，

$$u = \frac{M_w c_v}{R}P = \frac{C_v}{R}P \quad (\because M_w c_v = C_v)$$

である．比熱比 $\gamma\ (= C_p/C_v,\ C_p$ は定圧モル熱容量，$C_p = C_v + R$）を用いれば次の関係が成り立つ．

$$u = \frac{1}{\gamma - 1}P \qquad \because \frac{C_v}{R} = \frac{C_v}{C_p - C_v} = \frac{1}{\gamma - 1}$$

理想気体に適用できる拡張されたベルヌーイの定理を導こう．定常的な流れについて式 (12.80) にこの u の式を代入すれば次式が成り立つ．

$$\mathrm{div}\left[\left(\frac{1}{2}\rho v^2 + \frac{\gamma}{\gamma - 1}P + \rho gh\right)\boldsymbol{v}\right] = 0 \qquad \therefore \mathrm{div}\left[\left(\frac{1}{2}v^2 + \frac{\gamma}{\gamma - 1}\frac{P}{\rho} + gh\right)\rho\boldsymbol{v}\right] = 0$$

ここで，$\Phi = \frac{1}{2}v^2 + \frac{\gamma}{\gamma - 1}\frac{P}{\rho} + gh$ とおき，少し前のベクトル解析の計算を繰り返すと，圧縮性であっても

質量保存則により $\mathrm{div}(\rho\boldsymbol{v})=0$ であるから，$\rho\boldsymbol{v}\cdot\mathrm{grad}\varPhi=0$ であり，流線に沿って $\varPhi=$ 一定 であることが示せた．これが圧縮性流体に拡張されたベルヌーイの定理である．

$$\frac{1}{2}v^2 + \frac{\gamma}{\gamma-1}\frac{P}{\rho} + gh = 一定 \tag{12.81}$$

12.5 粘性流れ

図 12.40 のように，x 方向に運動する流体内に流線 A-B を考える．流線に垂直な y 方向に流速の勾配（速い部分と遅い部分）があるとき，実在の流体では速度を一様化するような向きにせん断応力が作用する．この性質を**粘性**（viscosity）という．流体内の流線に平行な層間に速度差があれば，流体層内の y 方向に隣り合った同体積の微小部分間には，その体積に密度と速度を乗じた運動量差が発生する．この運動量の相対差を均一化する性質が粘性である．均一に見える流体でも，流体を構成する分子レベルで見れば，個々の分子がランダムに熱運動し時々刻々位置を変え，次々と出会う

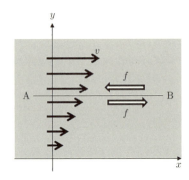

図 12.40 流線に平行な面 A-B を境に逆向きに作用するせん断応力 f．

分子間の衝突や，分子同士に分子間引力が作用し結合解離が頻繁に起こる．そのため上層部の分子群の平均運動量とそれに接する下層部の分子群の平均運動量の間に運動量の伝達が起こる．エネルギー的には分子間の結合解離の反応の際に運動エネルギーの一部が熱エネルギーに変わるため運動エネルギーのロスが起こる．これが粘性のミクロな機構である．

ある円筒型容器 I に少し油を入れて，少し直径の小さな円筒型容器 II を容器 I の内側に入れ，内側容器 II が回転できる状態を作ったとしよう．内側の容器 II を回転させれば，しばらく回転するが油の粘性のために次第に速度が遅くなり，しまいには静止するだろう．これは運動エネルギーが熱として失われたためである．勢いよく内側容器 II を回せば外側容器 I が同じ方向に回転することもある．これは内側容器の各部の運動量が油の粘性を介して外側容器の壁部分に伝達され，その結果として外側容器が回転運動のエネルギーを受け取ったことを示す．

12.5.1 ニュートンの粘性法則

ここで図 12.41 のように，2 枚の平行なガラス板の間が油のような粘性流体で満たされている場合を考える．この上の板を下の板に平行に相対速度 v で一方向に動かすと，上の板に接した粘性流体層は上の板と同じ速度 v で移動し，下の板に接した粘性流体層は静止したままの速度 0 であり，層流を仮定すれば，その間の板に平行な流体層の速度は直線的に変化すると考えられる．つまり速度の厚さ方向の変化率は v/l となる．図 12.35 のようにある微小時間 Δt に，板に平行な薄い流体層の積層体の形状は，当初の ABCD から AEFD に変化する．このとき，それぞれの層間にずれが起こり，層間の摩擦によってせん断応力（ずり応力あるいは接線応力）が発生する．上下の 2 面に作用するせん断応力 τ は，作用する力を F，作

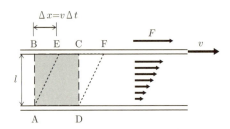

図 12.41 2 枚の平行な板で流体を挟みせん断力 F により片方の板を速度 v で移動させたときの流体中の速度の分布（流体中の矢印）．

用する面積を S とすると

$$\tau = \frac{F}{S} \tag{12.82}$$

となる. このせん断応力は流体の速度勾配に比例するものとして, 比例係数として**粘性係数** μ （あるいは**粘性率**, coefficient of viscosity）を用いて次式で表される.

$$\tau = \mu \frac{v}{l} \tag{12.83}$$

これより粘性係数を実験的に $\mu = \dfrac{Fl}{vS}$ として求めることができる. 粘性係数の単位は Pa·s = N·s·m^{-2}, または CGS 単位系では, 1 P （ポアズあるいはポイズとよぶ）= 0.1 Pa·s である. 記号として μ や η が一般に使われるが, ここでは μ を用いる. 表 12.3 に各種液体における粘性係数の例を示す. この式 (12.83) は平行平板間の流体のように速度勾配が一定の場合のみ成り立つが, 流体層の厚さ l の無限小の極限をとれば, いろんな流線形状の流れに対して成り立つ次の式で表すことができる. 図 12.41 のように y を流線に垂直方向の座標とする.

$$\tau = \mu \frac{\partial v}{\partial y} \tag{12.84}$$

これを**ニュートンの粘性法則**（経験則である）という.

表 12.3　各種液体の粘性係数.

液体	温度（℃）	粘性係数（10^{-3}Pa·s）
水	20	1.0
エタノール	25	1.1
グリセリン	20	1400
水銀	25	1.5
オリーブ油	25	90 ～ 100
エンジンオイル (0W-16)	−35～150	5000 ～ 2.4

非ニュートン流体

　速度勾配とせん断力が直線的な比例関係にある一定の粘性係数をもつ流体を**ニュートン流体**という. これには水, アルコール, グリセリンなどが含まれる. 一方, 高分子が溶けた溶液などでは, 比例関係が成り立たない場合があり, これらを**非ニュートン流体**という.

粘性が無視できる場合

　粘性の影響が無視できなくなるのは, 速度勾配のあるところであり, このほかにも物体の表面近傍や, 速度の異なる流れが合流するところで粘性を無視できなくなる. 一方で, ゆっくりした流れなど速度勾配が非常に小さく, せん断応力が静圧や動圧に比べて無視できる場合, 高い粘性をもった流体でも結果的にはこの部分には粘性の影響が現れないので, 非粘性流体と考えてよい.

12.5.2　粘性係数の温度依存性

　表 12.4 に水と空気の粘性係数の温度依存性を示す. この表に示すように, 粘性係数は液体では温度上昇とともに小さくなり, 気体では温度上昇とともに大きくなる. この温度依存性の違いは次のように説明される. 液体は分子間距離が近いため分子間衝突の頻度も高く, 強い分子間引力が作用し, これが粘性に影響を及ぼしている. そのため温度が上昇すると, 熱膨張で分子間距離が広がり, それによって凝集力（多数の分子間引力を総合した力）が小さくなり, 粘性が小さくなる. 気体は分子間距離が遠いため分子間引力を及ぼす確率が小さい. 各原子・分子の運動量の伝達は分子の運

表 12.4 水と空気の粘性係数の温度依存性.

温度（℃）	水の粘性係数（10^{-3} Pa·s）	空気の粘性係数（10^{-3} Pa·s）
0	1.791	0.0172
10	1.307	0.0177
20	1.002	0.0182
30	0.797	0.0187
40	0.652	0.0192

動に起因する．温度上昇によって原子・分子の熱運動が活発になって，隣り合う流体層中の原子・分子との衝突による運動量交換が大きくなり，粘性も大きくなる．

12.5.3　粘性流体の管内の流れ

ここで，粘性をもった流体が管内を流れる場合を考える．太さが一様な円管を水平に置き，この管内に定常的に流体を流す．非圧縮性の完全流体ならば，**質量保存則（連続の式）** から Sv が一定で，ベルヌーイの定理から圧力も一定となる．しかし，実際に粘性をもつ流体を流す場合，管の出口から定常流を得るためには，管の両端に圧力差が必要となる．これは**流体粘性**によるせん断応力が起こるためである．

この粘性の流れに及ぼす影響を調べるために図 12.42 のような流体の入ったパイプを考える．ここでパイプの半径 a, 長さ l, 入り口圧力 p_A, 出口圧力 p_B とする．管内流れの中に管の中心と同軸の半径 r の液体の円柱を仮定

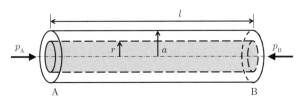

図 12.42　半径 a, 長さ l の流体の入ったパイプ．

し，この円柱における力のつり合いを考えると以下のようになる．

$$\pi r^2 p_A - \pi r^2 p_B - 2\pi r l f = 0 \tag{12.85}$$

ここで f は半径 r の円柱の側面（面積 $2\pi r l$）に沿って作用する粘性によるせん断応力である．この式を変形すると

$$r p_A - r p_B = 2 l f \tag{12.86}$$

となる．ここで式 (12.84) における y が r, τ が $-f$ に対応する[2]ので，$f = -\mu (dv/dr)$ が成り立ち，下記を得る．

$$\frac{dv}{dr} = -\frac{r(p_A - p_B)}{2\mu l} \tag{12.87}$$

$$dv = -\frac{p_A - p_B}{2\mu l} r\, dr \tag{12.88}$$

次にこれを管壁 $r = a$ で $v = 0$ なる境界条件で積分すると次式を得る．

$$v(r) = \frac{p_A - p_B}{4\mu l}(a^2 - r^2) \tag{12.89}$$

これは流体の管内の r 方向の速度分布を表し，図 12.43 のように，管壁に向かって速度は放物線状に減少し，管壁で静

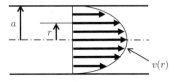

図 12.43　円管内流速の径方向分布．

---
[2] 正の速度勾配を形成する外力 F によるせん断応力を τ とし，それに抗する流体の粘性によるせん断応力を f とすると，τ と f は逆向きとなる．

止する．管の中心で最大流速 v_0 となる．

$$v_0 = (p_A - p_B)a^2/4\mu l$$

管内の粘性流体の流量

図 12.42 の出口 B の断面で，半径 r と $r+dr$ の 2 つの同心円によって囲まれる管状部分から単位時間に流出する液体の量は $v(r)\cdot 2\pi r dr$ である．B から流出する液体の流量 Q は (12.89) を使って以下のようになる．

$$Q = 2\pi \int_0^a v(r)r dr = \frac{\pi a^4}{8\mu}\frac{p_A - p_B}{l} \tag{12.90}$$

この関係を**ハーゲン・ポアズイユの法則**（Hagen-Poiseuille law）という．この法則は，経験則の一つであるニュートンの粘性法則から導かれているので，やはり経験則である．管を流れる流量は管の両端の圧力差に比例し，管の長さと流体の粘性率に逆比例し，管の半径の 4 乗に比例する．これは管内の流速が放物線則となる層流の場合にのみ成立する．

例題 12.5-1　流量から粘性を求める

図 12.44 のように，断面積の大きな容器の中に密度 ρ の液体が入れられ，液面から h だけ下の側面から，長さ l，半径 a の細管を水平に出したとき，細管の先端から単位時間に液体の流れる出る体積が Q であったとすると，この液体の粘性係数はいくらか．

解　大気圧を p_0，細管入口の圧力を p とする．容器内の流れは十分に遅く，粘性流による圧力差が $\rho g h$ に比べて無視できるので，水面から細管入口に至る一本の流線に沿ってベルヌーイの定理が成り立つ．

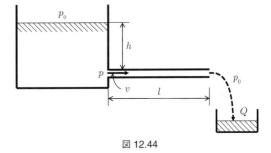

図 12.44

$$p_0 + \rho g h = p$$

細管内では粘性流による圧力差が無視できないため，ベルヌーイの定理を適用できず，ハーゲン・ポアズイユの法則を用いる．式 (12.90) より粘性係数は下記のように得られる．

$$\mu = \frac{\pi a^4 (p - p_0)}{8lQ} = \frac{\pi a^4 \rho g h}{8lQ}$$

12.5.4　ストークスの粘性抵抗

高い粘性率の流体中を物体がゆっくり動くとき，物体表面の流体は物体に引きずられて動き，物体の周囲には速度勾配をもつ流体の運動が引き起こされる．この速度勾配により物体の運動は粘性力による抵抗を受ける．例えば，半径 a の球が速さ v で粘性率が μ の静止流体中を動くときに受ける**粘性抵抗の力** F_D は以下のように表される．

$$F_D = 6\pi\mu a v \tag{12.91}$$

これを**ストークス**（Stokes）**の粘性抵抗**という．"高い粘性率の流体中を物体がゆっくり動く"ことを定量的に表すためには，次の節で説明するレイノルズ数 Re を用いる．$Re < 1$ ならばこの式は実験結果とよく一致する．この 1 は目安であって厳密にとらえるべきではない．参考までに，空気

中の雨滴を考えれば，球形の水滴に加わる重力が式 (12.91) の粘性抵抗力と等しくなる速度で落下する．この時 $Re < 1$ になるのは，雨滴の半径 a が $0.04\,\mathrm{mm}$ 以下のときで，霧雨に相当する．より大きな雨粒の場合は 12.5.8 項で述べる．

問題 12.5-1 半径 a，密度 ρ_s の球状固体が，密度 ρ_0 の液体中を一定の速さ（終端速度）v で落下しているとする．このときの液体の粘性率を求めよ．ただし $Re < 1$ とする．

問題 12.5-2 微細な球状の金属粉末（密度 $4\,\mathrm{g/cm^3}$）を $10\,\mathrm{cm}$ の深さまで水の入ったビーカー中でよく攪拌し，放置したとき，10 時間後も底に沈まないで水の中にとどまっている粉末の最大の直径を求めよ．ただし，水の粘性率を $0.01\,\mathrm{P}$（$\mathrm{P} = \mathrm{g\cdot cm^{-1}\cdot s^{-1}}$）とする．（注意：CGS 系の重力加速度 $g = 980\,\mathrm{cm\cdot s^{-2}}$）

問題 12.5-3 図 12.45 に示すように，傾き角 α の斜面の上を密度 ρ，粘性係数 μ の液体が，厚さ h で流れている．液体の速度は斜面に平行であり，流れは定常的であると仮定すると，その速さ v は斜面から垂直に測った距離 z にのみ依存する．重力加速度を g として，v の z 依存性を求めよ．

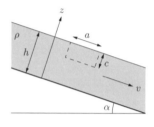

図 12.45

〔ヒント〕定常流において液体の加速度はゼロであるから，任意の領域にある液体に作用する力はつり合っている．図の破線で示した直方体の内部の液体に作用する力のつり合いを考えるとよい．ただし，この直方体の上面は液体表面に接しており，斜面に沿った辺の長さは a，奥行き（水平な辺の長さ）は b，斜面に垂直な辺の長さは c である．

問題 12.5-4（発展） 図 12.46 に示すように，内半径 a のパイプ I の内側に，半径 b（$b < a$）の円柱 II を（I と II が）同軸になるように設置し，I と II の間の領域を粘性係数 μ の液体で満たす（パイプも円柱も限りなく長いものとする）．パイプ I を動かないように固定して，円柱 II を対称軸に沿って一定の速さ V で動かす．重力の影響を無視すると，液体の運動が定常的になったときの流れの速さ v は，軸からの距離 r を用いて次のように表されることを示せ．

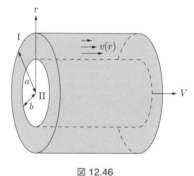

図 12.46

$$v = \frac{V}{\ln(a/b)} \ln\left(\frac{a}{r}\right)$$

〔ヒント〕内半径が r，外半径が $r+dr$ で長さが l の薄い円筒の内部にある流体に作用する力のつり合いを考えるとよい．ただし，この円筒とパイプの軸は一致するものとする．

12.5.5 レイノルズ数

粘性をもった流体の運動を特徴づけるパラメータとして**レイノルズ数**（Reynolds number, Re）がある．これは運動する粘性流体を記述する無次元パラメータで，考えている物体の代表長さ（管の内径，流路幅，粒子の直径など）を l，流体の密度と粘性係数を ρ，μ，流れの平均速度を v とすると，レイノルズ数 Re は次式で表される．

$$Re = \frac{\rho v l}{\mu} \tag{12.92}$$

μ/ρ を**動粘性係数**（単位：$\mathrm{m^2/s}$）という．このレイノルズ数は，運動する流体の注目する流体部分の慣性力と粘性力の各代表値の比を表している．

【補足】専門課程で学ぶ流体力学など連続体の物理系科目では，運動や波動等を記述する偏微分方程式の無次元化がなされる．それは使用する単位系によらずに方程式の数学的性質を調べるためである．長さと時間を

それぞれの代表値である l と l/v で規格化して無次元化する．面積 S，体積 V，質量 m，運動量 p の代表値はそれぞれ，l^2, l^3, ρl^3, $\rho l^3 v$ となり，ある量 A の時間微分と空間微分の各代表値はそれぞれ Av/l, A/l とする．そうすると慣性力 $m\dfrac{dv}{dt}$ と粘性力 $\mu\dfrac{\partial v}{\partial y}S$ の代表値はそれぞれ $\rho l^2 v^2$, $\mu v l$ となり，Re 数の式 (12.59) が得られる．これら代表値が注目する現象における各物理量の大きさの目安（桁数，オーダー）を与える．それぞれの物理量は各代表値で割ることで無次元化され，元の方程式はレイノルズ数などの無次元パラメータのみを含む方程式となる．厳密に導かれた複雑な方程式の各項の大きさを各代表値をもとに評価し，主要な大きさの項に比べて無視できる項があればそれを無視して，より解析の容易な近似方程式に変形することができる．

ここで ρ, μ が異なる流体に対して形状が相似で大きさが異なる物体の回りの2つの流れの系を考える．Re 数が等しくなるようにそれぞれの物体の l と代表的流速 v を選択すればレイノルズの相似則が成り立ち，2つの流れの対応する点での圧力や速さの値を求めることができる．これにより船や航空機の実際の流れを風洞と模型を使って模擬（シミュレーション）できる．

図 12.47 は左から右へパイプ内を流れる水流にマーカーのインクを流したときの様子を模式的に示したものである．レイノルズ数が小さいうちは (a) のように隣り合う上下の層が互いにすべり合って流れ，流線の形は時間的に変化しない**層流**である．層流は，水の速度が管の径方向に放物線状の速度分布を示すので，インクを途中で短時間だけ止めて再度流すと図のようなパターンが現れる．流速を速くしてレイノルズ数を大きくすると，(b) 各層が不規則に混合し，やがて (c) 各点での流れの速度や圧力は絶えず不規則に変動する**乱流**になる．

この層流と乱流の境界におけるレイノルズ数を**臨界レイノルズ数**（Re_c）という．水を円管に流した場合の Re_c は代表的長さ l を管の直径とした場合は 2300～4000 の間の値をとることが知られている．ただし，この臨界レイノルズ数は平板間や円柱まわりの流れではこれと異なる値をとる．どの代表的長さを選ぶかは，調べたい現象によって決められる．

直径 1 cm の管の中を流れる 20℃の水と空気のレイノルズ数を比較する場合を考える．水の密度 1000 kg/m³，粘性係数 1×10^{-3} Ns/m²，空気の密度 1.2 kg/m³，粘性係数 1.8×10^{-5} Ns/m² を使うと，円管内の水が層流を保てる速度の上限をレイノルズ数から求めると以下のようになる．

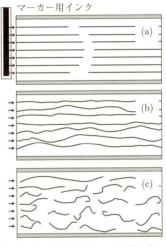

図 12.47 液体の流れるパイプにインクを流した様子．(a),(b),(c) と流速が増加している．

$$Re = \frac{1000 \times v \times 0.01}{0.001} < 2300 \quad \rightarrow \quad v = 0.23\,\text{m/s} = 23\,\text{cm/s}$$

空気の場合の層流を保てる速度の上限は以下のようになる．

$$Re = \frac{1.2 \times v \times 0.01}{1.8 \times 10^{-5}} < 2300 \quad \rightarrow \quad v = 3.4\,\text{m/s}$$

問題 12.5-5 風洞実験をするために 10.0 m の高さの実際の建物の 1/20 の模型を作った．実際の風速を 5.0 m/s としたとき，
(1) 風洞の風速を何 m/s にすれば，実際の風の流れの模擬になるか．
(2) 空気の動粘性係数（μ/ρ）は 15.2×10^{-6} m²/s である．レイノルズ数はいくらか．
(3) 水の動粘性係数は 1.00×10^{-6} m²/s である．模型の動作流体として水を使った場合，実際の建物と同じレイノルズ数にするには水の流速はいくらにすればよいか．

12.5.6 【発展】高速流における抵抗

レイノルズ数が大きくなると粘性の影響は慣性に比べて小さくなるものの，物体の表面近傍では流体が表面に付着するために粘性を無視することはできない．いま一様流れの中に薄い平行な板をおくと，その表面のかなり近いところまでは完全流体とみなせるが，表面近傍では急激に流速が減少し，表面で 0 になる大きな速度勾配をもつ層が存在する．この流体のもつ粘性によって表面近傍に形成される速度勾配の大きな薄い層を**境界層**（boundary layer）という．ここには小さな渦が発生している．速度勾配が大きい場合には，粘性率 μ が小さくてもせん断応力により抵抗が無視できない．この境界層の考え方を導入することで，飛行機の翼やタービンなど流体機械の特性について，層流に限らず乱流をともなう対象でも工学的に議論できるようになった意義は大きい．

半径 a の球が速度 v の粘性率 μ の一様な流れの中に置かれたときに受ける抵抗力 F_D は，Re 数が 1 以下であれば，ストークスの抵抗から $F_D = 6\pi\mu a v$ となる．一方，Re 数が大きくなれば状況は変わってくる．ここでは抵抗力を航空工学表記に合わせ F_D に替えて D とする．流体の運動量を減少させる抵抗力は形状抵抗係数 C_D を仮定すると，代表面積 S_D と流体の単位体積当たりの運動エネルギーに比例することが実験的に知られており，

$$D = C_D S_D \frac{\rho v^2}{2} \tag{12.93}$$

となる．ここで代表面積として，流れ方向から見た投影面積（球の場合 $S_D = \pi a^2$）を用いた．この式は広い流速範囲で流れによる抵抗力を推定するために有用である．図 12.48 は種々の形状の物体の形状抵抗係数 C_D をレイノルズ数との関係で示したものである．レイノルズ数が小さい時には形状抵抗係数はストークスの式で近似できるが，レイノルズ数が大きくなると抵抗係数は物体の形状により異なることがわかる．

次に，例として球体の場合の形状抵抗係数を近似する式を示す．いずれも，実験結果を近似したものである．

$$Re < 1 \text{ の場合} \qquad C_D \approx \frac{12\pi\mu a v}{\pi a^2 \rho v^2} = \frac{24\mu}{2a\rho v} = \frac{24}{Re} \tag{12.94}$$

$$10 < Re < 10^3 \text{ の場合} \qquad C_D \approx 13/\sqrt{Re} \tag{12.95}$$

$$10^3 < Re < 10^5 \text{ の場合} \qquad C_D \approx 0.44 \tag{12.96}$$

ただし $Re < 1$ の場合は，$D = 6\pi\mu a v$，$Re = \dfrac{\rho v (2a)}{\mu}$ とした．

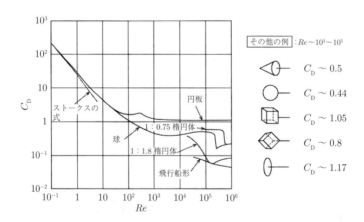

図 12.48 流体中におかれた物体の形状による抵抗係数とレイノルズ数の関係
（前田昌信 著『はじめて学ぶ流体力学』オーム社，2002 より）

粘性流体を落下中の物体の終端速度

粘性率 μ の流体中を重力で落下する直径 d の球体の運動（図 12.49）を，形状抵抗係数を用いて表そう．流体の密度を ρ_a，物体の密度を ρ_s とする．重力の作用で球体にかかる力 F は浮力を差し引いて，以下のようになる．

$$F = \frac{\pi d^3}{6}(\rho_s - \rho_a)g$$

速度に従って増加する摩擦抵抗力は式 (12.91) あるいは式 (12.94) を用いて

$$D = C_D \frac{\pi d^2}{4} \frac{\rho_a v^2}{2} = \frac{24\mu}{\rho_a v d} \frac{\pi d^2}{4} \frac{\rho_a v^2}{2} = 3\mu\pi d v \quad (12.97)$$

$F = D$ の時, 物体は一定速度で落下するようになる. 落下速度が一定になったときの速度を**終端速度** (terminal velocity) v_t といい, 次式となる.

$$v_t = \frac{d^2(\rho_s - \rho_a)g}{18\mu} \quad (12.98)$$

図 12.49

12.5.7 【発展】圧力抵抗

完全流体の場合, 一様な流れの中に図 12.50 のように円柱が静止していると, 流線は図のように進行方向前後に対して対称, この図では左右対称になる. したがって点 A と点 C での圧力の大きさは等しく向きは逆であり, 流体が円柱に加える圧力の総和は 0 となり抵抗力はない. 実際の流体中では, 円柱には流れの後方にむかう力を受ける. この違いは現実の流体では粘性があるためである. 図 12.51 のように粘性流体中の円柱を考える. レイノルズ数が大きくなると円柱表面に境界層が現れる. 点 A にある境界層の微小部分に着目してその運動を調べてみる.

A → B に向かうにつれ, 流線密度が高くなり流れは加速され, それに伴って圧力が下がる. B では最も圧力が低い. B → C に向かうにつれ, 流れの速度が小さくなっていくが, A → B までの過程で, 円柱表面近傍の境界層部分の流体は粘性により減速された分があり, B から C に至る間でさらに急激に減速され C 点に到達する前に速度がほとんど 0 になってしまう. ここより下流側では上流の B 方向への逆流も発生する. このようにして円柱表面の境界層が円柱の表面から引きはがされて剥離し, 外側に押し出されて図のように渦を作る. この渦の外側の圧力は物体前面の圧力より低く, これにより物体の前後で圧力差が生じ, 全体として流れの方向に力を受ける.

物体が流体との相対的な速度をもつことで, 衝突して来る流体の運動量を変化させることになる. つまり運動する物体の前部と後部で流体の運動量の変化分を流体の通過時間で割った大きさの抵抗力を受ける. この抵抗力は流れに垂直な物体の断面積に比例する. これは流体の粘性抵抗とは別の要因である. これにより生ずる抵抗を**圧力抵抗** (pressure drag) という.

慣性抵抗を減らすのは物体の形状を工夫することで可能となる. 図 12.52 はいわゆる**流線型**の物体周辺の流れの様子を示したものである. 流線型とは, 図のように流れに沿ったゆるやかな曲線からなる. そのため B → C の領域での圧力増加が図 12.51 よりも緩やかなので B より後部での境界層のはがれが起こりにくく, 渦が生じにくいので, 圧力抵抗はきわめて小さくなる. 流線型の形状としては前半の A → B よりも後半の B → C の形状が重要となる. 抵抗を形状ごとに概観すると, 流れに平行に置いた薄い板ではすべて粘性抵抗であり, 円柱では大部分が圧力抵抗であり, 流線型物体では粘性抵抗が主で圧力抵抗は円柱の場合に比べて著しく小さい.

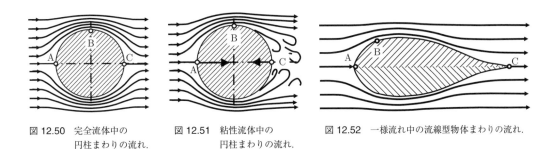

図 12.50 完全流体中の円柱まわりの流れ.

図 12.51 粘性流体中の円柱まわりの流れ.

図 12.52 一様流れ中の流線型物体まわりの流れ.

12.5.8 ベルヌーイの定理の適用条件について

ベルヌーイの定理は 12.4.5 項で流体密度一定 (非圧縮性) の完全流体の定常流に対してエネルギー保存の法則から導かれた. そのため厳密な意味では, 時間的変動をもたらす渦領域は適用の対象とならず, 粘性によって運動エネルギーが散逸 (ロス) される流れも適用の対象とはならない. それでも, 粘性による単位体積当たりのエネルギーロスが流体の単位体積当たりの力学的エネルギーに比べて非常に小さく, かつ流れの時間変動が小さければ, 近似的にベルヌーイの式は使用できる.

一様流中に垂直に円柱がおいてある場合（図 12.51 参照）を考えよう．流体が水であれば密度はほぼ一定であるから次のことがいえる．レイノルズ数が非常に低い（1 以下）円柱まわりの流れは層流の定常流となるが，流線に沿って流体の運動エネルギーは粘性ロスによって失われ，エネルギー保存を満たさずベルヌーイの定理は使えない．レイノルズ数が低い（$1 \sim 10^2$）流れの中に置かれた円柱の後ろでは渦が発生して定常流にならず，やはりベルヌーイの定理の使用条件を満たさず使えない．レイノルズ数が大きい（10^3 以上）場合は，円柱表面上のある位置から乱流境界層が作られる．境界層の中を通過する流線上では，渦や粘性ロスを考慮していないベルヌーイの式は使えないが，境界層の外側の層流領域では，粘性ロスと時間変動に関する前述したような条件が満たされれば近似的にベルヌーイの式を使用できる．

さらに，12.4.8 項で圧縮性も含めた完全流体のエネルギー保存の式を示したことで，大気のような圧縮性の流体に対してでも，以下に述べるように条件が満たされれば拡張されたベルヌーイの定理を適用できる．

流体が大気の場合，例えば航空機の翼のレイノルズ数は $10^6 \sim 10^7$ に達する．翼前端では圧力が大気圧よりだいぶ高いが翼上面では大気圧より下がり翼後端にかけて圧力は大気圧近くまで戻るといった大きな変化があり，短時間に気体の圧縮と膨張が起こり，翼表面に境界層形成の要因ともなる．空気の粘性は 1 気圧 20°C で 1.8×10^{-5} Pa·s であるから，粘性ロスの効果は運動エネルギーに比べてずっと小さいので無視できるが，粘性があるために翼表面に渦を含む境界層が形成されるため翼近傍の流線は完全流体の場合と比べて前節の図 12.50，図 12.51 のようにだいぶ異なったものになる．翼まわりの流速分布はベルヌーイの定理だけでは決まらず，流体の運動方程式（式 (11.37) を粘性流体に拡張した方程式）を数値計算で解くか実験的に測定して求めることになる．その結果が，進行方向に少し上向き（迎角が正）の翼の上面の流速は翼下面の流速より速いのである．境界層の外側の層流域で翼まわりの流速分布がわかれば，ある程度変動があっても圧縮性流体に拡張されたベルヌーイの式は近似的に使える．境界層の外側では流速の大きな側の静圧は低く，流速の小さな側の静圧は大きくなり物体は流れに垂直な力（揚力）を受ける．

あくまでもベルヌーイの定理は，流れの時間変動が小さく，運動エネルギーや位置エネルギーに比べて渦や粘性によるエネルギーロスが小さく無視できる場合に適用できる．空気力学系では，レイノルズ数が十分に大きく翼やプロペラなど時間的にも安定な境界層が形成される系の境界層外の流れが対象となる．

12.5.9 【発展】翼の揚力とベルヌーイの定理

ここで，一様な流れの中に図 12.53 のような断面形状の翼を置いたときの流れを考えてみる．迎角 α（翼弦と一様流のなす角，翼弦とは翼の前端と後端を結ぶ線分）を正にとってある．通常の飛行機の速度では，翼面上に流体（気体）の粘性によるせん断応力による乱流境界層が生じ後流に渦が放出される．図 12.53 には乱流境界層がごく薄いものとして示していない．渦や乱流境界層を通る流線に沼えば先述のようにエネルギーロ

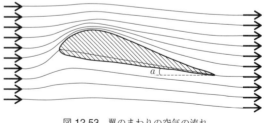

図 12.53 翼のまわりの空気の流れ．

スのためにベルヌーイの定理は成り立たないが，乱流境界層の外側の層流領域では次の条件でベルヌーイの定理を適用できる．その条件は粘性等による単位体積当たりのエネルギーロスが流体の単位体積当たりの力学的エネルギーに比べて無視できる程度に小さく，かつ流れの時間変動が小さい場合である．

ベルヌーイの定理を使うためには翼まわりの流速がどのようになっているかを知る必要があるので，図 12.54 に沿って翼表面の流れがどのようになっているか調べよう．ここでは静止した翼に一様流が水平に流れているものとする．

(1) 翼前端（頂点より前）の流れ

翼前端には気流が衝突してくるため空気の密度と圧力が高まり粘性も高まる．翼前端部に衝突してくる気体の運動量の効果（気体が翼に衝突してその運動量が変化する分，翼に力積が作用する効果）としては，翼前端上面では水平向きに押す力と下向きに押す力が作用し，翼前端下面には水平向きに押す力と上向きの力が作用する．一方，境界層内では翼面に近づくほど流速は小さくなる．境界層をさらに薄い層の積層体と考えればその薄い層間にせん断応力が作用している．このせん断応力は境界層内の渦形成に関わっている．境界層の外側ではこのせん断応力は小さく無視できる．

この翼前端の上面に沿う上向き流れはせん断応力により翼前部を持ち上げる向きに作用する．同様に翼前端から下面に沿う下向き流れは翼前部を下げる力となるが，この図の翼前部の形状では上下面合わせれば翼前端部を持ち上げる向きに作用する．この前端部の境界層内のせん断応力により翼面に接線方向に作用する力は気体の運動量効果と逆向きであるが，流線形の翼では運動量効果のほうが強い．

(2) 翼下面に沿った流れ

図 12.53 や図 12.54 の翼下面には一様流の運動量が翼下面全面に対し垂直に押す成分があるため翼を上向きに押す力が作用し水平方向にも押し戻す力が作用する．これらの力は迎角に依存する．この翼面に垂直に押す力により空気密度と圧力が上がりそれに伴い粘性も高まり，翼下面に沿った流れには強めのせん断応力が作用する．この力は下面に沿う気体の流れを押しとめる向きに作用することで下面側の気圧を高める作用をする．この気圧の高まりは翼面下方広い範囲に及ぶ．この気圧の高まりは翼面下方で上流から下流へ向かう水平方向流速を抑えるように作用する．

> 【補足：翼面で発生する圧力変化の周囲への広がり】例題 11.4-1 では断熱条件下で理想気体の音波の波動方程式を導出したように，質量保存の式 (11.33) と流体の運動方程式 (11.37) を粘性流体に拡張した方程式を気体の断熱圧縮特性を用いて数値的に解くことで翼まわりの流速分布と圧力分布が求められる．3 次元空間では音波が波源から離れるにつれて強度が距離の 2 乗に反比例して減衰するように，翼下面において発生する気圧の高まりの影響の範囲は有限（翼弦長の数倍〜10 倍程度）である．

(3) 翼上面に沿った流れ

翼断面の形状は上面が凸であるため，翼前端から上に流れた気体は，運動量としては翼面の接線方向に向かおうとして翼面から離れることで気体密度と圧力が下がり粘性も下がる．そのため，外圧（外側にある空気の圧力）が流れを表面に沿うように戻す作用をする．さらに翼上面に沿って移動する気体を流線に沿う薄層が積層したものとみれば粘性によって各層間に時計回りのせん断応力が作用する．それによって境界層内の流体粒子は時計回りの渦運動をすることになるため，この時計回りのせん断応力が流れを翼面に戻す作用をもつ．この 2 つの作用によって曲面に沿う流れとなる．翼上面の頂点より後ろでは，一様流の運動量は翼表面から離れる向きであるため空気密度と圧力を下げ，それに伴い粘性も低下する．そのため，下面に比べて翼上面頂点以降の流れに抗するせん断応力は弱い．そして翼上面後半部で圧力を下げる効果は上記補足でも述べたように上面側の広い範囲に影響するため上流から下流へ向かう流速を翼上面側の広

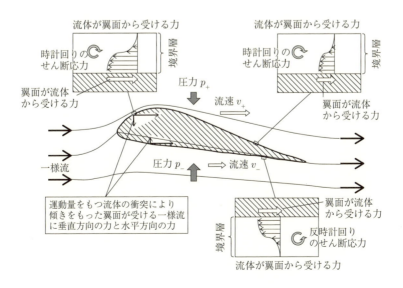

図 12.54　翼上下面に沿った流れと上下面側の流速と圧力．

い範囲で速めることになる．翼上面頂点以前では境界層内のせん断応力が強いため流速を抑える向きに作用するが，結果として翼前端から後端までの上面側の平均流速は下面側の平均流速よりも速い．ここでの平均流速は，翼上下面にある境界層の外（翼面から離れた）側の水平に近い流線に沿って，近似的に翼弦長（$\cos\alpha \sim 1$ と近似）を流体粒子が通過する時間で割った値とする．

(4) 翼まわりの流速分布

このように気体がもっている運動量と気体粘性の効果が翼まわりの気体の運動に影響して，流線を含め気体の流速分布を決める．式 (11.37) を粘性流体に拡張した運動方程式を解いて翼まわりの流速分布を求めることになる．この解析には境界層内の流動の複雑な計算も含まれるので高性能計算機が使われる．模型を用いた風洞実験をして流速分布を調べてもよい．結果として，翼前端で気流が別れた後，上面側の流れが下面側の流れより先に後端（一様流に垂直な後端を通る平面）に到達する．上面側の水平方向の平均流速を v_+，下面側の水平方向の平均流速を v_- とする．

> 【補足：翼まわりの循環流】上で述べた翼の上下側の流速の差を別の視点で見てみよう．この翼上下面の境界層内の流体と翼面間に作用するせん断応力は，上面では時計回りであり，下面では反時計回りである．下面に沿った空気密度の高い流れが反時計回りのせん断応力により翼後端から上向きに回り込む傾向を示す．翼後端が尖っているために，上面に回り込むときに上面の流れと出会い（衝突し）反時計回りの渦として後流に放出され，翼まわりには時計回りに循環する流れ成分が形成される．この循環流成分の存在は上面の流れが下面の流れより先に後端に達することと同じことを意味する．翼面まわりの各場所の流速から一様流の流速 U を差し引いた流れが翼を循環する流れ成分となる．翼上面にある水平に近い流線での流速が $v_+ = U + q$，翼下面にある水平に近い流線での流速が $v_- = U - q$ となるように循環流の平均流速 q を決める．

(5) ベルヌーイの定理から揚力を計算

ここでは翼面の境界層から離れた水平に近い流線で見積もる．翼の上側を通る流線と下側を通る流線を考える．翼の上流のかなたでは静圧は等しく大気圧とみなせるので，異なる流線ではあるがベルヌーイの定理で翼の上下面側の圧力の差を計算できる．上面側での平均圧力を p_+，下面側での平均圧力を p_- とおき，空気密度は翼表面の部位によって変動するが大気密度 ρ で代表してベルヌーイの式により上面と下面の圧力差を求め，それに翼面積 S をかけて**揚力**（lift）L を次式により見積もることができる．

$$p_- - p_+ = \frac{\rho}{2}\left(v_+{}^2 - v_-{}^2\right) \qquad \therefore L = \frac{\rho}{2}\left(v_+{}^2 - v_-{}^2\right) S \tag{12.99}$$

ここで循環流の平均流速 q を用いれば揚力は次式で表される．

$$L = 2\rho U q S \tag{12.100}$$

このように，翼まわりの循環流成分が揚力の元となる．後述のマグナス効果とも原理的につながっている．この結果はおおよその値であるが，より正確な値を得たい場合は，より翼面上の境界層に近い流線上で後述の圧縮性流体に拡張されたベルヌーイの定理の式を使うことになる．また飛行機の翼の長さは有限であるため，翼の根元から先端に向けて流れの特性が変化するので，詳細は精密な計算や風洞実験が必要となる．

飛行機の翼の性能を表す指標として 12.5.6 項で述べた形状抵抗係数 C_{D} とともに**揚力係数** C_{L} が使われる．この係数を用いると揚力 L は次式で与えられる．

$$L = C_{\mathrm{L}}\left(\frac{1}{2}\rho U^2\right) S \tag{12.101}$$

翼の性能は揚抗比 L/D によって表され，翼弦長が短く長い翼ほどこの揚抗比が大きい．ジェット旅客機で 15 程度，アホウドリが 20 程度，グライダーが 40〜60 とされる．この値が大きいほど推進力が小さくても巡航飛行ができる．揚力係数 C_{L} は迎角 α にほぼ比例して大きくなり最大で 1.0〜1.4 に達する．しかし，翼後端では，図 12.54 のように上面に沿った流線が後端に向けて徐々に翼面から離れる傾向があることから，迎角を徐々に高めて臨界迎角（例えば 15° から 20°）に近づくにつれて翼上面からの流線の剥離が翼後端から前方に向かって起こり，臨界迎角を超えると急激に揚力が失われて失速という現象が起こり墜落という事態にもつながる．曲芸飛行等では特に迎角の大きさには注意が必要である．

12.5.10 【発展】マグナス効果：回転する物体に作用する力

図 12.55(a) は回転していない円筒のまわりの空気の流れを示している．流れがある程度速いとき流線は周期的に変動する（後述のカルマン渦と関連）ことが知られている．この円筒に回転を加えることで，空気の粘性により図 12.55(b)

のように円筒の表面に沿って空気が動くために，表面が流れの方向に回る側では流速が大きく，流れに逆方向に回る側では流速が小さくなる．これによって回転する円筒の周囲に上下非対称な空気の流れが生じて，上下に圧力差が作られ，下向きの力を受けることになる．これを**マグナス (Magnus) 効果**（経験則である）という．

一様流のレイノルズ数 Re が大きい（10^3 以上）場合，回転する円筒表面上の流れの剥離点が，一様流に順方向回転側（増速側）では後方に，逆方向回転側（減速側）では前方に移動する．剥離点の後方に境界層ができ，境界層の中を通過する流線に沿って渦の運動エネルギーや粘性ロスによってエネルギーが保存されなくなるが，翼の場合と同様，境界層の外側の層流域ではベルヌーイの式は近似的に成り立ち，境界層の外側では流速の大きな側の静圧は低く流速の小さな側の静圧は大きくなり回転体は流れに垂直な力を受けて変位する．

レイノルズ数が低い（$10 \sim 10^2$）回転する円柱まわりの流れでは渦の発生域が広がり定常流ではなくなるが，マグナス効果は観測されている．

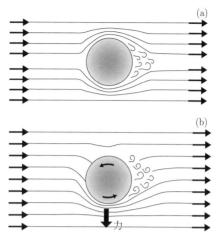

図 12.55　(a) 回転しない円筒と (b) 回転する円筒の周囲の気流の乱れ．

12.5.11 【発展】表面の形状と抵抗の関係

表面が滑らかなボールとでこぼこのあるボール（ゴルフボール）を比較してみる．図 12.56 のようにボールは表面に微小なくぼみをつけ，境界層の流れを乱流にすると速度勾配（境界層の外縁と物体表面の速度差を境界層の厚さで割った量）が大きくなって剥離が起こりにくくなり，剥離点が下流側に行き，後ろについてくる流体の容積が小さくなるとともに見かけの代表面積（式 (12.93) の S_D）が小さくなるため，

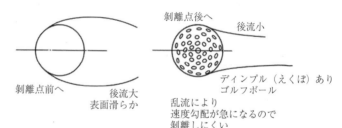

図 12.56　球体表面の形状による物体後方の流れの違い．
（前田昌信 著『はじめて学ぶ流体力学』オーム社，2002 より）

より空気抵抗が小さくなり遠くまで飛ぶことになる．そのためゴルフボールは表面に微小なディンプルをつけている．

12.5.12 【発展】カルマン渦

一様な流れの中に置いた物体（図 12.57 の左端に円柱）の後方に逆向きの渦が交互に発生する．これを**カルマン渦** (Kármán's vortex) という．この渦が図のように上下非対称に順次発生して離脱するので，物体に作用する力は上下非対称に交互に起こる．この図は流速 $1.4\,\mathrm{cm/s}$ の水流中に置かれた直径 $1\,\mathrm{cm}$ の円柱の後ろに発生したカルマン渦である．このときのレイノルズ数は 140 である．垂直方向の力は，流体の粘性抵抗力の 2 倍近くまで大きくなりうる．カルマン渦列による物体が受ける周期的応力の振動数は，流速を隣り合う右巻き渦（あるいは左巻き渦）の間隔で割った値となり，この場合は約 $0.17\,\mathrm{Hz}$ である．これと物体の固有振動数が一致すると激しい自励振動（共鳴と関係：第 2 章

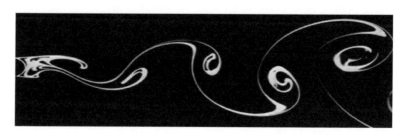

図 12.57　カルマン渦（種子田定俊 氏 撮影）．

参照) を起こすことがある.

　空気中でバットを振ると発生する「びゅっ」という音は, 棒のまわりに発生するカルマン渦による空気の振動が発生する音である.

　1940 年 11 月に起こった, 米国ワシントン州のタコマ橋 (Tacoma Narrows Bridge) の崩壊の原因の 1 つにこのカルマン渦が挙げられている. 風による渦の発生とそれによって励起された振動にこの橋桁 (道路部分) の構造体が共振し, 引き起こされた大きな変形に橋が耐えられなかったためといわれている. 実際には橋の上下方向の運動に加えて, 橋桁の上流側・下流側の振動による橋の捩れ運動が起こり, この 2 つの振動の共振周波数が近接していたために大きな共振現象が起こり, 落橋となったといわれている.

　このようにカルマン渦による構造物の振動 (渦励振) は構造物の安全性に重要な影響を与えるが, この渦励振現象を工学的に役立てるアイデアも生まれている. 近年, 自然環境に優しい再生可能エネルギーとして風力発電が世界に広まっている. 最近, 地表に立てた柱状の設備でカルマン渦による励振を発電に応用する新たな技術が開発された. 風力発電設備でありながら回転翼をもたず, カルマン渦によって柱状体が振動運動することで発電する. 柱状体の共鳴振動数は, 柱の振動部分の重量と支持部の剛性に依存し, 単一の剛性であれば共鳴できる風速は狭い範囲に限定されるが, 永久磁石等を利用して自動で剛性を調整する仕組みを取り入れることで広い風速範囲における共鳴振動 (可聴音域以下) を可能にし, 高いエネルギー効率が実現されている. 今後の風力エネルギーの利用率向上に期待される.

　気象学的には冬場の寒気団が朝鮮半島から日本近海に吹き込む北西風の気象条件のもとでは, 韓国の済州島の風下側南東方向にカルマン渦状の雲列が発生することがある. 図 12.58 は 2020 年 1 月に撮影された衛星画像である. 左上の横長楕円状の白い輪郭線が済州島で, 右下に向かって渦状の雲列が発達している. 九州の南にある屋久島 (ごく小さな円状の白い輪郭) からもカルマン渦列が形成されている.

図 12.58　気象衛星から撮影したカルマン渦列 [3].

---

[3] 日本気象協会 tenki.jp より.

付録A　ベクトルの内積とベクトル積

　　この付録では，ベクトルの内積とベクトル積について説明する．ベクトル $\boldsymbol{A} = (A_x, A_y, A_z)$ の大きさは，記号 $|\boldsymbol{A}|$ や A で表され，それは，成分を使って，

$$A = |\boldsymbol{A}| = \sqrt{A_x{}^2 + A_y{}^2 + A_z{}^2} \tag{A.1}$$

と表すことができる．

A.1　内積

　　2つのベクトル $\boldsymbol{A} = (A_x, A_y, A_z)$ と $\boldsymbol{B} = (B_x, B_y, B_z)$ の**内積** $\boldsymbol{A} \cdot \boldsymbol{B}$（inner product）は，

$$\boldsymbol{A} \cdot \boldsymbol{B} = A_x B_x + A_y B_y + A_z B_z \tag{A.2}$$

で定義される．内積はまた**スカラー積**（scalar product）ともよばれる．$\boldsymbol{A}$ と $\boldsymbol{B}$ のなす角を θ とすると，

$$\boldsymbol{A} \cdot \boldsymbol{B} = AB \cos\theta \tag{A.3}$$

が成り立つ．したがって，$\boldsymbol{A}$ と $\boldsymbol{B}$ が互いに垂直であるならば，

$$\boldsymbol{A} \cdot \boldsymbol{B} = 0 \tag{A.4}$$

逆に，等式 (A.4) が成り立つならば $\boldsymbol{A}$ と $\boldsymbol{B}$ は互いに垂直である．また，

$$\boldsymbol{A} \cdot \boldsymbol{A} = A^2 \tag{A.5}$$

という恒等式も記憶にとどめておくとよい．

A.2　ベクトル積

　　2つのベクトル $\boldsymbol{A}$ と $\boldsymbol{B}$ の**ベクトル積**（vector product）は，第 5 章 5.2 節（p.71）の補足で定義した．ベクトル積はまた**外積**（outer product）ともよばれる．ここではベクトル積のいくつかの性質を説明する．

(1) ベクトル積の定義から直ちに

$$\boldsymbol{A} と \boldsymbol{B} が平行ならば，\boldsymbol{A} \times \boldsymbol{B} = 0 \tag{A.6}$$

という性質が導かれる．この関係は，$\boldsymbol{A}$ が $\boldsymbol{B}$ に垂直ならば，$\boldsymbol{A} \cdot \boldsymbol{B} = 0$ である，という内積の性質と対照的である．特に，同じベクトルどうしのベクトル積はゼロになる．

$$\boldsymbol{A} \times \boldsymbol{A} = 0 \tag{A.7}$$

(2) ベクトル積 $\boldsymbol{A} \times \boldsymbol{B}$ において，積の順序を入れ換えたもの $\boldsymbol{B} \times \boldsymbol{A}$ とは同じではなく，

$$\boldsymbol{B} \times \boldsymbol{A} = -\boldsymbol{A} \times \boldsymbol{B} \tag{A.8}$$

という関係がある．$\boldsymbol{A}$ と $\boldsymbol{B}$ が図 5.7 のような位置関係にあるとするならば，図の右ねじを $\boldsymbol{B}$ から $\boldsymbol{A}$ のほうに回すと，図の $\boldsymbol{C}$ とは逆の向きに進む．したがって，$\boldsymbol{B} \times \boldsymbol{A}$ は $\boldsymbol{A} \times \boldsymbol{B}$ と大きさが同じで，向きが反対であるので，式 (A.8) が成り立つ．

(3) 直交座標系の基本ベクトル $\boldsymbol{e}_x$, $\boldsymbol{e}_y$, $\boldsymbol{e}_z$ は大きさが 1 で，互いに直交している．次の関係が成立することは，ベク

トル積の定義から理解できるであろう．

$$e_x \times e_y = e_z, \quad e_y \times e_z = e_x, \quad e_z \times e_x = e_y \tag{A.9}$$

(4) ベクトル積の定義からは自明ではないが，分配法則

$$(\boldsymbol{A} + \boldsymbol{B}) \times \boldsymbol{C} = \boldsymbol{A} \times \boldsymbol{C} + \boldsymbol{B} \times \boldsymbol{C} \tag{A.10}$$

が成り立つ．

証明[1]（初めて読むときには，この証明を飛ばして，式 (A.14) まで進むとよい）．

ベクトル $\boldsymbol{A}$ を，$\boldsymbol{C}$ に垂直な面に射影したベクトルを $\boldsymbol{A}_\perp$ とする（図 A.1(a)）．$\boldsymbol{A}$ と $\boldsymbol{C}$ のなす角を θ とすると $A_\perp = A \sin\theta$ である．$\boldsymbol{A}_\perp$ は $\boldsymbol{C}$ に垂直だから

$$|\boldsymbol{A}_\perp \times \boldsymbol{C}| = A_\perp = AC\sin\theta = |\boldsymbol{A} \times \boldsymbol{C}|$$

また，$\boldsymbol{C}$，$\boldsymbol{A}$ および $\boldsymbol{A}_\perp$ は同一平面にあるから，$\boldsymbol{A} \times \boldsymbol{C}$ と $\boldsymbol{A}_\perp \times \boldsymbol{C}$ は同じ方向を向く．したがって，

$$\boldsymbol{A} \times \boldsymbol{C} = \boldsymbol{A}_\perp \times \boldsymbol{C} \tag{A.11}$$

が成り立つ．同様にして，$\boldsymbol{B} \times \boldsymbol{C} = \boldsymbol{B}_\perp \times \boldsymbol{C}$ を得る．

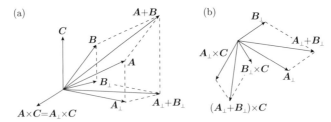

図 A.1 ベクトル積の分配法則 (A.10) の証明のための説明図．(a) ベクトル $\boldsymbol{A}$ と $\boldsymbol{B}$ それぞれを，$\boldsymbol{C}$ に垂直な面に射影したベクトルを $\boldsymbol{A}_\perp$，$\boldsymbol{B}_\perp$ とすると，$\boldsymbol{A} + \boldsymbol{B}$ を，$\boldsymbol{C}$ に垂直な面に射影したベクトルは $\boldsymbol{A}_\perp + \boldsymbol{B}_\perp$ に等しい．(b) $\boldsymbol{A}_\perp$ と $\boldsymbol{B}_\perp$ を 2 辺とする平行四辺形を，$\boldsymbol{C}$ に垂直な面内で 90° 回転して C 倍したものは，$\boldsymbol{A}_\perp \times \boldsymbol{C}$ と $\boldsymbol{B}_\perp \times \boldsymbol{C}$ を 2 辺とする平行四辺形に一致する．(a) は俯瞰図であり，(b) は $\boldsymbol{C}$ に垂直な面を示す平面図である．

次に，図 A.1(a) からわかるように，$\boldsymbol{A}$ と $\boldsymbol{B}$ を 2 辺とする平行四辺形を $\boldsymbol{C}$ に垂直な面に射影したものは，$\boldsymbol{A}_\perp$ と $\boldsymbol{B}_\perp$ を 2 辺とする平行四辺形に等しい．したがって，ベクトル $\boldsymbol{A} + \boldsymbol{B}$ を，$\boldsymbol{C}$ に垂直な面に射影したベクトルは，$\boldsymbol{A}_\perp + \boldsymbol{B}_\perp$ に等しい．よって，等式 (A.11) を導いたときと同様の議論により，

$$(\boldsymbol{A} + \boldsymbol{B}) \times \boldsymbol{C} = (\boldsymbol{A}_\perp + \boldsymbol{B}_\perp) \times \boldsymbol{C} \tag{A.12}$$

が導かれる．

最後に，$\boldsymbol{A}_\perp \times \boldsymbol{C}$ と $\boldsymbol{B}_\perp \times \boldsymbol{C}$ は $\boldsymbol{C}$ に垂直な平面内にあり，それぞれ $\boldsymbol{A}_\perp$ と $\boldsymbol{B}_\perp$ をこの平面内で 90° 回転して C 倍したものに等しい（図 A.1(b)）．したがって，$\boldsymbol{A}_\perp$ と $\boldsymbol{B}_\perp$ を 2 辺とする平行四辺形 S を 90° 回転して C 倍した平行四辺形 S′ は，$\boldsymbol{A}_\perp \times \boldsymbol{C}$ と $\boldsymbol{B}_\perp \times \boldsymbol{C}$ を 2 辺とする平行四辺形に等しい．よって，S′ の対角線のベクトル $\boldsymbol{A}_\perp \times \boldsymbol{C} + \boldsymbol{B}_\perp \times \boldsymbol{C}$ は，S の対角線のベクトル $\boldsymbol{A}_\perp + \boldsymbol{B}_\perp$ に垂直で，長さは C 倍であり，

$$\boldsymbol{A}_\perp \times \boldsymbol{C} + \boldsymbol{B}_\perp \times \boldsymbol{C} = (\boldsymbol{A}_\perp + \boldsymbol{B}_\perp) \times \boldsymbol{C} \tag{A.13}$$

が成り立つ．式 (A.12) と (A.13) より，

---

[1] この証明は，森田章 他『基礎教育 物理学コース I』（学術図書出版，1972）による．

$$(\boldsymbol{A} + \boldsymbol{B}) \times \boldsymbol{C} = \boldsymbol{A}_\perp \times \boldsymbol{C} + \boldsymbol{B}_\perp \times \boldsymbol{C}$$

が得られ，この式の右辺は，式 (A.11) より，$\boldsymbol{A} \times \boldsymbol{C} + \boldsymbol{B} \times \boldsymbol{C}$ と書き換えることができるので，式 (A.10) が成り立つことがわかる．(Q.E.D.)

(5) 基本ベクトルの性質 (A.9) と分配則 (A.10) を使うと，ベクトル積 $\boldsymbol{A} \times \boldsymbol{B}$ の成分が，

$$\boldsymbol{A} \times \boldsymbol{B} = (A_y B_z - A_z B_y, A_z B_x - A_x B_z, A_x B_y - A_y B_x) \tag{A.14}$$

で与えられることが導かれる（例題 A.2-1）．

例題 A.2-1 等式 (A.14) を導け．

解 ベクトル $\boldsymbol{A}$ はその成分 (A_x, A_y, A_z) と基本ベクトル $\boldsymbol{e}_x$, $\boldsymbol{e}_y$, $\boldsymbol{e}_z$ を用いて

$$\boldsymbol{A} = A_x \boldsymbol{e}_x + A_y \boldsymbol{e}_y + A_z \boldsymbol{e}_z$$

と表すことができる．ベクトル $\boldsymbol{B}$ についても同様．したがって，

$$\boldsymbol{A} \times \boldsymbol{B} = (A_x \boldsymbol{e}_x + A_y \boldsymbol{e}_y + A_z \boldsymbol{e}_z) \times (B_x \boldsymbol{e}_x + B_y \boldsymbol{e}_y + B_z \boldsymbol{e}_z)$$

ここで，分配則 (A.10) を使うと

$$\begin{aligned}
\boldsymbol{A} \times \boldsymbol{B} = {} & A_x B_x (\boldsymbol{e}_x \times \boldsymbol{e}_x) + A_x B_y (\boldsymbol{e}_x \times \boldsymbol{e}_y) + A_x B_z (\boldsymbol{e}_x \times \boldsymbol{e}_z) \\
& + A_y B_x (\boldsymbol{e}_y \times \boldsymbol{e}_x) + A_y B_y (\boldsymbol{e}_y \times \boldsymbol{e}_y) + A_y B_z (\boldsymbol{e}_y \times \boldsymbol{e}_z) \\
& + A_z B_x (\boldsymbol{e}_z \times \boldsymbol{e}_x) + A_z B_y (\boldsymbol{e}_z \times \boldsymbol{e}_y) + A_z B_z (\boldsymbol{e}_z \times \boldsymbol{e}_z)
\end{aligned}$$

さらに，式 (A.7) と (A.8) と (A.9) を使って書き換えると

$$\begin{aligned}
\boldsymbol{A} \times \boldsymbol{B} & = A_x B_y \boldsymbol{e}_z - A_x B_z \boldsymbol{e}_y - A_y B_x \boldsymbol{e}_z + A_y B_z \boldsymbol{e}_x + A_z B_x \boldsymbol{e}_y - A_z B_y \boldsymbol{e}_x \\
& = (A_y B_z - A_z B_y) \boldsymbol{e}_x + (A_z B_x - A_x B_z) \boldsymbol{e}_y + (A_x B_y - A_y B_x) \boldsymbol{e}_z
\end{aligned}$$

これより，等式 (A.14) を得る．

例題 A.2-2 ベクトル積に関する次の等式を証明せよ．

$$\boldsymbol{A} \times (\boldsymbol{B} \times \boldsymbol{C}) = \boldsymbol{B}(\boldsymbol{A} \cdot \boldsymbol{C}) - \boldsymbol{C}(\boldsymbol{A} \cdot \boldsymbol{B}) \tag{A.15}$$

この式の左辺は**ベクトル三重積** (triple vector product) とよばれる．

解 式 (A.15) 左辺の x 成分は

$$\begin{aligned}
\left[\boldsymbol{A} \times (\boldsymbol{B} \times \boldsymbol{C})\right]_x & = A_y (\boldsymbol{B} \times \boldsymbol{C})_z - A_z (\boldsymbol{B} \times \boldsymbol{C})_y \\
& = A_y (B_x C_y - B_y C_x) - A_z (B_z C_x - B_x C_z) \\
& = B_x (A_y C_y + A_z C_z) - C_x (A_y B_y + A_z B_z) \\
& = B_x (A_x C_x + A_y C_y + A_z C_z) - C_x (A_x B_x + A_y B_y + A_z B_z)
\end{aligned}$$

と書き換えることができる．この式の最後の行は，式 (A.15) 右辺の x 成分に等しい．同様の計算により，式 (A.15) の両辺の y 成分が等しく，z 成分も等しいことが確かめられる．(Q.E.D.)

問題 A.2-1 次の等式を証明せよ．

$$\boldsymbol{A} \cdot (\boldsymbol{B} \times \boldsymbol{C}) = \boldsymbol{B} \cdot (\boldsymbol{C} \times \boldsymbol{A}) = \boldsymbol{C} \cdot (\boldsymbol{A} \times \boldsymbol{B}) \tag{A.16}$$

付録B　2次元ベクトルの平面極座標表示

　この付録では，第1章1.5節で導入した平面極座標 (r, φ) と2次元直交座標 (x, y) の関係や，ベクトルの時間微分の極座標成分について説明する．

　はじめに，本文中で説明したことを簡単にまとめておく．平面極座標系における基本ベクトル e_r と e_φ の定義（図1.15参照）から e_r と e_φ は互いに垂直である（$e_r \cdot e_\varphi = 0$）．また，これらのベクトルを直交座標系の基本ベクトル e_x, e_y を用いて表すと，

$$e_r = e_x \cos\varphi + e_y \sin\varphi, \quad e_\varphi = -e_x \sin\varphi + e_y \cos\varphi \tag{B.1}$$

となる．また，座標平面内の任意のベクトル A の極座標成分を A_r, A_φ とすると，

$$A = A_r e_r + A_\varphi e_\varphi \tag{B.2}$$

である．

直交座標成分を極座標成分で表す

　式 (B.2) の右辺の e_r, e_φ に式 (B.1) を代入すると，

$$A = A_r \left(e_x \cos\varphi + e_y \sin\varphi \right) + A_\varphi \left(-e_x \sin\varphi + e_y \cos\varphi \right)$$
$$= \left(A_r \cos\varphi - A_\varphi \sin\varphi \right) e_x + \left(A_r \sin\varphi + A_\varphi \cos\varphi \right) e_y$$

最後の式の e_x の係数が A_x，e_y の係数が A_y だから，

$$A_x = A_r \cos\varphi - A_\varphi \sin\varphi, \quad A_y = A_r \sin\varphi + A_\varphi \cos\varphi \tag{B.3}$$

が得られる．これは式 (1.38) である．

極座標成分を直交座標成分で表す

　ベクトル A の極座標成分は，$A_r = A \cdot e_r$, $A_\varphi = A \cdot e_\varphi$ と表すことができる．これらの式の e_r, e_φ に式 (B.1) を代入すると，

$$A_r = A \cdot e_x \cos\varphi + A \cdot e_y \sin\varphi, \qquad A_\varphi = -A \cdot e_x \sin\varphi + A \cdot e_y \cos\varphi$$

となる．ここで，$A \cdot e_x = A_x$, $A \cdot e_y = A_y$ であるから，

$$A_r = A_x \cos\varphi + A_y \sin\varphi, \qquad A_\varphi = -A_x \sin\varphi + A_y \cos\varphi \tag{B.4}$$

が得られる．これらの式は式 (1.39) の第1式と第2式に等しい．

基本ベクトル e_r と e_φ の時間微分

　式 (B.1) の第1式の両辺を時間で微分し，その右辺を整理すると

$$\dot{e}_r = -e_x \dot\varphi \sin\varphi + e_y \dot\varphi \cos\varphi = \dot\varphi \left(-e_x \sin\varphi + e_y \cos\varphi \right)$$

となる．最後の式のカッコの中は式 (B.1) の第2式の右辺に等しいので，それは e_φ である．したがって，

$$\dot{e}_r = \dot\varphi e_\varphi \tag{B.5}$$

である．これは式 (1.40) の第1式に等しい．

同様に，式 (B.1) の第 2 式の両辺を時間で微分して整理すると，$\dot{e}_\varphi = -\dot{\varphi}(e_x \cos\varphi + e_y \sin\varphi)$ となる．右辺のカッコの中は式 (B.1) の第 1 式の右辺に等しいので，

$$\dot{e}_\varphi = -\dot{\varphi} e_r \tag{B.6}$$

である．これは式 (1.40) の第 2 式に等しい．

加速度の極座標成分

式 (1.41) に示したように，速度 v を極座標系の基本ベクトルを用いて，

$$v = \dot{r} e_r + r\dot{\varphi} e_\varphi$$

と表すことができる．この式の両辺を時間で微分する．左辺は加速度ベクトルであるから，a と記し，右辺は関数の積の微分を実行して，

$$a = \ddot{r} e_r + \dot{r} \dot{e}_r + (\dot{r}\dot{\varphi} + r\ddot{\varphi})e_\varphi + r\dot{\varphi}\dot{e}_\varphi$$

となる．この式の $\dot{e}_r$ と $\dot{e}_\varphi$ に式 (B.5) と式 (B.6) の関係を代入して，整理すると

$$a = \ddot{r} e_r + \dot{r}(\dot{\varphi} e_\varphi) + (\dot{r}\dot{\varphi} + r\ddot{\varphi})e_\varphi + r\dot{\varphi}(-\dot{\varphi} e_r) = (\ddot{r} - r\dot{\varphi}^2)e_r + (2\dot{r}\dot{\varphi} + r\ddot{\varphi})e_\varphi$$

となる．したがって，加速度 a の極座標成分 a_r と a_φ は次式で与えられる．

$$a_r = \ddot{r} - r\dot{\varphi}^2, \qquad a_\varphi = 2\dot{r}\dot{\varphi} + r\ddot{\varphi} \tag{B.7}$$

これは式 (1.43) である．

付録C　線積分

この付録では，第 3 章 3.2 節の式 (3.15) で定義した線積分 $\displaystyle\int_{C_{AB}} \boldsymbol{F} \cdot d\boldsymbol{r}$ の計算法を説明する.

ここでは簡単のために，2 次元に限る. また，$\boldsymbol{F} = (F_x, F_y)$ は質点の位置 $\boldsymbol{r} = (x, y)$ だけに依存して，速度や時間には依存しないものとする. 曲線 C_{AB} と関数 $\boldsymbol{F} = (F_x(x, y), F_y(x, y))$ が与えられているとする. 更に曲線の始点 A の座標を (x_A, y_A)，終点 B の座標を (x_B, y_B) であるとする.

線積分の定義に従った方法

2 次元の場合，式 (3.15) の右辺は

$$\lim_{N \to \infty} \sum_{n=0}^{N-1} \boldsymbol{F}_n \cdot \Delta\boldsymbol{r}_n = \lim_{N \to \infty} \sum_{n=0}^{N-1} (F_{nx}\Delta x_n + F_{ny}\Delta y_n)$$

と書き換えられる. ただし，F_{nx} と F_{ny} はそれぞれ $\boldsymbol{F}_n$ の x 成分と y 成分であり，Δx_n と Δy_n は $\Delta\boldsymbol{r}_n$ の成分である. したがって，

$$\int_{C_{AB}} \boldsymbol{F} \cdot d\boldsymbol{r} = \int_{C_{AB}} (F_x \, dx + F_y \, dy) \tag{C.1}$$

が成立する. もしも右辺を x についての積分と y についての積分に分けてそれぞれが計算可能であるならばそのまま計算できる. ただし，積分の中で点 (x, y) は曲線 C_{AB} の上にあることによる条件式，例えば $y = f(x)$ および $x = g(y)$ を用いなければならない. ここで，f と g は互いに逆関数であるとする. 具体的には，

$$\int_{C_{AB}} F_x \, dx = \int_{x_A}^{x_B} F_x(x, f(x)) \, dx, \quad \int_{C_{AB}} F_y \, dx = \int_{y_A}^{y_B} F_y(g(y), y) \, dx \tag{C.2}$$

のようにする.

曲線のパラメータ表示を用いる方法

曲線 C_{AB} が関数 $x(s)$，$y(s)$ を用いて $\{x = x(s), y = y(s); a \le s \le b\}$ で与えられ，$x(a) = x_A, x(b) = x_B, y(a) = y_A, y(b) = y_B$ であるとする. これにより，$\boldsymbol{r}$ は 1 変数 s の関数 $\boldsymbol{r}(s)$ で与えられるので，

$$d\boldsymbol{r} = \frac{d\boldsymbol{r}(s)}{ds} \, ds$$

であり，積分変数の変換ができて，

$$\int_{C_{AB}} \boldsymbol{F} \cdot d\boldsymbol{r} = \int_a^b \boldsymbol{F} \cdot \frac{d\boldsymbol{r}}{ds} \, ds = \int_a^b \left(F_x(x(s), y(s)) \frac{dx(s)}{ds} + F_y(x(s), y(s)) \frac{dy(s)}{ds} \right) ds \tag{C.3}$$

付録 D　常微分方程式の解法

本書の記述の理解の助けになるように，また問題を解く際に参考にできるため，基本的な範囲に限って微分方程式の解法をまとめておく．

D.1　変数分離型の微分方程式

ここでは，第 4 章 4.1 節に登場した変数分離型の微分方程式の解法を系統的に説明する．

変数分離型の微分方程式の解法

x を独立変数，y を従属変数とする次の 1 階微分方程式を変数分離型の微分方程式という．

$$\frac{dy}{dx} = P(x)Q(y) \tag{D.1}$$

ここで P は x の関数，Q は y の関数である．この方程式の両辺を $Q(y)$ で割って，x で積分すると次のようになる．

$$\int \frac{1}{Q(y)} \frac{dy}{dx} \, dx = \int P(x) \, dx \tag{D.2}$$

置換積分の公式

$$\int \frac{dy}{Q(y)} = \int \frac{1}{Q(y(x))} \frac{dy(x)}{dx} \, dx$$

は，左辺の y による積分を $y = y(x)$ の置き換えをして x の積分とするものであるが，$y(x)$ の特定の表式にかかわらず成り立つ等式である．この右辺は式 (D.2) の左辺であるから，この公式を用いて式 (D.2) は次のように書き換えられる．

$$\int \frac{dy}{Q(y)} = \int P(x) \, dx \tag{D.3}$$

両辺の積分を実行すれば y が x の関数として得られる（方程式の解が得られる）．

〈例〉　微分方程式

$$\frac{dy}{dx} = -y^2$$

は変数分離型であり，(D.3) に相当する式は

$$-\int \frac{dy}{y^2} = \int dx$$

となる．この式を積分して，整理すると次の結果が得られる．

$$y = \frac{1}{x+c} \qquad (c \text{ は積分定数})$$

1 階非同次（非斉次）線形微分方程式の解法

次のような，1 階の線形微分方程式であって，右辺が 0 でない方程式

$$\frac{dy}{dx} + p(x)y = q(x) \tag{D.4}$$

の一般解は，以下のようにして求めることができる．まず，右辺が 0（$q = 0$）の場合（同次方程式）の一般解 $y = y_0(x)$ を求める．この同次方程式は変数分離型なので，上に説明した方法で解けて，

$$y_0(x) = C \exp\left[-\int p(x) \, dx\right] \qquad (C \text{ は積分定数}) \tag{D.5}$$

を得る．つぎに，右辺が 0 でない場合の特殊解 $y = \eta(x)$ を求める．すると，もとの方程式 (D.4) の一般解は

292 付録 D 常微分方程式の解法

$y = y_0(x) + \eta(x)$ で与えられる.

非同次方程式 (D.4) の特殊解は，次のような定数変化法で求めることができる．同次方程式の解 (D.5) において，定数 C を x の関数 $C(x)$ で置き換えた

$$\eta(x) = C(x) \exp\left[-\int p(x)\, dx\right] \tag{D.6}$$

という形の解を仮定する．これを微分方程式 (D.4) に代入して整理すると，

$$\frac{dC}{dx} = q(x) \exp\left[\int p(x)\, dx\right] \tag{D.7}$$

となる．この式を x で積分して $C(x)$ を求め，それを (D.6) に代入すると，(D.4) の特殊解が得られる.

〈例〉 微分方程式

$$\frac{dy}{dx} + y = \sin x$$

は非同次線形微分方程式 (D.4) の例である．この方程式の右辺を 0 とおいて得られる同次方程式の一般解は $y_0 = ce^{-x}$ である（c は積分定数）．そこで，もとの非同次方程式の特殊解を $\eta = C(x)e^{-x}$ とおくと，関数 $C(x)$ は

$$\frac{dC}{dx} = e^x \sin x$$

を満たす．これを x で積分すると $\eta = \frac{1}{2}(\sin x - \cos x)$ が得られる．（ここでは特殊解を求めればよいので，積分定数は勝手な値に選んでかまわない．）したがって，この非同次方程式の一般解は次のようになる.

$$y = ce^{-x} + \frac{1}{2}(\sin x - \cos x) \qquad (c \text{ は積分定数})$$

D.2　2階線形微分方程式

ここでは，第 2 章 2.4 節と第 8 章で扱った振動の運動方程式の解法に関連する事項を系統的にまとめておく.

2階線形微分方程式とその解法の基本

x を変数とする関数 $y(x)$ に対する微分方程式

$$y''(x) + a_1(x)y'(x) + a_2(x)y(x) = b(x) \tag{D.8}$$

を 2 階線形微分方程式とよぶ．ここで，y' と y'' はそれぞれ y の 1 階および 2 階の導関数であり，$a_1(x)$ と $a_2(x)$ と $b(x)$ は x の既知関数である．線形というのは，方程式に含まれる y の次数が，たかだか 1 次（線形）だからである．

特に，式 (D.8) の右辺（y を含まない項）が 0 の場合の微分方程式

$$y''(x) + a_1(x)y'(x) + a_2(x)y(x) = 0 \tag{D.9}$$

を同次（斉次）方程式とよぶ．これに対して，$b \neq 0$ の微分方程式 (D.8) を非同次（非斉次）方程式とよぶ.

同次方程式 (D.9) の 2 つの 1 次独立 [1]（線形独立）な解を $y_1(x)$, $y_2(x)$ とすると，この方程式の任意の解は，c_1 と c_2 を適当な定数として，

$$y(x) = c_1 y_1(x) + c_2 y_2(x) \tag{D.10}$$

と表すことができる．この定理の証明は適当な数学書を参照のこと.

非同次方程式 (D.8) の 1 つの特殊解を $\psi(x)$ とすると，この方程式の任意の解は，c_1 と c_2 を適当な定数として，

$$y(x) = \psi(x) + c_1 y_1(x) + c_2 y_2(x) \tag{D.11}$$

---

[1] 関数 $y_1(x)$ が $y_2(x)$ の定数倍であるならば，これらの関数は 1 次従属であるといい，そうでなければ 1 次独立であるという.

と表すことができる. ここで $y_1(x)$ と $y_2(x)$ は同次方程式 (D.9) の 1 次独立な解である. この定理の証明は次のとおり. いま $y(x)$ を非同次方程式 (D.8) の任意の解とすると, $\eta = y - \psi$ が同次方程式 (D.9) の解であることが, 代入によって確かめることができる. したがって, 定数 c_1 と c_2 を適当に選ぶことにより

$$\eta(x) = c_1 y_1(x) + c_2 y_2(x)$$

と表すことができる. ここで $\eta = y - \psi$ であるから, (D.11) が示された.

定数係数の同次方程式

ここでは, 同次方程式 (D.9) の係数 a_1 と a_2 が x に依存しない定数である場合

$$y''(x) + a_1 y'(x) + a_2 y(x) = 0 \tag{D.12}$$

について, 2 つの 1 次独立な解を求める方法を説明する.

r を定数とすると, 指数関数 e^{rx} は, 何度微分しても (定数倍されるだけで) 関数形を変えないので, r を適当に選ぶと $y = e^{rx}$ は同次微分方程式 (D.12) の解になると予想される. 実際, $y = e^{rx}$ を (D.12) に代入すると

$$(r^2 + a_1 r + a_2)e^{rx} = 0$$

となるから, もしも r が

$$r^2 + a_1 r + a_2 = 0 \tag{D.13}$$

を満たすならば, $y = e^{rx}$ は (D.12) の解である. r に対する方程式 (D.13) を, 微分方程式 (D.12) の特性方程式という.

特性方程式 (D.13) が異なる 2 つの根 r_1, r_2 をもつならば,

$$y_1(x) = e^{r_1 x}, \quad y_2(x) = e^{r_2 x} \tag{D.14}$$

は, 微分方程式 (D.12) の 1 次独立な解である.

もしも, 2 次方程式 (D.13) の判別式 $D = a_1^2 - 4a_2$ が 0 ならば, 重根 $r = a_1/2$ をもつ. したがって, この場合には微分方程式 (D.12) の解で $y = e^{rx}$ という形のものはひとつしか存在しないので, これに 1 次独立な別の解を求める必要がある. そのための 1 つの方法として, 定数変化法というものがある. いま, $y = e^{rx}$ が (D.12) の解であるならば, c を定数として $y = ce^{rx}$ もまた解である. ここで c は定数ではなく, x の関数であるとみなして,

$$y = c(x)e^{rx} \tag{D.15}$$

が (D.12) を満たすように $c(x)$ を決めようというのが, 定数変化法である.

式 (D.15) を (D.12) に代入して, r が (D.13) の重根であることを用いると

$$c''(x)e^{rx} = 0$$

となる. したがって, d_1 と d_2 を定数として, $c = d_1 x + d_2$ であればよい. 特に, $d_1 = 1$, $d_2 = 0$ とおくと $c = x$. こうして $y = e^{rx}$ に 1 次独立な解として, $y = xe^{rx}$ を得る. したがって, 特性方程式 (D.13) が重根をもつ場合には, 微分方程式の一次独立な 2 つの解は

$$y_1(x) = e^{rx}, \quad y_2(x) = xe^{rx} \tag{D.16}$$

で与えられる.

もしも, 判別式 $D = a_1^2 - 4a_2$ が負であれば, r_1, r_2 は互いに共役な複素数である. これらを

$$r_1 = \alpha + i\beta, \quad r_2 = \alpha - i\beta$$

とおく (α と β は実数). よって式 (D.14) は $e^{\alpha x}(\cos\beta x + i\sin\beta x), e^{\alpha x}(\cos\beta x - i\sin\beta x)$ である. これらの 1 次結合は互いに 1 次独立であるから, 微分方程式の 1 次独立な 2 つの解として

294　付録 D　常微分方程式の解法

$$y_1(x) = e^{\alpha x} \cos \beta x, \quad y_2(x) = e^{\alpha x} \sin \beta x \tag{D.17}$$

が得られる.

定数係数の非同次方程式

定数係数の同次微分方程式 (D.12) の 1 次独立な解の求め方を，上で説明したので，定数係数の非同次方程式

$$y''(x) + a_1 y'(x) + a_2 y(x) = b(x) \tag{D.18}$$

の一般解を得るためには，この方程式の特殊解を 1 つ求めればよい.

非同次方程式 (D.18) の非同次項 $b(x)$ が特別な形をしている場合には，この方程式の特殊解は比較的容易に求めることができる. 例えば，$b(x)$ が指数関数ならば，指数関数の特殊解が存在するし，$b(x)$ が三角関数の場合には三角関数の特殊解を求めることができる.

特殊解を簡単に見つけられない場合には，定数変化法という方法を用いることができる. それは，関数 $u_1(x)$ と $u_2(x)$ を

$$\psi(x) = u_1(x) y_1(x) + u_2(x) y_2(x) \tag{D.19}$$

が特殊解となるように決めようというものである. ここで $y_1(x)$ と $y_2(x)$ は同次方程式 (D.12) の 1 次独立な解である. 式 (D.19) の ψ を非同次方程式 (D.18) の y に代入すると

$$y_1 u_1'' + y_2 u_2'' + 2(y_1' u_1' + y_2' u_2') + a_1(y_1 u_1' + y_2 u_2') = b \tag{D.20}$$

となる. したがって，u_1 と u_2 が

$$y_1 u_1' + y_2 u_2' = 0, \quad y_1' u_1' + y_2' u_2' = b \tag{D.21}$$

を満たすならば，等式 (D.20) が成立する. というのは，(D.21) の第一式を x で微分することにより

$$y_1 u_1'' + y_2 u_2'' = -(y_1' u_1' + y_2' u_2')$$

という関係が得られるので，この式と (D.21) を (D.20) に代入すると，左辺が b になるからである. したがって，u_1 と u_2 が (D.21) を満たすならば，(D.19) の ψ が非同次方程式 (D.18) の解である. u_1' と u_2' に対する連立方程式 (D.21) の解は

$$u_1' = -\frac{y_2 b}{y_1 y_2' - y_2 y_1'}, \quad u_2' = \frac{y_1 b}{y_1 y_2' - y_2 y_1'} \tag{D.22}$$

で与えられる [2]. これらの式を x で積分すれば u_1 と u_2 が得られ，それを (D.19) に代入すると，非同次方程式 (D.18) の特殊解 $\psi(x)$ が求まる.

---

[2] y_1 と y_2 が同次方程式 (D.12) の 1 次独立な解であるならば，式 (D.22) の 2 つの式に共通の分母 $y_1 y_2' - y_2 y_1'$ は 0 になることはない. その証明は，適当な数学書を参照のこと.

問題略解

・問題は法則や概念を理解できたかどうか確認するため，また学んだ考え方をまとめる機会とするためなど目的もさまざまであり，すぐに答えられるものからいくつかのステップを踏まないと答えられないものまで，難易度もさまざまである．

・略解では，それらの区別なく，詳しい答え方・考え方を示さずに最終の数値や式を与えるだけ，あるいは方針を示すだけにしている．

・問題を解くときには，結果として得られるはずの答の数値や式を書くことだけを目指すのではなく，問題を解くことにより授業で学んだ知識や考え方の筋道を自分なりに再構築する機会ととらえて，ていねいな解答文を作ることを心がけること．

第 1 章問題

問題 1.2-1　xy 平面上で，原点を中心とする半径 R の円周上を反時計回りに運動する．時刻 $t = 0$ には，x 軸上の点 $(R, 0, 0)$ を通過し，時間 $2\pi/\omega$ で円周を一周する．

問題 1.3-1　$v_x = a,\ v_y = 0,\ v_z = b(c - 2t)$.

問題 1.3-2　$\dot{\theta} = \omega$ であるから，$v_x = -a\omega\sin\theta,\ v_y = a\omega\cos\theta$ と求まる．図は省略．

問題 1.3-3　$\boldsymbol{A} = \overrightarrow{\mathrm{QP}}$ とすると，$\boldsymbol{A} = (a\theta\sin\theta, -a\theta\cos\theta)$. また，質点の座標を (x, y) とすると，$x = a(\cos\theta + \theta\sin\theta),\ y = a(\sin\theta - \theta\cos\theta)$ であり，$\dot{x} = a\theta\dot{\theta}\cos\theta,\ \dot{y} = a\theta\dot{\theta}\sin\theta$ となる．すると，$\boldsymbol{v} = (\dot{x}, \dot{y})$ として，$\boldsymbol{v} \cdot \boldsymbol{A} = 0$ が成り立つ．一般の曲線については省略．

問題 1.5-1　$\dot{r} = -V\cos\varphi,\quad \dot{\varphi} = (V/a)\sin^2\varphi.$ （$\varphi = \pi/2$ のときに，$|\dot{r}|$ が最小（$\dot{r} = 0$）になり，$\dot{\varphi}$ が最大（$\dot{\varphi} = V/a$）になる．）

第 2 章問題

問題 2.2-1　$0 < t < t_1$ と $t_1 < t$ のそれぞれの時間帯で，加速度は $\ddot{x} = a,\ \ddot{x} = b$. 質点に作用している力はそれぞれ，$ma,\ mb$. 数値を代入してそれぞれ，$5 \times 10^{-2}\mathrm{N},\ 1.0 \times 10^{-1}\mathrm{N}$. （グラフは省略）この運動では速度が時刻 $t = t_1$ で不連続．理由として非常に短い時間だけ作用した大きな力が考えられる．

問題 2.2-2　(1) 物体に作用する力は重力と斜面から受ける垂直抗力（大きさを R とおく）．これらの合力が円運動をさせている．水平成分の大きさは $R\cos\theta$. 鉛直成分の和が 0 であることから，R が求まる．(2) $\omega = \sqrt{g/a\tan\theta}$. (3) $\omega = \sqrt{g/h}/\tan\theta$. 以上により円運動の半径の 1/2 乗に反比例する．なお，一般に求心力 F と回転角速度 ω の関係から，$\omega = \sqrt{F/ma}$.

問題 2.3-1　軌道を表す方程式と斜面を表す方程式（$y = -x\tan\alpha$）から着地点の x, y 座標を求める．$l = 2v_0^2\sin(\theta + \alpha)\cos\theta/g\cos^2\alpha$. これは $\theta = \pi/4 - \alpha/2$ で最大．

問題 2.4-1　例題の解のようにして，求める速度を表す式が得られる．ここでは，バネ定数を与えられた量によって表す式と組み合わせる．$66\,\mathrm{cm/s}$.

問題 2.6-1　$T = -m\ddot{x}/\cos\theta$ と $\dot{x} = -v_0\sin\theta$ および $v_0 = l\dot{\theta}$ より，$T = mv_0^2/l$ を得る．この式の l に式 (2.52) を代入する．

第 3 章問題

問題 3.3-1　$\boldsymbol{F}(x, y, z)$

問題 3.4-1　最初の位置はポテンシャルエネルギーの初期値を与える．エネルギー保存則により，バネの縮みの方程式を得る．$(mg/k)(1 + \sqrt{1 + 2kh/mg}\,)$.

問題 3.4-2　(1) $x > 0$ の領域で $U(x) = mgx\sin\alpha$, $x < 0$ の領域で $U(x) = mgx\sin\alpha + kx^2/2$. $U(x)$ のグラフは省略．(2) $a_0 = (2mg/k)\sin\alpha$. (3) $b = a(a/a_0 - 1)$.

問題 3.4-3　(1) $v_{\mathrm{c}} = 11.2\,\mathrm{km/s}$. (2) $h = Rv_0^2/(2gR - v_0^2)$. (3) 鉛直上向きに x 軸をとり，地表を座標

296   問題略解

原点にする．問題 3.3-1 の $U(x)$ を使い，エネルギー保存則により $v = dx/dt$ を h, x, R の式として求め，それを用いて $\sqrt{2gR^2/(R+h)} \int_0^T dt = \int_0^h \sqrt{(R+x)/(h-x)}\, dx$. を得る．(4) $h = 4.0 \times 10^2$ km の場合，$v_0 = 2.7$ km/s, $T = 5.0$ min. $h = 3.6 \times 10^4$ km の場合，$v_0 = 10.3$ km/s, $T = 4.1$ h.

問題 3.5-1   球を薄い球殻に分割する．n 番目の球殻の質量を M_n とすると，この球殻によるポテンシャルは $U_n = -GM_n m/r$. 球によるポテンシャル U は，$U = \sum_n U_n = -G\left(\sum_n M_n\right) m/r = -GMm/r$.

問題 3.5-2 $g = GM/R^2 = 9.82$ m/s^2.

問題 3.5-3   作用する力は式 (3.45). 中心からの距離に比例する．運動方程式は単振動．表面から反対側表面までの時間は単振動の周期 T から求まり，$T/2 = \pi\sqrt{R/g}$. 前問の数値を使って 42 min.

問題 3.5-4   (1) $v_0 = \sqrt{GM/(R+h)}$.   (2) $T = 2\pi(R+h)^{3/2}/\sqrt{GM} = 92$ min.   (3) 静止衛星の高度を H, 地球の自転周期を T, 地球の半径を R とすると，$H = (GM)^{1/3}(T/2\pi)^{2/3} - R = 3.6 \times 10^4$ km.

問題 3.6-1 $\sqrt{2gl} < v_0 < \sqrt{5gl}$, $\cos\varphi_0 = 2/3 - v_0^2/3gl$.

第 4 章問題

問題 4.1-1 $(v_0/\alpha)\sin\theta - (g/\alpha^2)\ln(1 + (\alpha v_0/g)\sin\theta)$.

問題 4.1-2   テイラー展開の公式 $\ln(1-\varepsilon) = -\varepsilon - \varepsilon^2/2 - \varepsilon^3/3 + \ldots$ を利用する．

問題 4.1-3   (1) 1.20 cm/s, (2) 0.69 mm/s.

問題 4.2-1   運動方程式を用いて運動のようすを説明する．まず，傾斜角にかかわらず，速さが減少することをいう．最高地点到達後の傾斜角による力の大きさの違いに注目して，場合 (1) と (2) に分けて静止か運動するか，どんな運動かを説明する．

問題 4.2-2   位置 $x = 0$ を通過する時刻を $t = 0$, 静止する位置を $x = l$ に達する時刻を $t = t_0$ とする．$m\dot{v} = -mg\mu'$ を用いて $t_0 = v_0/g\mu'$. これを $x = \int_0^t v\,dt$ に用いて，$l = v_0^2/2g\mu'$.

問題 4.2-3   質点に作用した力積は $Ft = -\mu' mgt$, 運動量の変化は $-mv_0$. 力積と運動量との関係から，時間は $v_0/g\mu'$. また，質点に加えられた仕事は $Fx = -\mu' mgx$, 運動エネルギーの変化は $-mv_0^2/2$. 仕事・エネルギーの定理から，距離は $v_0^2/2g\mu'$.

問題 4.2-4   解き方は問題 4.2-2 あるいは問題 4.2-3 と同じ．7.9 m.

問題 4.2-5   バネの復元力を F, 最大摩擦力を F_{m} とする．(1) $2\mu' - \mu > 0$ の場合 $F - F_{\mathrm{m}} = 2mg(\mu' - \mu)$, 一般に $\mu' < \mu$ だから．(2) $2\mu' - \mu < 0$ の場合，$F - F_{\mathrm{m}} = -2mg\mu' < 0$ であるから．

問題 4.3-1   摩擦力によってなされる負の仕事を求め，エネルギーの負の増加が得られる．速度が 0 の時最も縮む．その関係式を方程式として解く．$(mg\mu'/k)(\sqrt{1 + (k/m)(v_0/g\mu')^2} - 1)$ だけ縮む．

第 5 章問題

問題 5.1-1   時間変化しない（理由は省略）．$L = m(xv_y - yv_x) = mav$.

問題 5.1-2   トルクは 0 であるから，質点の角運動量は保存する．$0 < t \leq T$ で $\omega = r_0^2\omega_0/r^2$, $t > T$ で $\omega = 4\omega_0$.

問題 5.2-1 $\boldsymbol{L} = (0, 0, -(1/2)mv_0 gt^2\cos\theta)$. $\boldsymbol{N}$ の表式と $\dot{\boldsymbol{L}} = \boldsymbol{N}$ の成立確認は省略．

問題 5.2-2 $\boldsymbol{L} = (-acm\omega\cos\omega t, -acm\omega\sin\omega t, a^2 m\omega)$. よって原点に関する角運動量の z 成分は時間に依らず一定で，x 成分と y 成分は振動する．

問題 5.2-3   (1) 式 (5.21) において，力の大きさは mg, 支点からの距離は l, 支点から質点への向きを基準とした力の偏角は $\theta = -\varphi$, よって $N = -mgl\sin\varphi$.（注：図のような $\varphi > 0$ の時には時計回りにトルクが作用することから，$N < 0$ と判断する．）

(2) 求められた N と $L = ml^2\dot{\varphi}$ を用いて，式 (5.22) より式 (2.50) が導かれる．

問題 5.2-4   (1) θ が微小であるときの範囲に限る．動き始め直後は A の速度は $-\boldsymbol{e}_x$ の向きであり，O から A への位置ベクトルは $\boldsymbol{e}_y$ の向きである．したがって，A の角運動量の向きは $\boldsymbol{e}_z$ の向きである．同様に B の角運動量の向きは $-\boldsymbol{e}_z$ の向きである．

(2) O を基準にして A の位置を求め，単振動の式を用いて A の速度 $\boldsymbol{v}$ を求める．A の角運動量は $\boldsymbol{L}_{\mathrm{A}} = ml^2\omega\theta\sin\omega t\,\boldsymbol{e}_z$. ただし $\omega = \sqrt{g/l}$. B の角運動量は $\boldsymbol{L}_{\mathrm{B}} = -ml^2\omega\theta\sin\omega t\,\boldsymbol{e}_z$.

問題略解　297

(3) ここまでで $0 < t < t_c$ において和が 0 であることが示された．衝突が弾性的に起こることから，その直後に A は B の直前の速度，B は A の直前の速度をもつ．よって直後にも和は 0 である．

問題 5.2-5　重力による原点に関するトルクの z 成分は 0．張力による支点に関するトルクは 0．

問題 5.3-1　$M = 4\pi^2 a^3 / GT^2 = 1.993 \times 10^{30}$ kg.

問題 5.3-2　(1) $a = (r_{\min} + r_{\max})/2,\ b = \sqrt{r_{\min} r_{\max}}$.

(2) 面積速度は $h = r_{\min} v_{\max}/2 = r_{\max} v_{\min}/2$，公転周期は $T = \pi(r_{\min} + r_{\max})\sqrt{r_{\min} r_{\max}}/2h$ と表すことができる．これらの式から h を消去すると，目的の式が得られる．

問題 5.3-3　地球と火星の軌道半径を $a_{\mathrm E},\ a_{\mathrm M}$ とする．(1) ケプラーの第三法則を利用する．2.6×10^2 日．
(2) $v_{\mathrm R}/v_{\mathrm E} = \sqrt{2/(1 + a_{\mathrm E}/a_{\mathrm M})} = 1.10$．$v_{\mathrm R} - v_{\mathrm E} = 0.10\,v_{\mathrm E}$．(3) 地球を離れるときに必要なロケットの速さの最小値を $v_{\mathrm R}$ とすると，$v_{\mathrm R}/v_{\mathrm E} = \sqrt{2(1 - a_{\mathrm E}/a_{\mathrm M})} = 0.83$．地球から見たロケットの速度 $\boldsymbol{v} = \boldsymbol{v}_{\mathrm R} - \boldsymbol{v}_{\mathrm E}$ の大きさは $v = \sqrt{v_{\mathrm R}^2 + v_{\mathrm E}^2} = 1.30\,v_{\mathrm E}$．小問 (2) における相対速度の約 13 倍．(4) $\dfrac{1}{v_{\mathrm E}}\sqrt{\dfrac{a_{\mathrm M}}{2a_{\mathrm E}}} \displaystyle\int_{a_{\mathrm E}}^{a_{\mathrm M}} \dfrac{dr}{\sqrt{a_{\mathrm M}/r - 1}} = 85$ 日．

問題 5.3-4　$v_1 = \sqrt{2GMR/(R + h)(2R + h)} = 7.6$ km/s.

問題 5.3-5　地球の半径を R，静止衛星の高度を H とすると，h_0 は
$R = (R + h_0)\big((R + h_0)/(R + H)\big)^3 \big/ \Big(2 - \big((R + h_0)/(R + H)\big)^3\Big)$ を満たす．この式の右辺に $R = 6.4 \times 10^3$ km，$H = 35.8 \times 10^3$ km，$h_0 = 23.4 \times 10^3$ km を代入して計算すると 6.4×10^3 km となり，これは有効数字の範囲で R に等しい．したがって，$h_0 = 23.4 \times 10^3$ km であることが確認できた．

第 6 章問題

問題 6.1-1　地球から重心までの距離を l とすると，$l = 4.6 \times 10^3$ km. 地球の半径の約 0.72 倍．

問題 6.2-1　円板を押し込む距離を a とすると，手を放す前のバネの伸びは $-(mg/k + a)$．下の板が床から離れるとき，バネの伸びは mg/k，その時の上の板の位置は手を放す前を基準にして $a + 2mg/k$，その時の上の板の速度を v とする．エネルギー保存の式を立てる．求める条件は $a > 2mg/k$．

問題 6.3-1　初めの運動量 mv，後の運動量 $(m + M)V$．$mv/(m + M)$.

問題 6.3-2　$a\sqrt{mk/M(M + m)}$.

問題 6.3-3　(1) エネルギー保存則の表式は $ka^2/2 = MV^2/2 + m(v_x^2 + v_y^2) + mga\sin\alpha$，運動量保存則の x 成分の表式は $0 = mv_x - MV$，拘束条件は $v_y = (v_x + V)\tan\alpha$．結果，$V = m\cos\alpha\sqrt{(ka^2 - 2mga\sin\alpha)/m(M + m)(M + m\sin^2\alpha)}$，$v_x = MV/m$，$v_y = (M + m)V\tan\alpha/m$．
(2) 例題 2.3-1 の結果は $l = v_0^2\sin 2\theta/g$．初めの速度を (v_x, v_y) と置くと $l = 2v_x v_y/g$．これより，$l = M(ka^2 - 2mga\sin\alpha)\sin 2\alpha/mg(M + m\sin^2\alpha)$.

問題 6.3-4　前問と同様にして $V = m\cos\alpha\sqrt{2gh/(M + m)(M + m\sin^2\alpha)}$.

問題 6.4-1　初めの相対運動の運動エネルギーは $m(v_1 - v_2)^2/2$，ただし換算質量 $m = m_1 m_2/(m_1 + m_2)$．バネの縮み l としてポテンシャルエネルギーは $kl^2/2$．$(v_1 - v_2)\sqrt{m_1 m_2/k(m_1 + m_2)}$.

問題 6.4-2　1.45×10^{22} kg. これは地球の質量の 0.0024 倍．

問題 6.5-1　$\boldsymbol{q}_i = \boldsymbol{r}_i - \boldsymbol{R},\ \boldsymbol{p}_i = m_i \dot{\boldsymbol{r}}_i$ を両者に代入する．$M = \sum_i m_i$ として $\sum_i m_i \dot{\boldsymbol{r}}_i = M\dot{\boldsymbol{R}}$ であることを用いる．両者とも $\sum_i m_i \boldsymbol{r}_i \times \dot{\boldsymbol{r}}_i - \boldsymbol{R} \times (M\dot{\boldsymbol{R}})$ に等しい．【別解】両者の差が 0 であることを示す．そのために上記の関係を用いる．また $\boldsymbol{p}_i - m_i \dot{\boldsymbol{q}}_i = m_i \dot{\boldsymbol{R}}$ を用いる．

問題 6.5-2　$\boldsymbol{L} = \sum_i (\boldsymbol{R} + \boldsymbol{q}_i) \times \boldsymbol{p}_i = \boldsymbol{R} \times (\sum_i \boldsymbol{p}_i) + \sum_i \boldsymbol{q}_i \times \boldsymbol{p}_i = \boldsymbol{R} \times \boldsymbol{P} + \boldsymbol{L}_0$．同様に，$\boldsymbol{N} = \boldsymbol{R} \times \boldsymbol{F} + \boldsymbol{N}_0$．また，式 (6.69) により (6.64) は，左辺 $= \dot{\boldsymbol{R}} \times \boldsymbol{P} + \boldsymbol{R} \times \dot{\boldsymbol{P}} + \dot{\boldsymbol{L}}_0 = \dot{\boldsymbol{R}} \times (M\dot{\boldsymbol{R}}) + \boldsymbol{R} \times \boldsymbol{F} + \dot{\boldsymbol{L}}_0 = \boldsymbol{R} \times \boldsymbol{F} + \dot{\boldsymbol{L}}_0$，右辺 $= \boldsymbol{R} \times \boldsymbol{F} + \boldsymbol{N}_0$.

問題 6.5-3　ベクトル積の分配則を使うと，$\boldsymbol{N}_0 = \sum_{i=1}^{N} \boldsymbol{q}_i \times (m_i \boldsymbol{g}) = \left(\sum_{i=1}^{N} m_i \boldsymbol{q}_i\right) \times \boldsymbol{g}$．式 (6.66) を代入すると，$\sum_{i=1}^{N} m_i \boldsymbol{q}_i = 0$.

問題 6.5-4　運動量と角運動量の保存則を利用する．$V = v_0/2$，$\omega = v_0/2l$.

298   問題略解

第 7 章問題

問題 7.1-1   円錐の高さを H とする．円錐の軸上で，頂点から距離 $(3/4)H$ の位置に重心．

問題 7.1-2   (1) 点 C． (2) 力 1：支点からの抗力．C に作用する．大きさは未定．向きは鉛直上向き．力 2：各点に作用する重力．C に作用しているとしてよい．大きさ Mg．向きは鉛直下向き．力 3：ひもの張力．円板との接点に作用する．向きは鉛直下向き．大きさは未定．これを T とおく．（注 $T < mg$．）(3) 重力と抗力のトルクは C，O のいずれに関しても 0．ひもの張力のトルクは C，O のいずれに関しても $-RT$．

問題 7.1-3   (1) 力その 1：重力．C に作用するとしてよい．大きさは Mg で鉛直下向き． 力その 2：ひもの張力．円周の接点に作用．大きさは未定．これを T とおく．鉛直上向き． (2) 重力の C と O のまわりのトルクは 0．張力の C と O のまわりのトルクは $-RT$．

問題 7.2-1   (1) D の R のまわりの慣性モーメントは $I_\mathrm{D} = I_0 + MR^2$．E も同様．よって $I = 2I_0 + 2MR^2$． (2) D を細分化してそれぞれの位置を $\boldsymbol{r}_i$，質量を m_i，点 A の位置を $\boldsymbol{R}$ として $\boldsymbol{q}_i = \boldsymbol{r}_i - \boldsymbol{R}$ とおき，C に関する D の角運動量 $\sum_i \boldsymbol{r}_i \times \boldsymbol{p}_i$ を求めると，$\boldsymbol{L} = \boldsymbol{R} \times M\dot{\boldsymbol{R}}$ が得られる．ただしここで与えられた条件から $\dot{\boldsymbol{q}}_i = 0$ であること，定義から $\sum_i m_i \boldsymbol{q}_i = 0$ であることを用いる．E についても同様，角運動量は $2MR^2\omega$．

(注) 一般に，質点系の角運動量 $\boldsymbol{L} = \sum_i \boldsymbol{r}_i \times \boldsymbol{p}_i$ は，系を部分系 A，B $\cdots$ に分割してそれら各々についてそれぞれの重心のまわりの角運動量を $\boldsymbol{L}_0^\mathrm{A}$，$\boldsymbol{L}_0^\mathrm{B}$，$\cdots$ とし，部分系それぞれの重心の位置と重心の運動量を $\boldsymbol{R}_\mathrm{A}$，$\boldsymbol{P}_\mathrm{A}$ などのように記すとき，$\boldsymbol{L} = \boldsymbol{L}_0^\mathrm{A} + \boldsymbol{L}_0^\mathrm{B} + \cdots + \boldsymbol{R}_\mathrm{A} \times \boldsymbol{P}_\mathrm{A} + \cdots$ である．

問題 7.3-1 $T = 2\pi\sqrt{(R/g)(l/R + R/2l)}$．グラフは省略．

問題 7.3-2   角運動量保存則より，$mR^2(\dot{\varphi} + \dot{\theta}) + \frac{1}{2}MR^2\dot{\theta} = 0$ が成り立つ（$\frac{1}{2}MR^2$ は円板の慣性モーメント）．これより φ の 2π 変化の間の θ の変化が求まる．負方向に $2\pi/(1 + M/2m)$．

問題 7.3-3   角運動量保存則より，$I\dot{\theta} = mR^2(\dot{\varphi} - 2\dot{\theta})(1 - \cos\varphi)$ が成り立つ（$I = 2MR^2$ は円板の慣性モーメント）．これより，円板の回転する角度 $\Delta\theta$ は $\Delta\theta = \int_0^{2\pi} mR^2(1 - \cos\varphi)/\left(I + 2mR^2(1 - \cos\varphi)\right) d\varphi = \pi\left(1 - 1/\sqrt{1 + 2m/M}\right)$．

問題 7.4-1 $t_\mathrm{B} > t_\mathrm{A} > t_\mathrm{C}$．

問題 7.4-2   円柱が段差の辺 C で衝突する直前，転がり角速度 $\omega_0 = v/R$ と円柱の軸まわりの慣性モーメント $I_0 = MR^2/2$ を用いて，C まわりの角運動量は $L_\mathrm{C} = I_0\omega_0 + Mv(R - h)$．衝突の直後は，辺 C から見た円柱の軸への仰角を θ を用いて $L_\mathrm{C} = (I_0 + MR^2)\dot{\theta}$ と書ける．衝突後の力学的エネルギーは，$E = (I_0 + MR^2)\dot{\theta}^2/2 + Mg(R - h)$．その後 $\theta = \pi/2$ に達したときの運動エネルギーを K とすると，$E = K + MgR$．登り切る条件は $K > 0$ である．$v > 2R\sqrt{3hg}/(3R - 2h)$．

問題 7.4-3   半球の中心を C，重心を G$(x, y, 0)$，2 点の距離を d と記す．G を通るこの面の垂線まわりの慣性モーメントを I と記す．床との接点において作用する垂直抗力を K（y 方向），摩擦力を F（x 方向）とおく．$M\ddot{x} = F$．$|\varphi| \ll 1$ だから，$y = R - d$，$K = Mg$，また $I\ddot{\varphi} = (R - d)F - d\varphi K$，および $\dot{x} = -(R - d)\dot{\varphi}$（滑らない条件）．$I$ は式 (7.47) に，d は例題 7.1-1 に．$2\pi\sqrt{26R/15g}$．

問題 7.4-4   円板は時計回りに角度 $\pi(1 - \sqrt{(M + m)/(M + 3m)})$ だけ回転する．

問題 7.5-1   毎秒 58 回転．

問題 7.6-1   点 A に関するトルクがゼロであるという条件より，$Mg(l/2)\sin\theta - R_2 l\sin\theta + F_2 l\cos\theta = 0$．この式の F_2 に式 (7.80) の第二式を代入，式 (7.81) と同じ式が得られる．

問題 7.6-2 $T = (Mgl/2h)\sin\theta\cos^2\theta$．

問題 7.6-3 $2m/M < (2\mu - \tan\theta)/(\tan\theta - \mu)$ ならば，はしごを登り切るまで滑ることはない．さもなければ，$l(2\mu(1 + M/m)\cot\theta - M/m)$ だけ登ったときに滑りはじめる．

第 8 章問題

問題 8.1-1   (1) 4 倍．(2) 2 倍．(3) 2 倍．(4) 変化なし．

問題 8.1-2   ピストンの位置を往復運動の中心を原点として x で表すと $|\dot{x}|_\mathrm{max} = a\omega = 18.8$ m/s，$|\ddot{x}|_\mathrm{max} = a\omega^2 = 7.1 \times 10^3 \mathrm{m/s}^2$ ．

問題略解　　299

問題 8.1-3　バネ定数は $k = 20000 \times 4$ N/m. 質量は $m = (1200 + 240)$ kg.
(1) 振動数を ν として，$\nu = 1.19$ s^{-1}　(2) 1.68 s.

問題 8.1-4　(1) $l = l_0 + mg/k$. $\omega = \sqrt{k/m}$.
(2) 図 8.5(a) の 2 個のバネは，それぞれが単独でおもりに力を及ぼすことに比べて半分の伸びで済む. $\omega = \sqrt{2k/m}$. 図 8.5(b) では，2 倍の伸びである. $\omega = \sqrt{k/2m}$.

問題 8.2-1　$c_1 = -c_2 = v_0/2\kappa$. グラフの概形は，$e^{2\kappa t_0} = (\lambda + \kappa)/(\lambda - \kappa)$ とするとき $0 \leq t < t_0$ で $\dot{x} > 0$, $t \geq t_0$ で $\dot{x} \leq 0$ であること，$t \to \infty$ で $x \to 0$ となること，によって確かめられる. 極大を与える $\omega_0 t/2\pi$ の値は，t_0 を求め $\lambda/\omega_0 = 1.5$ を用いて，約 0.14.

問題 8.2-2　$a = 5$ cm として，$k = mg/a = 19.6$ N/m. $\omega_0 = \sqrt{k/m} = 14$ s^{-1}. (1) $\tau = 60$ s とおく. $\exp(-\lambda\tau) = 1/2$ より $\lambda = \ln 2/\tau = 0.0116$ s^{-1}, $\gamma = 2m\lambda = 2.3 \times 10^{-3}$ kg/s. (2) $x(t) = a - ae^{-\lambda t}\cos(\omega t)$, $\omega = \sqrt{\omega_0^2 - \lambda^2}$. $\omega \approx \omega_0$ と近似.

問題 8.2-3　もし $a \leq \mu mg/k$ ならば，静止したまま. もし $a > \mu mg/k$ ならば，最初しばらくの間 $m\ddot{x} = -kx + \mu'mg$ が成り立つ. $x = \mu'mg/k + (a - \mu'mg/k)\cos\omega t$（ただし $\omega^2 = k/m$）. その後も a の値による場合分けをして運動を追う. 結果をまとめると，$a_n = (\mu + 2n\mu')mg/k$ とおく $(n = 0, 1, 2 \cdots)$ とき，a の値が $a_{n-1} < a \leq a_n$ の範囲にあるならば（ただし $a_{-1} = 0$ とする），n 回目（0 回目を手を初めて離したときとして）の停止の後，その場に静止し続ける. このときの静止位置は $x_n = (-1)^n(a - 2n\mu'mg/k)$.

問題 8.2-4　方程式 $\ddot{x} + 2\lambda\dot{x} + \omega_0^2 = 0$ の与えられた初期条件を満たす解は，$\lambda = \omega_0$ の時 $x = (a + (v + \lambda a)t)e^{-\lambda t}$ である. $a > 0$, $v + \lambda a < 0$ とされているから，$x(t)$ は初期値 $x(0) > 0$ から速度 $v < 0$ で減少し，一度だけ 0 になる. その後は，$\dot{x} = 0$ となる時刻 $t = |v|/\lambda(|v| - \lambda a)$ で最小値をとった後，緩やかに増大して $x = 0$ に負側から徐々に近づく.

問題 8.3-1　$c(\Omega) = f/m\sqrt{(\omega_0^2 - \Omega^2)^2 + 4\Omega^2\lambda^2}$ である. $c(\Omega)$ を微分してその符号を調べる. 最大値は $c_{\max} = f/2m\lambda\sqrt{\omega_0^2 - \lambda^2}$.

問題 8.3-2　微分方程式 $\ddot{x} + \omega_0^2 x = (f/m)\cos\omega_0 t$ が満たされることは，代入して確認できる. が，また，a を未知数として解 $x = at\sin\omega_0 t$ を仮定し，方程式に代入すると，$a = f/(2m\omega_0)$ が得られる.

問題 8.3-3　(1) $c_1 = f(\omega_0^2 - \Omega^2)/m\left((\omega_0^2 - \Omega^2)^2 + (2\lambda\Omega)^2\right)$, $c_2 = 2f\lambda\Omega/m\left((\omega_0^2 - \Omega^2)^2 + (2\lambda\Omega)^2\right)$.
(2) $c_1\cos\Omega t + c_2\sin\Omega t = c\cos(\Omega t + \delta)$ を満たす c と δ は三角関数の性質から，$c = \sqrt{c_1^2 + c_2^2}$ および $\tan\delta = -c_2/c_1$ で表される. 上で求めた c_1, c_2 を代入して式 (8.41) が得られる.

問題 8.3-4　(1) $\ddot{u} + \omega_0^2 u = (f/m)\cos\Omega t$, ただし $\omega_0 = \sqrt{k/m}$, $f = kA$.　(2) a, α を任意定数として $u = a\cos(\omega_0 t + \alpha) + (f/m\omega_0(\omega_0^2 - \Omega^2))\cos\Omega t$.　(3) $\Omega = 2\omega_0$ を代入し，計算の結果　$\alpha = 0$, $a = A/3$ が得られ，$u(t) = (A/3)\cos\omega_0 t - (A/3)\cos 2\omega_0 t$. グラフは省略.

問題 8.3-5　(1) 近似的な運動方程式は $m\ddot{x} = (mg/l)(x - A\cos\Omega t)$. $\omega_0 = \sqrt{g/l}$, $f = mgA/l$ とおくことにより，確かめられる.　(2) 抵抗 $-\gamma\dot{x}$ が作用するとき，$\lambda = \gamma/2m$ とおき，$\lambda = (\omega_0/10\pi)\ln 2 = 0.022\,\omega_0$.
振幅は近似式 (8.46) において $\Omega = \omega_0$ とすると $c = f/2m\omega_0\lambda$. $f = mgA/l = m\omega_0^2 A$. よって $c/A = 5\pi/\ln 2 \approx 23$. 共鳴が起こる場合には，このように強制力のもとになる小さな動きが大きな振幅を与える.

問題 8.4-1　(1) それぞれの伸びは $x_1 - x_0$, $x_2 - x_0$ であることから.　(2) 横棒の質量が 0. バネの力がつり合う条件から x_0 を求める.　(3) $x = x_1 - x_2$, $X = x_1 + x_2$ として方程式を立てる. $\omega_0 = \sqrt{k/m}$, $\omega_1 = \sqrt{k\lambda/m(2k + \lambda)}$.　(4) 図は省略. 横棒は動かず 2 つのおもりが逆向きに，あるいは，2 つが同じ高さを保ち一緒に，振動.

問題 8.4-2　(1) 変位は $x_1 = a\theta + l\varphi_1$, $x_2 = a\theta + l\varphi_2$, 力は $-mg\varphi_1$, $-mg\varphi_2$ であることから.　(2) ひもの張力 T は変位の 1 次微小量の範囲ではすべて等しい. 横棒が受ける横向きの力は $-T\theta + T\varphi_1 - T\theta + T\varphi_2 = 0$.
(3) $\varphi = \varphi_1 - \varphi_2$ と θ の方程式を立てる. $\omega_0 = \sqrt{g/l}$, $\omega_1 = \sqrt{g/(a + l)}$. (4) 図は省略する. 横棒は動かず 2 つのおもりが逆向きに，あるいは，上のひもと下のひもが一直線状になり 2 つのおもりがそろって，振動する.

第 9 章問題

問題 9.1-1　電車の加速度は後方に向かって大きさを α とすると $\alpha = v_0/\tau$. 電車に固定された座標系では，

おもりに鉛直下向きに mg, 水平前向きに $m\alpha$ の力が作用する. それらの力がおもりに対してする仕事の和は天井に達するまで正でなくてはならない. $\tau_{\mathrm{c}} = v_0/g$.

問題 9.2-1 リングの上に固定された座標系で, ある場所にビーズが止まっているとして, ビーズに作用する力は, 水平面内の回転軸から離れる向きに見かけの力と鉛直下向きに重力. それぞれ大きさが $ma\omega^2\sin\theta$ と mg. これらの円の接線方向の成分がつり合う. その条件式が解をもつためには $\omega_{\mathrm{c}} = \sqrt{g/a}$ として $\omega \geqq \omega_{\mathrm{c}}$. 解から, つり合いの位置は $\theta = \arccos(g/a\omega^2)$.

問題 9.3-1 式 (9.18) の各関係式の両辺を微分する. 右辺は x' と y' の微分と三角関数の微分の式である. 整理すると式 (9.36), (9.37), (9.38) の右辺. 一方で, 式 (9.26) の右辺第 2 項 $\omega e_z \times r$ は $e_z = e_{z'}$ であることに注意して, またベクトル積の定義から $\omega(-y'e_{x'} + x'e_{y'})$. よって, 式 (9.26) の右辺は $(\dot{x}' - \omega y')e_{x'} + (\dot{y}' + \omega x')e_{y'} + \dot{z}'e_{z'}$. これに式 (9.20) を用い, 左辺 $\dot{x}e_x + \dot{y}e_y + \dot{z}e_z$ と比較. このように, 式 (9.36), (9.37), (9.38) はすでにベクトル表記で導いた式 (9.26) と一致することがわかる.

問題 9.3-2 式 (9.36), (9.37), (9.38) の各関係式の両辺を微分する. 右辺は x' と y' の微分および 2 次微分と三角関数の微分の式である. 整理すると式 (9.39), (9.40), (9.41) の右辺. 一方で, 式 (9.31) の右辺第 2 項 $2\omega e_z \times v'$ は $e_z = e_{z'}$ とベクトル積の定義から $2\omega(-\dot{y}'e_{x'} + \dot{x}'e_{y'})$. 同様に右辺第 3 項 $\omega^2 e_z \times (e_z \times r)$ は $\omega^2 e_{z'} \times (x'e_{y'} - y'e_{x'}) = -\omega^2(x'e_{x'} + y'e_{y'})$. よって式 (9.31) の右辺は $(\ddot{x}' - 2\omega\dot{y}' - \omega^2 x')e_{x'} + (\ddot{y}' + 2\omega\dot{x}' - \omega^2 y')e_{y'}$. これに式 (9.20) を用い, 左辺 $\ddot{x}e_x + \ddot{y}e_y + \ddot{z}e_z$ と比較. 式 (9.39), (9.40), (9.41) はすでにベクトル表記で導いた式 (9.31) と一致することがわかる.

問題 9.4-1 例題 9.4-2 のように運動方程式を立てる. 地球の自転軸方向を表す単位ベクトル u を $x'y'z'$ 座標系で表しておく. 運動方程式は ϕ を含む: $\dot{v}_{x'}, \dot{v}_z$ の式の $\cos\alpha$ に $\cos\phi$ がかかる, $\dot{v}_{y'}$ の式に $2m\omega v_z\cos\alpha\sin\phi$ の項が加わる, $\dot{v}_z$ の式に $-2m\omega v_{y'}\cos\alpha\sin\phi$ の項が加わる. 結果, x' として式 (9.60) の x の表式で $\cos\alpha$ と第 2 項を展開した $\cos\theta\sin\alpha - \sin\theta\cos\alpha$ の $\cos\alpha$ の, どちらにも $\cos\phi$ がかかったもの, y' として式 (9.59) の y の表式, z' として式 (9.59) の z の表式が得られる. ただし y' に対しては $v_0 = 0$ または $\theta = \pi/2$ の場合, それ以外で無視していた項 $-\frac{1}{3}g\omega t^3\cos\alpha\sin\phi + v_0\omega t^2\sin\theta\cos\alpha\sin\phi$, z' に対しては $v_0 = 0$ または $\theta = 0$ の場合に $-\omega v_0 t^2\cos\alpha\cos\theta\sin\phi$ の項を加える. ここで v_0 の場合とは, 発射するのではなく静かに落下させる場合を指す.

問題 9.4-2 例題 9.4-2 のようにして $\theta = 0$ の場合に $z = -\frac{1}{2}gt^2$, $x = \frac{1}{3}g\omega t^3\cos\alpha + v_0\omega t^2\sin\alpha$ を得る. 距離と初速から t を求め, $g = 9.8~\mathrm{m/s^2}$ と式 (9.43) に与えられた ω, $\alpha = 35°$ の正弦と余弦の値を用い, 結果が確かめられる.

問題 9.4-3 図 9.11 の点 O を地上 h の場所にとり, 例題 9.4-2 のようにして $x = \frac{1}{3}g\omega t^3\cos\alpha$ および $z = -\frac{1}{2}gt^2$ を得る. 赤道上であるから $\alpha = 0$, 落下地点は地上で $z = -h$, 真下から東に d ずれるとして $x = d$. t を消去して結果を得る. h, ω, g の数値を代入する.

問題 9.4-4 例題 9.4-2 のようにして $y = 0$, $z = v_0 t - \frac{1}{2}gt^2$, $x = \frac{1}{3}g\omega t^3\cos\alpha - v_0\omega t^2\cos\alpha$ を得る. これは例題の $\theta = \pi/2$ の場合にあたる. $t > 0$ で $z = 0$ となる時刻 t における x の値 d を求める. $d = -\frac{4}{3}\omega v_0^3\cos\alpha/g^2$. $\alpha = 0$, $v_0 = 100~\mathrm{m/s}$ と g および ω の数値を代入. 西向きに $1.0~\mathrm{m}$ ずれる.

問題 9.5-1 地球の一日に関する問題文であるから, 地球の静止の仮定には自転は含まれないと考える. 本文の地球と月の互いの円運動を考慮せず両者が静止していると仮定することと, 両者の引力を仮定することは矛盾するので実際には静止し得ない. 仮に誤って静止の仮定だけを採用したとする. また, 地球の表面が完全に水に覆われるとの例題 9.5-1 の仮定は, 続ける. この場合には慣性力が作用しないので, 潮汐力は式 (9.65) の F で与えられる. この力は地球上のどこでも月の方を向くので, 地球の中心に向かう重力との合力の大小により水面の高さの分布が決まる. その力の最大の地点で最も水位が高く, 最小の地点で最も低くなる分布になるであろう. したがって月に近い地点で満潮, 遠い地点で干潮になる.

問題 9.5-2 $F_{\mathrm{td}}^{\mathrm{S}}/F_{\mathrm{td}}^{\mathrm{M}} = (M_{\mathrm{S}}/M_{\mathrm{M}})(L_{\mathrm{M}}/L_{\mathrm{S}})^3 \approx 0.44$.

第 10 章問題

問題 10.2-1 断面 P に作用する鉛直下向き応力は $(L - x)Mg/LS$

問題 10.2-2 $\sigma_{\mathrm{L}} = \sigma\cos 2\theta$, $\tau_{\mathrm{L}} = -\sigma\sin 2\theta$

問題略解　　301

問題 10.2-3　面 P に作用する接線上向き応力 τ' は，円筒の上面に作用した反時計回りの一様なせん断応力 τ に等しい．$\tau' = \tau$

問題 10.3-1　(1) -1.00×10^{-7},　　(2) $+2.0 \times 10^{-5}$

問題 10.3-2　円筒面 P の伸びひずみは r/R

問題 10.3-3　式 (10.6) と図 10.6 で，$\mathrm{AB} = h$, $\mathrm{BB'} = R\theta$ より $\gamma = \mathrm{BB'}/\mathrm{AB} = R\theta/h$

問題 10.5-1　(1) 100 MPa,　　(2) 0.11%,　　(3) 91 GPa

問題 10.5-2　引張ひずみは 2.5×10^{-3} となるので伸びは 0.75 mm

問題 10.5-3　ポアソン比が 0.34 と与えられているので伸びひずみは 7.35×10^{-4} である．よって，引張荷重は 5.6 kN

問題 10.5-4　(1) せん断ひずみは 0.0333 となるので，ずれの角は 1.91 度となる．
(2) 10.9 Pa,　　(3) 3.3×10^2 Pa

問題 10.5-5　省略（丸棒の軸方向引張弾性変形を考えるとよい．直径と長さが変化したときの体積変化を考え，2 次微小量を無視する）

問題 10.5-6　ポアソン比の定義式から，一例として丸棒を軸方向に引っ張った場合，直径がまったく変化せず，体積が増えることになる．

問題 10.6-1　上端から x の距離の断面にかかる応力を表す式を考える．位置 x における断面積を $S(x)$，下端面の断面積を S_0 とすると，応力は $\sigma_0 = Mg/S_0$．下端から $L-x$ の距離の断面に作用する応力を x によらずこの応力が σ_0 で一定とすると，$S(x)\sigma_0 = Mg + \rho g \int_x^L S(x)dx$ となる．両辺を x で微分すると $\sigma_0 dS(x)/dx = -\rho g S(x)$ となる．これを解けば，$S(x) = S_0 \exp[\rho g(L-x)/\sigma_0]$ となる．

問題 10.6-2　球の半径は 6.3×10^{-4} cm だけ縮む．（球の半径が r から Δr だけ縮む時の体積を表す式を考える．）

問題 10.6-3　(1) $\dfrac{\rho g}{6E}l^2$,　(2) $\dfrac{\rho \omega^2}{3E}l^3$（微小部分の伸びを表す式を考え，棒の全長にわたって積分する．）

問題 10.6-4　$\nu = \dfrac{1}{2}\left(1 - \dfrac{\Delta V}{\pi r^2 \Delta L}\right)$

問題 10.6-5　3.7 mm（銅線の上端で最大応力 8.7 MPa. 破断強度 195 MPa 以下で破断しない．）

問題 10.7-1　0.39 mm　（はりの軸方向の各点における変位を表す微分方程式を考える．）

問題 10.7-2　5.8 mm　（構造の対称性を利用する）

問題 10.7-3　$d_1/d_2 = b^2/a^2$　　（(1) が (2) よりたわみがずっと小さい）

問題 10.7-4　(1) 図 (c) で $\varepsilon(r) - \varepsilon(0) = (s'(r) - s'(0))/s$ となる．$s'(0) = s + \delta$ $(|\delta| \ll s)$ を用いると，$|r| \ll R$ から $|\varepsilon(r)| \ll 1$ であり，式 (10.17) から $(s'(r) - s'(0))/s \approx r/R$ が 1 次近似で得られる．(2) (1) の関係式から面 B で $0 \leq r \leq a/2$ で法線応力を積分した引張り力と $-a/2 \leq r \leq 0$ で法線応力を積分した収縮力が等しく水平力が 0 になることを示せば証明できる．

問題 10.8-1　18.2 度 (0.318 ラジアン)　（ねじりモーメントとねじれ角の関係を考える．）

問題 10.8-2　(1) 7.9×10^{-5} Nm/rad, (2) $2RF = k\theta$, (c) 6.9×10^{-7} N, 重力の約 10^{-7} 倍, (d) 8.5×10^2 s.

問題 10.8-3　(1) $G_\mathrm{m} = \dfrac{4\pi^2 R\theta(r_0 - R\theta)^2}{MT^2}$, (2) $G_\mathrm{m} = 6.7 \times 10^{-11}$ kg^{-1}m^{3}s^{-2}, (c) $M_\mathrm{E} = 6.0 \times 10^{24}$ kg.

問題 10.9-1　$\dfrac{Eba^3}{8l^3}h^2$　（$x = l$ における荷重による変位 h は式 (10.27) より計算できる．右端の下がりが 0 から h になるまでになされた仕事がこの棒に蓄えられる弾性エネルギーである．）

問題 10.9-2　$\dfrac{1}{2}G\theta^2 V$　（図 10.33 を角柱として考え，角度を 0 から θ までずらすときの仕事を求める．）

問題 10.9-3　(1) $\Delta V/V_0 = 3x/R_0$, (2) $x = \rho g h R_0/3K = 5.0\,\mu\mathrm{m}$,
(3) 蓄えられた弾性エネルギー $W = \dfrac{K}{2V_0}\Delta V^2 = \dfrac{V_0}{2K}p_1^2 = 3.8$ J

第 11 章問題

問題 11.2-1　省略　（オイラーの公式を用いて右辺と左辺を書き換える．）

302   問題略解

問題 11.3-1 $k' = k,\quad \omega' = \omega - vk$

問題 11.4-1 式 (11.54) から 240 K

問題 11.4-2 式 (11.42) から 292 m/s, 式 (11.54) から 345 m/s は $\sqrt{\gamma}$ 倍 （有効数字 3 桁で比較）

問題 11.5-1 式 (11.75) より 5100 m/s

問題 11.6-1 式 (11.82) より 250 m/s

問題 11.6-2 遠心力は張力による向心力と等しいから，式 (11.82) より横波の速さは v_0 に等しい．

問題 11.7-1 式 (11.94) より，(1) 変わらず，(2) 変わらず，(3) 変わらず，(4) 4 倍

問題 11.7-2 (1) 63 m/s, (2) 15.7 m, (3) 4.0 Hz, (4) 24 W

問題 11.7-3 単位長当たり 1 周期の時間平均の運動エネルギーが $K = \dfrac{1}{2T_0}\rho_0\omega^2 S a^2 \displaystyle\int_0^{T_0} \sin^2(kx-\omega t)dt =$
$\dfrac{1}{4}\rho_0\omega^2 S a^2$. ポテンシャルエネルギーの時間平均が $U = \dfrac{1}{2T_0}E k^2 S a^2 \displaystyle\int_0^{T_0}\sin^2(kx-\omega t)dt = \dfrac{1}{4}E k^2 S a^2$.
ここで $c_l = \omega/k = \sqrt{E/\rho_0}$ より $\rho_0\omega^2 = E k^2$. $\therefore\ K = U$, 力学的エネルギーの時間平均が
$W = K + U = \rho_0\omega^2 S a^2/2$. これに伝搬速度 c_l をかければ波の強さが得られる．$I = \rho_0 c_l \omega^2 S a^2/2$.

問題 11.8-1 進行波では $\partial u/\partial t = -v\,\partial u/\partial x$ が成り立つが，後退波 $u(x,t) = f(x + vt)$ では $\partial u/\partial t = v\,\partial u/\partial x$ となるから 1 階微分では一致しない．進行波と後退波の重ね合わせ等の現象では 2 階微分の波動方程式が進行波と後退波にともに成り立つからである．

問題 11.8-2 位相速度：$v_p = \omega/k = A k^{-1/2}$, 群速度：$v_g = d\omega/dk = (A/2)k^{-1/2}$

問題 11.8-3 (1) 4.0 Hz （銅線を伝播する横波の速度と基本波の波長から求まる.），(2) 14.1 Hz

問題 11.8-4 343 Hz

問題 11.8-5 (1) $E = kl_0/S$ (2) 導出は省略．弾性体の密度変化とヤング率変化を考慮 $\dfrac{\partial^2 u}{\partial t^2} = \dfrac{E'}{\rho'}\dfrac{\partial^2 u}{\partial x^2}$,
$\dfrac{E'}{\rho'} = \dfrac{kl^2}{M}$. （このバネに等価な弾性体を考え縦波の波動方程式 (11.76) による．）
(3) 引き伸ばしても変化しない．

　　（バネの固有角振動数は式 (11.115) から $\omega_n = v k_n = \dfrac{n\pi v}{l} = \dfrac{n\pi}{l}\sqrt{\dfrac{E'}{\rho'}} = \dfrac{n\pi}{l}\left(\dfrac{l}{l_0}\right)\sqrt{\dfrac{E}{\rho}} = \dfrac{n\pi}{l_0}\sqrt{\dfrac{E}{\rho}}$）

問題 11.9-1 省略　（進行する正弦波と後退する正弦波の和を式変形）

問題 11.9-2 $\dfrac{\sqrt{\rho_1/E_1} - \sqrt{\rho_2/E_2}}{\sqrt{\rho_1/E_1} + \sqrt{\rho_2/E_2}},\quad \dfrac{2\sqrt{\rho_1/E_1}}{\sqrt{\rho_1/E_1} + \sqrt{\rho_2/E_2}}$　（一点でつながれた異なる材質の二種類の弦の場合を，弾性体に置き換えて説明すればよい．）

問題 11.10-1 $\dfrac{\partial}{\partial x} = \dfrac{\partial r}{\partial x}\dfrac{\partial}{\partial r} = \dfrac{x}{r}\dfrac{\partial}{\partial r}$ より $\dfrac{\partial^2}{\partial x^2} = \left(\dfrac{1}{r} - \dfrac{x^2}{r^3}\right)\dfrac{\partial}{\partial r} + \dfrac{x^2}{r^2}\dfrac{\partial^2}{\partial r^2}$ を得る．$y,\ z$ についても同様に行うと $\dfrac{\partial^2}{\partial x^2} + \dfrac{\partial^2}{\partial y^2} + \dfrac{\partial^2}{\partial z^2} = \dfrac{2}{r}\dfrac{\partial}{\partial r} + \dfrac{\partial^2}{\partial r^2}$ を得て式 (11.139) となる．

問題 11.10-2 θ_n が十分小さいから

$$\delta = L\theta_{n+1} - L\theta_n = L(\theta_{n+1} - \theta_n) \cong L(\sin\theta_{n+1} - \sin\theta_n) = L\left(\dfrac{2\pi(n+1)}{kh} - \dfrac{2\pi n}{kh}\right) = \dfrac{2\pi L}{kh} = \dfrac{\lambda L}{h}$$

問題 11.10-3 y 軸上の点を Q $(0, y)$, Q から OP に下した垂線の足を H とする．このとき QP $\cong$ OP$-$OH $\cong$ $r -$ OQ$\sin\theta = r - y\sin\theta$ であるから，Q 近傍の dy 部分を波源とする波が点 P につくる波の振幅は $du = A\sin\{k \times \mathrm{QP} - \omega t - \varphi\}\,dy = A\sin\{k(r - y\sin\theta) - \omega t - \varphi\}\,dy$ となる．

問題 11.10-4

$$u = \int du = \int_{-d/2}^{d/2} A\sin\{k(r - y\sin\theta) - \omega t - \varphi\}\,dy = \int_{-d/2}^{d/2} A\sin\{(kr - \omega t - \varphi) - ky\sin\theta\}\,dy$$

$$= A\int_{-d/2}^{d/2}\{\sin(kr - \omega t - \varphi)\cos(ky\sin\theta) - \cos(kr - \omega t - \varphi)\sin(ky\sin\theta)\}\,dy$$

$$= \dfrac{Ad\sin((kd/2)\sin\theta)}{(kd/2)\sin\theta}\sin(kr - \omega t - \varphi)\quad （これが式 (11.150) である.）$$

問題略解 303

問題 11.10-5 式 (11.145) を用い，スリット S_1，S_2 内のそれぞれの y 座標を y_1，y_2 として，点 P でのそれぞれの波動関数 du_1，du_2 の和を求める．スリット内 y 方向微小変位を $d\delta$ として用いる．

$$du = du_1 + du_2$$

$$= A\sin\left[k\left\{r - \left(-\frac{h}{2} + \delta\right)\sin\theta\right\} - \omega t - \varphi\right]d\delta + A\sin\left[k\left\{r - \left(\frac{h}{2} + \delta\right)\sin\theta\right\} - \omega t - \varphi\right]d\delta$$

$$= 2A\sin\left(k(r - \delta\sin\theta) - \omega t - \varphi\right)\cos\left(\frac{kh}{2}\sin\theta\right)d\delta$$

ここで $\sin\left(k(r - \delta\sin\theta) - \omega t - \varphi\right) = \sin(kr - \omega t - \varphi)\cos(k\delta\sin\theta) - \cos(kr - \omega t - \varphi)\sin(k\delta\sin\theta)$ である．$\int_{-d/2}^{d/2}\cos(k\delta\sin\theta)d\delta = \dfrac{2}{k\sin\theta}\sin\left(\dfrac{kd\sin\theta}{2}\right)$，$\int_{-d/2}^{d/2}\sin(k\delta\sin\theta)d\delta = 0$ となる．$\alpha = \dfrac{kd}{2}\sin\theta$ を用いると $u = \int_{-d/2}^{d/2}du = 2Ad\dfrac{\sin\alpha}{\alpha}\cos\left(\dfrac{kh}{2}\sin\theta\right)\sin(kr - \omega t - \varphi)$ を得る．

第 12 章問題

問題 12.2-1 上面と下面に作用する圧力差は $9.8\,\mathrm{kPa}$，立方体の質量は $2000\,\mathrm{kg}$

問題 12.2-2 $100\,\mathrm{m}^3$

問題 12.2-3 (1) $m_{\max} = (\rho_w - \rho)V_0$， (2) $h' = \left\{\dfrac{1}{\rho_w}\left(\rho + \dfrac{m}{V_0}\right)\right\}^{1/3}h$

問題 12.2-4 各々の高さでの気圧は 1012，1000，839，$695\,\mathrm{hPa}$．

問題 12.2-5 $\rho = \rho_\omega(1 - a/100)$， $a = 11.0\%$

問題 12.2-6 (1) 式 (3) $F_z = -\displaystyle\int_S p\cos\theta dS$ より，$\boldsymbol{e}_z \cdot \boldsymbol{n}_A dS = \cos\theta_A dS = dxdy$ であるから，微小四角柱の上面と下面で受ける水圧による鉛直上向き力は次式となる．$dF_z = -p_A\cos\theta_A dS - p_B\cos\theta_B dS = (p_B - p_A)dxdy$．(2) 各微小柱の高さを $h(x,y)$ とすると $p_B - p_A = \rho_0 gh(x,y)$ である．物体を分割したすべての微小柱で積分すれば $F_z = \displaystyle\iint_{S_{xy}}\rho_0 gh(x,y)dxdy = \rho_0 Vg$．(3) (2) の方法を y 軸方向の断面積 $dzdx$ の微小柱で行えば $F_y = 0$，同様に x 軸方向の断面積 $dydz$ の微小柱で行えば $F_x = 0$ である．

問題 12.3-1 (1) $F_1 = \displaystyle\int_0^h (p_0 - \rho gz)ldz = lh\left(p_0 - \dfrac{\rho gh}{2}\right)$，$F_2 = p_0 lh$，$F_4 = \gamma l$，$F_3$ による x 方向成分が $F_{3x} = -\gamma l\sin\alpha$．直方体内液体に作用する x 方向力のつり合い $F_1 - F_2 = -F_{3x} - F_4$ から $\dfrac{\rho gh^2}{2} = (1 - \sin\alpha)\gamma$ $\therefore h = \sqrt{\dfrac{2\gamma}{\rho g}(1 - \sin\alpha)}$．(2) $h = 3.6\,\mathrm{mm}$．

問題 12.3-2 図 12.16(b) のように水銀はガラスとの接触角が鈍角 $140°$ のため液面が下がる．

問題 12.3-3 $xy = \dfrac{\gamma\cos\theta}{\rho g\tan\alpha} = \mathrm{const.}$ （γ：表面張力，θ：接触角，ρ：液体の密度とする．図 12.20 において，座標 x で厚み dx，幅 d，高さ y の直方体水柱を考えて式 (12.21) に相当する式を導けば，上式が得られる．）

問題 12.4-1 直径 $2\,\mathrm{cm}$ のホース：$106\,\mathrm{cm/s}$，直径 $1\,\mathrm{cm}$ のホース：$424\,\mathrm{cm/s}$

問題 12.4-2 $150\,\mathrm{Pa}$

問題 12.4-3 (1) $t_1 = \dfrac{A\sqrt{2}}{a\sqrt{g}}(\sqrt{h_0} - \sqrt{h'})$， (2) $h' = h_0/2$ とすると $t_2 = \dfrac{A}{a\sqrt{g}}(\sqrt{2} - 1)\sqrt{h_0}$，

(3) $h' = 0$ とすると $t_3 = \dfrac{A\sqrt{2}}{a\sqrt{g}}\sqrt{h_0}$

問題 12.4-4 小孔の断面積を a，容器の断面積を $A(x)$ とする．$A(x) = \dfrac{a\sqrt{2g}}{k}\sqrt{x}$．つまり断面積が $\sqrt{x}$ に比例するようにすればよい．

問題 12.4-5 満たさない

問題 12.4-6 (1) も (2) も完全流体では起こらない．大気が粘性を有するから起こる．

問題 12.5-1 $\dfrac{2a^2(\rho_s - \rho_0)g}{9v}$

問題 12.5-2 $1.3\,\mu\mathrm{m}$ （上問と同じくストークス粘性の問題．終端速度で 10 時間，$10\,\mathrm{cm}$ 落下する粒子の直径を求める．）

問題 12.5-3 $\mu\dfrac{dv}{dz} = \rho g\sin\alpha\,(h - z)$ より $v(z) = \dfrac{\rho g\sin\alpha}{\mu}\displaystyle\int_0^z (h - z)dz = \dfrac{\rho g\sin\alpha}{\mu}\left(hz - \dfrac{1}{2}z^2\right)$

問題 12.5-4 軸から距離 r にある流体速度 $v(r)$，内半径 r，外半径 $r + dr$，長さ l の薄い円筒内部の流体に

304 問題略解

作用する軸方向のせん断力のつり合いを考える. $2\pi r l \tau(r) = 2\pi(r+dr)l\tau(r+dr)$. これの一次近似により $\dfrac{d\tau}{dr} \simeq -\dfrac{\tau}{r}$. ニュートンの粘性法則の式 (12.84) $\tau = \mu\dfrac{dv}{dr}$ より, 流速 v の微分方程式を得て, 積分して v を求め, 境界条件 $v(a) = 0$, $v(b) = V$ より, $v = \dfrac{V}{\ln(a/b)}\ln\left(\dfrac{a}{r}\right)$ を得る.

$\boxed{\text{問題 12.5-5}}$ (1) $100\,\mathrm{m/s}$, (2) 3.3×10^6, (3) $6.6\,\mathrm{m/s}$

付録 A 問題

$\boxed{\text{問題 A.2-1}}$ $\boldsymbol{A}\cdot(\boldsymbol{B}\times\boldsymbol{C})$ を成分で表すと $\boldsymbol{A}\cdot(\boldsymbol{B}\times\boldsymbol{C}) = A_x(\boldsymbol{B}\times\boldsymbol{C})_x + A_y(\boldsymbol{B}\times\boldsymbol{C})_y + A_z(\boldsymbol{B}\times\boldsymbol{C})_z = A_x(B_yC_z - B_zC_y) + A_y(B_zC_x - B_xC_z) + A_z(B_xC_y - B_yC_x)$. ここで最右辺を, $\boldsymbol{B}$ の成分に注目して整理すると, $\boldsymbol{A}\cdot(\boldsymbol{B}\times\boldsymbol{C}) = B_x(C_yA_z - C_zA_y) + B_y(C_zA_x - C_xA_z) + B_z(C_xA_y - C_yA_x) = \boldsymbol{B}\cdot(\boldsymbol{C}\times\boldsymbol{A})$. 同様に, $\boldsymbol{C}$ の成分に注目して整理すると, $\boldsymbol{A}\cdot(\boldsymbol{B}\times\boldsymbol{C}) = \boldsymbol{C}\cdot(\boldsymbol{A}\times\boldsymbol{B})$ が得られる.

索　引

ア
圧縮応力　173, 242
圧縮性流体　258
圧縮率　180
圧力抵抗　279
圧力の波動方程式　212
粗い　58
アルキメデスの原理　244
安定　136

イ
位相　30, 200
位相速度　205, 227
位置ベクトル　4
一様重力　20
一般解　29
移動距離　8

ウ
薄板の定理　116
うなり現象　151, 226
運動エネルギー　37, 39
運動エネルギーの単位　41
運動座標系　155
運動方程式　19
運動量　17, 18
運動量保存則　xii, 23, 88, 206

エ
永久ひずみ　178
SI　4, 205
エネルギー保存則　xiii, 43
エネルギー密度　221
遠心力　158, 161
円錐曲線　13

オ
応力　173
応力–ひずみ線図　178

カ
外積　71, 285
回折　238
回転運動　65
回転運動の運動エネルギー　115
回転する座標系　157, 159
外力　81
角運動量　68, 72
角運動量保存則　xii, 73, 98
角周波数　199
角振動数　30, 199
角速度　12, 22, 66
角波数　199
過減衰　142

重ね合わせの原理　223, 230
加速度　11
ガリレイ　16, 31
ガリレイの相対性原理　155
カルマン渦　283
換算質量　92
干渉　225
慣性系　4, 19, 154
慣性能率　114
慣性の法則　18
慣性モーメント　114
慣性力　155
完全非弾性衝突　25
完全流体　258

キ
基準座標　149
基準振動　149
軌跡　4
軌道　4
基本角振動数　230
基本振動　230
基本ベクトル　4, 12
逆位相　149
求心力　23
球面波　236
境界層　278, 280, 281
共振　146
共鳴　146, 230
曲率　188
曲率半径　188, 267

ク
偶力　190, 194
クーロン力　45
群速度　227

ケ
撃力　24
ケプラー　74
ケプラーの第1法則　77
ケプラーの第3法則　78
ケプラーの第2法則　76
ケプラーの法則　74
減衰振動　141
減衰率　141

コ
公称応力　178
公称ひずみ　178
向心力　23
剛性率　180
拘束運動　33
拘束力　33

剛体　3
剛体の運動エネルギー　125
剛体の運動量　109
剛体の角運動量　109
剛体の質量　108
剛体の重心　108
剛体の重心の運動方程式　110
剛体の平面運動　123
後退波　215, 224
降伏応力　178
抗力　57
合力　19
国際単位系　4, 205
固定端　228, 232
固有角振動数　136, 149, 230
固有振動　230
コリオリの力　161
孤立　88

サ
歳差運動　130
最大摩擦力　58
作用線　18
作用点　18
作用反作用の法則　20

シ
時間の単位　4
仕事　38, 41
仕事・エネルギーの定理　38, 41, 84
仕事の単位　41
実体振り子　121
質点　3
質点系　81
質点系の運動量　87
質点系の角運動量　98
質点系の力学的エネルギー　86
質量　3
質量中心　83
質量保存則　xi, 206, 208, 274
支点　31
周期　30, 199
重心　83
重心の運動方程式　83
重心を基準にした位置ベクトル　99
重心を基準にした角運動量　99, 111
重心を基準にしたトルク　99, 111
自由端　229, 233
終端速度　56, 279
周波数　199
重力　20
重力加速度　20

重力定数 45
準線 13
焦点 13
章動 130
初期位相 30
進行波 204, 212, 215, 223
振動数 30, 199
振動の位相 203
振動の干渉 204
振幅 30, 200

ス
垂直応力 173
垂直抗力 57
水流ポンプ 262
スカラー積 5, 285
ストークスの粘性抵抗 275
ずれ応力 173
ずれ弾性率 180

セ
静圧 258
静止座標系 4, 154
静止摩擦係数 58
静止摩擦力 57
静止流体 242, 258
静電気力 45
接触角 253
接線応力 173
接線成分 13
絶対値 200
全圧 258
全運動量 87
線積分 40
せん断応力 173
せん断ひずみ 177, 180
線膨張係数 195

ソ
総圧 258
双曲線 13
相互作用 20, 84
相互作用エネルギー 85
相互作用ポテンシャル 85
相対位置ベクトル 84, 92
層流 259, 277
速度 6, 7
束縛運動 33
塑性 178
塑性ひずみ 178
塑性変形 172
疎密波 198

タ
第 1 法則 18
第 3 法則 20
対数減衰率 142
体積弾性率 180
体積ひずみ 177, 180
第 2 法則 18
体膨張係数 196

楕円 13
縦波 198, 216
たわみ 185
単振動 30, 136, 201
弾性 178
弾性エネルギー 193
弾性係数 179
弾性限界 178
弾性衝突 25
弾性体 3
弾性定数 179
弾性波 216
弾性変形 172
弾性余効 179
弾性率 179
単振り子 31
断面 2 次モーメント 187

チ
力 16, 18
力の中心 44
力のモーメント 70
中心力 44
潮汐力 166
張力 31
調和振動 30, 136, 199
調和振動子 136
調和波 205
直交座標系 4

ツ
つり合い 16
つり合いの条件 131

テ
ティコ・ブラーエ 74
定在波 228
定常運動 145
定常振動 145
定常流 258
デカルト座標系 4
伝播速度 205

ト
動圧 258
同位相 149
透過 232
等加速度運動 11
動径 11
動径成分 13
動径速度 12
等速運動 8
等速円運動 22
等速直線運動 8
等速度運動 8
動粘性係数 276
動摩擦係数 59
動摩擦力 58
特殊解 29
トルク 69–71, 190

ナ
内積 5, 285
内部エネルギー 271
内力 81
長さの単位 4
波の回折 238
滑らか 58

ニ
2 次曲線 13
2 次元調和振動子 137
ニュートン 17
ニュートンの運動法則 3
ニュートンの粘性法則 272, 273
ニュートン流体 273

ネ
ねじりモーメント 190
ねじれ変形 190
熱応力 195
熱ひずみ 195
熱膨張係数 196
粘性 272
粘性係数 273
粘性抵抗のする仕事 63
粘性抵抗の力 275
粘性抵抗力 54
粘性率 273
粘性流体 258

ノ
伸びひずみ 176

ハ
媒質 197
倍振動 230
波群 226
ハーゲン・ポアズイユの法則 275
波数 199
パスカルの原理 243
波長 199
波束 226
波動 197
波動関数 205
波動方程式 xiv, 224
はねかえり係数 25
バネ定数 28
バネの自然長 28
場の力 16
波面 214
速さ 8
腹 229
反射 232
反発係数 25, 95
万有引力 45
万有引力定数 45

ヒ
非圧縮性流体 258
非慣性系 155
非弾性衝突 25

索　引　　307

引張応力　173
非定常流　259
ピトー管　263
非ニュートン流体　273
非保存力　38, 42
ひも　31
表面自由エネルギー　249
表面張力　248
比例限界　178

フ
不安定　136
復元力　28, 135
節　229
フックの法則　28, 179, 183, 249
物理振り子　121
フーリエ級数　231
フーリエ展開　231
フーリエ分解　231
浮力　244
分散関係　227

ヘ
平均速度　6, 7
平衡位置　135
平行軸の定理　116
平衡点　135
並進運動　123
平面極座標　11
平面波　214, 237, 238
ベクトル三重積　287
ベクトル積　70, 285
ベルヌーイの定理　260, 280, 282
変位　7

偏角　11, 200
ベンチュリー管　261

ホ
ポアソン比　176
ホイヘンスの原理　236, 238
方位角　11
法線応力　173, 242
放物線　13
保存力　42, 85
ポテンシャル　39, 42
ポテンシャルエネルギー　38, 42,
　220

マ
曲げ変形　185
摩擦角　58
摩擦力のする仕事　62

ミ
見かけの力　155
右手系　4
密度の波動方程式　212

メ
面積速度　74, 76

モ
毛細管現象　255

ヤ
ヤングの式　253
ヤング率　179

ユ
有効ポテンシャル　76

ヨ
揚力　280
横振動の波動方程式　219
横波　198

ラ
乱流　259, 277

リ
力学的エネルギー　39, 43
力積　17, 23
力積・運動量の定理　23
離心率　13
流管　259
流線　258
流線型　279
流体　3
流体の質量の保存則　259
流量　260
臨界減衰　143
臨界レイノルズ数　277

レ
0.2 ％耐力　179
レイノルズ数　276
連成振動　148
連続体　172
連続体の運動量保存則　210
連続の式　208, 259, 274

Memorandum

Memorandum

Memorandum

Memorandum

著者紹介

■佐々木 一夫（ささき かずお）

東北大学大学院理学研究科物理学第二専攻修了（1983 年）
現在　東北大学 名誉教授 理学博士
元 東北大学大学院工学研究科応用物理学専攻 教授
専門分野　統計物理学

■長谷川 晃（はせがわ あきら）

東北大学大学院工学研究科原子核工学専攻修了（1984 年）
現在　東北大学 名誉教授 工学博士
元 東北大学大学院工学研究科量子エネルギー工学専攻 教授
専門分野　原子力材料

■海老澤 丕道（えびさわ ひろみち）

東京大学大学院理学系研究科物理学専攻修了（1971 年）
現在　東北大学 名誉教授 理学博士
元 東北大学大学院情報科学研究科 応用情報科学専攻 教授
専門分野　物性物理学

■鈴木 誠（すずき まこと）

東北大学大学院工学研究科電子工学専攻修了（1981 年）
現在　東北大学 名誉教授 工学博士
元 東北大学大学院工学研究科 材料システム工学専攻 教授
専門分野　生物物理学，物理化学，化学力学エネルギー変換

■末光 眞希（すえみつ まき）

東北大学大学院工学研究科電子工学専攻修了（1980 年）
現在　東北大学 名誉教授 工学博士
元 東北大学電気通信研究所 教授
専門分野　半導体工学

工科系の物理学基礎
—質点・剛体・連続体の力学—
第2版

Basics of Physics
for Engineering Science Students :
Mechanics of Particles, Rigid Bodies and Continua
2nd edition

2021 年 3 月 25 日　初　版 1 刷発行
2024 年 9 月 10 日　初　版 4 刷発行
2025 年 3 月 25 日　第 2 版 1 刷発行

検印廃止
NDC 420, 423

ISBN 978-4-320-03635-2

著　者	佐々木　一夫
	長谷川　晃
	海老澤　丕道　ⓒ 2025
	鈴木　誠
	末光　眞希
発行者	南條光章
発行所	共立出版株式会社

郵便番号 112–0006
東京都文京区小日向 4–6–19
電話　03–3947–2511 (代表)
振替口座　00110–2–57035
www.kyoritsu-pub.co.jp

印　刷　藤原印刷
製　本　協栄製本

一般社団法人
自然科学書協会
会員

Printed in Japan

JCOPY ＜出版者著作権管理機構委託出版物＞
本書の無断複製は著作権法上での例外を除き禁じられています．複製される場合は，そのつど事前に，
出版者著作権管理機構（TEL：03-5244-5088，FAX：03-5244-5089，e-mail：info@jcopy.or.jp）の
許諾を得てください．

国際単位系 SI = Le Système international d'unités

7つの基本単位とそれらを組み合わせた組立単位がある．SIで定める単位をSI単位とよぶ．

基本単位

基本量	単位記号	単位の固有の名称	基本量の定義 2019年5月改定*	基本量の定義 従来**
時間	s	秒	1sは，セシウム周波数$\Delta\nu_{Cs}$（セシウム133原子の摂動を受けない基底状態の超微細構造遷移周波数）を単位Hzで表したときに，その数値を9 192 631 770と定めることによって定義される．	1sは，セシウム133の原子の基底状態の二つの超微細構造準位間の遷移に対応する放射の周期の919 263 1770倍の継続時間
長さ	m	メートル	1mは，真空中の光の速さcを単位$\mathrm{m\,s^{-1}}$で表したときに，その数値を299 792 458と定めることによって定義される．	1mは，1秒の299 792 458分の1の時間に光が真空中を伝わる行程の長さ
質量	kg	キログラム	1kgは，プランク定数hを単位$\mathrm{J\,s}$で表したときに，その数値を$6.626\,070\,15 \times 10^{-34}$と定めることによって定義される．	1kgは，国際キログラム原器の質量
電流	A	アンペア	1Aは，電気素量eを単位Cで表したときに，その数値を$1.602\,176\,634 \times 10^{-19}$と定めることによって定義される．	1Aは，真空中に1mの間隔で平行に配置された無限に小さい円形断面積を有する無限に長い二本の直線状導体のそれぞれを流れ，これらの導体の長さ1mにつき2×10^{-7} Nの力を及ぼし合う一定の電流
温度	K	ケルビン	1Kは，熱力学温度のSI単位であり，ボルツマン定数kを単位$\mathrm{JK^{-1}}$で表したときに，その数値を$1.380\,649 \times 10^{-23}$と定めることによって定義される．	
物質量	mol	モル		
光度	cd	カンデラ		

* 国際単位系（SI）第9版（2019）日本語版，国立研究開発法人 産業技術総合研究所 計量標準総合センター
　新しい1キログラムの測り方，臼田孝，講談社（2018）
　計量標準総合センター 7つの基本単位 技術開発の歩み，国立研究開発法人 産業技術総合研究所 計量標準総合センター（2018）
** 国際単位系（SI）第8版（2006）の要約版，独立行政法人 産業技術総合研究所 計量標準総合センター

組立単位（基本単位の組合せ）

組立量	単位の固有の名称	基本単位による表現	他のSI単位も用いた表現
平面角	ラジアン	$\mathrm{rad = m/m}$	
立体角	ステラジアン	$\mathrm{sr = m^2/m^2}$	
周波数	ヘルツ	$\mathrm{Hz = s^{-1}}$	
力	ニュートン	$\mathrm{N = kg\,m\,s^{-2}}$	
圧力，応力	パスカル	$\mathrm{Pa = kg\,m^{-1}\,s^{-2}}$	$\mathrm{N\,m^{-2}}$
エネルギー，仕事，熱量	ジュール	$\mathrm{J = kg\,m^2\,s^{-2}}$	$\mathrm{N\,m}$
仕事率	ワット	$\mathrm{W = kg\,m^2\,s^{-3}}$	$\mathrm{J\,s^{-1}}$
電荷	クーロン	$\mathrm{C = A\,s}$	
電位差	ボルト	$\mathrm{V = kg\,m^2\,s^{-3}\,A^{-1}}$	$\mathrm{W\,A^{-1}}$
セルシウス温度	セルシウス度	$\mathrm{℃ = K}$（ケルビン温度より273.15低い）	
力のモーメント	ニュートンメートル	$\mathrm{kg\,m^2\,s^{-2}}$	$\mathrm{N\,m}$
表面張力	ニュートン毎メートル	$\mathrm{kg\,s^{-2}}$	$\mathrm{N\,m^{-1}}$
角速度	ラジアン毎秒	$\mathrm{s^{-1}}$	$\mathrm{rad\,s^{-1}}$
エネルギー密度	ジュール毎立方メートル	$\mathrm{kg\,m^{-1}\,s^{-2}}$	$\mathrm{J\,m^{-3}}$
粘度	パスカル秒	$\mathrm{kg\,m^{-1}\,s^{-1}}$	$\mathrm{Pa\,s}$

国際単位系（SI）第9版（2019）日本語版，国立研究開発法人 産業技術総合研究所 計量標準総合センター